イランのナタンツ原子力施設――あるモサド情報士官が鋭い観察力を発揮した。
（Google Earth）

JN267113

イランの核兵器計画顧問のアリ＝モハマディ。オートバイに仕掛けられた爆薬により死亡。（Wikipedia）

モサド長官メイル・ダガン。
部下からは、〝闇世界の帝王〟
と呼ばれた。 (Dan Balilti)

ダガン「この老人は、私
の祖父だ」
(Courtesy of Yad Vashem)

モサド長官イサル・ハルエル。ベングリオン首相は彼に命じた。「アイヒマンを連れてこい。生死は問わない」（Amit Shabi）

エルサレムの法廷で起立するアドルフ・アイヒマン。
（Israel Government Press Office）

マドレーヌ・フェラーユ、
別名ルトゥ・ベンダヴィド
――ユダヤ超正統派世界の
マタハリ。
（Yedioth Ahronoth archives）

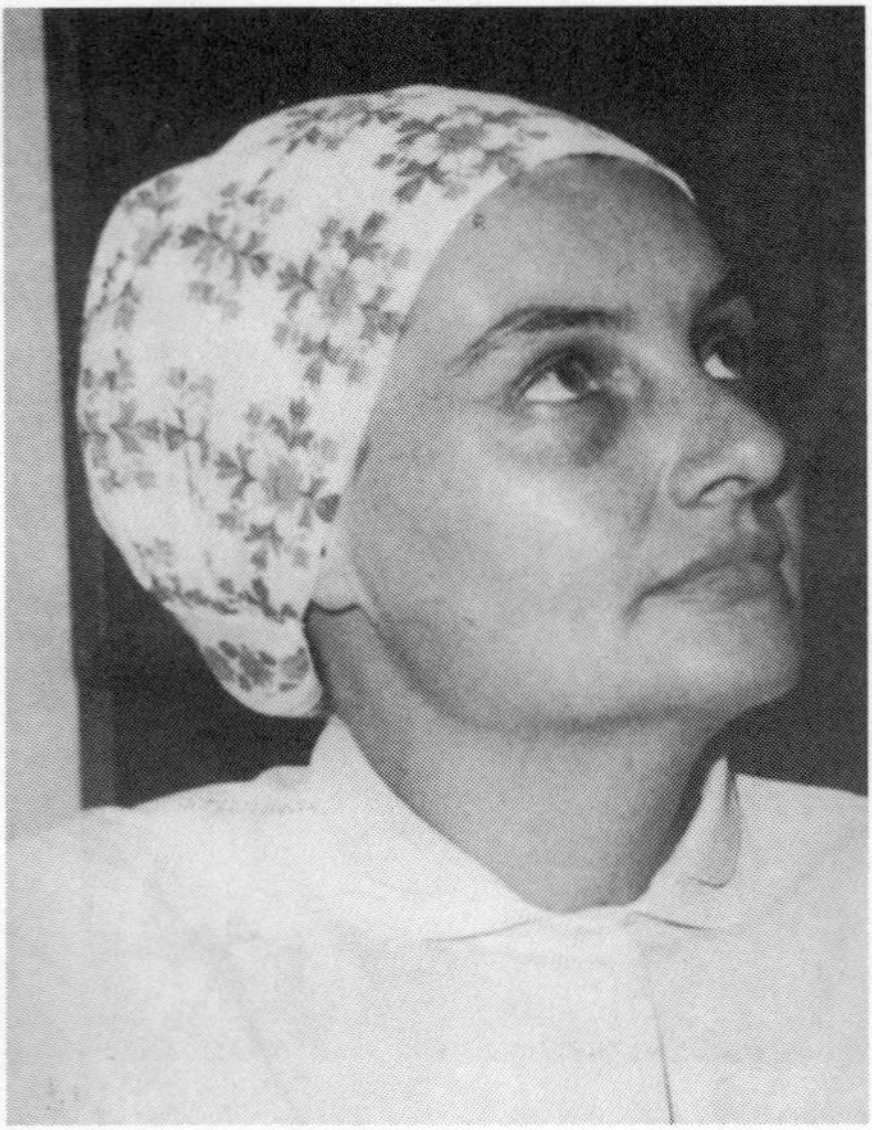

イスラエルに帰国したヨセ
レ・シュクマッカーと両親。
右は、イディオト・アハロ
ノト新聞社のエヘズケル・
アディラム記者。
（David Rubinger）

アルカフィール、〝征服者″——ドイツ人科学者によって製作されたエジプトのミサイル。
（Yedioth Ahronoth archives）

オイゲン・ゼンガー教授とオットー・ヨクリック。

イタリアの独裁者ベニート・ムッソリーニと、彼を幽閉場所から救出したオットー・スコルツェニー（左）。

エリ・コーヘンと家族の一瞬の幸福。

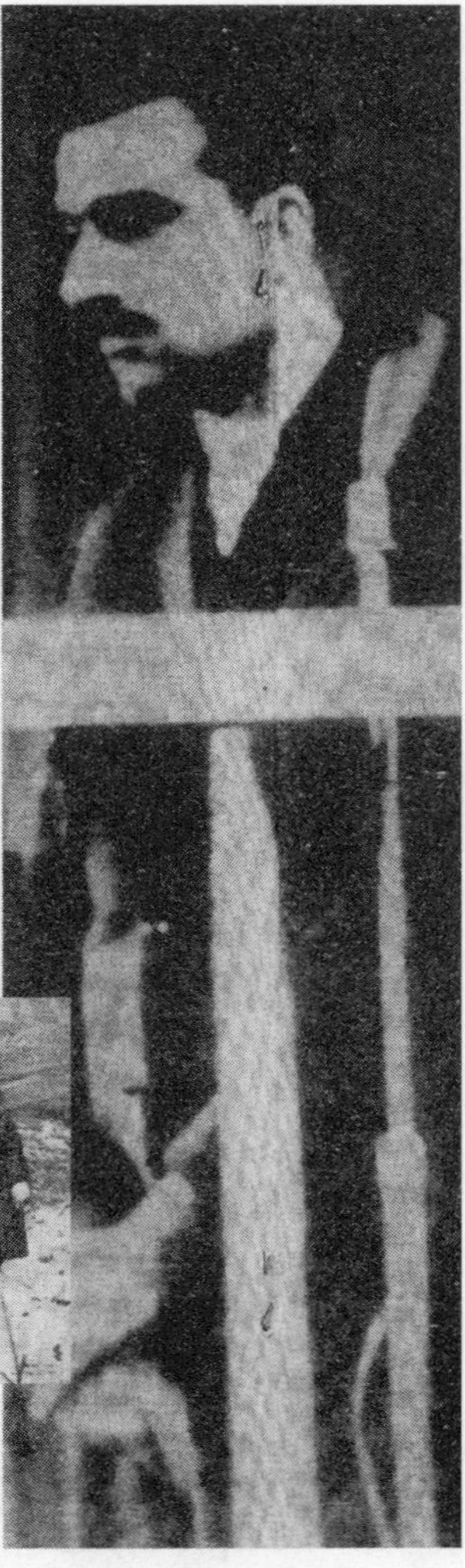

ダマスカスの法廷に立つエリ・コーヘン。

ゴラン高原で、シリア軍士官と写真におさまる〝カマル・アミン・タベット〟。（Yedioth Ahronoth archives）

ידיעות אחרונות

נוקורס, רוצח יהודי ריגה, נחטף
נמצא הרוג בארגז באורוגוואי
ירגון בשם „לעולם לא נוכל לשכוח" הודיע בבון
גוית הפושע הנאצי נמצאת בבית סגור במונטבידאו

רוסים מגינים על אמריקנים מפני סינים

ツクルス殺害を発表する1965年3月7日付イディオト・アハロノト紙第1面。

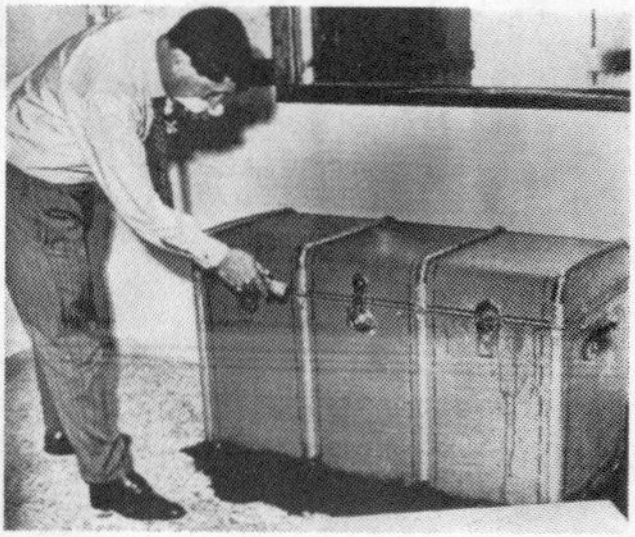

モンテビデオで発見された、ツクルスの遺体がはいっていたケース。

ヘルベルト・ツクルスが撮影した、アントン・クンズルなる人物。「私が殺されるとすれば、犯人はこれらの写真に写っている人物だ」

ミグ21戦闘機。エゼル・ヴァイツマンが手に入れたいと望んだ兵器。（Zvika Tishler）

モサド元長官のメイル・アミット（右）とエフライム・ハレヴィ（左）。（Michael Kremer）

ゴルダ・メイア「やりましょう」 (David Rubinger)

〝赤い王子〟と世界一の美女。

赤い王子の葬儀にて――ヤセル・アラファトとアリ・ハサン・サラメの息子。

ツヴィ・ザミール「きょう、戦争になる！」
（Israel Government Press Office）

アシュラフ・マルワン。エジプト大統領府にいながら、イスラエルの味方をした人物。
（Wikipedia）

イツハク（ハカ）・ホフィ。スーダンのハカ部隊。
（David Rubinger）

ジェラルド・ブル。悪魔に魂を売った男。（Wikipedia）

ナフーム・アドモニ。ヴァヌヌを追う。
（Yedioth Ah–ronoth archives）

アイヒマン逮捕の勲功により、賞状を授与されたラフィ・エイタン（左）。
（Israel Government Press Office）

刑務所を出所する〝ジョン・クロスマン〟（モルデカイ・ヴァヌヌ）。
（Israel Government Press Office）

モサド元長官のダニー・ヤトム（右）とシャブタイ・シャヴィト（左）。（Meir Partush）

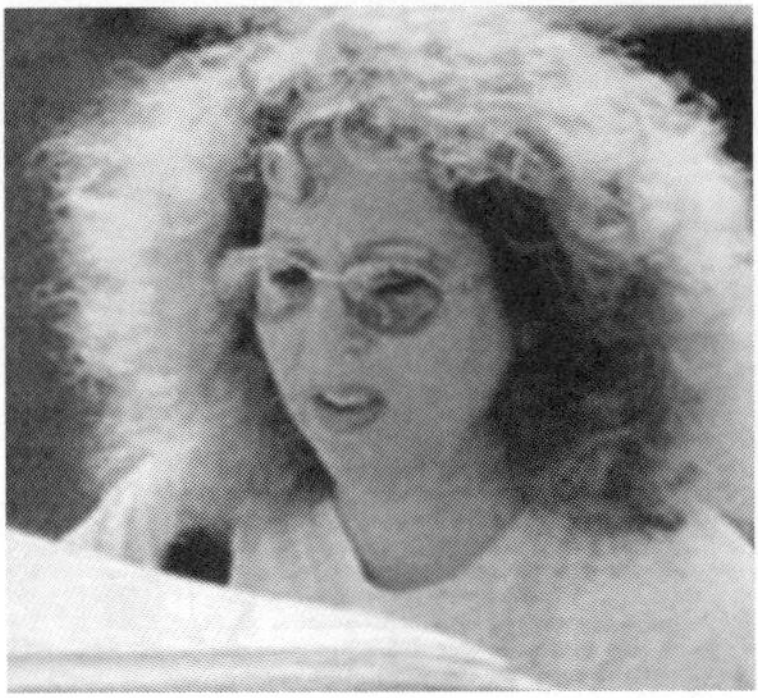

〝シンディ〟という名の甘いわな（ハニートラップ）。
（Yedioth Ahronoth archives）

ハリド・マシャル。モサドの大失態により一命を取り留めた。
(Israel Government Press Office)

イマード・ムグニエ。ＦＢＩ第一の緊急指名手配人物。(Hezbollah)

シリアの原子力施設。イスラエル空軍の爆撃前後の様子。(U. S. government)

マフムード・アル＝マブフーフ。カメラはまわっていた。
（Wikipedia）

作戦行動中のモサド工作員。
（Courtesy of the Dubai police）

〝夢はかなうだろう。まもなく私たちはイスラエルの地にたどりつく〟
(Elad Gershgoren)

タミル・パルド長官。
(Tomeriko)

ハヤカワ文庫 NF

〈NF417〉

モサド・ファイル

イスラエル最強スパイ列伝

マイケル・バー゠ゾウハー＆ニシム・ミシャル
上野元美訳

早川書房

7446

日本語版翻訳権独占
早　川　書　房

©2014 Hayakawa Publishing, Inc.

MOSSAD

The Greatest Missions of the Israeli Secret Service

by

Michael Bar-Zohar and Nissim Mishal

Copyright © 2012 by
Michael Bar-Zohar and Nissim Mishal

Translated by
Motomi Ueno
Published 2014 in Japan by
HAYAKAWA PUBLISHING, INC.
This book is published in Japan by
arrangement with
WRITERS HOUSE LLC
through OWLS AGENCY, INC., TOKYO.

献呈の辞

無名の勇士たちに
闇で行なわれた戦いに
書かれなかった物語に
語られなかった秘密に
放棄されることも、忘れられることもなかった平和の夢に

――マイケル・バー＝ゾウハー

エイミー・コルマンへ
その助言と着想、
そして私を支える柱でいてくれることに

――ニシム・ミシャル

目次

モサド・ファイル

イスラエル最強スパイ列伝

序　文　**ライオンの巣穴に一人で飛びこむ**

二〇一一年一一月一二日、イランの首都テヘラン近郊にある秘密ミサイル基地で大爆発が起き、イスラム革命防衛隊員一七名が死亡、ミサイルは大量の黒焦げの鉄くずと化した。死者一七名の中に、イランのミサイル開発計画の中心的人物にして、シャハブ弾道ミサイルの〝父〟であるハッサン・テヘラニ・モガダム将軍が含まれていた。とはいえ、攻撃の目標はモガダム将軍ではなく、イランの地下サイロからアメリカ本土まで到達可能な、一万キロメートル以上の射程距離を誇る固体燃料ロケットエンジンだった。

イランは、アメリカの大都市を射程に収める新型ミサイル計画を完成させることにより、世界の大国の仲間入りをめざしていた。一一月の爆発事件は、その計画を数カ月単位で遅らせることになった。

たとえ新型長距離ミサイルの標的はアメリカ本土だったとしても、イラン秘密基地を破壊したのはおそらく、イスラエルの秘密諜報機関モサドだろう。六〇年以上前に創設されてからこのかた、モサドは、イスラエルおよび西側世界をおびやかす相手に対し、大胆不敵な活動を極秘で行なってきた。そして、モサドの情報収集および作戦実行は、これまで以上にアメリカ国内外の安全保障に影響を及ぼしている。

外国の消息筋によれば、地図上からイスラエルという国を消滅させることを率直かつ明確に公言したイランの国家指導者に対して、現在モサドは揺さぶりをかけているのだという。核施設の破壊、研究者の暗殺、ダミー会社を通じてプラントに欠陥商品や品質の悪い原料を納入する、軍高官や核研究所の主要人物に変節を働きかける、イランのコンピュータースシステムに悪質なウイルスを注入するといった非公式な攻撃を執拗に行ない、イランの核兵器の脅威を取り除こうとしているのだ。イランの核ミサイル計画を数年分遅らせはしたものの、モサドは使える手段をすでに使い尽くした。あとは、最後の手段――軍事攻撃――しかないだろう。

一九七〇年代からずっとテロと戦ってきたモサドは、ベイルート、ダマスカス、バグダッド、チュニスなどの拠点や、支部が置かれているパリ、ローマ、アテネ、キプロスなどで、多数の主要テロリストを捕え、排除してきた。西側メディアによれば、二〇〇八年二月一二日、シリアの首都ダマスカスにおいて、イスラム教シーア派組織ヒズボラのイマード・ムグニエ軍事司令官を殺害したのはモサドである。ムグニエは、イスラエルの大敵であり、FBI第一の緊急指名手配人物でもあった。一九八三年に二四一名の兵士が死亡したベイルートのアメリカ海兵隊兵舎爆破事件の首謀者だ。その事件では、アメリカ人だけでなく、イスラエル人、フランス人、アルゼンチン人も犠牲になった。現在は、中東全域でイスラム聖戦機構とアルカイダの指導者の捜索が行なわれている。

しかし、〝アラブの春〟が〝アラブの冬〟になりかねないことをモサドが指摘したとき、だれも耳を貸そうとしなかった。二〇一一年の一年間、西側世界は、中東に、民主主義と自由と人権の新時代が到来したことを喜んだ。エジプト国民の支持を得ようとした西側諸国は、アラブ世界で最高の盟友だったムバラク大統領に辞職をせまった。しかし、カイロのタハリール広場に殺到した群衆はまず、アメリカ国旗に火をつけて燃やした。その後、イスラエル大使館に押しかけ、イスラエルとの平和条約の破棄を要求し、アメリカ人のNGO活動家を拘束した。エジプトの自由選挙によってムスリム同胞団が権力の座についた結果、エジプト国内は、無政府状態といえるほどにまで混乱し、経済的な大苦境におちいろうとしている。チュニジアでは、イスラム教原理主義体制が定着した。おそらくリビアでもそうなるだろう。イエメンは混乱のさなかにある。シリアでは、アサド大統領が自国民を虐殺している。モロッコ、ヨルダン、サウジアラビア、アラブ首長国連邦などの穏健な国家は、西側同盟国に裏切られた思いだろう。そして、人権や女性の権利や、歴史的な革命を活気づける民主的な法律や規則を望む声は、巧妙に組織され、大衆と結びついた狂信的な宗教集団によって一掃されてしまった。

このアラブの冬によって、中東地域は時限爆弾と化し、イスラエルとその同盟国をおびやかすこととなった。事態が進むにつれて、モサドの任務は、ますます危険な、そして、西側地域の騒乱状態から今後派生する問題に対する最善の防御手段となるだろう。戦争にいたる一歩手前の、最後の攻撃手段がモサドなのだ。

そこでもっとも重要な役割をになうのは、モサドの無名戦士たちだ。身命を捨てる覚悟で、家族と離れていつわりの身分で暮らし、ほんのわずかなミスが、逮捕か拷問か死につながる敵国で、大胆な作戦を実行する男女。冷戦時代、西側または共産圏で捕えられた秘密諜報員にとって最悪の運命は、冷たい霧のたちこめたベルリンの橋の上で、捕われた敵国の諜報員と交換されることだった。ソ連やアメリカ、イギリスや東ドイツの諜報員は、自分がひとりでないことをつねに知っていた。困難な事態になっても、必ず母国に連れもどしてもらえることを知っていた。だが、モサドの孤独な戦士たちには、交換される諜報員も霧のたちこめる橋もない。彼らは、勇気の代償として、みずからの命を差しだすのだ。

本書は、モサドの見事な作戦と勇敢なヒーローたちの物語である。同時に、モサドのイメージを一度ならず汚し、根底を揺るがしたミスや失敗も描いている。これらの作戦は、さまざまな意味で、イスラエルの将来と、そして世界の将来を形づくった。ではあるが、モサドの工作員全員が共有しているのは、祖国に対する理想主義的な深い愛情と、国を生存させるための自己犠牲心と、さまざまに予測されるリスクと究極の危険に直面する覚悟である。イスラエルのために。

第１章　闇世界の帝王

一九七一年の夏の終わり、すさまじい嵐が地中海沿岸を襲い、ガザ地区の海岸線に高波が押し寄せた。アラブ人の地元漁師たちは、用心して漁に出なかった。今日は、危険を冒してまで海に立ちむかう日ではない。そんな大荒れの波間から、いまにも壊れそうな船がいきなり現われ、波で洗われる砂地に勢いよく乗りあげた。数人のパレスチナ人が船から飛びおり、服とカフィエを濡らしながら陸地へと走った。髭を生やした顔には、長旅の疲れが見えた。だが、休む間もなく、必死で走っていく。戦闘服に身を固めた兵士を乗せたイスラエル軍の水雷艇が荒れくるう海に出現し、全速力で追ってきた。浅瀬へ来ると兵士たちが船から飛びおり、逃げるパレスチナ人にむかって発砲した。浜辺で遊んでいた若者二人が、パレスチナ人のほうへ走っていったと思うと、安全な近くの果樹園へ彼らを案内した。イスラエル軍兵士はパレスチナ人を見失い、浜辺の捜索を続けた。

その夜遅く、カラシニコフを手にしたパレスチナ人の若者が、その果樹園に忍びこんだ。

そして、隅で身を寄せあっていた逃亡者たちを見つけ、「兄弟たちよ、きみらは何者か？」と声をかけた。

「パレスチナ解放人民戦線（PFLP）のメンバーだ」という答えが返ってきた。「レバノンのティール難民キャンプから来た」

「ようこそ（マルハバ）」若者はあいさつした。

「うちの指揮官のアブサイフを知っているか？　彼から、ベイトラヒア（ガザ地区北部にあるテログループの拠点）にいるPFLPの指揮官らに会ってこいと送りだされてきた。金と武器はある。作戦の調整をしたい」

「そういうことなら手伝おう」若者は答えた。

翌朝、武器をたずさえたテロリストが大勢やってきた。レバノンから来たグループは、ジャバリヤ難民キャンプ内のぽつんと離れた一軒家に連れていかれた。広い部屋に案内され、テーブルにつくよう勧められた。じきに、彼らが会いたがっていたベイトラヒアの指揮官たちがはいってきた。レバノン人の同胞と心のこもった挨拶をかわしたのち、テーブルの向かいに腰をおろした。

「本題にはいってもいいか？」レバノン人グループのリーダーと思われる、赤いカフィエをかぶった固太りの若い男が口をひらいた。「全員そろったか？」

「全員だ」

レバノン人リーダーが、片手を持ちあげて腕時計を見た。あらかじめ決めてあった合図だ。

いきなり〝レバノン人使節団〟が拳銃を抜き、発砲した。一分とたたないうちに、ベイトラヒアの指揮官全員が死亡した。その家から走り出た〝レバノン人〟グループは、ジャバリヤ難民キャンプの曲がりくねった路地と、人で混みあうガザ地区の通りを抜け、まもなくイスラエル領へはいった。その夜赤いカフィエをかぶっていた男、すなわちイスラエル国防軍（IDF）のリモン秘密奇襲部隊隊長メイル・ダガン大尉は、カメレオン作戦の成功をアリエル（アリク）・シャロン将軍に報告した。危険なテロ組織であるPFLPベイトラヒア支部の幹部全員を亡きものにしたことを。

ダガンは二六歳にしてすでに伝説の戦士となっていた。今回の作戦の一部始終を計画したのは彼だった。レバノン人テロリストになりすますこと、古びた船でイスラエル南部の港町アシュドッドを出発すること、一晩じゅう身を隠すこと、テロリストの幹部たちと会うこと、襲撃後の脱出ルート。イスラエル軍水雷艇による偽の追跡劇を考案したのも彼だ。ダガンは、大胆で創意に富む最高のゲリラ兵士だった。くそまじめに交戦規則を守るような人間ではない。イツハク・ラビンは、かつてこう評した。〝ダガンには、スリラー映画並みの対テロリスト作戦を考えつく比類なき能力がある〟

のちにモサド長官となるダニー・ヤトムは、イスラエル軍特殊部隊においても殊に名高いサイェレットマトカルに応募してきた、ぼさぼさの茶色の髪をした固太りの若者ダガンが、ナイフ投げの妙技で皆をあっと驚かせたときのことを憶えている。ダガンは、大きなコマンドナイフを、選んだどんな標的にも命中させた。射撃の名手にもかかわらず、サイェレットマトカルの入隊試験に落ちたダガンは、最初は空挺部隊のデモ隊員で満足するしかなかった。一九七〇年代初期に、ダガンはガザ地区へ派遣された。ガザ地区は、一九六七年の第三次中東戦争でイスラエルが占領して以来、残酷なテロ活動の発生源となっていた。パレスチナ人テロリストは、ガザ地区やイスラエル国内で、爆弾や火薬や銃でイスラエル人を毎日のように殺害した。一九七一年一月二日、乗っていた車に手榴弾を投げこまれ、五歳のアビゲイルと八歳のマークが粉々に吹き飛ばされた事件をきっかけに、アリエル（アリク）・シャロン将軍は、流血の惨事をこれ以上起こさせてはならないと決心し、喧嘩の傷の絶えなかった青年時代からの旧友数人を呼び寄せ、そこに有能な若い兵士多数をくわえて部隊を編制した。そのうちの一人がダガンだった。ずんぐりとたくましい丸顔の士官は、足を引きずって歩いていた——第三次中東戦争で地雷を踏んだ後遺症だ。怪我の治療をしていたベールシェバのソロカ病院で、看護婦のビナと恋に落ちた。傷の回復を待って、二人は結婚した。

シャロンの部隊は、公式には存在しない部隊だった。その使命は、冒険的かつ型にとらわれない手法を用いて、ガザ地区のテロ組織を壊滅させることだ。ダガンは、ドーベルマン一匹を連れ、自動拳銃と回転式拳銃（リボルバー）とサブマシンガンをかかえて、杖をついてガザの町を歩きまわったものだ。アラブ人に扮した彼が、物騒なガザの路地をのんびりとロバの背に揺られているところが何度か目撃されている。地雷で負傷しても、最も危険な作戦を実行してやるという彼の決意は変わらなかった。ダガンの考え方はシンプルだった。敵のアラブ人がこっちを殺したがっているのなら、こっちが先に敵を殺せばいい。

ダガンは、その部隊内部に、イスラエル軍初の秘密特殊部隊〝リモン〟を創設した。アラブ人に変装して、敵の本拠地で活動する部隊である。アラブの民衆の中を動きまわり、気づかれずに目標物に近づくためには、群衆にとけこまなくてはならない。じきに〝アリクの襲撃チーム〟の名が広まり、捕えたテロリストをしばしば冷酷に殺していると噂された。テロリストを暗い路地へ連れこみ、「二分やるから逃げろ」と告げ、逃げようとしたテロリストを射殺したという話があった。また、短剣か銃を置いておき、テロリストがそれに手を伸ばした瞬間、即刻殺すという話も流れた。毎朝ダガンは野原に行き、片手で小便しながら、別の手でコカコーラの空き缶を撃つ練習をしているという記事が掲載されたこともあった。ダガンはそういった噂をはねつけた。「さまざまな作り話が、私たちにまとわりついている。だが、いくつかはまったくのでっちあげだ」とダガンは語った。

小規模なイスラエル軍特殊部隊は、日々、死の危険と隣りあわせで困難で残酷な戦争を行なっていた。ほとんど毎晩、隊員は女性か漁師に変装して、名うてのテロリストをさがしに出かけた。一九七一年一月なかば、ガザ地区北部でアラブ人テロリストになりすまして、パレスチナ解放機構(PLO)最大のゲリラ組織ファタハのメンバーをおびき出した。銃撃戦となり、ファタハのテロリストらは死亡した。一九七一年一月二九日、その日は制服姿だったダガンら隊員が二台のジープに分乗してジャバリヤ・キャンプ(パレスチナ難民キャンプ)を移動中に、一台のタクシーと行きあった。乗客が、悪名高いテロリストのアブ・ニメルであることに気づいたダガンは、ジープから隊員をおろし、タクシーを包囲させた。ダガンが近づいていくと、アブ・ニメルが手榴弾を見せびらかしながら車をおりてきて、ダガンをじっと見つめたまま、ピンを抜いた。「手榴弾！」そう叫んだダガンは、走って身を隠すのではなく、その男に飛びついて押さえつけ、手から手榴弾をもぎとった。その行為で、彼は勇武勲章を受章した。ダガンは手榴弾を投げ捨てたのち、素手でアブ・ニメルを殺したといわれている。

数年後、イスラエル人ジャーナリストのロン・レシェムとの対談に珍しく応じたダガンは、次のように語った。「リモンは襲撃チームではなかった……むやみに鉄砲をぶっ放す開拓時代のアメリカ西部とはちがう。女と子どもを傷つけたことはない……私たちが攻撃するのは、暴力的な殺人犯だ。彼らを見せしめにし、ほかの連中がそういった行動に出るのを思いとどまらせた。一般市民を守るために、国家はときに、民主的とはいえない手段を取る必要がある。確かに、私たちのような部隊では、境界線があいまいになることがある。だから、最高の人間性をそなえた人材を確実にそろえなければならない。最も汚れた行為は、最も高潔な人間によって行なわれるべきである」

民主的な手法であろうがなかろうが——シャロンとダガンと仲間たちが、ガザ地区のテロリズムのほとんどを消滅させたため、その地域では静かで平和な時期が長く続いた。しかし、シャロンは冗談半分に、忠実な右腕についてこう語ったともいわれている。「ダガンの専門は、アラブ人の胴体と首を切り離すことだ」

とはいえ、ダガンの本当の姿を知るものはごく少数だろう。一九四五年、列車でシベリアからポーランドへ逃げる途中に通りかかったウクライナの都市ヘルソンで、彼は、メイル・フーベルマンとして生まれた。一族の大半は、ユダヤ人大虐殺（ホロコースト）で死んだ。その後、両親とともにイスラエルへ移住し、テルアビブの南二五キロに位置する、古くからあるアラブ人の町ロッドの貧しい地域で育った。その当時から、ダガンは不屈の戦士として名高かった。が、彼の内なる情熱を知るものはほとんどいなかった。歴史書の熱烈な愛好家であり、菜食主義者であり、クラシック音楽を愛し、絵を描き、彫刻を刻むことを趣味としている。

　ダガンは、ナチスによる大虐殺で家族やユダヤ人が受けたひどい苦しみから生みだされた男だった。彼は、新生国家イスラエルを守るために、自分の命を差しだした。陸軍という組織の階層をのぼっていきながら、新しい部署に配属されるたびに必ず最初にやったのは、壁に写真をかけることだった。祈禱用肩掛け（タリート）を掛けたユダヤ人の老人が、一人は棍棒、一人は銃を手にした二人のナチス親衛隊（SS）の前でひざまずいている写真である。「この老人は、私の祖父なんだ」ダガンは、来客にそう教える。「この写真を見るたびに、ナチスによる大虐殺が二度と起きないように、自分たちを鍛えて、国を守らなければならないと自分に言い聞かせている」

　写真の老人は、ダガンの実の祖父、ベール・エルリッヒ・スルシュニにまちがいなかった。チェコのルコフでこの写真が撮影された数秒後に、彼は殺された。

　一九七三年の第四次中東戦争のとき、偵察部隊にいたダガンは、スエズ運河を渡った初めてのイスラエル人の一人となった。一九八二年のレバノン侵攻では、機甲旅団の指揮官としてベイルート入りした。その後まもなく、南レバノン警戒区域の司令官となり、そこで再び、糊のきいた大佐の軍服を脱いで、大胆なゲリラ戦士となって登場した。そして、ガザ地区時代の秘密主義、偽装、欺瞞の三原則を復活させた。部下の兵士たちは、秘密主義の長官に新たなニックネームをつけた。〝闇世界の帝王〟である。秘密協定と裏切り、残虐行為、見せかけの戦争にあふれたレバノンは、彼の心にかなった場所だった。「麾下の機甲旅団がベイルートへ入城する以前から、その街のことをよく知っていた」と彼は語っている。そして、レバノン侵攻が終了したのちも、彼は秘密の冒険をやめなかった。一九八四年、バハムドーン地区のテロ組織の本部のそばをアラブ人の扮装でうろついたことがばれて、モシェ・レヴィ陸軍参謀長から正式に懲戒された。

第一次インティファーダ（一九八七年から一九九三年にかけてのパレスチナの反イスラエル闘争）のとき、エフード・バラク陸軍参謀長の顧問としてヨルダン川西岸に転任したダガンは、例の習慣を再開し、バラクまで仲間に引っぱりこんだ。ダガンとバラクは、本物のパレスチナ人に見えるようにスエットスーツに着替え、現地ナンバーのついたパステルブルーのメルセデスベンツを見つけだして、何が起きるかわからないナブルス旧市街を走りまわった。軍司令部に戻ってきたメルセデスの前部座席に座る人物に気づいた歩哨が、仰天したことがあったという。

一九九五年、少将となっていたダガンは陸軍を除隊し、友人であるヨッシ・ベンハナンとともに、一年半かけてアジア大陸をオートバイで横断する旅に出た。イツハク・ラビン首相暗殺のニュースで、その旅は突然打ち切られた。イスラエルに帰国したダガンは、テロリスト対策局の長官をしばらく務めたのち、気が進まないながら実業界へ進出し、リクード党首候補として出馬したシャロンの選挙運動を手伝った。そして二〇〇二年、一線をしりぞいて、故郷であるガリラヤに引っこみ、読書や音楽鑑賞、絵画と彫刻制作に打ちこんだ。

兵士としてガザで勤務した時代から三〇年がたち、退役少将となったダガンはようやく、自分の家族を知る機会を――〝ふと目が覚めたら、子どもたちはもう大人になっていた〟――持てたというのに、また旧友のアリエル・シャロン首相から電話がはいった。「モサド長官職を引き受けてくれ」シャロンは、五七歳の旧友に告げた。「口の中に短剣を隠し持つ男をモサド長官に据える必要がある」

二〇〇二年、モサドの勢力は衰えつつあった。数年前から失策と失態が続いたせいで、威光は大きく傷ついた。ヨルダンの首都アンマンで、ハマスの大物幹部の暗殺に失敗したこと、そして、スイス、キプロス、ニュージーランドで、イスラエル人工作員が逮捕されたことがメディアなどで大きく取りあげられたため、モサドの評判は地に落ちた。モサドのエフライム・ハレヴィ前長官の働きは、前評判ほどではなかった。ベルギーの首都ブリュッセルの欧州連合本部に駐在する大使だったハレヴィは、優秀な外交官であり評論家ではあったが、組織を統率する指導者ではなく戦士でもなかった。シャロン首相は、イスラムのテロリズムとイランの原子炉に対する恐るべき武器となるような、大胆で型破りなモサド長官を望んでいた。

ダガンは、モサドでは歓迎されなかった。門外漢の彼は、主として作戦行動にのみ目を向け、専門性の高い情報分析または秘密外交情報には目もくれなかった。モサド幹部の多数が抗議の意をこめて辞任したが、ダガンは意に介さなかった。彼は、作戦部隊を編制しなおし、外国情報機関との連携を密にし、自分自身はイラン問題に専念した。二〇〇六年、不幸にして二度めのレバノン侵攻が始まったとき、イスラエル政府指導部内で唯一ダガンだけが、空軍による大規模爆撃を中心に据えた戦略に反対した。地上攻撃の有効性を信じていた彼は、航空攻撃で戦争に勝てるとは、また、無傷で戦争を終えられるとは思っていなかったのだ。

さらに、副官や補佐官に対する彼の厳しい態度を、報道機関が責めたてた。不満をつのらせて辞任したモサドの士官たちは、メディアに不満をぶちまけた。そしてダガンは、非難の砲火を浴びつづけた。〝ダガンとは何者か？〟ある人気コラムニストはそう書いた。

ところがある日、新聞の見出しが変化した。〝モサドの名誉を回復した男〟と褒めたたえる記事が、日刊紙の紙面を埋めた。

ダガンの采配により、モサドは、過去には想像もできなかったことを成し遂げた。シリアの首都ダマスカスで、ヒズボラ最高幹部のイマード・ムグニエを暗殺し、シリアの原子炉を破壊し、レバノンおよびシリアの主要テログループの指導者を殺害した。なにより目覚ましい業績は、イランの秘密核兵器計画を、容赦なく徹底的に叩きのめしたことである。

第2章　テヘランの葬儀

二〇一一年七月二三日午後四時三〇分、南テヘランにあるバニハシェム通りに、二台のオートバイが走ってきた。二人の殺し屋はそれぞれ革のジャケットからオートマチック拳銃を抜き、自宅にはいろうとしていた男を撃った。そして、警察が到着するはるか以前に、二人は姿を消した。殺害されたのは、ダリウス・レザエイネジャドという三五歳の物理学教授だった。イランの秘密核兵器製造計画で、核弾頭の起動に欠かせない電子スイッチの開発責任者だった人物である。

ここ最近、非業の死を遂げたイラン人科学者はレザエイネジャドだけではない。核開発は平和目的であり、ロシアの援助を得て建設されたブーシェフル原子力発電所は、邪悪な意図のない重要な電力施設であるというのが、イランの公式の主張だった。しかし、ブーシェフル原発のほかにも、厳重に警戒され、事実上近づくことのできない秘密核施設が発見された。イランは、結局はその施設の存在を認めたものの、兵器を開発しているのではないかという疑惑は否定した。が、そのころには、西側情報機関および現地地下組織が、イラン初の原子爆弾製造にたずさわる多数の研究者の氏名を暴露していた。イラン国内で〝未知のグループ〟としてしか識別されない組織が、秘密核兵器計画を止めるために、情け容赦ない戦いを繰り広げた。

二〇一〇年一一月二九日午前七時四五分、北テヘランにて、イランの核計画の科学部門責任者であるマジド・シャフリアリ博士の車の背後から、一台のオートバイが走ってきた。そして、抜きさる瞬間に、車のリアウインドーにある種の装置を取りつけた。数秒後、装置は爆発し、四五歳の物理学者は死亡、妻は負傷した。それと同時刻、南テヘランのアタシ通りで、オートバイに乗った男が、やはり核科学者のフェレイドゥン・アバシ＝ダバニのプジョー206に装置を張りつけた。爆発により、アバシ＝ダバニと妻は負傷した。

イラン政府は即刻、モサドを名指しで非難した。イランの核兵器計画における二人の科学者の役割は明かされなかったものの、計画の本部長であるアリ・アクバル・サレヒは、爆破で死亡したシャフリアリについて、〝貴重な花〟を失ったと表明した。アフマディネジャド大統領も、独自の方法で二人の犠牲者に敬意を表した。アバシ＝ダバニの傷が癒えるとすぐに、彼をイラン副大統領に任命したのだ。

二人の科学者を襲った犯人は見つからなかった。

二〇一一年一月一二日午前七時五〇分、北テヘランのゲイタリヘ地区シャリアティ通りにある自宅から、マスード・アリ＝モハマディ教授が外へ出てきた。シャリフ工科大学の研究室へ出勤するためだ。

車のドアのロックをはずしたとき、大爆発が静かな住宅地を揺らした。現場に駆けつけた治安部隊が見たのは、爆発でずたずたにされたモハマディの車と、粉々に吹き飛ばされた遺体だった。そばに駐めてあったオートバイに仕掛けられた爆薬が爆発したのだ。イランのメディアは、暗殺の首謀者はモサドであると言いたてた。アフマディネジャド大統領は、〝シオニストの手口を思わせる暗殺だ〟と強調した。

量子物理学を専門とする五〇歳のモハマディは、イラン核兵器計画の顧問を務めていた。欧州のメディアによれば、正規軍とは別の、政権寄りの軍事組織である革命防衛隊のメンバーだった。その死と同様に、モハマディの人生も謎に包まれている。友人の多くが、彼が行なっていたのは理論的研究のみであり、軍事計画には関与していなかったと断言した。反体制運動を支援し、反政府活動に参加していたと主張する友人もいる。

とはいえ、彼の葬儀に参列した人々のおよそ半数が、革命防衛隊のメンバーだった。柩《ひつぎ》は、革命防衛隊員の手で運ばれた。その後の調査で、実はモハマディは、イランの核兵器開発計画に深く関わっていたことが最終的に確認された。

二〇〇七年一月に死亡したアルダシル・ホセインプール博士は、モサドの工作によって、放射性毒物で毒殺されたといわれている。米テキサス州に本拠を置く民間情報会社ストラトフォーが入手した情報を基にして、イギリスの《サンデー・タイムズ》紙が暗殺のニュースを報道した。イラン政府は、イラン国内でモサドがそういった作戦を実行できるわけがないと、そのニュースを一笑に付した。イラン政府は、〝ホセインプール教授は、自宅の火事で煙を吸いこんで窒息死した〟と主張している。また、四四歳の教授は電磁気学の専門家にすぎず、どんな形であれ、イランの核計画に関わっていないとも強調した。

しかし、ホセインプールは、イスファハンの秘密施設で働いていたことが判明した。そこは、未精製のウランを気体に転化する施設だった。気体は、遠方の都市ナタンツにある地下施設へ送られ、遠心分離機（カスケード）にかけて濃縮される。その二年前には、二〇〇六年、ホセインプールは、科学技術部門でイラン最高の賞を授与された。軍事研究の分野でイラン最高の栄誉に輝いている。

イランの核科学者の暗殺は、より広範な戦争の戦線の一つにすぎなかった。イギリスの《デイリー・テレグラフ》紙によると、ダガン長官率いるモサドは、二重スパイ、襲撃チーム、破壊工作員、ダミー会社などの攻撃部隊を次々と育て、イランの核兵器計画を阻止するための秘密作戦を実行するだけの勢力を蓄えていた。

報道されたストラトフォーのリバ・バーラ分析部長の言葉は次のとおりである。〝アメリカの協力を得て、イスラエルは、イラン核開発計画にたずさわる主要人物の排除、および補給路を破壊する秘密作戦を実行してきた〃。バーラ女史の主張によれば、イスラエルは、一九八〇年代前半にも、イラクで似たような戦術をとった。イラクの核科学者三名を殺害し、バグダッド近郊にある原子力施設内の通称オシラク原子炉の完成を阻止したのである。

ダガン率いるモサドは、イラン核開発計画の阻止を目的とした攻撃を次々と仕掛けて、イランの核兵器開発を可能なかぎり遅らせることに成功し、イスラエル建国以来の最大の脅威――イスラエルを滅ぼそうというアフマディネジャドの野望――をくじいた。

ただし、これらの小さな勝利では、モサド創設以来最悪の失敗を埋めあわせることはできない——イランで秘密核開発計画が開始されたことに気づかなかったことだ。開始から数年がたち、イランは着実に実力を養ってきた。イスラエルはそれを知らなかった。イランは巨額を投じて、科学者を補充し、秘密基地を建設し、複雑な実験を行なった。それらのことを、イスラエルは見逃した。当時ホメイニ師が君臨していたイランは、核保有国になることを決意した瞬間から、欺瞞と巧みな策略をもちいて、モサドを含む西側情報機関をあざむいてきた。

二基の原子炉の建設を開始したのは、イランのパーレビ国王だった。平和利用および軍事利用の両方が目的だった。その計画は一九七〇年代に始まったが、イスラエルはなんら警戒しなかった。当時、イスラエルとイランは緊密な同盟国だったのだ。一九七七年、イスラエル国防相だったエゼル・ヴァイツマン将軍は、テルアビブにある国防省に、イラン軍の近代化を推進していたハサン・トウファニアン将軍を招待した——イスラエルは同盟国として、最新の軍事装備をイランに提供していた。秘密会談の議事録によれば、ヴァイツマンはイラン側に、最新技術を導入した地対地ミサイルの提供を申し出た。さらに、ピンハス・ズスマン内閣長官から、イスラエルのミサイルは核弾頭に対応できるという話を聞いて、トウファニアンは感激したという。しかし、閣僚たちが計画を実行に移す前にイラン革命が起き、両国の関係は一変した。革命後に樹立されたイスラム政府は、国王一派を虐殺し、イスラエルに敵対した。病気の国王が国外に逃亡すると、アヤトラ・ホメイニと、彼の忠実なイスラム（ムッ）

法学者たちが国を掌握した。〝イスラムの教えに反する〟と考えたのだ。

ホメイニは、ただちに核開発計画を破棄した。だが、一九八〇年代にはいって、イランとイラクのあいだで戦争が勃発した。サダム・フセインは、イランに対して毒ガスを使用した。卑劣な敵から非通常兵器で攻撃されたことで、イランのイスラム教指導者たちは考えなおした。まだホメイニが存命中に、その後継者であるアリ・ハメネイは、イラクの大量破壊兵器に対抗するため、軍部に新兵器——生物、化学、核——の開発を命じた。その後まもなく、偏狭な宗教指導者らが、説教壇から〝イスラムの教えに反する〟兵器の解禁を声高に訴えた。

一九八〇年代なかばになって、イランの方針転換に関する断片的なニュースが広がりはじめた。一九八九年にソビエト連邦が崩壊すると、イランが、ソ連軍を解雇された元士官や仕事にあぶれた科学者から核爆弾や核弾頭を購入しようとしているという噂が、ヨーロッパに押し寄せた。西側メディアは、おそらくイランに引き抜かれて、自宅から姿を消したロシア人科学者や将軍たちのことを、細部にわたって大げさに書きたてた。想像力豊かな記者たちは、ヨーロッパから東方へ走り、国境の検問を迂回して中東地域にはいるトラックのことを記事にした。テヘランやモスクワ、北京の消息筋は、イランが、ペルシャ湾沿岸のブーシェフルに原子力発電所を建設することでロシアと合意したこと、また、小型原子炉二基の建設について中国と合意したことを明らかにした。

驚いたアメリカとイスラエルは、広くヨーロッパに特殊工作チームを派遣して、イランに売り渡されたソ連の核爆弾や引き抜かれた科学者をさがした。が、なにも見つけられなかった。アメリカは、ロシアと中国に、イランとの合意を破棄するよう大きな圧力をかけた。中国は、イランとの契約をキャンセルして手を引いた。ロシアは続行を決断したものの、建設予定計画は遅れつづけた。完成するまでに二〇年以上を要した原子力発電所は、ロシアと国際社会の厳しい管理のもとで限定的に使用されている。

しかし、まだ芽が小さいうちに、イスラエルとアメリカは、調査の範囲を広げておくべきだった。モサドも中央情報局（CIA）も、ロシアと中国が支援する原子力発電所建設計画は単なる陽動作戦でしかないこと、または〝世界最高の情報機関〟のための煙幕にすぎないことを見抜けなかった。イランはひそかに、核保有国となるための遠大な計画を開始していたのである。

一九八七年秋、ドバイの埃っぽく狭いオフィスで秘密会談がひらかれた。出席したのは、イラン人三名、パキスタン人二名、イランのために働くヨーロッパ人三名（二名はドイツ人）の計八名だ。

イランとパキスタンの代表者は、秘密協定に署名した。相当の金額が、パキスタン人の、正確にいうと、パキスタンの核兵器計画の長であるアブドゥル・カディール・カーン博士の口座に振り込まれた。

その数年前、パキスタンは、最大の敵インドと対等な軍事力を持つため、独自の核計画に着手した。カーン博士は、核爆弾に欠かせない核分裂物質をなんとしても手に入れたかった。

博士は、通常の原子炉から抽出されるプルトニウムではなく、濃縮ウランを使用することにした。採掘されたウラニウム鉱石には、核兵器の製造に不可欠なウラン235は、わずか一パーセントしか含まれていない。残りの九九パーセントを占めているのは、役に立たないウラン238だ。カーンは、天然ウランをガスに変え、そのガスを、カスケードと呼ばれる多数の遠心分離機を連結した装置に通す方法を開発した。その遠心分離機を一分間に一〇万回という気の遠くなるような速度で回転させると、重いウラン238から、軽いウラン235が分離する。その処理を幾度となく繰り返すことにより、ウラン235が濃縮されてゆく。この気体を固体へ転化させれば、核爆弾製造に必要な物質ができあがる。

カーンは、一九七〇年代初めに勤務していたヨーロッパの企業ユーレンコから遠心分離機の設計図を盗み出し、母国パキスタンに戻って、自分でその装置を製作した。やがてカーンは〝死の商人〟となり、製法や調合や遠心分離機を販売するようになった。そんな彼の得意客がイランだった。リビアと北朝鮮もだ。

イランはどこかから遠心分離機を購入し、自国で使用する方法を学んだ。ウラン、遠心分離機、電子部品、交換部品など大量の貨物が、ときおりイランに到着した。未精製のウランを処理するため、遠心分離機を保管するため、そして、ガスを固体化するための大型施設が建設された。イラン人科学者がパキスタンへ行き、パキスタン人専門家がイランにやってきた——そのことを、だれも知らなかった。

慎重なイランは、施設を一ヵ所に集中させなかった。国じゅうの軍事基地、偽装した研究所、遠方の施設などに、核計画を分散させたのだ。地下深くに建設された施設もあれば、地対空ミサイル陣地に囲まれた施設もあった。イスファハンとアラクに、それぞれ施設が建設された。最も重要な――遠心分離施設――はナタンツに作られ、さらに四ヵ所めが、イスラム教シーア派の聖地クムに建設された。それらの場所の正体があばかれそうな気配を感じただけで、イランは、別の場所に施設を移動させ、放射性物質で被曝した可能性のある土をはがしたことだろう。また、巧妙なやり方で国際原子力機関の調査官を誤解させ、欺いた。IAEA事務局長であるエジプト人のモハメド・エルバラダイは、イランの虚偽の声明をすべて信じているかのごとく振る舞い、恐ろしい企みの続行を可能にする自己満足の報告書を発表した。

アメリカ政府が、イランの計画の全容を初めて知ったのは一九九八年六月一日だった。ニューヨークで、一人のパキスタン人がFBI捜査官の前に現われ、政治的保護を求めた。その男はイフティカール・カーン・チョードリー博士と名乗り、イランとパキスタンとの秘密協調関係の実態をあますところなく述べた。さらに彼は、カーン博士の存在をばらし、自分が出席した会議の内容を詳しく説明し、イランの核開発計画に参加しているパキスタン人専門家の氏名を挙げた。

FBIが、チョードリーが証言した事実関係およびデータを確認したところ、すべて事実であることが判明した。FBIは、チョードリーを、アメリカ合衆国での滞在を許可すべき政治難民であると認めた——が、彼の驚くべき証言の続報が出ることはなかった。おそらくは完全な怠慢だと思われるが、アメリカの高官らは、チョードリーの証言記録をどこかにしまいこみ、なんの行動も起こさず、イスラエルに警告しなかった。それから四年の月日がたって初めて、イランの計画が明らかになったのである。

二〇〇二年八月、イランの反体制派組織ムジャヒディン・エル・ハルク（MEK）が突然、イランのアラクとナタンツの二ヵ所に核施設が存在することを世界のメディアに発表した。その後もMEKは、イランの核計画に関する事実を暴露しつづけた。やがて、その情報は、外部から得たものではないかという疑惑が浮かびあがった。CIAは、イスラエルとイギリスが、危険な作戦にアメリカを巻きこもうとしているのではないかと疑っていた。特に、モサドとイギリス軍事情報部MI6がMEKに情報を横流ししているのではないか、MEKのばらした情報ならアメリカは信用すると思われているのではないかと、CIAは勘ぐっているようだった。イスラエルの情報筋によれば、ナタンツの砂漠の奥地にある巨大遠心分離施設を発見したのは、モサドの工作員だという。同じ二〇〇二年、MEKは、さまざまな文書が保存されたラップトップ・コンピューターをCIAに譲り渡した。コンピューターの入手方法については沈黙を守った。疑り深いアメリカは、文書は、ごく最近コンピューターに保存されたものではないかと疑った。そして、モサド自らが獲得した情報をMEKの幹部にまわし、そこを経由して西側に流したといってモサドを非難したのである。

しかし、アメリカやヨーロッパ各国政府のデスクに証拠が大量に積みあげられていき、ついに彼らも目をひらかざるをえなくなった。カーン博士の恐ろしい商売に関する噂は、世界じゅうに広がっていた。二〇〇四年二月四日、パキスタンのテレビに涙目のカーン博士が登場し、専門知識や技術や遠心分離機をリビアと北朝鮮とイランに売り、数百万ドルを手にしたことを告白した。パキスタン政府はあわてて、国の核爆弾の父である〝死神博士〟の罪を赦免した。

いまやイスラエルは、イランに関する一大情報源となった。メイル・ダガン率いるモサドは、イランがクムに建設した秘密施設に関する新データを、アメリカの情報部に提供した。また、イラン革命防衛隊および核計画にたずさわる上級士官多数の亡命に関与したともいわれている。モサドは、最新の事実を多数の国家に伝え、それらの国の港からイランへ核関連の装備を輸送する船舶の拿捕を促した。

だが、そういった情報をただ入手するだけでは、イスラエルは満足しなかった。狂信的なイランは、イスラエルを消滅させるぞと公然と脅しをかけているというのに、世界の他の国々は積極的な行動に出ようとしなかった。イランの核計画に対して、イスラエルには、秘密の全面戦争に訴える手段しか残されていなかった。

前任者たちの無策は一六年にわたって続いた。そしていま、ダガンは行動に出ることを決意した。

二〇〇六年一月、イラン中部で飛行機が墜落し、乗客全員が死亡した。犠牲者の中に、イラン革命防衛隊のアーメド・カザミ司令官をはじめとする革命防衛隊幹部が数人含まれていた。イラン政府は、事故原因は悪天候だと主張したが、米民間情報会社ストラトフォー・グループは、墜落の原因は、西側の破壊工作だとほのめかした。

その一月前、テヘランの集合住宅に軍用貨物機が衝突し、乗客九四名全員が死亡した。犠牲者の多くが、これまた革命防衛隊の士官と体制派の有力ジャーナリストたちだった。二〇〇六年一一月、テヘランの空港から離陸しようとした軍用機がまたもや墜落し──三六名の革命防衛隊員が死亡した。国営ラジオで、イラン国防相が声明を発表した。〝情報部の資料によると、飛行機の連続墜落事故の原因を作ったのは、アメリカ、イギリス、そしてイスラエルの工作員である〟

いっぽう、表に名前が出ることがないまま、ダガンはいつのまにか、対イラン政策の主たる戦略家となっていた。イスラエルは最後にはイランを全面攻撃するしかないだろうとダガンは考えていたが、それは最後の手段だとも思っていた。

破壊工作は、二〇〇五年二月に始まった。国際メディアは、ディアレムの核施設が、国籍不明機のミサイル攻撃を受けて爆発したと報じた。同月、ブーシェフル近辺で爆発事故が起きた。ロシアの援助で建設された原子力発電所にガスを供給するパイプラインが破壊されたのだった。

テヘラン近郊のパーチン試験場の施設も攻撃を受けた。その試験場では、濃縮ウランを臨界物質へ転換させ、核爆発にいたる連鎖反応を引き起こす装置、いわゆる〝爆発レンズ〟の開発が行なわれていた。イラン地下組織によれば、パーチンの爆発により、秘密研究所は甚大な打撃をこうむったという。

二〇〇六年四月、聖なる場所――ナタンツの中央施設――で、祝いの会が催されていた。科学者や技術者や核計画の各部の長ら大勢がいるのは、遠心分離機が片時も休むことなく動いている地下である。新しく製作された遠心分離機のカスケードの第一回の試験運転を見学しに集まったのだ。全員が、遠心分離機が動きだす瞬間をじっと待っていた。チーフエンジニアが作動ボタンを押すと――大爆発が起き、広々とした地下空間を揺るがした。耳をつんざく音とともにパイプが吹き飛び、カスケードは粉砕された。

核計画の上層部は怒りくるい、徹底的な調査を命じた。そして、〝未知の人物〟が、装置に欠陥部品をひそかに取りつけたらしいことが判明した。アメリカのCBSテレビは、遠心分離機の試験運転の直前に仕掛けられた少量の爆薬が爆発したようだと報道した。

二〇〇七年一月、ふたたび遠心分離機が、精妙な破壊工作のターゲットとなった。西側情報機関は、遠心分離機間のダクトに使われる断熱材を製造するダミー会社を、東ヨーロッパで設立した。国連から制限されているため、イランは、公開市場で製品を購入することができない。そのため、西側情報機関の指示で動くロシア人およびイランの国外追放者によって運営されているダミー会社と契約するしかなかった。断熱材が取りつけられたあとになって、それが欠陥品であり、使用できないものだったとわかった。

二〇〇七年五月になるころには、ジョージ・W・ブッシュ米大統領は、イランの核計画を先延ばしさせるための秘密作戦の開始をCIAに認可する極秘大統領令に署名した。その後まもなく、西側情報機関は、部品や装置や原料の補給路を破壊することを決断した。八月、ダガンは、アメリカ国務次官のニコラス・バーンズと会談し、対イラン政策について話しあった。

それまでの七年間、イラン全土の軍事施設で、不運な事故や妨害行為や爆発事件が繰り返し発生していた。ブーシェフル原発の冷却システムに原因不明の問題が発生し、完成が二年遅れた。二〇〇八年五月には、アラクにある化粧品工場で爆発があり、隣接する核施設にも大きな被害が出た。イスファハンでも爆発があり、ウランを気体化するための複合施設が完全に破壊された。

二〇〇八年と二〇一〇年に、《ニューヨーク・タイムズ》紙は、スイス人技術者のティンナー親子が、リビアおよびイランの核開発計画の内容をCIAに暴露し、一〇〇〇万ドルの報酬を得たと報じた。核技術の違法取引の罪で親子がスイス当局から起訴されたときも、CIAは親子の保護に手を貸した。父親のフリードリヒ・ティンナーと、ウルスとマルコという二人の息子は、ナタンツの施設用に不良品を販売したという。その結果、五〇基の遠心分離機が故障した。ティンナー親子は、ドイツのファイファーバキューム社から圧力ポンプを買い入れ、ニューメキシコ州でそれを改造したのち、イランに売ったのだった。

《タイム》誌は、フィンランドからアルジェリアへ〝材木〟を運搬していた、ロシア人乗組員を乗せたマルタ船籍の〈アークティックシー〉号のシージャック事件にモサドが関与していたと断言した。出港から二日後の二〇〇九年七月二四日、その貨物船は、八人の犯人に乗っ取られた。それから一月たってようやく、ロシア当局は、ロシア軍特殊部隊が貨物船を掌握したと発表した。ロンドンの《タイムズ》紙と《デイリー・テレグラフ》紙は、事件は、モサドの警告メッセージではないかと推測した。記事によると、元ロシア軍士官によってイランに販売されたウランを運ぶ貨物船が航行するという情報が、モサドからロシアへ流れたという。しかし、欧州連合(EU)で海賊行為対策を指揮するクート提督が、《タイム》誌に見解を発表した。提督の意見では、モサドが、ウランを奪うためにシージャックしたというのが納得できる唯一の説明だという。

しかし、絶え間なく攻撃されているにもかかわらず、イランは時間を無駄にしなかった。二〇〇五年から二〇〇八年にかけて、最高機密態勢で、クムに新しく施設を建設した。そこの地下の空間に、三〇〇〇基の遠心分離機を設置する計画だった。とはいえ、二〇〇九年のなかばごろ、アメリカとイギリスとイスラエルの情報機関がクムの施設について精通していることに、イランは気づいた。そして、ただちに対応した。二〇〇九年九月、テヘランは、クムの施設についてＩＡＥＡに報告し、世界を驚かせた。一説では、クムに関する正確な情報を集めた西側スパイ（おそらくはイギリスＭＩ６）一名を捕えたイランは、隠していても無駄だと観念して、施設の存在を発表したといわれている。

一カ月後、ＣＩＡのパネッタ長官は、クムの施設のことは三年前から知っており、その発見にはイスラエルの関与があったと《タイム》誌に語った。

クムの施設の発見によって、三つの組織が秘密連合を組み、イランとの戦いを繰り広げている事実がかいま見えた。CIA、MI6、モサドである。フランスの情報筋によると、その三者は協調して行動している。イラン国内で実行されたモサドの作戦を、CIAとMI6が支援した。二〇一〇年一〇月に起きた多数の爆破事件の犯人は、モサドだった。ザグロス山脈のシャハブ・ミサイルを組み立てているプラントで、一八名のイラン人技術者が死亡した事件もそうだった。またモサドは、イギリスとアメリカの協力を得て、核科学者五名も排除した。

この三者連合は、メイル・ダガンの努力によって確立されたものといっていいだろう。モサドの長官に就任した直後から、ダガンは、組織の全員に、外国情報機関と緊密な協力関係を築くことを強いた。モサドの秘密を外国人に明かすべきでないと補佐官らは反対したが、ダガンははねつけた。そして、「くだらないことを言うのはやめて、一緒に仕事をしてこい！」と尻を叩いた。

イギリスとアメリカ以外にも、ダガンには、イラン国内から貴重な情報を運んできてくれる大切な盟友がいた。イラン反政府組織の幹部だ。イラン国民抵抗評議会の幹部らが、イラン国外で異例の記者会見をひらき、それまで秘密にされてきたイランの核開発計画の中心となる科学者の氏名を明かした。モフセン・ファクーリ・ザデーという四九歳のテヘラン大学の物理学教授だ。謎めいて、とらえどころのない人物だといわれていた。評議会は、ザデー教授に関する詳細を公表した。そこには、一八歳で革命防衛隊に入隊したことや、住所とパスポート番号と自宅の電話番号すら含まれていた。ザデーの専門は、連鎖反応と核爆発を引き起こすために、核爆弾内で臨界状態を持続させる複雑な手順の研究だった。彼のチームは、シャハブ・ミサイルの弾頭に取りつけられるよう、爆弾の小型化も研究していた。

正体を暴露されたザデーはその後、アメリカとEUへの入国を拒否され、保有していた西側の銀行口座を凍結されてしまった。評議会は、ザデーの職務や役割についてすべてを明かし、ザデーと一緒に研究している科学者の氏名や、秘密研究所の場所まで暴露した。独自の目的を追求する〝ある種の情報機関〟が、イラン人科学者に関する事実やデータをこつこつ収集し、その情報をイラン反体制派組織へ漏らし、その組織が西側へ知らせるという構図が、信憑性をもって再び浮かんでくる。正体が暴露されたことにより、ザデー教授の名が暗殺リストに載った可能性があるので、教授はどこかに身を隠すか、西側に亡命するかの選択をせまられたことだろう。

二〇〇七年二月、イスタンブールを訪問中だった元イラン国防副大臣のアリ＝レザ・アスガリ将軍が行方不明になった。イラン核開発計画に深く関与していた人物である。イランの諜報機関が世界じゅうで将軍をさがしまわったが、見つけることはできなかった。それからほぼ四年たった二〇一一年一月、イランのアリ・アクバル・サレヒ外務大臣は、国連事務総長に対し、アスガリ将軍を拉致したのち、イスラエル国内で監禁している疑いがあるといってモサドを告発した。

しかし、ロンドンの《サンデー・テレグラフ》紙の報道によれば、アスガリは西側に亡命したという。彼の亡命を計画し、トルコで身柄を保護したのはモサドだった。のちにアスガリがCIAに対して、イランの核計画に関する貴重な情報を提供したと主張する情報筋もある。

アスガリの失踪から一ヵ月後——二〇〇七年三月——また別のイラン軍高官が姿を消した。イラン国境を越えて秘密作戦を行なっていた、革命防衛隊の特殊部隊〝アルクッズ〟のアミル・シラジである。イランのある筋が《タイムズ》紙に話したところでは、アスガリとシラジに加えて、ペルシャ湾に展開する革命防衛隊司令官のモハンマド・ソルタニの行方が不明だという。

二〇〇九年七月、核科学者のシャラム・アミリが、亡命者のリストに名を連ねた。クムの施設で働いていたアミリは、サウジアラビアのメッカに巡礼の最中に行方不明となった。イラン政府は、アミリの消息の調査をサウジアラビア政府に強く求めた。それから数ヵ月後、アミリはアメリカ本土に現われた。徹底的に情報を引きだされたのち、五〇〇万ドルと新しい氏名と、アリゾナ州の自宅を手に入れて。CIAの消息筋が明らかにしたところでは、アミリは、長年にわたって西側情報機関に〝オリジナルかつ大量の〟情報を渡していた情報提供者だったという。マレクアシュタル工科大学の教授という地位は、長距離ミサイル用の弾頭の設計を研究するための隠れみのだったと、アミリは暴露した。その大学の学長が、ファクーリ・ザデーだった。

アメリカで一年を過ごしたのち、アミリは、イランに帰国することを決意した。おそらく、新生活に順応できなかったのだろう。彼は、CIAに拉致されたことを告白する自作の動画を、インターネットにアップロードした。数時間後、その最初の動画の内容を否定する、別の動画が投稿された。その後、二本めの動画を否定する三本めの動画が作られた。アミリは、アメリカ本土でイランの代理を務めるパキスタン大使館と連絡を取り、イランに帰国したいと申し出た。パキスタン政府は尽力し、二〇一〇年七月、アミリはテヘランに降り立った。記者会見場に現われた彼は、自分を拉致したのち虐待した犯人としてCIAを非難した――そしてまた姿を消した。失態をさらしたCIAを責める声が聞かれたが、CIAの報道官は、「我々は重要な情報を入手し、イランはアミリを取り戻した。これ以上の取引があるだろうか？」と自信たっぷりに言いかえした。

とはいえ、イランには、モサドが送りこんだスパイが数多く存在していた。二〇〇四年一二月、イランは、イスラエルとアメリカに情報を提供していたと思われる一〇名の容疑者を逮捕した。うち三名は、核施設で勤務していたという。二〇〇八年には、また別のモサドのチームを排除したと、イランが発表した。そのチームには、高性能の通信装置、兵器、爆薬を使用する訓練をモサドから受けた三人のイラン国民が含まれていた。二〇〇八年一一月、イスラエルのスパイとして有罪判決を受けた四三歳のアリ・アシュタリが、イランで絞首刑に処された。審理中にアシュタリは、ヨーロッパで三人のモサド工作員と会ったことを認めた。その三人から、現金と電子機器を受けとったとされている。〝モサドの連中は私に、目印をつけたコンピューターや電子機器の積荷を、イランの情報機関へ売りつけたり、私が販売する通信機器に盗聴装置を仕掛けさせようとしました〟と、アシュタリは証言した。

二〇一〇年一二月二八日、テヘランのエビン刑務所の陰鬱な中庭で、アリアクバル・シアダットの絞首刑が行なわれた。イランの軍事力や、革命防衛隊のミサイル計画に関する情報をモサドに流していた男だ。それまで六年にわたって、シアダットは、トルコやタイやオランダでモサドの工作員と会い、会うたびに三〇〇〇ドルないし七〇〇〇ドルの報酬を受け取っていた。今後、逮捕者や処刑はますます増えるとイラン高官は断言した。

しかし、二〇一〇年は、イランの核計画が最大の頓挫を経験した年となった。それは、イランのプラントに、高品質の部品が足りなかったからか？　モサドのダミー会社がイランに売りつけた欠陥部品と金属のせいか？　飛行機が墜落し、研究所が火災にみまわれ、ミサイルおよび核施設が爆発し、政府高官が亡命し、中心的役割をになっていた科学者が死亡し、少数民族のグループが暴動や反乱を起こしたからか？——イランは、それらの事件の原因を（正否はともかく）ダガン率いるモサドのせいにしたのだが。

あるいは、ヨーロッパのメディアの言うとおり、ダガン最後の〝大成功〟作戦のおかげか？　二〇一〇年夏、イランの核計画で使用されていたコンピューター数千台が、コンピューターウイルスのスタックスネットに感染した。世界最強ともいわれるスタックスネットは、ナタンツの遠心分離機を管理するコンピューターを攻撃し、大混乱を引き起こした。その複雑な構造からして、豊富な資金を持ち、大勢の専門家をかかえるグループによって開発されたウイルスであることはまちがいなかった。そのウイルスの特徴の一つは、ある特定のシステムだけを標的とし、それ以外のものに損害をあたえない点である。また、コンピューター内に存在していることを気づかれにくい。システムに侵入したウイルスは、だれにも気づかれずに遠心分離機の回転速度を変え、無用な生成物を作りだす。それほど高度なサイバー攻撃の能力を備えた国として、まず挙がるのがアメリカとイスラエルだ。

アフマディネジャド大統領は、スタックスネットの影響など取るにたりないものだという印象を与えるため、イラン政府は事態を掌握したと宣言した。ところが、二〇一一年初頭の時点で、イラン国内の遠心分離機の約半数が作動不能だった。

モサドは、長年にわたって、多方面で絶え間ない攻撃を繰り返し、イランの核計画を遅らせてきたといわれている。外交圧力と国連安全保障理事会による制裁。反拡散――イランに、爆弾製造に必要な原料を入手させないこと。経済戦争――自由世界の銀行に、イランとの取引を禁じること。政治不安をあおり、反政府組織を支援し、また、イランの人口の五〇パーセントを占めるクルド、アゼルバイジャン人、バルーチ、アラブ、トルクメンの少数民族を分断することにより政権を交代させること。そして最も直接的な手段として、イランの計画に対する非合法な特別作戦である。

しかし、モサドがどれほど優秀であっても、また、どんな大きな協力を得られたとしても、その計画を永久に止めることはできなかった。「つまりダガンは、ジェイムズ・ボンドなのだ」ある有力なイスラエル人評論家はそう語ったが、この場合、ジェイムズ・ボンドでさえ世界を救うことはできなかった。せいぜい、イランの計画の歩みを遅らせただけだ。かつてペルシャ帝国があった場所に核大国を作りあげるという野望を終わらせるには、イラン政府自身がそう決断するか、または、外国による大規模攻撃しかない。

とはいえ、ダガンがモサド長官に任命されたとき、専門家たちは、イランは二〇〇五年に核保有を達成するだろうと予言した。その時期は、二〇〇七年、二〇〇九年、二〇一一年と先に延ばされた。そして、二〇一一年一月六日に長官職を辞任したダガンは、国民にメッセージを送った。イランの計画の完成は、少なくとも二〇一五年まで延びたことを伝え、過去八年間に大きな効果をあげてきた行動と対策を続けることを、また、イランに対する軍事攻撃を凍結することを推奨した。短剣の刃が我々の肉に食いこんできたときに、攻撃すればよい。そのときまで四年の余裕がある。

ダガンのモサド長官としての任期は、八年半におよんだ——歴代長官の中で最長である。後任は、歴戦のモサド士官のタミル・パルドだ。一九七六年、ウガンダのエンテベ国際空港で行なわれたハイジャック機の人質救出作戦の中心人物だった故ヨニ・ネタニヤフ中佐の右腕であり、新テクノロジーにくわしく、独創的で型破りの作戦を立案する男である。

パルドにバトンを渡すときに、ダガンは、頼るものも、万一のときに救ってくれるものもだれもいない敵国で作戦活動する、モサド工作員たちの恐ろしいまでの孤独感について切々と語った。また、自分が犯したミスを率直に認めた。最も大きなミスは、ハマスによって五年前に拉致されたイスラエル兵のギルアド・シャリートの監禁場所を見つけられなかったことだという。そういった失敗にもかかわらず、功績を認められて、ダガンは、モサド最高の長官と称えられている。ベンヤミン・ネタニヤフ首相は、〝ユダヤの人々を代表して〟ダガンに感謝の言葉を述べ、心をこめて彼を抱きしめた。イスラエルの閣僚たちが自然に立ちあがり、六五歳の長官に拍手喝采したのは、過去に例のないことだった。ジョージ・W・ブッシュは個人的に書簡をしたため、ダガンに敬意を表した。

だが、ダガンに対する最大の賛辞は、イスラエルに対する痛烈な批判で知られるエジプトの日刊紙《アルアハラム》紙から、その一年前に送られたものだろう。二〇一〇年一月一六日付の新聞に、著名なアシュラフ・アブ・アル＝ハウル記者の記事が掲載された。〝ダガンがいなければ、イランの核開発計画は、数年前に完成していただろう……イラン政府は、核科学者のマスード・アリ＝モハマディの死の黒幕を知っている。イランの国家指導部で、キーワードが『ダガン』であることを知らないものは一人もいない。モサド長官の名は、一般にはあまり知られていない。彼は、メディアの喧騒から遠く離れ、静かに活動する。しかし、この七年間で、彼はイランの核計画に痛烈な攻撃をくわえ、その前進をくいとめてきた。

中東地域で実行された大胆な作戦の多くは、モサドによるものである〟。そしてアル＝ハウル記者は、シリア、ヒズボラ、ハマス、イスラム聖戦機構に対する手柄を挙げた。

〝この働きにより〟彼は結論づける。〝ダガンは、イスラエルのスーパーマンとなった〟。

一九四八年五月にイスラエルの秘密諜報機関が誕生したときには、スーパーマンなどどこにもいなかった。いたのは、パレスチナのユダヤ人地下民兵組織ハガナーの情報部門〝シャイ〟でスパイ行為や秘密作戦を多数経験してきた少数の古参兵だけだ。そして、誕生して一年めに、地味だが献身的な覆面戦士から成る、生まれたての軍事諜報機関を震撼させる事件が起きた。のちにツビヤンスキ事件として知られるようになる、暴力と抗争と流血の残虐な事件である。

第3章　バグダッドの処刑

〝大イサル〟とも呼ばれるイサル・ベーリは、薄い白髪頭の、ひょろりとした長身の男だった。深くくぼんだ黒い目に濃い眉がおおいかぶさり、薄い唇には、しばしば冷笑が浮かんでいる。ポーランド生まれのベーリは、禁欲的で清廉潔白な控えめな男という評判だった。ところが、ライバルたちは、彼は危険な誇大妄想狂だという。ベーリは、長くユダヤ人地下民兵組織ハガナーに属し、ハイファの民間建設会社の役員でもあった。一匹狼で、無口で、人づきあいが嫌いで、バットガリムという海辺の村の吹きさらしの場所に建つ小さな一軒家で、妻と息子と暮らしていた。

イスラエルの建国直前、ベーリは、ハガナー内のシャイと呼ばれる情報部の部長に任命された。一九四八年五月一四日に国の独立が宣言されると、イスラエルは、周囲のアラブ諸国から激しく非難された。そしてベーリは、新しく設立された秘密情報部の長に任じられた。左翼の労働運動に参加していたベーリには、政治関係の豊富な人脈があった。友人や同僚は、イスラエルを守るために献身的に働くベーリを褒めたたえた。独立のための戦争は、一九四九年四月まで続くことになる。

しかし、ベーリが秘密情報部長となってまもなく、奇妙かつ残虐な――一見関連性のなさそうな――事件が続発した。

カルメル山のふもとの小渓谷で、ハイカーのカップルが、身の毛がよだつようなものを見つけた。ハチの巣のように銃弾を浴び、半分焼かれた死体である。死体の身元は、情報提供者であるアラブ人のアリ・カセムと判明した。犯人はカセムを射殺し、死体を焼いたのだ。

それから数週間後、ベングリオン首相との秘密会談で、ベーリは、マパイ党――ベングリオンが所属する政党――の有力指導者であるアバ・フシを、イギリスのスパイを働く国賊だと告発した。ベングリオンは仰天した。イスラエルの建国以前、パレスチナを支配していたのはイギリスだった。ハガナーは、ユダヤ人社会の締めつけに対する地下抵抗運動を展開していた。イギリス情報部は、幾度となく、ユダヤ人指導部内にスパイを送りこもうとしてきた。しかし、ユダヤ人社会の精神的支柱であり、ハイファの労働者のカリスマ的指導者であるアバ・フシがスパイだと？　ありえないことに思えた。最初、内情に通じたイスラエル首脳部は憤慨し、ベーリの告発をしりぞけた。だが、ベーリは、一九四八年五月にハイファの郵便局から、イギリス情報部によって発信された極秘電報二通を入手していた。そして、その電報をベングリオンのデスクに広げた――フシの裏切りを物語る、反論の余地のない証拠として。

同時に、ベーリは、フシの友人のユレス・アムステルの逮捕を命じた。そして、アムステルを、ハイファ郊外のアトリットにある岩塩鉱へ連れてゆき、七六日間にわたって虐待と拷問を繰り返し、フシが卑しむべき国賊であることを認めるよう圧力をかけた。アムステルはあくまで認めようとはせず、最後には、心身ともにぼろぼろの状態で釈放された。歯は抜け、両脚は傷だらけで、その後数年間は恐怖にうなされたという。

一九四八年六月三〇日、テルアビブの市場で買い物をしていたメイル・ツビヤンスキ大尉が逮捕され、占領されたばかりのアラブ人の村ベトギッへ連行された。ツビヤンスキがエルサレムにいたとき、最高機密情報をあるイギリス人へ漏らしたことがあった。イギリス人は、その情報をヨルダン軍に流した。ヨルダン軍はその情報をもとに、エルサレムの戦略的な拠点を激しく砲撃した。一時間とかからずに終わった略式軍法会議で、ツビヤンスキは、アラブ人のスパイであると告発され、有罪の判決を受け、死刑を宣告された。急ごしらえの銃殺隊が、愕然とするイスラエル兵の一団の目の前でツビヤンスキを処刑した(ツビヤンスキは、アドルフ・アイヒマンをのぞき、イスラエル国内で処刑されたただ一人の人物だろう)。

死因や虐待に関して調査を進めた結果、犯人が浮かびあがった。イサル・ベーリである。ベーリは、アリ・カセムを二重スパイと思いこみ、カセムの暗殺を命じたのだ。アバ・フシを陥れたのもベーリだった。複数の調査官によれば、ベーリは、フシを個人的に恨んでいたという。罪悪感にかられた情報部勤務の主犯が、ベーリから直接命じられてアバ・フシの関与を示す電報を捏造した、と上官に白状しなかったなら、ベーリの試みは成功していたかもしれない。

さらに、ツビヤンスキ大尉を早計に逮捕し、処刑する命令を下したのもベーリだった。

ベングリオン首相は迅速に対処した。ベーリは、軍法会議ののち民間の裁判にかけられ、階級を剝奪され、イスラエル国防軍を不名誉除隊となり、アリ・カセムおよびメイル・ツビヤンスキの処刑事件で有罪を宣告された。

イスラエル政府首脳部は当惑した。ベーリのとった手法は、悪名高いKGBのものとそっくりだったのだ。彼の陰険な性格と、捏造と虐待と殺人の命令は、イスラエルの倫理的また人間的信条の汚点となった。

ベーリの事件は、秘密情報部に醜い傷跡を残し、その発展に決定的な影響を与えた。もしもこれらの事件が戦時中に起き、文民指導部がベーリを処分していなければ、イスラエルの情報機関は、まったく別の性格を帯びていたかもしれない。でっちあげ、証拠捏造、虐待、殺人を常套手段とするKGBのような組織になっていてもおかしくなかった。ただし、そののち、ベーリがとった手法は禁じられることになる。情報機関は、自分たちが行使する権力に限界をもうけ、個人の人権を保障する法的また倫理的行動原則にもとづいて、作戦にあたることになった。

ベーリが消えたあと、別の男が、イスラエルの闇世界の舞台にあがった。ベーリと対極の男、ルーベン・シロアッフである。

物腰が柔らかく、無口な四〇歳のルーベン・シロアッフは、謎に包まれた男だ。豊かな文化に育まれた彼は、鋭く論理的な知性に恵まれていた。中東に住むアラブ人の部族の伝統や、支配部族、一時的な提携、跡継ぎ争いについて広範かつ深い知識の持ち主でもあった。シロアッフが、ダヴィド・ベングリオンの政治顧問を務めていたとき、ファンの一人から、〝ベングリオンのチェス盤上のクイーン〟と呼ばれていた。策士で名高いフランスのリシュリュー枢機卿にたとえるものもいる。または、明敏な人心操作士、人形使いの名人、舞台裏で巧みに糸を引く男と見るものもいる。シロアッフは、秘密任務と覆面調査に人生をささげてきたのだ。

上品で優雅なシロアッフは、宗教指導者（ラビ）の息子として、エルサレム旧市街で生まれた。つねにこぎれいに正装した、頭のはげかかった若者は、イスラエル建国のはるか以前に、任務のためにバグダッドへと旅立った。イラクで、ジャーナリストと教師を装って三年間暮らし、その国の政治について研究した。第二次世界大戦時には、ヨーロッパのナチス占領地で破壊工作に従事するためのユダヤ人特殊部隊の設立を、イギリスに働きかけた。そして、ユダヤ人特殊部隊二個を立ちあげた。一つは、ドイツ軍の兵器と制服を使用し、ヨーロッパの敵陣内で大胆な任務を行なうドイツ大隊。もう一つは、アラビア語を話し、アラブ人のようになりをし、アラブ軍の陣地の奥で活動する訓練を受けたアラブ大隊である。また、イギリスを説得して、パレスチナで募ったユダヤ人志願者を、ヨーロッパの占領地へパラシュート降下させ、ナチスに抵抗する地下組織を結成させた。さらにシロアッフは、ＣＩＡの前身であるＯＳＳ（戦略事務局）との連携を確立した最初の人間だった。イスラエルの独立戦争前夜、彼は、近隣のアラブ諸国の首都を駆けまわり、非常に貴重な収穫を持ち帰った。アラブ軍の侵攻計画だ。

シロアッフの徹底的な秘密主義は、数多くの伝説を生んだ。彼がタクシーを呼ぶのを見て、友人たちは冗談を言ったものだ。「どちらへ?」と運転手が訊く。シロアッフは答える。

「国家機密だ」

独立戦争時、シロアッフは、外国政治情報部を率いていた。それは、イスラエル建国前に多数設立された、いわゆる独立情報グループの一つである。だが、一九四九年一二月一三日、ベングリオンは、〝国家の情報部を統一し調整する機関(モサド)〟を設立し、シロアッフに指揮せよと命じた。

けれども、モサドの誕生まで、さらに二年の歳月とさまざまな議論を要した。これまで外国の情報を収集してきたのは、政治局と呼ばれる情報部だった。豊富な予算と華やかな生活を楽しんでいた部員たちは、その部が解体され、モサドに編入される計画を耳にすると、それを嫌い、イスラエルのための情報収集を拒んだ。そのことを叱責され——大勢が解雇されてようやく、シロアッフはモサドを設立したのだった。

その名称はいずれ、情報および特殊作戦機関と変更されることになる。モットーには、旧約聖書の箴言一一章一四節の〝導かなければ民は滅びる、救済は賢明な助言の中にある〟が選ばれた。

しかし、モサドを唯一無二の機関にしたのは、新しい名称でもモットーでもなかった。シロアッフは、その機関に特別な未来を託そうと決意していた。そしてモサドは、イスラエルの権力機関というだけでなく、全ユダヤ人のための機関となる。初年度の入局者に対し、シロアッフは次のような訓示を与えた。〝情報機関としての役割のほかに、我々にはもう一つ大きな仕事がある。居場所に関係なく、ユダヤの人々を守り、イスラエルへの移住を準備することだ〟。その発言の通り、後年モサドは、ユダヤ人社会が危険にさらされている土地で、自衛部隊の編制にひそかに協力した。カイロ、アレクサンドリア、ダマスカス、バグダッド、南アメリカの複数の都市などだ。闘志にあふれたユダヤ人の若者が内密にイスラエルへやってきて、陸軍とモサドで訓練を受けた。また、武器が、政情の安定しない国または敵国にこっそり持ちこまれて隠された。地元のユダヤ人は、暴徒や不正規の武装グループの攻撃から──少なくとも、政府軍または国際機関の救援が届くまで──ユダヤ人社会を守るために、自衛部隊を編制した。

一九五〇年代、モサドは、中東のアラブ諸国やモロッコに住んでいたユダヤ人数万人をイスラエルへ導いた。八〇年代には、ホメイニ支配のイランから出られなくなったユダヤ人の救出の段取りを整え、エチオピアのユダヤ人をイスラエルへ集団移住させた。ところが、イラクで初めての秘密作戦を行なっている最中に、災難が襲った。

バグダッドのラシド通りにあるオロスディバクという大型デパートのネクタイ売り場で、アサドという若者が働いていた。イスラエル軍にアクレの街が占領されたのち、アサドは故郷を捨て、パレスチナ難民となった。アクレを離れる直前、病気になった従兄に代わって、軍政府長官公邸の近くにあるカフェでウェイターとして働いた。一週間ほど、濃厚なトルココーヒーのはいった小さなカップを、きれいな真鍮のトレイにのせて公邸敷地内の建物の廊下を歩き、イスラエル軍の士官たちに配達した。若い士官数人の顔が、彼の記憶に残った。

一九五一年五月二二日、デパートの中を歩く客を見ていたアサドは、ある顔に気がついた。そんなはずはない、最初はそう思った。ありえない！ だが、その男に見覚えがあった——その日着ていたような夏用のシャツとズボンではなく、カーキ色の制服姿の男を。アサドは急いで警察に通報した。「イスラエル軍の士官を見ました！ このバグダッドで！」

警察は即刻、ヨーロッパ人風の男を逮捕した。一緒にいたのは、眼鏡をかけて痩せた、目立たないユダヤ系イラク人だ。その男は、ユダヤ・コミュニティーセンターで働く公務員のニシム・モシェと名乗った。「昨日行ったコンサートでこの観光客と出会ったんです」モシェは説明した。「デパートを案内してほしいと頼まれました」警察本部へ連行されたあと、二人は別室に入れられた。イラク警察は、イスラエル人と思われる同行者について、モシェを徹底的に尋問した。モシェは、当初の説明を変えなかった。あの観光客とは昨日会ったばかりで、よく知らない人間だと。警察署の暗い地下室で、尋問官らは、モシェの手足を縛り、殴りつけ、殺すぞと脅した。だが、その男はなにも知らないようだった。一週間後、警察は、ニシム・モシェは無関係と断定し、釈放した。

もう一人の男は、自分はイスマイル・サルフンというイラン人だと繰り返し、イランのパスポートを見せた。しかし、警察は彼を拷問し続けた。男はイラン人らしく見えず、ペルシャ語を一言も話さなかったのだ。ついに、最初にその男の正体に気づいたアサドと対面させることになった。「彼を見たとき、血管の中で血が凍りついた」のちに容疑者は語った。彼は抵抗するのをあきらめ、イスラエル軍のイェフダ・タガル大尉だと白状した。警察はタガルを自宅アパートに連れてゆき、家具を破壊し、壁を調べたのち、隠してあった資料を発見した——大量の書類が、デスクのひきだしの底にテープで留めてあったのだ。

そして、悪夢がはじまった。タガルにとってだけでなく、バグダッドのユダヤ人社会全体にとっての悪夢が。

ユダヤ人とイスラエルの秘密組織多数が、バグダッドで活動していた。そこには、違法移住部隊や自衛団や、シオニストや青年運動も含まれていた。イスラエル建国以前に作られた組織もあった。バグダッド周辺には、武器と資料が保管された秘密基地が多数存在していた。中心的なマスーダシェムトフ・シナゴーグ内にも保管されていた。それらにくわえて、モサドの設立に先がけて、いくつかのスパイ網が作られていた。それらは渾然としていて、どれか一つが倒れれば、次々と影響が及ぶことになりかねなかった。イラクのユダヤ人は、爆薬樽に腰かけているも同然だった。イラクは、誕生まもないイスラエルの最大の敵だった。休戦協定を結ぶのを拒否した唯一の国だ。ユダヤ人の秘密組織のメンバー全員が、イラクは容赦しないだろうから、タガルの命は危機に瀕しているとわかっていた。

こうした事情から、タガルは、スパイ網とそれ以外の組織を分離させるべく、バグダッドに派遣されたのだった。パルマク精鋭部隊の元士官で二七歳のタガルは、前髪を逆立てた愛想のよい男だ。これが初めての外国任務だった。逮捕される前は、自分が率いるネットワークから他のグループを分離させるために身を粉にして働いていたが、にもかかわらず、部下数人はいまだ、他グループの秘密活動に従事していた。真正の英国のパスポートを所持し、関連のないネットワークを運営していたイスラエル人のペテル・ヤニフ（ヒンドゥーのロドニー）も、タガルと接触を続けていた。

タガルからの連絡は、バグダッドで活動する全グループを統括する最高指揮官経由でテルアビブへ送られていた。最高指揮官の正体はだれも知らなかった。表向きはザキ・ハビブと名乗っていたが、実はモルデカイ・ベンポラトというイラク生まれのイスラエル人で、イスラエル独立戦争では士官として戦った。そのころ出会った女性との結婚を控えていたので、バグダッドに戻る気はなかったのだが、情報コミュニティーの圧力に屈して、この危険な任務を引き受けたのだった。

タガルが逮捕された数日のうちに、秘密組織網はすべて崩壊した。イラク特別警察隊によって、多数のユダヤ人が逮捕された。尋問に屈し、アジトへ案内させられたユダヤ人もいた。諜報活動にたずさわるユダヤ人を特定する資料が見つかった。マスーダシェムトフ・シナゴーグの敷石の下から、武器の巨大貯蔵所が発見された。死者一七九名、負傷者二一一八名、女性数百名が強姦された一九四一年のユダヤ人大虐殺事件のあと、長年かけて築かれてきた武器庫だった。貯蔵されていた武器の多さに、イラク側は驚愕した。手榴弾四三六発、自動拳銃三三挺、リボルバー一八六挺、機関銃の弾倉九七個、コマンドナイフ三二本、実弾二万五〇〇〇発。

イラク側の厳しい尋問が進むにつれ、ある氏名がひんぱんに聞かれるようになった。地下組織の謎の最高指揮官、ザキ・ハビブである。その男は何者だ？　どこにいる？　ようやくのことで、ある聡明な若い刑事がつながりを見つけた。ザキ・ハビブは、ニシム・モシェという男にほかならない。タガルと共に逮捕され、その後釈放された目立たない男だ。警察は、モシェの自宅を手入れした――が、無人だった。バグダッドじゅうで大規模な捜索作戦が行なわれたが、ザキ・ハビブは見つからなかった。

実はハビブは、警察が想像もしない場所にいた。留置所である。

タガルと一緒に逮捕され釈放されてから二日後、玄関ドアを騒々しく叩く音で、ザキ・ハビブことモルデカイ・ベンポラトは目を覚ました。「あけろ、警察だ！」という声がした。

ベンポラトは、万事休すだと思った。自宅に裏口はなく、助けてくれそうな人間はバグダッドに一人もいない。それに、わかっていたことがある――彼のような地位の男に、イラクの法廷が出す判決はたった一つ――絞首刑だ。ベンポラトは観念して、ドアをあけた。外に、警官二人が立っている。「おまえを逮捕する」一人が告げた。

ベンポラトは、驚いたふりをした。「おれが何をした？」

「いや、大したことじゃない」その警官は答えた。「自動車事故だよ。さあ、服を着ろ」

ベンポラトは、自分の耳が信じられなかった。数カ月前の交通事故のことをすっかり忘れていたのだ。裁判所の召喚状を無視したせいで、イラクの裁判所に引きずりだされることになった。裁判は迅速で、一時間とかからなかった。判事は、二週間の留置所入りを命じた。というわけで、イラクの警察が全面警戒態勢で彼を捜索しているとき、ザキ・ハビブは、バグダッドの留置所で社会に対する罪を償っていたのだ。

二週間後の釈放の直前に、警察本部へ出向いて、指紋採取と顔写真を撮影することになった。それが実行されれば、破滅はまぬかれない。ベンポラトがザキ・ハビブであると特定されれば、今度は二週間の監禁刑ではすまない。やや離れた警察本部までのバグダッドの通りを、二人の警官に付き添われて彼は歩いた。途中、異国情緒たっぷりのシュルジャ市場を通った。ねじまがった細い路地に小さく暗い店がひしめき、客引きの声がする。彼はそこで警官二人を押しのけ、人ごみに飛びこんで姿を消した。警官は、彼を追いかけようともしなかった。一時間とたたないうちに釈放される男を、どうしてわざわざ追いかける必要がある？

ところが、逃亡事件が報告されたとたん、大騒動になった。イラク一のお尋ね者ザキ・ハビブを逃がしたとは！　反体制派メディアが政府の失態を嗅ぎつけ、センセーショナルな見出しで攻撃した。〝ハビブはどこだ？〟新聞はそう問いかけたのち、答えを示した。〝ハビブは――テルアビブにいる！〟

イスラエルのテルアビブでは、ハビブことベンポラトの上官らによって、周到な脱出計画が用意された。ベンポラトが知人宅に身を隠しているあいだに、大胆な作戦が実行に移されていた。当時、イラク在住の全ユダヤ人を、キプロス経由でイスラエルへ輸送するという大規模な空輸作戦が展開中だった。毎晩のように離陸する大型機で、合計およそ一〇万人のユダヤ人がイラクを離れることになる。

六月一二日の夜、いちばん上等の服を着たベンポラトが、タクシーを呼びとめた。服にアラクという蒸留酒を振りかけ、アルコールの匂いをぷんぷんさせた彼は、後部座席にくずれるように乗りこみ、眠ったふりをした。バグダッドの空港に近い裏通りで、運転手の手を借りて酔っぱらいが車からおりると、タクシーは走り去った。まわりに人がいないことを確認してから、ベンポラトは空港のフェンスへ走り――金網が切られている場所は正確にわかっていた――敷地内へ忍びこんだ。ユダヤ人を乗せた一機が地上滑走をはじめた。不意に、その機のライトが管制塔に向き、管制官の目を一瞬くらました。飛行機は速度をあげている。地面から三メートルほどの高さにある後部ドアがスライドしてひらき、ロープがおりてきた。暗がりから飛行機に向かって走ってきたベンポラトがロープをつかむなり、機内に引きあげられた。直後、飛行機は離陸した。地上係員も乗客も、アクション映画顔負けの脱出劇に気づかなかった。

街の上空を飛んでゆく飛行機が、ライトを三度点滅させた。「神をたたえよ」屋根の上に集まった男たちがつぶやいた。ライトは、友人が無事に帰途についたことを知らせる合図だったのだ。

数時間後、ハビブはまさにテルアビブにいた。

愛する女性と結婚した彼は、数年後に政治家に転身し、国会議員に、そして閣僚となり、こんにちでは、イラク系ユダヤ人の指導者としてイスラエルで尊敬を集めている。

イラクに残されたものたちは、それほどの幸運に恵まれなかった。多数のユダヤ人が逮捕され、殴られ、虐待された。タガルほか二一人は、破壊活動を行なった罪で裁判にかけられた。バグダッド出身のユダヤ人シャロム・サラクとヨゼフ・バツリの二人は、爆発物と武器所持の罪で告発され、死刑を宣告された。

裁判がはじまる直前、タガルが深夜に目を覚ますと、独房に警官が大勢詰めかけていた。

「今夜、おまえは絞首刑にかけられる」主任捜査官はそう宣言した。

「裁判もせずに、人を絞首刑にできるはずがない！」タガルは抗議した。

「そう思うか？　おまえのことはすべてわかっている。おまえはイスラエルの士官で、スパイだ――それだけわかっていれば充分だ」

顎鬚を生やしたラビがはいってきて、タガルのそばに腰をおろし、詩篇を読んだ。午前三時半、タガルは処刑室に連れていかれた。警官たちに囲まれて、彼は放心状態で歩いた。わずか数週間前、エルサレムにいる家族を訪ね、ここに来る途中で、パリとローマで楽しい時間を過ごした。そして今、ロープの先にぶらさがろうとしている。

タガルは、数枚の書類に署名させられ――こんな時でも、お役所仕事だ――そのあと、絞首刑執行人が、彼の指輪と腕時計をはずした。タガルは、遺体をイスラエルへ送ってほしいと要求した。執行人は、タガルを落とし戸の上に立たせ、両足に砂袋を結びつけた。そして、彼に背を向けさせ、首に輪縄をかけて、落とし戸の操作ハンドルを握った。黒い頭巾を頭にかぶせようとしたが、タガルはそれを拒否した。執行人は、死のうとしている男の前で、数人の男たちと一緒に立っている指揮官の顔を見つめている。タガルは、家族のこと、生まれ故郷エルサレムのこと、今後も続くはずだった人生のことを考えた。首の骨が折れることを考えたら、激しい不安にさいなまれた。

やぶからぼうに、士官たちが部屋から出ていった。タガルは、落とし戸の上から引き戻された。執行人が顔をしかめ、今夜分の手当てはもらえないとぶつぶつ文句を言いながら、彼の足から砂袋をはずした。死なないですむことがわかって、彼は仰天した。すべてがわなだったのだ。精神を参らせ、共犯者についてさらなる詳細を白状させる計略だったのだ。タガルは歩いて独房へ戻りながら、イラクの刑務所では死なない自分を確信した。仲間が、きっとここから連れだしてくれる。

裁判で死刑を宣告されたものの、すぐに終身刑に減刑された。バツリとサラクは処刑された。共に過ごした最後の晩、タガルは二人を元気づけようとした。

やがてタガルは、悲しみの道（ビア・ドロロサ）を歩みはじめた。イラク国内のいくつもの刑務所をたらいまわしにされ、殺人犯や政治犯、そしてサディスティックな看守に囲まれながら、なぜか、自分は捕われの身のままでは死なない、いつの日か自由の身になれると信じつづけた。

結局、九年待つことになった。一九五八年、アブドゥル・カリム・カセム将軍がクーデターを起こし、イラク首相と王族を殺害して権力の座についた。ところがその二年後、こんどは将軍の側近数人が、将軍殺害を画策した（実行はその数年後）。その計画を嗅ぎつけたモサドは、即座にカセムの支持者との連絡窓口を設置し、話をつけた。陰謀に加担する人々の氏名を明かすから――それと引き換えに、イェフダ・タガルの身柄を渡してほしい、と。

暗く陰気な独房にいたタガルのところに、カーキ色の服を持った看守たちがやってきた。

「着替えろ！　これからバグダッドへ行く」

わけのわからないタガルを乗せた警察車が、王宮へはいっていった。多数の兵士に付き添われて、広大な執務室へ連れてこられた。凝った装飾をほどこされたデスクの奥に座っている人物に見覚えがある――カセム大統領本人だった。そのとき、タガルははたと気づいた。釈放されるのだ！　カセムは、イスラエル人の顔をじっと見つめている。しばらくしてようやく口をひらいた。「イラクとイスラエルのあいだで戦争が起きたら、きみは我々と戦うか？」

「母国へ帰ったなら」タガルは答えた。「イスラエルとアラブ諸国との理解を深め、平和を推進するために、私にできることをすべてするつもりです。ですが、戦争が起きれば、私はイスラエルのために戦います。あなたがご自分の国のために何度も戦ってきたように」

カセムは、その返事を気に入ったにちがいない。彼は立ちあがった。「国に帰ったら、いまのイラクは独立した国家だと、お国の人々に知らせてほしい。もはや帝国主義の犬ではないと」

タガルは、車で王宮から空港へ連れていかれた。そのときも、この現実をまだ信じられずにいた。レバノンの首都ベイルート行きの飛行機に乗せられ、そこでキプロスの首都ニコシア行きに乗り換え、最後にイスラエルに到着した。空港で、友人や同僚が待っていた。彼らは、打ちひしがれた人間の残骸を予想していたようだ——が、飛行機から降りてきた男は、九年以上前に見たのと同じ、はつらつとして陽気な笑顔を浮かべていた。どうやって生きのびたのか、と彼らは訊いた。どうやって正気と気力を保つことができたのか？　「きみたちが、あそこから私を出してくれるとわかっていたからさ」タガルは簡単に答えた。

タガルを帰国させるまで、モサドの長官たちは、創設当初の方針の一つをかたくなに守った。国民を生きて取り戻すためなら、努力と手段と犠牲を惜しむなかれ。

イスラエルに帰国したタガルは結婚して家族を作り、外交官として外国で華々しく活躍したのち、大学教授となった。

シロアッフは、バグダッドの悲劇的事件にいっさい関与しなかった。だが、一九五二年末、辞任した。イスラエルの秘密諜報機関という闇世界に新たに出現したスターが、シロアッフの後任に決まった。

小イサルである。

第4章 ソ連のスパイと海に浮かんだ死体

ゼーヴ・アヴニは、モサドの工作員になりたいと強く思っていた。

一九五六年四月のある雨の日、アヴニはモサド本部にやってきた。ここを出るときには、モサドの職員となっていたいと心から願いながら。長年、選ばれた少数の一人になれるよう努力してきた彼にとって、それは人生最大の目標だった。

ラトビアの首都リガでウォルフ・ゴールドシュタインとして生まれ、スイスで育ち、スイス陸軍の一員として第二次世界大戦で戦ったのち、一九四八年にイスラエルに移住した。ヘブライ語のゼーヴ・アヴニと名を変え、ハゾレア集団農場（キブツ）で二年間暮らしたあと、外務省に入省し、ブリュッセルに赴任した。容姿に恵まれ、博識で、数カ国語を流暢に使いこなすアヴニは、物腰や勤勉さもさることながら、どんな仕事でもいやがらず、とくにモサドに関係した仕事には積極的に志願し、上司に気に入られていた。外交官の密使が必要なとき、どこかの都市に急に旅しなければならないとき、ヨーロッパの町でひそかに活動するモサド工作員に極秘文書を届けなければならないとき、アヴニが最初に任務を買ってでた。モサドにたびたび協力するうちに、非公式ではあるが、在ヨーロッパのモサドの一員として認められるようになった。彼がユーゴスラビアの首都ベオグラードのイスラエル大使館に転勤すると、その協力関係はいっそう濃密になった。アヴニは、ベオグラードにモサド支局を設立してはどうかと提案する書簡を、当時のモサド長官であるイサル・ハルエル宛てに何通も送った。ハルエルは拒否した。ユーゴスラビアに支局など必要ない、と。アヴニはあきらめなかった。一九五六年四月、私用でイスラエルに帰国したアヴニは、長官に面会を申し込んだ。要求は認められ、アヴニは、イサル・ハルエルに生まれて初めて会うことになった。

アヴニは緊張し、胸を高鳴らせて、テルアビブの旧ドイツ植民地地域にある古い邸宅へはいっていった。モサド長官となってまだ四年弱のハルエルだが、すでに伝説的人物となっていた。この小柄で謎めいた男を、人々はあがめ、恐れた。彼に関する噓か真かわからない話が、モサド本部の薄暗い廊下を飛びかった。〝小イサル〟――悪名高い〝大イサル〟と区別するため――というあだ名で呼ばれていたハルエルについて、アヴニはさまざまな話を耳にしてきた。頑固で、無愛想で、ずばぬけた直感力を持つという噂のある小イサルと顔を合わすことに、アヴニは不安をいだいていた。

しかし、修道院のような執務室にアヴニを迎えてくれた、カーキ色のスラックスと半袖のシャツに身を包んだ、頭髪のない痩せて小柄な男は、穏やかで親切だった。長官は、アヴニの意識の高さと政情に関する理解力に感心したと打ち明けた。そして、いまイスラエルに帰国している理由を尋ねた。アヴニは、最初の結婚でできた娘から、会いにきてほしいと頼まれたからだと説明した。

「娘は何歳だ?」ハルエルはにこやかに尋ねた。

「八歳です」

「八歳だと?」驚いているようだった。幼い娘に呼びつけられたというだけで、外国の赴任地から外交官があわてて帰国したことを、意外に思っているらしい。そこでアヴニは、先妻と娘と、現在の妻との複雑な関係について詳しく説明しようとした。するとハルエルはいらついて、彼の話をさえぎり、ベオグラードにモサド支局を作る計画はないと告げた。アヴニの身の振り方に関しては、「きみがユーゴスラビアでの任期を終えたときに、また話しあおう」とのことだった。アヴニはすっかり打ちのめされた。

ところが、執務室を出ていこうとしたアヴニに、ハルエルは、二日後にもう一度会おうと申しでた。「だが、この建物は人の出入りが多すぎて使えない。市街地にある秘密の事務所で会おう。運転手に案内させる」

まだ希望はある、とアヴニは思った。でなければ――ハルエルが再度会おうとするだろうか?

二日後、アヴニは、テルアビブ中心部にある、これといって特徴のないアパートメントにはいっていった。いまの彼に、ハルエルを恐れる理由はなかった。なんといっても、最初の面談のときのハルエルは好意的だったのだから。

出迎えてくれたハルエルに、広々とした部屋に通された。むきだしの壁、デスク、椅子二脚、よろい戸を閉めたままの窓。アヴニが腰をおろすなり、ハルエルの態度が一変し、怒りくるった雄牛のようになった。顔をゆがめて、両手の拳をデスクに叩きつけ、怒鳴ったのだ。「ソ連のスパイめ！　白状しろ！　白状するのだ！」たたみかけるように言った。「吐け！」握りしめた手をデスクに打ちつけながら叫んでいる。「ソ連から送りこまれたことはわかっている！　おまえがスパイなのはわかっている！　本当のことを話せ！」

肝をつぶしたアヴニは、身動きできずにいた。一言の反論もできなかった。

「観念しろ！　協力するなら助けてやってもいいが、協力しないなら……」

アヴニの胸の奥で、心臓が激しく打っていた。全身が冷や汗にまみれ、舌は鉛のように重い。自分はもう終わりだ、ハルエルに殺される、と思った。

そして、やっとのことで言葉を発する気力をかき集めた。

「ロシアに情報提供していることを認めます」と彼はつぶやいた。

ハルエルが隠しドアをあけて、腕利き局員二名と警察官一名を招きいれた。警察官がアヴニを逮捕し、尋問施設へ連行した。その後、ゆっくりと少しずつ、アヴニは自分の正体と真の目的を明かしていった。一〇代のころから熱心な共産主義者だった彼は、まだスイスに住んでいたころにソ連軍のGRU（連邦参謀本部諜報部）に勧誘され、第二次世界大戦中にソ連のスパイとして働いた。すぐのちに、イスラエルに移住して連絡を待てという指示がくだった。長期潜入スパイとなったのだ。その後長らく、モスクワからの連絡を待っていたが、ソ連の親玉スパイから知らせが来たのは、アヴニがブリュッセルに転属になったあとだった。アヴニは、イスラエル政府とベルギーのFN社との交渉に関する重要な情報を流し、イスラエル外務省の暗号を教え、さらには、エジプト国内でイスラエルのためにスパイ活動をしていた元ナチスのドイツ人二人の氏名をも明かした。その二人のドイツ人は唐突にエジプトから追放され、イスラエル人スパイ管理者を驚かせた。しかし、アヴニを管理するソ連人ハンドラーは、それ以上のことを求めた。ソ連のまわし者を、モサドに潜入させることを望んだのだ。そして、それこそアヴニが懸命に努力していたことだった。ハルエルに「白状しろ！」と怒鳴られるまで。

そして、白状したときの彼は知らなかったが、ハルエルが仕掛けたわなから、自由人として抜け出す道もあったのだ！ハルエルには、アヴニに関するたった一つの情報も、アヴニがスパイだという証拠もなく、あるのは嫌疑だけだった。アヴニが、共産主義的見解を述べたせいでキブツを追放されたことを、かなり以前に耳にしていたのは確かだ。だが、それだけでソ連のスパイと決めつけることはできない。

ハルエルは、直感だけで行動した。アヴニのしつこいまでのモサドへ入局しようとする努力。娘に会うためという腑に落ちない帰国の理由。ベオグラードにモサド支局の設置を勧めたこと……そういった小さなできごとが、ハルエルの鋭い頭脳のなかで融合し、思いがけない結論に彼を導いた。スパイが——反逆者が、イスラエルの聖なる場所に潜りこもうとしている。

アヴニは裁判ですべてを明らかにし、一四年の禁固刑を宣告された。九年後に仮釈放され、模範的市民および心理学者となった。ハルエルは、自分の伝記作家に対し、アヴニはそれまでイスラエルで逮捕されたうちで最も危険なスパイだったが、〝最もチャーミング〟でもあったと語り、〝紳士的スパイ〟だったと温かく評した。

アヴニ自身は、警察やシャバク（アメリカのＦＢＩにほぼ匹敵する機関）の尋問官とは、数年間つきあううちによい友人となったと、われわれに語った。

ピグマリオン作戦と呼ばれたアヴニ事件は、長いあいだ、モサドで最も厳重に守られた秘密の一つだった。しかし、内情に通じた少数の人間にとっては、それはハルエルの驚くべき直感を証明する例の一つにすぎない。

では、小イサルことハルエルとはどんな人間だったのか？　寡黙で、疑り深く、ロバのように頑固な彼は、帝政ロシアのドビンスクという古代要塞都市で生まれたとされている。一八歳でイスラエルに移住したとき、リュックサックに、リボルバーを練りこんで焼いたパンを入れていたという噂だ。最初に、キブツ・シェファイムに落ち着き、そこで、乗馬の得意なリヴカという愉快な女性と結婚した。不屈で頑固で独断的だった彼は、着の身着のままで、妻と子を連れてキブツを去った。理由はわかっていない。第二次世界大戦中はハガナーに属し、反逆者や反体制派を追う機関シャイのユダヤ人部局の長となった。〝反体制派〟とは、イルグーン団やシュテルン団を指す。その二つは、当局やベングリオンの政策や、組織化されたユダヤ人社会に反対する秘密右翼組織だった。〝大イサル〟なきあと、小イサルが、国内情報機関シャバクの長となった。

ベングリオン首相が突然方針を変えて、シロアッフの辞任を認め、後任にハルエルを任命してから、モサドはようやく機能しはじめた。その人事の公式の理由は、シロアッフが交通事故に遭い、後遺症で身体を動かせなくなったからだとされていた。しかし、モサド内部では、シロアッフは学識豊かで立派な人物だが、猛者ぞろいの局員をたばねて秘密作戦を実行する能力はないと、ハルエルがベングリオンに告げ口し、シロアッフをいじめて追いだしたというゴシップがささやかれた。

ハルエルのもと、イスラエルの情報コミュニティーの基礎が形づくられた。五つの情報機関――モサド、シャバク、アマン（軍事情報部）、警察特殊支部、外務省調査部――で構成されるが、モサドとアマンとシャバク以外の二機関はあまり重視されていない。五機関の長官および副長官で〝情報部高官会議〟を立ちあげ、その議長にハルエルが指名された。ベングリオン首相は、ハルエルのために特別な肩書を用意した。メムネー――公安機関担当最高責任者――である。ベングリオンは、この新しい地位に初めてハルエルを任命したとき、次のように語った。「むろん、今のきみはモサドの親玉ではあるが、シャバクの長官も続けてよい」ハルエルは、シャバクの新長官を選任したが、モサドとシャバク双方の全体指揮権は手放さなかった。

こうして、小イサルは、イスラエル情報機関のスターとなった。

ピグマリオン作戦は、イスラエルが独立して一年めに、ハルエルが指揮した複数の重要な作戦の一つだった。大半が、ソ連のスパイの正体をあばく作戦だった。そして、大勢のスパイが逮捕され、牢獄に入れられ、国外に追放された。

しかし、スパイ全員がソ連のために働いていたのではなかった——また、スパイ捕獲作戦がすべて、丸く収まったわけではなかった。

一九五四年一二月上旬のある日の午後、一機の貨物機が、東地中海上空を旋回していた。その海域を航行する船舶はないことが確認されたのち、機体のドアの一つがひらいて、大きな物体が海に投げ落とされた——死体だ。

貨物機は、一時間後にイスラエルへ着陸し、エンジニア作戦（仮にこう名づけておく）の終了を告げた。以来、五〇年以上も極秘でありつづけた作戦である。

一九四九年、ブルガリア生まれのユダヤ人三人兄弟がハイファにやってきた。長男のアレグザンダー・イズラエルは、ブルガリアの首都ソフィアの工学技術学校を卒業したばかりだった。彼はイスラエル軍に入隊し、大尉の階級を与えられ、海軍配属となった。イズラエル大尉は、美しい顔だちをした、すこぶる魅力的な若者だった。上官たちから重宝され、電子戦の最高機密分野の研究と新兵器開発の仕事をまかされた。高度な秘密情報閲覧許可を与えられた彼は、最高機密の資料を目にすることができた。ヘブライ語のアヴネル・イズラエルと改名し、一九五三年に、トルコ生まれの美しい女性、マチルダ・アルディティと結婚した。若夫婦は、ハイファのイスラエル海軍基地の近くに新居を構えた。マチルダは、特別な魅力をそなえた夫を心から愛していたが、彼のあまり愉快でない一面には気づいていなかった。

マチルダが知らなかったのは、華麗で多様な犯罪歴だ。アパートメント一戸を、同時に複数の間借り人に貸したこと、冷蔵庫会社の社員を装って、未配達の冷蔵庫の代金を集金したことなどの詐欺で罪に問われたことがあった。ある事件が裁判沙汰となり、アヴネル・イズラエルは、一九五四年一一月八日に出廷を命じられた。

身重だった妻のマチルダは、夫の詐欺のことも、ハイファのイタリア領事館に勤める、かわいい事務員との浮気のこともまったく知らなかった。アヴネルはなんと、その事務員に結婚まで申し込んだ。イタリア人女性は、ある条件をつけて求婚に応じた。アヴネルがカトリックに改宗することだ。

若いアヴネルにとって、それは大した問題ではなかった。ブルガリアにいたときに、すでに一度改宗している。キリスト教徒の女性をたぶらかし、怒りくるった彼女の家族から――銃を突きつけられるようにして――改宗と結婚をせまられたのだ。婚礼を終えてすぐに彼がソフィアから逃げだすと、その妻は自殺した。すると彼はまたソフィアに戻り、ユダヤ教に改宗した。それと同じことをまた繰り返すことになる。アヴネルは、イタリア人の愛人とエルサレムへ出向いてテラサンタ修道院で洗礼を受け、名字をイヴォルに替えた。教会から支給された書類をまとめて内務省に申請し、アレグザンダー・イヴォル名義のパスポートを入手した。

彼とイタリア人の愛人は、結婚式の日どりを一九五四年一一月七日に決めた。ハイファの裁判は一一月八日に設定されている。アヴネル・イズラエル、別名アレグザンダー・イヴォルは、どちらの責任も果たすつもりはなかった。姿をくらますときがやってきた。

一〇月末日、イズラエル大尉は、二週間の休暇にはいった。彼に出国ビザはない——が、アレグザンダー・イヴォルにはある。偽造文書がまじった書類一式もだ。彼はローマ行きの航空券を買い、一一月四日に旅立った。妻も〝婚約者〟も、彼の出発を知らなかった。婚約者が消えてしまったイタリア人女性は心配し、彼をさがしはじめた。そして、ハイファ警察へ相談した。警察から教えられた住所へ行ってみるとそこに、妊娠七ヵ月のマチルダ・イズラエルがいたのだった。

アヴネル・イズラエルはローマでも行方をくらましたが、長期間ではなかった。ローマ駐在のモサド工作員が、イタリアのアラブ人外交官社会にすぐれた情報源を持っていた。一一月一七日、緊急電報が、テルアビブのモサド本部に届いた。〝アレグザンダー・イヴォルまたはイヴォンまたはアイヴィなるイスラエル人士官が、エジプト大使館付き武官に軍事情報を売ろうとしている〟

モサド長官のハルエルとシャバク新長官のアモス・マノルが、その人物の正体をさぐるチームに加わった。数日後、その人物がイスラエル海軍士官だと知って、彼らは愕然とした。ローマから届いた次の電報は、いっそう厄介だった。イズラエルは、イスラエル国内の某主要軍事基地の詳細な見取り図をエジプトに売り渡し、報酬として受け取った一五〇〇ドルをクレディ・スイス銀行に預け入れたという、モサド工作員からの報告だった。イズラエルは追加情報をエジプト人に約束し、エジプトでの事情聴取に同意したという。

数日後、また電報が届いた。〝エジプト大使館は、一一月末日のカイロ行き航空券二枚の購入をTWA代理店に依頼した。その二名の乗客は、エジプト人武官とイスラエル軍士官と思われる〟

モサド本部に激震が走った。ハルエルにしてみれば、どこかの外国で武官が、密告者から情報を聞きだすことと――エジプトの首都へその密告者を移送して、尋問の専門家によって、もっと詳細で重大な情報を引きだすこととは、天と地ほどの差があった。ハルエルは、どんな犠牲を払っても、アヴネル・イズラエルのカイロへの移送を阻止することを決意した。

彼は、ローマに作戦実行チームを急送することにした。創設当初のモサドに作戦部門はなく、活動は、シャバクの実戦部隊にまかされていた。チームの指揮官は、イスラエルで最高の工作員の一人にして、部下たちにとっては伝説的人物のラフィ・エイタンだった。キブツで生まれたエイタンは、眼鏡をかけて小柄でずんぐりした陽気な男だが、同時に、大胆不敵で、アイデアに満ち、容赦のない人間でもあった。イスラエル独立前の数年間は、パルマク攻撃中隊の兵士として、イギリスの入国禁止令に反してユダヤ人をパレスチナ地方へ密入国させる、アリヤベッツと呼ばれる秘密組織の活動に深く関わった。ぼろぼろの船に乗ってヨーロッパから逃げだしてきたユダヤ人たちは、パレスチナ沿岸を哨戒するイギリス海軍艦の目を逃れて、ひとけのない浜に上陸し、その地のユダヤ人社会に溶けこんだ。ラフィ・エイタンの名をとどろかせた偉業といえば、ハイファ近郊のカルメル山にあるイギリスのレーダー施設の破壊工作だろう。アリヤベッツの船舶を探知する役目をになっていた施設である。不衛生な下水道を這ってレーダー施設に接近した彼に、〝悪臭ラフィ〟というあだ名がついた。

イスラエル独立戦争時の彼の行動は、勇敢な精神と、知恵と機転に満ちた頭脳を証明するものだ。ハルエルは、さまざまな経歴の人々を集めて作戦チームを編制した。ナチスによる大虐殺の生存者、パルマクとハガナーの兵士、イルグーン団やシュテルン団——独立直前の時代に、ハルエルが追及していた右翼組織——の元メンバーら（ハルエルが引き抜いた中の一人に、シュテルン団の元幹部で、のちに首相となるイツハク・シャミルがいた）。

その作戦チームの隊長に、ラフィ・エイタンが指名された。

エイタンは、ラファエル・メダンとエマヌエル・タルモルという二人の工作員とともに、ローマに旅立った。ほかの工作員たちは、あとで合流した。彼らはただちに、ローマ・フィウミチーノ空港に待ち伏せ場所を設定した。出発前の最後の打ちあわせのとき、ハルエルは、アヴネル・イズラエルを空港で足留めせよと命じた。〝飛行機に乗せてはならない。騒動をでっちあげ、あの男を圧倒し、必要なら負傷させよ。そして、万一あらゆる方法が失敗に終わったなら——射殺せよ！〟

イスラエルの工作員に殺人の許可が与えられたのは、そのときが初めてだった。

しかし、空港襲撃事件は起きなかった。エジプト行きに関する情報は誤りだったらしい。イズラエルはしばらくローマに滞在し、その後、突然ヨーロッパを旅してまわった。エイタンのチームを引きつれて。あとを追うチームを振りきろうとするかのように、チューリヒ、ジュネーヴ、ジェノバ、パリ、ウィーンなどをまわった。

そして、いきなりイズラエル大尉は消えた。モサド工作員があらゆる場所をさがしまわったものの、見つからなかった。が、そんなとき、エイタンのいつもの強運が生きた。イスラエルの秘密組織ナティーフの使節が、ちょうどウィーンに滞在していた。その組織の使命は、ソ連と東欧圏に住むユダヤ人の移動を促進し、イスラエルへ移住させることである。ナティーフの使節は、モサドと緊密な連携を維持していた。一二月のある日、ブルガリア生まれの妻の話を聞いて、その使節は驚いた。

「聞いても信じないでしょうね」にこやかに妻が言った。「今朝、町を歩いていたら、ソフィア時代の友人とばったり出くわしたの。彼に会ったのは数十年ぶり。同じ学校の同じクラスだった子よ！　すごい偶然だと思わない？」

「ほんとうに？　彼の名前は？」夫は尋ねた。

「アレグザンダー・イズラエル。明日、お昼を一緒に食べることにしたわ」

その男は、妻が説明した人相に一致する男を、エイタンがさがしていることを知っていたので、すぐに彼に知らせた。あくる日、二人のモサド工作員が、同じレストランへ昼食を取りに行き、思い出話に花を咲かせているアレグザンダー・イズラエルと幼なじみからそう遠くない席についた。ナティーフの使節の妻と別れたイズラエルに、二人は影のようについてまわった。

数日後、〝アレグザンダー・イヴォル〟が、パリ行きのオーストリア航空機に搭乗した。彼の隣の座席の乗客は、若く魅力的な女性だった。骨の髄まで女たらしのイヴォルことアヴネル・イズラエルがその女性に話しかけると、彼女は楽しげに答えてくれた。二人は意気投合し、パリで再会することにした。着陸の直前、彼女がイズラエルに顔を向けた。「友達が空港に迎えにきてくれるの。よかったら一緒にいかが？ 車のスペースは充分あると思うわ」

イズラエルは小躍りした。空港で、身なりのよい男二人が女性を出迎えた。四人は車に乗りこみ、パリ市内へ向かった。イズラエルは助手席に座った。すっかり夜になっていた。一人の男が、ろくに明かりのない横道に立ち、ヒッチハイクするかのように手を振っている。運転手が言った。「あいつを乗せてやろう」彼が車を停めると、〝ヒッチハイカー〟のまわりに暗がりから数人が現われ、いきなり車を取り囲んだ。別の一台の車が、後方に停まった。「拉致される！」イズラエルは叫んだ。そのとき、背後にいた男が、彼の喉を締めつけた。イズラエルは必死で抵抗した。車のドアがあいて、外に立っていた男がイズラエルに飛びつき、押さえつけた。そして銃を抜いて、ヘブライ語で怒鳴った。「もう一度動いてみろ――命はないぞ！」

イズラエルは凍りついた。クロロホルムを浸したスポンジが顔に押しつけられ、イズラエルはぐったりと眠りこんだ。

そして、パリの隠れ家にひそかに連れていかれ、ラフィ・エイタンたちに尋問された。イズラエルは、最高機密の文書をエジプト人に売ったこと、金がほしくてそれをしたことを認めた。本国のハルエルから、イズラエルを国に連れもどせという命令が電報で届いた。下劣でさもしい売国奴であっても、裁判を受ける法的権利を尊重しなければならないというのが、ハルエルの考えだった。エイタンらはイズラエルに睡眠薬を投与して大型木箱の中に入れ、パリ―テルアビブ間を一週間に一往復しているイスラエル空軍のDC3輸送機に搭載した。

母国までの道のりは長く、厳しいものだった。彼を乗せた飛行機は、ローマとアテネで給油しなければならなかった。なじみの医師――ヨナ・エリアンという名の麻酔専門医――が同行した。各空港に着陸および離陸する前に、箱の中の囚人に睡眠薬を注射するのだ。ところが、アテネを離陸後、大問題が発生した。意識のないアヴネル・イズラエルの呼吸が、突如としてひどく乱れはじめた。脈拍が異常に速くなり、鼓動が不規則になった。エリアン医師は、脈と心拍を安定させ、発作を抑えるために懸命に努力し、けいれんしはじめた男に人工呼吸して意識を回復させようとした。だが、そのかいもなく、イスラエルに着陸するはるか以前に、囚人は死亡した。

着陸するやいなや、イズラエル死亡の知らせがハルエルにもたらされた。ハルエルは、遺体を機内に載せたまま、パイロットに再度の離陸を命じた。イスラエル沿岸から遠く離れた海域で、遺体は海に投棄された。

この予想外のできごとに、モサド本部は動揺した。ハルエルは、モシェ・シャレット首相の執務室へ走り、大尉の死の真相を調査する委員会の設立を頼んだ。シャレットから任命された二人の委員が、あらゆる誤解からモサドの工作員を切り離した。モサドは、大尉を裁判にかけるために帰国させようとしただけであると、委員会は裁定した。大尉が死んだのは、モサドのせいではない。主な死因は、医師による睡眠薬の過剰投与と思われる、と委員会は結論をくだした。数年後にその点について尋ねられた医師は、死因は、機内の気圧が突然変化したせいだとの主張を変えなかった（一九六〇年、アルゼンチンでアイヒマンを逮捕したときも、この医師が麻酔医として同行している）。

アヴネル・イズラエルが所持していた書類から、宣誓供述書と、エルサレムのカトリック教会の推薦状が発見された。エジプトに機密情報を売り払ったあとは、南アメリカへ逃亡する計画だったらしい。彼の鞄から、ブラジル行きの乗船券が見つかった。

ハルエルが対処をせまられた次の問題は、イズラエルの家族のことだった。妻のマチルダに直接、事実をあらいざらい話すべきだっただろう。しかし、モサド長官であるハルエルは、残念な結末で終わったことに当惑し、事実を隠しておきたかった。そして、シャレット首相の全面的支援を得て、イズラエル大尉に関する作り話をメディアにリークした。大尉は、個人的な負債をかかえ、恋愛問題に巻きこまれてにっちもさっちもいかなくなってイスラエルから逃げだしたと、それとなくにおわせたのだ。この話は、新聞で見出しつきで大きく取りあげられた。

長年、マチルダと息子のモシェ・イズラエル―イヴォル、そして大尉の実の兄弟は、ことの真相を知らずにいた。家族は、アヴネル・イズラエルがどこかで、おそらく南アメリカでまだ生きていると信じていた。モサドのでっちあげた嘘は許しがたいものだった。

この事件の一つめの失敗は、反逆者とはいえ、アヴネル・イズラエルの処遇を誤ったこと。

第二は、口を閉ざして真実を語らないことを申しあわせたこと、軍の記録からイズラエルの名を抹消したこと、そして、アヴネルの妻と兄弟たちをだましたことだ。ラフィ・エイタンを含む数人のモサド士官は、遺体を海に投棄し、遺族に嘘の説明をするというハルエルの決定に強力に異議を唱えたが、どうすることもできなかった。「当時、小イサルは、ミスター・セキュリティだった」ラフィは語った。「彼は、情報機関の絶対君主だったから、情報コミュニティーは、彼の決定に疑いを差しはさまなかった」

後年、この顚末が書籍となって出版されたことが、一人の人間の存在を消すことがいかに難しいかを物語っている。死んだあとも、墓の奥からときどき私たちに話しかけてくるのだ。

第5章 「ああ、それ？　フルシチョフの演説よ……」

すべては、恋愛からはじまった。

一九五六年春、ルチア・バラノフスキは、容姿端麗なジャーナリストのヴィクトル・グラエフスキに首ったけだった。共産党が支配するポーランドの副首相とルチアの結婚は破綻し、夫と顔を合わせることもいまはほとんどない。ルチアは、ポーランド共産党のエドワルド・オカブ書記長の秘書をしている。書記長室の職員は、感じのよいヴィクトルが、美しい恋人に会いにひんぱんにやってくることにすっかり慣れてきた。

ヴィクトルは、ポーランド・ニュース・エージェンシー（PAP）で、ソ連東欧部の編集部長をしていた。実はユダヤ人で、本名をヴィクトル・シュピルマンという。数年前に共産党に入党したとき、シュピルマンの名前では出世はできないぞと友人たちから諭されて、ポーランド人らしい響きのグラエフスキに改名した。

第二次世界大戦中にドイツ軍がポーランドに侵攻してきたとき、彼はまだ子どもだった。一家はやっとのことでロシアへ逃げ、ナチスによる大虐殺を間一髪でまぬかれた。戦争が終わってから、一家はポーランドへ戻ってきた。一九四九年、ヴィクトルの両親と妹は、イスラエルへ移住した。が、情熱的で筋金入りの共産党員の彼は、国に残った。スターリンを崇拝していた彼は、労働者の楽園作りに協力するつもりだった。

ところが、友人や同僚たち、それに恋人さえ、幻滅がこの若い共産党員の心をむしばみはじめていたことに気づかなかった。一九五五年、イスラエルの家族を訪ねたヴィクトルが見たのは——自由で進歩的なユダヤ人の民主国家だ。彼が長年さらされてきた共産主義のプロパガンダとは、ほとんど正反対の別世界だった。ポーランドに帰った三〇歳のヴィクトルは、イスラエルへの移住を考えはじめた。

一九五六年四月上旬の朝、ヴィクトルはいつものように、党書記長室にいる恋人に会いにいった。すると、彼女のデスクの隅に、赤い表紙に数字をふられ、〝最高機密〟とスタンプを押された小冊子が置いてある。

「これはなに？」

「ああ、それはフルシチョフの演説よ」彼女はなにげなく答えた。

ヴィクトルは凍りついた。フルシチョフの演説の噂は聞いたことがあるものの、演説を実際に聞いたとか、その一文でも目にしたことがある人間にお目にかかったことはない。その演説は、共産圏で最もよく守られている秘密だった。

絶大な力を誇るソ連共産党のニキータ・フルシチョフ書記長が、この二月にクレムリン宮殿でひらかれた党の第二〇回大会で演説したことは、ヴィクトルも知っている。二月二五日の深夜、外国人の来賓および、外国共産党幹部は会場からの退出を求められた。午前零時、フルシチョフは演壇に立ち、一四〇〇人のソ連人代議員に向かって話しはじめた。その演説は、その場の全員に驚きと恐怖をもたらしたといわれている。

では、その演説でなにが話されたのか？　西側で最初に発表されたアメリカ人ジャーナリストの記事によると、四時間続いた演説の中で、フルシチョフは、全世界数百万人の共産党員から崇拝されている男――スターリン――が犯した、数々の恐ろしい罪の詳細を述べた。噂では、フルシチョフは、数百万人の命を奪ったスターリンを非難したとされている。その演説を聞きながら、大勢の代議員が絶望して涙を流し、髪の毛をかきむしった。失神したり、心臓発作を起こしたものもいた。その夜、少なくとも二人が自殺した。

だが、フルシチョフが暴露した内容について、ソ連のメディアは一言も報じなかった。モスクワ中を噂話が飛びかい、演説の一節が、党最高機関の非公開会合で読みあげられたこともあった。しかし、演説の全文は、国家機密並みに厳重に隠された。ヴィクトルは、外国人記者から、西側の情報機関は総力をあげて演説の全文を入手しようとしていると聞いていた。CIAは、報奨金として一〇〇万ドルを用意した。西側とソ連ブロックとの冷戦の真っ最中に演説文を公表すれば、共産国で政治的大動乱が起き、例をみない危機を引き起こしかねなかった。ソ連内外に存在する共産主義者数千万人が、スターリンを盲目的にあがめている。そんなスターリンが犯した大罪を暴露すれば、彼らの信仰を打ち砕き、ひいてはソビエト連邦の崩壊をまねくかもしれない。

ただ、演説文を入手する努力は失敗した。内容は謎のまま残った。

フルシチョフが、東欧の共産党幹部に演説文の配布を決めたとヴィクトルが知ったのは最近のことだった。そして今、赤い表紙の小冊子が、ルチアのデスクにのっている。

その小冊子を見つけたとき、途方もない考えが浮かんだ。家でゆっくり読みたいから、それを数時間貸してくれないかと、ヴィクトルはルチアに頼んだ。驚いたことに、ルチアは承知した。彼女は恋人を喜ばせたかったのだ……「いいわよ」彼女は答えた。「でも、午後四時までに返してね。金庫にしまわないとならないから」

自宅で、ヴィクトルは演説文を読んだ。たしかに仰天の内容だった。フルシチョフは、ヨシフ・スターリンの伝説を、大胆かつ容赦なく打ち砕いた。権力の座にあったスターリンが極悪非道の罪を犯し、数百万人の虐殺を命じたことを、フルシチョフは暴露していた。また、ボルシェビキ革命の父といわれるレーニンが、スターリンは要注意人物であると党に警告したことを指摘した。フルシチョフは、〝国民の太陽〟として熱烈に支持されてきた男を個人崇拝することを非難した。ソ連邦に居住する全少数民族の強制移動を命じ、その結果として大勢が死亡したと告発した。スターリンが命じた〝大粛清〟(一九三六～一九三七)で、一五〇万人の共産党員が逮捕され、そのうち六八万人が処刑された。第一七回党大会に出席した一九六六人の代議員のうち、スターリンの命令で八四八人が処刑され、同様に、中央委員会の候補者一三八人のうち九八人が処刑された。フルシチョフは、ユダヤ人医師のグループが、スターリンとその他ソ連幹部の暗殺をもくろんだとされる、いわゆる医師団陰謀事件はでっちあげだったとも批判した。フルシチョフによって、スターリンは、数百万人のロシア人と外国人を殺害した大量殺人犯だったことが暴露された。死者の多くは、忠実な共産党員だったのだ。四時間のうちに、救世主は、怪物へと変容した。

フルシチョフの演説文は、共産主義に対するヴィクトルの最後の幻想をずたずたにした。そのとき彼は、ソビエト陣営の土台を揺さぶる爆破装置を手にしていることに気づいた。ルチアに小冊子を返すことは心に決めていた。が、そこへ行く途中、気を変えて、別の場所に足を向けた――イスラエル大使館だ。彼は、ポーランド人警官と諜報部員がずらりと並ぶあいだを抜けて、堂々とはいっていった。数分後、ヤーコフ・バルモルの部屋へ通された。職務上は大使館一等書記官だが、真の姿は、シャバクのポーランド駐在員である。

ヴィクトルは、赤い小冊子を書記官に差しだした。それをざっと読んだイスラエル人書記官は、あいた口が塞がらなかった。少し待ってもらえますかと言うと、バルモルは小冊子をつかみ、部屋を出ていった。一時間ほどして、彼が戻ってきた。コピーしたのだろうと推測したが、なにも訊かなかった。ヴィクトルは返してもらった冊子をコートの下に隠して、そこを出た。ルチアと約束した時間に間にあった。ルチアは、事務所の金庫に小冊子をしまった。イスラエル大使館にふらりと立ち寄ったことで、彼に文句を言ったり、質問したりするものはだれもいなかった。

一九五六年四月一三日金曜日の昼下がり、ゼリグ・カッツが、シャバク長官であるアモス

・マノルの執務室へはいっていった。カッツは、マノルの私的補佐官である。シャバクは、ヤッファの有名な蚤の市からほど近い場所にある、古いアラブ建築を本部としている。マノルは、毎週金曜日にお決まりの質問を口にした。「東欧からなにか届いたか？」金曜日は、鉄のカーテンの奥にいるシャバク工作員からの報告書が、外交嚢で届く日だった。

カッツがなにげなく、ワルシャワから〝党大会のフルシチョフの演説文〟が数分前に届いたばかりだというと、座っていたマノルがぱっと立ちあがった。「なんだと！」彼は怒鳴った。「すぐに持ってこい！」

若くて長身でハンサムなアモス・マノルは、ほんの数年前にイスラエルに移住したばかりだった。ルーマニアの裕福な家庭にアルトゥール・メンデロヴィッチとして生まれた彼は、アウシュヴィッツへ送られ、そこで家族全員――両親、姉、兄二人――を失った。彼一人が生きのびたが、収容所が解放されたとき、体重は三六キロしかなかった。ブカレストに戻った彼は、イギリス支配のパレスチナにユダヤ人難民を密入国させる組織アリヤベツで働いた。正体がばれないように、アモスなど多数の偽名を使った。一九四九年、彼にイスラエルへ出国する番がまわってきたとき、ルーマニア当局はそれを阻止しようとした。彼は、チェコ国籍のオットー・スタネック名義の偽造パスポートを使って脱出し、友人たちから〝千の名前を持つ男〟と呼ばれるようになった。イスラエルに来て、彼はアモス・マノルとなった。

マノルは、諜報活動の世界ですぐに頭角を現わした。ハルエルは彼に興味を持った。互いに正反対の人間だったのだ。ハルエルは小柄だが、マノルの体格は大きい。ハルエルは強面でどら声だが、マノルは人当りがよく、都会的だった。ハルエルはスポーツをしないが、マノルは水泳、サッカー、テニス、バレーボールをする。ハルエルはロシア語とイディッシュ語を話すが、マノルは七カ国語をあやつる。ハルエルの服装は地味だが、マノルは、ヨーロッパ風のしゃれた服を好む。それに加えて、知的で機転のきく男だった。ハルエルは、一九四九年に彼をシャバクに引き抜いた。それからわずか四年後、ハルエルの推薦により、ベングリオン首相からシャバク長官に任命された。また、対CIAのイスラエル課報機関の秘密代表部の地位にもついた。

その雨の金曜日、マノルは、コピーした書類の束を読みふけった。なんの支障もなく読めた——彼があやつる七カ国語の一つがロシア語なのだ。フルシチョフの演説文を読み進むうちに、そのはかりしれない重要性に気づき、車に飛び乗ってベングリオン邸へ急行した。「これを読んでください」と、首相に告げた。ロシア語ができるベングリオンは、演説文を読んだ。翌日の安息日に、首相はマノルに緊急呼び出しをかけた。「これは、歴史に残る資料だぞ」首相は言った。「ロシアが将来、民主国家になることを示したも同然だ」

ハルエルは、演説文を入手した四月一五日のうちに、それがイスラエルにとっての金脈になりうることを見抜いた。一九四七年に確立されたCIAとモサドの協力関係を強化する手段としてである。一九五一年、アメリカを訪問したベングリオンは、CIAのウォルター・ベデルスミス長官との会談を要求した。二人は、第二次世界大戦末期にヨーロッパで会っている(ベデルスミスはその後まもなく、のちの国務長官の弟であり元OSSのアレン・ダレスに役職をゆずることになる)。ベデルスミスは、CIAとモサドの限定的な協力関係を築くことに、ためらいがちに同意した。協力する主な分野は、ソ連および東側ブロックから移住したイスラエル人の事情聴取である。聴取対象は、ソ連またはワルシャワ条約機構の施設に勤務し、共産圏の軍事能力に関する詳細情報を持つエンジニア、技術者、軍士官たちだ。聴取した情報は共有され、アメリカ人を感心させた。そしてCIAは、イスラエルとの連絡官に、伝説的人物を指名した――CIAの防諜部門責任者のジェイムズ・ジーザス・アングルトンである。アングルトンはイスラエルを訪問し、各情報機関の長官らと顔あわせした。アモス・マノルと親交を深め、マノルの二部屋のみの小さなアパートメントで数晩を過ごし、スコッチのボトルを何本もあけた。

だが今回、ハルエルとマノルは、移住者の事情聴取をはるかに超える大物を差しだそうとしていた。フルシチョフの演説文を、アメリカに渡そうというのだ――テルアビブのCIA局員経由ではなく、直接ワシントンに。マノルは、モサドのアメリカ駐在員代表であるイジー・ドロットに演説文のコピーを特別急送し、ドロットは、ラングレーのCIA本部に走って、アングルトンにそれを渡した。四月一七日、アングルトンはそれをアレン・ダレス長官のもとへ持ちこみ、その日のうちに、アイゼンハワー大統領のデスクに置かれた。

アメリカの情報分野の専門家は、どぎもを抜かれた。イスラエルのちっぽけなスパイ局が、アメリカやイギリス、フランスの高度で巨大なスパイ機関でさえ獲得できなかった情報を手にいれたのだ。疑り深いＣＩＡの高官たちが、演説文を専門家たちに調べさせたところ、本物であるという結論で一致した。確信したＣＩＡは、《ニューヨーク・タイムズ》紙にその内容を漏らし、一九五六年六月六日の第一面で発表された。その報道は、共産主義世界に大激震をもたらし、数百万人がソ連に背を向けるきっかけとなった。一九五六年秋にソ連とポーランドとハンガリーでごく自然に発生した暴動は、フルシチョフの暴露演説が原因だという説もある。

その大成功によって、モサドとアメリカの情報機関との関係は大きく発展した。そして、かわいいルチアがハンサムなヴィクトルに見せた小冊子のおかげで、イスラエルのモサドは、伝説的オーラで包まれることになった。

いっぽうワルシャワでは、ひそかにアメリカに持ちこまれたフルシチョフの演説文が、ヴィクトル・グラエフスキが事務所から持ちだしたものだったとは、だれも想像すらしなかった。一九五七年一月、ヴィクトルはイスラエルへ移住した。アモス・マノルはヴィクトルに感謝の意を表し、外務省東欧局の地位を斡旋した。その後すぐに、イスラエル国営ラジオ局であるイスラエル放送のポーランド課の番組責任者兼レポーターの職にもついた。

そのあと、三つめの仕事を見つけた。イスラエルに来てまもなく、移住者および外国人にヘブライ語を教えるウルパンと呼ばれる学校で、ヴィクトルはソ連の外交官数人と知りあった。そのうちの一人が、外務省の廊下でヴィクトルを見かけ、移住したばかりの人間が重要なポストについていることに感銘を受けた。続いて、テルアビブの街で、ヴィクトルの目の前にKGB局員が〝偶然〟現われた。その男はヴィクトルに話しかけ、ポーランドにいたときには反ナチスの共産党員だったことを思い出させた。そうしておいて、ある誘いを持ちかけた。KGBのスパイにならないか。ヴィクトルは、考えてみると答えてから、モサド本部へ直行した。「僕はどうしたらいいでしょうか？」と尋ねた。

モサドは大喜びした。「すばらしい。遠慮せずに受けろ！」モサドは、ヴィクトル・グラエフスキを、ソ連に偽情報を流す二重スパイにしたてることにした。

こうして、ヴィクトルの新しいキャリアが始まった。このあと長きにわたって、モサドが捏造あるいは修正した情報を、彼はソ連に供給しつづけた。KGB工作員と彼は、エルサレムやラムレ近郊の森や、ヤッファやエルサレムやティベリアにあるロシア正教会や修道院などで密会した。もしくは、混雑したレストランや外交関係のパーティで〝偶然〟顔をあわすこともあった。一四年間のヴィクトルの二重スパイ人生においてたったの一度も、ソ連から、二重スパイではないかと疑われたことはなかった。それどころか、秀逸な情報をもたらすヴィクトルを、ソ連は繰り返し賞賛した。モスクワのKGB本部では、イスラエルの統治機構内部にソ連のスパイがいると噂されていた。

ソ連は終始ヴィクトルを信用し、彼の信頼性を問題にしたことはなかった。ただし、一九六七年だけは、ヴィクトルの情報を黙殺した。彼が完全に正確な情報を渡したのは、このときだけだというのに。一九六七年、第三次中東戦争前の〝待機期間〟に、エジプトのナセル大統領は、イスラエルが五月にシリアを攻撃するつもりであると、誤って信じこんでしまった。そして、シナイ半島に軍隊を集結させ、国連平和維持団を追い出し、紅海からイスラエルの船舶を締め出し、全滅させてやるとイスラエルを脅した。イスラエルのエシュコル首相は、エジプトが強硬な措置を撤回しないなら、受けてたつしかないというイスラエルの意思を、モサドを通じてソ連に伝えた。できれば、エジプトに対して大きな影響力を持つソ連に、ナセルを止めてもらいたかったのだ。ヴィクトルは、イスラエルの真意を詳細に記した文書をKGBへ渡した。だが、ソ連は、状況の評価を誤った。モスクワはヴィクトルの報告書を一顧だにせず、ナセルの強硬姿勢を支持した。

結果として、イスラエルの先制攻撃によって、エジプトとシリアとヨルダン軍は潰滅的打撃を受け、領土の大半を占領された。そして、ソ連もまた大きな痛手をこうむった。ソ連製兵器の質が劣っていることが証明されたうえ、ソ連は、アラブ連合軍を支援するという約束を反故（ほご）にしたのだ。

にもかかわらず、その年、長く続いたヴィクトルとKGBの関係はピークに達した。イスラエル中部のある森で、二者が顔をあわせたときだ。ソ連政府は、彼の献身的な働きに感謝の意を表したいと思っており、最高の栄誉であるレーニン勲章を授与することに決定したと、KGB工作員がもったいぶった声で言いだした。

そのソ連人は、イスラエル国内でヴィクトルの襟に勲章を留めることができないことを詫び、勲章はモスクワで保管されているので、モスクワに来ればいつでも受けとれると断言した。ヴィクトルは、イスラエルにとどまることを希望した。

そして、一九七一年、ヴィクトルはスパイ業から足を洗った。

しかし、彼の存在が忘れられたわけではなかった。二〇〇七年、シャバク本部に招待された彼は、シャバクおよびモサドの歴代長官をはじめ、友人や同僚や親族などの一団に温かく迎えられた。シャバクのディスキン現長官が、彼の卓越した働きに対して、誉れ高い勲章を授与した――こうしてヴィクトルは、二度叙勲した唯一の秘密諜報員となったのである。一生を通じて貢献したことを評価されて母国から、そして、危険をかえりみずに、惑わし騙した敵国から。

ヴィクトルを〝ソ連帝国の崩壊の糸口を作った男〟と呼んだ記者がいたが、本人はそんなふうには思っていない。〝僕はヒーローではないし、歴史を作ったわけでもない。歴史を作ったのはフルシチョフだ。僕は、その歴史と数時間だけ出会い、その後、道は分かれた〟

ヴィクトル・グラエフスキは八一歳で亡くなった。そして、いまもクレムリン宮殿のどこかで、内側に赤いベルベットを貼った小箱の中にしまわれたレーニンの横顔が彫られた勲章が彼を待っているかもしれない。

第6章「アイヒマンを連れてこい！　生死は問わない」

「あなたの名前は？」女性は尋ねた。

「ニコラス」男性はにこやかに答えた。「でも、友人はニックと呼ぶ。ニック・アイヒマンだ」

盲目のユダヤ人の娘

一九五七年晩秋、イサル・ハルエルは、ドイツの都市フランクフルト発の奇妙なメッセージを受け取った。ヘッセン州法務長官であるフリッツ・バウア博士から、モサドに秘密情報を提供したいという申し出だ。バウアは、ドイツで高く尊敬されている人物だった。長身で、不敵な顔つきをしたカリスマ性の高い男で、ナチスの犯罪者を精力的に追っていることで知られている。ライオンのたてがみのような白髪は、なんとなくダヴィド・ベングリオンを思わせる。バウアもユダヤ人であり、生まれながらの戦士だった。ヒトラーが権力の座にのぼりつめた一九三三年に、バウアは強制収容所へ放りこまれた。が、恐ろしい経験も、彼の気力を萎えさせはしなかった。彼は、デンマークへ、そのあとスウェーデンへ逃げた。戦争が終わったとき、ナチスの犯罪人らを捕まえ、処罰することに人生をささげようと決心した。そして、ナチズム根絶のためになにもしなかった西ドイツ当局に対する失望を、率直に口にした。

一九五七年一一月、ハルエルは、イスラエル人保安警官のシャウル・ダロムをバウアに会いにいかせた。フランクフルトで、ダロムはバウア法務長官とじっくり話した。数日後、テルアビブのハルエルの執務室にダロムがはいってきた。「バウア博士の話では、アイヒマンは生きており、アルゼンチンに潜伏しています」

ハルエルは動いた。数百万人を超えるユダヤ人の例に漏れず、彼は、アドルフ・アイヒマン親衛隊(SS)中佐を、ナチスの恐怖を体現する人間として認識していた。アイヒマンは、〝最終的解決〟――ヨーロッパに住むユダヤ人六〇〇万人の体系的抹殺――を指揮した人物である。綿密な計画を立ててユダヤ人六〇〇万人を虐殺したのだ。戦後、姿を消した彼の居場所を知るものはだれもいない。シリア、エジプト、クウェート、南アメリカ……に住んでいるといわれていた。

ダロムは、バウアとの会談の内容を詳細に語った。二、三カ月前、バウアは、アルゼンチンから送られてきた書簡を受け取った。差出人は、戦争中はナチスに苦しめられたという、ユダヤ人の血が半分混じったドイツ人移民の男性だった。その男性は、バウアの執拗なナチス残党捜索の新聞記事を読んだことがあり、アドルフ・アイヒマンがお尋ね者リストの最上位にあることを知っていた。そして、愛娘シルビアから、ニックという若者とつきあっていると聞いたとき、彼は仰天した。ニックという男が、行方不明の大量殺人犯と関係があるにちがいないと考えたのだ。彼は、アイヒマンの隠れ家に案内できるかもしれないとバウアに書いてよこした。アイヒマンは、正体を隠してブエノスアイレスに住んでいるといわれていた。

戦後、アイヒマンがドイツを脱出したことは、バウアも知っていた。アイヒマンの妻ヴェラと三人の息子はオーストリアにいたが、数年たって行方がわからなくなった。ようやくバウアが消息をつかんだときは、家族はアルゼンチンに移住し、ヴェラは再婚していた。バウアは、再婚というのは偽りだと確信していた。〝二度めの夫〟の正体は、その地で妻を待っていたアイヒマン本人にちがいない。

アルゼンチン政府にアイヒマンの身柄引き渡しを要求しろと西ドイツ政府に要請すれば、アイヒマンを取り逃がしかねないとバウアは危惧した。元ナチスばかりの西ドイツの司法部門を、彼は信用していなかった。ブエノスアイレスの西ドイツ大使館の職員のことも疑っていた。公式にアルゼンチンに犯人引き渡し要求をするあいだに、大使館か西ドイツにいる支援者がアイヒマンに警告を発し、彼はまた姿を消すだろう。

バウアは、シャウル・ダロムと腹蔵なく話しあった。バウアは、ブエノスアイレスのその男が本物のアイヒマンかどうかを、モサドに調べてもらいたかった。本物なら、イスラエルが身柄引き渡しを要求するか、秘密作戦を実行してアイヒマンを拉致すればいい。

「数日間、昼夜通して徹底的に考えぬいたことを、いまお話ししている」バウアははっきり言った。「この情報をモサドに知らせることにした決断について知っている人間は、西ドイツにたった一人しかいない。ヘッセン州のゲオルグ・アウグスト・ツィン首相（社会民主党員で、のちにドイツ連邦参議院議長）だけだ」

イスラエルに帰国したシャウル・ダロムは、ハルエルのデスクに一枚の紙を置いた。アイヒマンの隠れ家の住所だ。ハルエルの目は、ある一行に吸い寄せられた。〝ブエノスアイレス、オリボス地区チャカブコ通り四二六一番地〟

一九五八年一月上旬、一人の若者が、チャカブコ通りをぶらぶら歩いていた。モサド特殊作戦部隊員のエマヌエル・タルモルだった。バウアの情報を確認するために、ハルエルが送りこんだ工作員である。タルモルは、目にした風景が気に入らなかった。オリボスは貧しい地区で、住人の大半は労働者だ。未舗装のチャカブコ通りの両側には、四二六一番地も含めて、いまにも倒れそうな小屋が建っていた。そこのごく狭い中庭に、みすぼらしい太った女性がいた。

「あれがアイヒマンの家だとは思えません」数日後、テルアビブのハルエルの執務室で、タルモルは告げた。「帝国の崩壊にそなえて脱出準備をしていたナチスの大物連中と同じく、アイヒマンも大金をアルゼンチンに送ったにちがいありません。やつがあんな貧民窟のあばら家に住んでいるとは信じられません。中庭にいた太った女が、ヴェラ・アイヒマンのはずがありません」

ハルエルは、タルモルの反論に納得しなかった。調査を続けるには、バウアの情報源と接触する必要がある。バウアに連絡すると、情報提供者の住所と氏名をすぐに教えてくれた。ローター・ヘルマンだ。いまは、ブエノスアイレスから五〇〇キロほど離れたコロネルスアレスという街に住んでいる。バウアは、この手紙を持つ人物にできるだけ協力してやってほしいと書いたヘルマン宛ての紹介状を、ハルエルに送った。

一九五八年二月、一人の外国人がコロネルスアレスを訪れた――テルアビブ警察の主任捜査官エフライム・ホフステッターである。国際刑事警察機構（インターポール）の会議のためにアルゼンチンにたまたま来ていた彼は、ハルエルから協力を求められた。用心しながらリベルタッド通りの玄関ドアをノックし、ドイツ人のカール・フペルトと名乗った。居間では、地味な服装の盲目の男が、大きな木のテーブルに両手をのせて座っていた。ホフステッターがはいっていくと、盲目の男は足音を聞きつけ、彼のほうに首をまわし、さぐるように手を伸ばしてきた。ローター・ヘルマンだった。

「私は、フリッツ・バウアの友人です」ホフステッターは名乗った。ドイツの情報機関の関係者だとにおわせたのだ。

ヘルマンは、自分はユダヤ人で、ナチスがドイツを支配するまでは警察官をしていたと話した。両親は殺され、ダッハウの強制収容所へ送られた彼は、そこで失明した。のちに、ドイツ人の妻とアルゼンチンへ移住した。アイヒマンという名前を聞いたので、バウアに連絡した。家族を虐殺したナチスの犯罪者を罰する手伝いをしたい一心でそうしたのだと説明した。

「この」居間にはいってきた愛らしい娘シルビアの腕に触れながら、ヘルマンは言った。「娘が、アイヒマンを見つけたんですよ」

若い女性は顔を赤らめて、ホフステッターにためらいがちに語りはじめた。

一年半前まで、ヘルマン家は、ブエノスアイレスのオリボス地区に住んでいた。そこで、感じのよい若者、ニック・アイヒマンと出会い、二、三度デートをした。ヘルマンという名はアーリア系と思われているので、自分がユダヤ人であることは明かさなかった。すると、ニックは遠慮せずに意見を口にした。一度は、ドイツは、ユダヤ人を絶滅させるべきだったと述べた。別の機会には、彼の父親は、第二次世界大戦中は旧ドイツ軍の士官として、祖国のために義務を果たしたと語った。

ニックはシルビアになんでも話したが、決して自宅には招かなかった。シルビアがコロネルスアレスに引っ越したあと、手紙のやりとりをするときですら、彼は住所を明かさず、友人の住所宛てに手紙を送らせた。

この奇妙なやりとりをきっかけとして、ニックはアイヒマンの息子ではないかと、ローター・ヘルマンは疑うようになった。彼は、娘を連れてブエノスアイレスへ行き、オリボス行きのバスに乗った。友人たちの協力を得て、シルビアは、ニック・アイヒマンの住所を突きとめ、チャカブコ通りの家の中にまではいった。が、ニックは留守だった。そこで、眼鏡をかけ、細い口髭をたくわえた、禿げかかった男と会った。男はシルビアに向かって、ニックの父親だと名乗った。

ヘルマンはホフステッターに対して、シルビアを連れてブエノスアイレスにふたたび出向き、調査を続けてもいいと申し出た。盲目の父親がどこへ行くときもシルビアが同行し、読み書きを補佐する。ホフステッターは、アイヒマン本人だと断定するために必要な条件を挙げた。彼の顔写真、現在の氏名、職場、役所が発行した彼の書類、指紋。そして、確実な連絡手段を話しあってから、ホフステッターは、経費分の現金をヘルマンに渡した。最後に、ポケットから一枚の絵葉書を取りだして、それを二つに裂き、半分をヘルマンに渡した。

「この片割れを持つ男がやってきたら、彼にすべてを話してください。彼は味方です」

ホフステッターはそこを辞し、イスラエルに帰国して、ハルエルに報告した。

数カ月後、ヘルマンの報告書がモサド本部に届いた。アイヒマンのすべてが判明したと、熱をこめて知らせてきたのだ。チャカブコ通りの住宅は、オーストリア人のフランシスコ・シュミットの手で、一〇年前に建てられたものである。シュミットは、その家をダグートとクレメントという二家族に貸した。シュミットこそアイヒマンだと、ヘルマンは断固として主張した。ダグートとクレメントの名は、アイヒマンが隠れみのとして使っているだけだ。

ハルエルは、在アルゼンチンの局員に、ヘルマンの報告内容を確認せよと命じた。局員がよこした電報には、こう打ってあった。〝フランシスコ・シュミットがアイヒマンでないことは、疑いようのない事実である〟

ハルエルは、ヘルマンの情報は信頼性が低いと結論をくだし、調査の終了を決定した。

ハルエルの決定は大きなまちがいだった。アイヒマンを捕える機会を潰していてもおかしくなかった。初期の段階で作戦を危機にさらすとは、能力不足ではないかと思われてもしかたないだろう。複雑な秘密調査を、訓練も受けていない初老の盲目の男にどうしてまかせたのか？ モサドは、ヘルマンが確認したアイヒマンの身元が間違いだと、なにを根拠に判断したのか？ シルビアがチャカブコ通りの住宅でニック・アイヒマンの父親に会ったことを、ハルエルはどうして黙殺したのか？ ブエノスアイレスに本職の調査官を派遣し、二人の貸借人と家主の身元を確認することもできたのに、ハルエルはそうはせず、調査から手を引いた。この憂慮すべき失策は、とりわけハルエルらしからぬものだ。

それから一年半たって、フリッツ・バウアがイスラエルを訪れた。彼は、アイヒマン逮捕に失敗したイサル・ハルエルではなく、エルサレムのハイム・コーヘン法務長官に会いに行った。そして、怒りを爆発させて、モサドの拙劣な調査のやり方をくわしく述べた。ハイム・コーヘンは、ハルエルと、シャバクの主任調査官であるツヴィ・アーロニをエルサレムへ呼び寄せた。コーヘンの執務室で待っていたバウアは、ずさんな調査をしたハルエルを非難した。また、モサドがその任務を遂行できないのなら、西ドイツ当局にまかせるしかないと脅しもした。しかし、ハルエルに調査の再開を決心させたのは、その脅しではなかった。バウアがたずさえてきた新情報だ。謎を解くきっかけになりそうな二つの言葉。アイヒマンは、リカルド・クレメントという偽名でアルゼンチンで暮らしている、とバウアは告げたのだった。

それを聞いた瞬間、ハルエルは、自分がどこでまちがったか、部下たちがどこで誤りを犯したかに気づいた。アイヒマンは、チャカブコ通りの住宅の賃借人だったのだ。シュミットではなく――クレメントだった。

ヘルマンの娘シルビアが、アイヒマンの息子とつきあっていたのは事実だったし、アイヒマンの家族がチャカブコ通りに住んでいたのも事実だった。だが、ヘルマンは、アイヒマンの偽名がクレメントだとは知らず、フランシスコ・シュミットだとまちがって思いこんでしまった。ハルエルが自分の役割をきちんと果たし、熟練の調査官を派遣してヘルマンの報告内容を確認させていれば、ずっと前に、アイヒマンの正体をつかめていたはずだ。

ハルエルはすぐに、ツヴィ・アーロニを調査責任者に任命してはどうかと、コーヘンとバウアに提案した。アーロニは、秀でた額と濃い口髭とカミソリのように切れる頭脳を持つ、長身痩躯の男である。ドイツ系ユダヤ人のアーロニは、コーヘンとは個人的に親しかったが、ハルエルとはさほどでもなかった。アーロニは、一九五八年に別件でブエノスアイレスに行ったときに、ハルエルから、ヘルマンの証言の裏を取れと指示されなかったことを、いまでも恨みに思っていた。けれども、そのことは忘れなければならない。この日のハルエルは、アーロニの専門知識をぜひとも必要としていた。

こういうわけで、一九六〇年二月、アーロニはブエノスアイレスへ降りたった。当地に住むユダヤ人の友人に頼んで、チャカブコ通りの家の様子を見に行ってもらったが、その男はあわてて戻ってきた。家はもぬけの殻だったというのだ。数人の塗装工と石工が、二軒の共同住宅のうちの一軒、つまりクレメント家が住んでいた家を改装中だという。一家はそこを出ていった。引っ越し先は不明だ。アーロニは、怪しまれずにクレメントの所在を突きとめる方法を考案しなくてはならなくなった。

三月上旬、ボーイの制服を着たアルゼンチン人の若者が、チャカブコ通りのその家を訪ねてきた。ニコラス・クレメント宛ての小さな贈り物を手にしている。中身は、短いメッセージが書かれた香りつきのカードと高価なライターだった。〝ニック、お誕生日おめでとう〟。名を明かしたくない女性からの誕生日プレゼントらしい。

ボーイが部屋へはいると、塗装工が数人働いていた。クレメント一家のことを尋ねたが、よく知らないという答えが返ってきた。が、ペンキ職人の一人が、一家は、ここからは正反対の方向にあるサンフェルナンド地区に引っ越したと教えてくれた。そのあと、ニック・アイヒマンの弟が働いているという近くの作業場へ連れていってくれた。その弟というのは、ディーターという金髪の男だった。愛想がよかったにもかかわらず、クレメント家の新住所は教えてくれなかった。とはいえ、話好きなディーターは、父親は今だけ、トゥクマンという遠方の町で働いていることをボーイに明かした。

ボーイは、チャカブコ通りの家にまた戻って、塗装工たちを質問攻めにした。そしてようやく、ある男が、クレメント家の新住所をぼんやりと思いだした。「列車でサンフェルナンド駅まで行く」彼は言った。「二〇三番のバスに乗って、アヴィジェンダでおりる。道路の向かいに売店がある。その右手、集落から少し離れたところに小さなレンガの家が見える。それがクレメントの家だよ」

ボーイは大喜びして急いで引き返し、アーロニに報告した。その翌日、アーロニは、サンフェルナンド行きの列車に乗り、塗装工の指示どおりに進んで、すぐにその家を見つけた。そばの売店で、通りの名を尋ねた。

「ガリバルディ通りだよ」年老いた売り子は答えた。

調査は、もとの道筋に戻った。

ガリバルディ通り

三月中旬のこと、アーロニは背広を着て、ガリバルディ通りをはさんでクレメント家の向かいにある家を訪ねた。「アメリカのある会社のものです」ドアをあけた女性に告げた。「ミシンを製造する会社でして、この地域に工場を建設したいと考えています。こちらの土地を買いたいのです」そして、クレメントの家を指さして付け加えた。「あの家も。売っていただけますか？」

その女性とおしゃべりしながら、アーロニは、手に持った小さなスーツケースの取っ手のボタンを押しつづけた。隠しカメラで、さまざまな角度からクレメントの家を撮影したのだ。

その次の日、アーロニは、市の記録保管所に行き、クレメントの家が建っている土地は、ヴェラ・リーベル・デ・アイヒマン夫人が所有していることを突きとめた。やはりヴェラは再婚していなかった。そして、アルゼンチンの習慣にしたがって、旧姓と夫の姓の両方で土地を登記していた。リカルド・クレメントは、公文書に氏名を残さないようにしているのだろう。

その後アーロニは、徒歩で、あるいは自家用車または小型トラックでガリバルディ通りを幾度か訪れ、その家やヴェラや、庭で遊んでいる幼い男の子の写真を撮った。クレメント本人は見かけなかったが、ある特別な日まで待つことにした。三月二一日だ。記録によると、その日は、アドルフ・アイヒマンとヴェラ・リーベルの二五回めの結婚記念日だった。アイヒマンは、家族とその日を祝うために、トゥクマンから帰ってくるのではないか。

三月二一日、アーロニはカメラを持って、そこへ出向いた。中庭に、痩せて、中背で、禿げかかった頭、薄い唇、大きな鼻、口髭を生やした男がいた。眼鏡をかけている。それらの特徴は人相書と一致した。

アイヒマンだ。

イスラエルでは、ハルエルがベングリオン邸へ車を走らせた。「アルゼンチンでアイヒマンを見つけました。やつを捕まえて、イスラエルへ連れてこられると思います」

ベングリオンは即答した。「死んでいてもいいから彼を連れてこい」一瞬考えたのち、こう付け加えた。「生きたまま連れてきたほうがいいだろう。わが国の若者にとって、たいへん重要な意味を持つはずだ」

先発チーム到着

ハルエルは、作戦チームを編制した。一二人の隊員全員が志願者だった。前腕に強制収容所の番号の刺青のある、ナチスによる大虐殺の生き残りが数人含まれていた。チームの中心は、保安機関の実戦部隊だった。指揮は、シャバク最高の工作員であるラフィ・エイタンが執り、副官はツヴィ・マルキンが務めることになった。エイタンに言わせれば、マルキンは〝勇敢で、肉体的に屈強で、実戦で独創性を発揮するタイプ〟だという。もじゃもじゃの眉毛と薄くなりかけた頭、がっしりした顎、物悲しい瞳をしたマルキンは、シャバク最高のスパイ捕獲者(キャッチャー)として知られていた。決して銃を携帯せず（〝持つと使いたくなるからな〟）、〝健全な判断力と創意工夫と臨機応変〟でしのぎ、ソ連最高位のスパイ数人の正体をあばいた実績を持つ。子ども時代をポーランドで過ごし、ルブリン県クラシニク村のユダヤ人虐殺事件のあと、家族でイスラエルへ移住した。姉のフルーマとその家族はポーランドに残った。彼女の家族と他の親族全員が、ナチスによる大虐殺で死亡した。マルキンはハイファで育ち、独立戦争を戦った。多才な男で、絵を描き、〝強制的に〟文章をつづり、演技をする。ニューヨークに滞在していたとき、アクターズ・スタジオの創設者リー・ストラスバーグと近づきになり、演技について多くを学んだ。のちに彼は次のように語った。「私は、舞台で演じるようなつもりで姿を変え、化粧をして、モサドの多数の作戦に臨んだ。それ以外では、芝居の演出家のような気持ちで作戦に参加した。脚本だと思って作戦指令を書きあげた」

チームにはほかに、エイタンの副官の、ウィーン生まれのアヴラハム・シャロムがいた。がっしりした体格の無口な男で、のちにシャバク長官となる。パリ駐在の思慮深い現場工作員ヤーコフ・ガット。大戦終結まぎわに、イギリス陸軍の秘密〝アベンジャーズ〟部隊に所属してナチスの犯罪者たちを追跡し、個人的に数人を殺害した経験のあるモシェ・タヴォール。物静かで控えめなシャロム・ダニーは才能ある画家で、文書偽造にかけては〝天才〟といわれる男。トイレットペーパーで偽の認可証をこしらえ、ナチスの強制収容所を脱走したという逸話の持ち主だ。

彼らの多くは既婚者で、家族があった。

また、このチームには、さまざまな知識がまんべんなく集まっていた。エフライム・イラニはアルゼンチンについて詳しく、ブエノスアイレス市内の道を熟知していた。腕のいい錠前屋であり、底知れぬ体力の持ち主であり、だれもが信じたくなるような〝正直な〟顔をした工作員だった。エフディス・ニシヤフは、この任務に志願したモサド最高の女性工作員だった。信仰深く、物静かで内気で控えめで、かなり肥満し、見かけは平凡だ。労働党の活動家、モルデカイ・ニシヤフという夫がいる。本書の著者の一人が幾度か面会したが、ごく普通の女性だった。

これまでも何度かモサドの作戦に参加しているヨナ・エリアン医師は、アイヒマンをイスラエルへ連れ戻す際の要員だ。調査員のツヴィ・アーロニも加わった。だが、チームに最初に志願したのは、ハルエル自身だった。彼は、外国で行なわれる危険な作戦を指揮するのが大好きなのだ。とはいえ今回は、作戦遂行中に最高レベルの即断が必要になるだろう。そしてそれが、政治的に大きな反響を呼ぶかもしれない。それゆえ、必要であれば政治決断をくだせる人物がチームを率いることが重要だ。ハルエルは、自分が指揮を執るべきだと考えた。

四月末日、四人の先発隊が、それぞれ別の場所からアルゼンチンに入国し、絶対必要な装備品をこっそり持ちこんだ。トランシーバー、電子機器、医療品、そして、パスポートや文書や宣誓供述書などを偽造するための設備をそなえた、シャロム・ダニーの移動研究室。

彼らは、ブエノスアイレスにアパートメントを借りた（暗号名は〝キャッスル〟）。多くの隊員が滞在し、活動する基地となるので、そこに食料をストックした。あくる日、四人はレンタカーを借りて、サンフェルナンドへと走り、午後七時四〇分に到着した。

すっかり暗くなった二〇二号線をゆっくり走っていると、驚愕のできごとに遭遇した。突然、彼らに向かってまっすぐ歩いてくるリカルド・クレメントが見えたのだ！　クレメントは彼らになにも注意を払わず、ただ道を曲がって、家にはいっていった。

おそらくクレメントは、毎晩、だいたいこの時間に帰宅するだろうから、彼の捕獲は、バス停と彼の自宅のあいだのひとけのない暗い道で実行すればよい、と工作員たちは判断した。

その夜、彼らは本国へ暗号電報を打電した。〝作戦は実行可能〟。

アバ・エバンの飛行機

ハルエルは、運が向いていると感じていた。五月二〇日は、アルゼンチンの独立一五〇周年記念日である。祝賀行事に出席するために、世界各国から政府代表団が訪れるだろう。イスラエルからも、アバ・エバン教育相率いる代表団が来ることになっていた。アバ・エバンは、エルアル・イスラエル航空が、彼のために特別機――ブリストル社製ブリタニア機、通称〝ささやく巨人〟――を仕立てると知って喜んだ。特別機をチャーターする真の理由をエバンに知らせるものはだれもいなかった。実はアイヒマン作戦のためだ。

ブエノスアイレス行き六〇一便の出発日は五月一一日に決められ、乗務員は慎重に選考された。ハルエルは、エルアル航空役員のモルデカイ・ベンアリとエフライム・ベンアルツィの二人だけに秘密を打ち明けた。飛行機が、アルゼンチンの空港地上係員の援助なしに突然離陸することになった場合にそなえて、有能な整備士を同行させることが、パイロットのツヴィ・トハールに知らされた。

五月一日の夜明けに、ヨーロッパのある国のパスポートを所持したハルエルが、ブエノスアイレスに到着した。ひどく冷たい風が滑走路を吹きぬけていく。アルゼンチンは、真冬に近かった。その八日後の五月九日の宵、ブエノスアイレスにある新築の高層マンションに、イスラエル人数人がこっそりはいっていった。彼らは、数日前から借りてあった一室にあがった（暗号名は〝ハイツ〟）。それ以前から街のさまざまなホテルに滞在していた作戦チームの全員が顔をそろえた。ハルエルが最後にはいってきた。このとき初めて〝一二人組〟が集まった。

アルゼンチンに来てから、ハルエルは、チーム間の独創的な連絡方法を確立した。彼のポケットに、ブエノスアイレスのカフェ三〇〇軒の住所と営業時間を書いたリストがはいっている。毎朝、彼は散歩に出かけ、あらかじめ決められた道のりと時刻表にしたがって、カフェからカフェへと歩くのだ。こうすれば、その日の何時にどこでハルエルをつかまえられるか、メンバーは正確にわかる。この方法の大きな欠点は、毎日の巡回で、濃いアルゼンチンコーヒーを大量に飲まなければならないことだった。ハルエルは、カフェで拉致作戦の準備を進めた。

準備で大わらわの日が続いた。捕えた男を拘束するための装備を運び、組み立てる。監視および捕獲のための車を借りる。アイヒマンを監禁しておくためのアパートメントと、郊外の人目につかない屋敷を借りる。作戦の中心となる屋敷（基地）は、空港までの道筋にある。そこを借りたのは、観光客に扮した二人だ。そのうちの一人は、ヤーコフ・メイダッドという、ドイツ生まれのずんぐりした男だった。彼は、ナチスによる大虐殺で両親を亡くし、イギリス軍兵士として第二次世界大戦を戦った。彼の伴侶役を務めたのは、エフディス・ニシヤフだった。地元警察が捜索に来たときのために、屋敷の中に、アイヒマンと監視役の隠れ場所をこしらえた。もう一軒のアパートメントは、予備として用意された。

いまのところ、五月一〇日にアイヒマンを拉致、五月一一日に飛行機が到着、そして五月一二日にイスラエルへ向けて飛びたつという計画だった。

しかし、土壇場に変更があり、その計画はぶち壊された。祝典には大勢の来賓が来るので、アルゼンチン外務省儀典局から、イスラエル代表団の到着を五月一九日の午後二時に遅らせるようにとの連絡がはいったのだ。となると、アイヒマンの拉致を五月一九日に延期するか――それとも、五月一〇日に拉致し、九日ないし一〇日間、隠れ家に監禁するかだ。万一、家族の要請で、行方不明のアイヒマンの捜索が徹底的に行なわれることにでもなれば、非常に危険だ。アイヒマンとイスラエル人誘拐犯が警察に見つかってしまうかもしれない。

さまざまな懸念はあったが、ハルエルは、最初の計画どおりに作戦を進めることを決心した。だが、疲労しているメンバーのことを考えて、決行の日を一日ずらすことにした。作戦決行日は五月一一日、開始時刻は午後七時四〇分だ。

こうして作戦計画は決定され、微細な点まで準備された。アイヒマンは毎夜、午後七時四〇分に帰宅する。売店前の停留所で二〇三番のバスをおり、ガリバルディ通りを歩いて自宅に向かう。通りは暗く、車の往来はまばらだ。メンバーは、二台の車に分乗する。一台は拉致班、一台は安全確保と防護班だ。一台めを道路脇に駐めて、ボンネットをあけておき、メンバーがそれを修理するふりをする。アイヒマンが通りかかったら、彼に飛びつき、制圧し、車に押しこむ。ただちに出発し、二台めもあとに続く。睡眠薬の投与が必要になったときのために、医師は二台めで待機する。

ハルエルは、厳しい口調で明確に命令をくだした。「異常事態が生じて、制止されたとしても、決してアイヒマンを逃がしてはならない。警察に逮捕されたら、我々はイスラエル人で、ナチスの犯罪者を裁判にかけるために、自分の意志で行動していると主張するのだ」逮捕をまぬかれたものたちは、計画にしたがって出国せよ、と彼は付け加えた。

そして、メイダッドとエフディス・ニシャフに、屋敷へ行って、観光客のカップルのようにふるまうよう指示した。「ときどき芝生の庭へ出て、なにか食べ、新聞を読んでくつろぐように」

その他のメンバーは、ホテルを出て、指定された隠れ家へ移れと命じられた。

カウントダウン

五月一一日の朝。

すべての準備が整った。作戦開始時刻の前に、メンバーは痕跡を消しはじめていた。レンタカーの大半は返却された。全員が変装をすませていた——化粧、偽物の口髭、顎鬚、かつら。各人は、扮装に見合った公的書類を所持していた。数日前にブエノスアイレスにやってきて——通りを歩き、車とアパートメントを借り、ホテルにチェックインし、ガリバルディ通りの住宅を監視していた——一二人は消えた。彼らと入れ替わりに、異なる風貌の、異なる氏名の書類を携帯する一二人がやってきた。

ハルエルもホテルを出て、駅に荷物を預け、また街に戻った。その日も、これまでと同じように、カフェ巡りをすることになっている。今日は、五分ほど歩けば次のカフェに行けるビジネス街と歓楽街を巡回することになっていた。

午後一時、ハルエルとラフィ・エイタンほか主要工作員数人が、街中心部の大きなレストランで最終の打ちあわせを行なった。彼らの周囲では、陽気なアルゼンチン人が笑い、酒を飲み、名物のグリルした肉をほおばっていた。午後二時、彼らは解散した。

午後二時半、市の中央にある駐車場ビルから、数日間駐めてあった拉致用車両を出し、〝基地〟へと走らせる。別の駐車場から、二台めの車両が出てきた。

午後三時半、二台の車両は出動準備を整えて、〝基地〟で待機する。

午後四時半、〝基地〟で最後の打ちあわせ。作戦部隊は服を着替え、書類を持ち、出発準備を終えた。

午後六時半、二台の車両が出発した。拉致用車両には四人が乗っている。運転手はツヴィ・アーロニ。リーダーのラフィ・エイタン、モシェ・タヴォール、ツヴィ・マルキン。二台めには三人が乗りこんだ。アヴラハム・シャロム、ヤーコフ・ガット、そして、薬品と器具と鎮静剤を入れたケースを携行するエリアン医師。

二台は別々に到着し、クレメント家からそう遠くない十字路で落ちあった。メンバーは周囲を油断なく見まわして、近くに検問所や警察隊がいないか確認した。

午後七時三五分、二台は、ガリバルディ通りに駐車した。外はすでに真っ暗だった。拉致用車両の黒いシボレー・セダンは、クレメントの家のほうを向いて、歩道ぎわに駐められた。二人のメンバーが車からおり、ボンネットをあけた。アーロニは運転席に座ったままだ。四人めの男は車内でうずくまり、アイヒマンが暗がりから現われるのを待っている。一人が、アイヒマンと接触するときのことを考えて、薄い手袋をはめた。その男に触れることを考えただけで嫌悪感が胸にあふれる。道路の向かいに、二台めの車両、黒のビュイックが駐まっていた。二人が外に出て、車のまわりでしきりになにかしている。三人めは運転席から動かず、クレメントが近づいてきたら、彼の目をくらますために、いつでもライトを点灯できるよう待機していた。仕掛けの用意はできた。

しかし、クレメントは現われなかった。

午後七時四〇分、二〇三番のバスが曲がり角で停まったものの、だれもおりてこなかった。午後七時五〇分、さらに二台のバスが続いてやってきた。どちらのバスにも、クレメントは乗っていなかった。チーム内に不安が広がった。何かあったのか？　あの男は日課を変えたのか？　危険を察して逃げたのか？

午後八時五分、曲がり角で、またバスが停まった。最初はなにも見えなかった。だが、二台めの運転手のアヴラハム・シャロムが、ガリバルディ通りを歩いてくるシルエットにふと気づいた。クレメントだ！　彼はライトをつけ、まばゆい光線を、近づいてくる人影に向けた。

リカルド・クレメントは、自宅に向かって歩いていた。目もくらむばかりの光が顔にあたったので、目をそむけて歩きつづけた。道端に駐まっている一台の車と——エンジンの故障だろう——そばに数人がいることに気づいた。そのとき、シボレーのそばにいた男が向きなおって「モメンティート、セニョール（失礼ですが）」と呼びかけた。ツヴィ・マルキンが知っていたスペイン語は、その二語だけだ。

クレメントは、ポケットに入れた懐中電灯に手を伸ばした。暗い夜道でしばしば使っているものだ。そのあとの一瞬に、すべてが起きた。マルキンは、クレメントが銃を抜こうとしているのではないかと危ぶんだ。そして、クレメントに飛びつき、地面に投げ飛ばした。クレメントが甲高い声で叫んだ。次々と男が飛びかかった。力強い腕が彼の頭をつかみ、口をふさいだ。車の後部座席へ連れこみ、驚いて茫然とした彼を床に寝かせた。運転手は車を勢いよく発進させた。クレメントの姿が見えてから車が発進するまで、わずか三〇秒だった。

数秒後、二台めの車が動きだし、あとを追った。

すばやく手が動いて、クレメントの手足を縛った。そして、だれかが彼の口に布きれを詰めこんだ。眼鏡ははずされ、代わって、不透明な黒い眼鏡がかけられた。彼の耳のそばで、ドイツ語の怒鳴り声が聞こえた。「一度でも動いたら命はないぞ！」クレメントは従った。その後、彼はびくとも動かなかった。そうしている間に、二つの手が服の内側へ滑りこみ、肌に触れた。ラフィ・エイタンは、両手で傷跡をさぐっていた——左腋の下に一つ、下腹部の右側に一つ。エイタンはマルキンを見てうなずいた。二人は握手した。アイヒマンを手中におさめた。

エイタンは、自分では感情を抑制していると思っていた。ところがそのとき、自分が、ナチスと戦ったユダヤ人パルチザンの歌をハミングしていることにふと気づいた。〝我々はここで戦う！〟

高速で飛ばしていた車が、突然停車した。エンジンはかけたままだ。踏切のせいだとは、クレメントは知らなかった。果てしなく続く貨物列車が通過する数分間、二台の車両は待つしかなかった。作戦開始から終了までの間で、このときが最も危険な瞬間だったと工作員たちは回想する。まわりでは、一般の車が並び、踏切があがるのを待っていた。外から声が聞こえてきたが、クレメントは動こうとしなかった。車の床に妙なものが横たわっていることに、周囲のだれも気づかなかった。数分後、踏切があがり、車両はなめらかに前進した。

午後八時五五分、二台は、〝基地〟の私道で停まった。クレメントは、拉致した連中にはさまれて、盲人のようにとぼとぼ歩き、屋敷にはいった。男たちが服を脱がしかけても、クレメントは抗議しなかった。口をあけろという命令がドイツ語でなされ、彼は言われたとおりにした。口の中を見て、歯のあいだに毒薬のカプセルが隠されていないか調べられた。不透明な眼鏡をかけたままだったので、クレメントは何も見えなかったが、複数の手にまたも素肌をさぐられた。慣れた手が左腋の下に滑りこみ、小さな傷跡に触れた。SS将校の慣例として、そこに小さく血液型を刺青で彫っていたが、数年前にそれを除去したのだ。

不意に、ドイツ語が発せられた。

「帽子……靴のサイズ……生年月日……父親の名前……母親の名前……」

ロボットのように、彼はドイツ語で答えた。「ナチ党カードの番号は？　ＳＳの番号は？」と訊かれたときさえも、彼は黙っていられなかった。

４５３２６。もう一つは、６３７５２。

「氏名は？」

「リカルド・クレメント」

「氏名は？」質問が繰り返された。

彼は身震いした。「オットー・ヘニンガー」

「氏名は？」

「アドルフ・アイヒマン」

まわりがしんと静まり返った。彼は静寂を破った。「私はアドルフ・アイヒマンだ」彼は繰り返し言った。「イスラエル人に捕えられたのはわかっている。ヘブライ語も少し知っているぞ。ワルシャワのラビに習ったんだ……」

彼は、覚えていた聖書の一節を、正確な発音を心がけて暗誦しはじめた。

ほかにはだれも口をきこうとしない。

イスラエル人たちは、感覚が麻痺したように彼を見つめていた。

スデボケルへの使者

ハルエルは、カフェからカフェへと移動した。また別のカフェへはいり、入口のほうを向いた椅子にどっかりと腰をおろしたときには、夜もかなり更けていた。すると、入口に、部下の二人がいきなり現われた。ハルエルはぱっと立ちあがった。「捕えました」アーロニが顔を輝かせて報告した。「本物かどうか念を入れて確認しました。彼は、アドルフ・アイヒマンだと自白しました」

ハルエルは首を振り、三人はそこを出た。これから駅へ戻って、預けた荷物を引き取り、たったいまブエノスアイレスに着いたばかりのように、新しい氏名で別のホテルにチェックインしなければならない。夜気はひんやりとしてすがすがしかったので、彼は歩くことにした。風邪を引いたせいで少し熱があったのだが、いまの気分は最高だった。暗い道を一人で歩きながら、夜の冷えた空気を楽しみつつ、高揚する精神を感じていた——決して忘れられそうにない陶酔感も。

次の日、一台の車が、スデボケルのキブツにある木造の小屋の前で停まった。眼鏡をかけた痩せた男がおりてきて、警備員に身分証明書を提示し、ベングリオンの書斎へはいっていった。ハルエルの側近のヤーコフ・カロスである。

「イサル・ハルエル長官の指示で来ました。長官から電報が届いたのです。アイヒマンを捕えました」

首相は無言だった。やがて、こう尋ねた。「イサルはいつ戻る？　ぜひとも会いたい」

部下たちの疲弊した顔を見て、ハルエルは、アイヒマンのそばにいること自体が、ひどく消耗することなのだと悟った。ドイツ人の極悪人は、いまも薄い壁一枚はさんだ向こう側にいる——そして、そのことが、この強靭で不屈のメンバーを動揺させ、嫌悪感で胸を詰まらせるのだ。彼らの目には悪のシンボルと映る男の面倒を見ることに、永遠に慣れるはずがなかった。彼らの多くにとって、その男は、身内を殺した犯人なのだ——父親、母親、兄弟、姉妹らが焼かれて灰となった。そして、アイヒマンの世話をすることは、一日二四時間、彼の要求に応えることを意味する。彼にカミソリを渡すわけにはいかないので、髭を剃ってやる。自殺するといけないので、一秒でも一人にはできない。用を足すときでさえ、そばを離れられなかった。

エフディス・ニシャフが食事を作り、アイヒマンに出したが、彼の使った食器を洗うことを拒否した。彼に対する嫌悪感は、エフディスをひどく苦しめた。ツヴィ・マルキンは部屋の隅に座り、〈南アフリカの旅〉という古い旅行ガイドの表紙に、アイヒマンをスケッチすることで、自分の嫌悪感と闘った。二四時間交代の見張りは、ひどくストレスがたまって疲れきるため、各人に休日が必要だとハルエルは考えた。ブエノスアイレスの街を歩き、活気に満ちたこの大都市を楽しませてやろう。二、三時間だけでも〝基地〟の不快な現実を忘れて。

この期間は、彼らの人生で最も長い一〇日間となった——外国でみずからも身を潜め、警察の家宅捜索と国際スキャンダルのきっかけとなりかねない小さなミスにおびえて暮らす日々。

脱出計画

アイヒマンは、昼も夜も電球一個で照らされた、窓のないがらんとした部屋にいる。従順で、見張りの指示にすなおに従った。自分の運命をあまんじて受け入れたかのようだった。彼と話すのは、拉致されるまでの経緯について尋問するアーロニだけだ。アイヒマンは、質問のすべてに答えた。一九四五年五月にドイツが降伏したあと、ドイツ空軍の兵卒、アドルフ・カール・バルスと名乗った。その後は、武装親衛隊（バッフェンSS）第二二機甲師団のオットー・エックマンを装い、戦争捕虜収容所へ幽閉された。その年の暮れ、ニュルンベルク裁判で、ナチス幹部として彼の名があがったため、収容所を脱走した。そして、オットー・ヘニンガーの名で、ニーダーザクセン州のツェレという都市に一九五〇年まで身を隠し、その年に、ナチス犯罪者の脱出ルートの一つを使い、イタリア経由でアルゼンチンへ飛んだ。

白いシャツ、蝶ネクタイ、冬用コートにサングラスを着用し、ごく細い口髭をたくわえた彼がアルゼンチンに降りたってから九年がたつ。ブエノスアイレス近郊にあるユルマン・ホテルに友人たちと共に四カ月、そして、リプラーという名のドイツ人仲介者の自宅に四カ月以上滞在した。そのあとで初めて、彼はあえて単独で、ブエノスアイレスから約一〇〇〇キロ離れた小さな町トゥクマンへ移動した。そこで、カプリというほぼ無名の建設会社に雇われた。元ナチスの逃亡者に仕事をあたえるための会社だという説がある。

一九五二年四月四日、アイヒマンに、アルゼンチン人リカルド・クレメント名義の身分証明書が発行された。出生地はイタリアのボルツァーノ、未婚、職業は整備工である。

その一年前の一九五一年初頭、アイヒマンは、オーストリアにいる妻に偽名で手紙を出した。〝子どもたちのおじは死んだと思われていたが、実は生きていて元気だった〟。ヴェラ・リーベルはすぐに筆跡に気づき、息子たちに、死んだ父親のいとこのリカルドおじさんから、アルゼンチンで一緒に暮らさないかと誘われたことを話した。

ヴェラは、自分と息子たちの正式なパスポートを取得した。ナチスの秘密機構が熱心に動いて、彼女の足跡をぼかし、消す処理を行なった。イスラエルの秘密工作員が、オーストリアの公文書館で〝ヴェラ・リーベル〟のファイルをついに見つけたとき、中身は、蒸発したかのように空っぽだった。

一九五二年六月、ヴェラ・リーベルと、ホルスト、ディーター、クラウスという三人の息子は、オーストリアの自宅から姿を消した。七月上旬、しばらくのあいだジェノバに滞在したのち、七月二八日、ブエノスアイレスに上陸した。八月一五日、ほこりっぽいトゥクマンの駅で、四人は列車から降りた。

モシェ・パールマンは、著書で次のように書いている。〝ヴェラ・アイヒマンは、礼装軍服とぴかぴかに磨きあげたブーツ姿がよく似あう、颯爽としたナチス将校の姿を思い描いていた。しかし、トゥクマンの駅で彼女を待っていたのは、地味な服装で、皺だらけの青白い顔に沈鬱な表情を浮かべ、のろのろと歩く中年男だった。それが、彼女のアドルフだった〟

恐怖のアイヒマンは、すっかり変わっていた。痩せて、頭は禿げ、頬は落ちくぼみ、特徴的だった例の傲慢さが消えていた。観念し、不安をいだいているようだった。いま、残酷さと悪意を表わしているのは、薄い唇だけだ。

一九五三年、カプリ社は倒産し、アイヒマンは仕事をさがさなければならなくなった。最初は、ブエノスアイレスで二人の元ナチスとクリーニング屋を開店し、つぎにウサギ農場、そのあとフルーツジュース缶詰工場で働いた。最後は、また別のナチス秘密組織から斡旋してもらい、スアレスにあるメルセデスベンツの組み立て工場の監督についた。そのころには、自分の人生はこのまま平和に終わるのだろうと信じはじめていた。一九六〇年五月一一日までは。

いっぽう、アイヒマンの息子たちは、病院や死体保管所や警察署をまわって父親をさがした。右翼過激派のペロン派青年組織〝タクアラ〟に捜索の協力を求めた。だが、じきに息子たちは、父親はイスラエルに捕えられたにちがいないと考えるにいたった。そして、複数の親ナチ組織に、イスラエル大使を誘拐し、父親と人質交換するなどの思いきった行動を取るよう呼びかけた。しかし、アルゼンチン人は提案を拒絶した。

イサル・ハルエルは、隠れ家が警察に発見された場合の行動を指示してあった。〝基地〟に踏みこまれたら、屋敷内に用意してある秘密部屋にアイヒマンを押しこむ。警察が徹底的に捜索しようとしたら——緊急用にこしらえた裏口からアイヒマンを運びだす。メンバー数人はアイヒマンと一緒に逃げ、その他は、いかなる危険があっても、あらゆる手だてを使って警察の捜索を阻止する。

ハルエルは、アイヒマンのそばにいるメンバーに最終的な手段を説明した。「万一、隠れ家が見つかり、警察に踏みこまれたなら、自分と彼に手錠をかけて、鍵を捨てろ。そうすれば、彼と引き離せなくなる。そして、イスラエル人だと名乗り、仲間とともに、世界最悪の犯罪者アドルフ・アイヒマンを捕獲し、これから母国に連れもどして裁判にかけることになっていると告げる。私の本名——イサル・ハルエル——と偽名と滞在しているホテル名を警察に伝える。きみたちとアイヒマンが捕まったなら、私も逮捕されよう」

数日後、アイヒマンは、イスラエルへ連行され、裁判を受けることを承諾する書類に署名することに同意した。内容は次のとおり。

私儀アドルフ・アイヒマンは、みずから進んでここに宣言する。私の身元が明らかにされたいま、これ以上、法の裁きから逃げても無意味だと考える。イスラエルへ連行され、その地で正式な裁判を受けることに同意する。弁護士の支援を受けること、法廷で偽ることなく事実を明かすこと、ドイツでの私の仕事について述べることを許されると理解している。さまざまなできごとについて嘘偽りなく叙述した真実は、のちの世代に受け継がれるだろう。私は自分の意志で、この宣言書を作成している。私には何の約束もされなかったし、脅されもしなかった。私の願いは、最後に心の平安を見つけることだ。

すべての詳細を思いだすことができないし、事実を述べるときに混乱するかもしれないので、事実関係を明らかにする助けとなる関連書類と証言集の閲覧を希望する。


一九六〇年五月、ブエノスアイレスにて、アドルフ・アイヒマン

言うまでもなく、この声明に法的な有効性はない。

搭乗機到着

一九六〇年五月一八日午前一一時。

テルアビブ近郊にあるロッド国際空港で、公式な式典がとりおこなわれた。ラスコフ参謀長、外務省の長官、駐イスラエル・アルゼンチン大使らをはじめとする要職にある高官らが、アルゼンチン独立一五〇周年記念祝典に出席する代表団を見送りにきていた。中継地で降機予定の一般の乗客も乗せたエルアル航空の〝ささやく巨人〟が離陸した。

ほとんどの乗客は気づいていなかったが、ローマで三人の民間人が乗りこんだ。二時間後、その搭乗したばかりの乗客が、エルアル航空の制服を身に着け、乗務員となって通路を行き来していた。実はその三人は、ブエノスアイレスで行なわれている作戦の助っ人だった。一人はエフダ・カルメルといい、張りだした鼻と細い口髭の禿げた男だった。今回のアルゼン

チン行きを、さほど喜んではいなかった。能力で選ばれたのではなく、外見で選ばれたことがわかっていたからだ。二、三日前、カルメルは上官室に呼ばれ、二枚の写真を見せられた――自分の写真と、見知らぬ男の写真だ。二人の顔つきはよく似ていた。見知らぬ男がアドルフ・アイヒマンだと聞かされたとき、彼は身を震わせた。自分がアイヒマンの替え玉に選ばれたと知ったときには、さらにショックを受けた。ハルエル長官は、エルアル航空の乗務員としてカルメルをアルゼンチンに入国させ、彼の制服とパスポート類を利用して、薬で眠らされたアイヒマンを飛行機に乗せるという計画をたてていた。カルメルは、ゼーヴ・ジクローニ名義のイスラエルのパスポートを所持していた。

ハルエルは、代替計画も用意していた。仲介者の手を借りて、ブエノスアイレスの親類を訪ねてきていた、あるキブツの若いメンバーのメイル・バルホンに連絡をつけた。バルトロメ・メイア通りのバー・グロリアに来てくれと頼まれたバルホンがそこへ行くと、男二人が彼を待っていた。ハルエルとエリアン医師だ。ハルエルは指示を伝えた。「親戚の家に戻ったら、医師に電話をして、交通事故に遭ったせいで、めまいと吐き気がし、全身がだるいと告げるんだ。医師は、おそらく脳震盪(しんとう)と診断し、きみを入院させるだろう。五月一九日の朝、ずいぶん気分がよくなったから家に帰りたいと申し出る。退院するきみに、脳震盪の治療済みだと証明する書類が渡される」

エリアン医師が、脳震盪のどんな症状を申告すればよいかをバルホンに説明した。バー・グロリアを出たバルホンは、ハルエルの指示どおりに動いた。ブエノスアイレスの大病院で、三日にわたって彼は横になり、うめいた。そして、五月一九日に退院した。その一時間後、メイル・バルホンが自動車事故で軽傷を負ったのちに退院したことを証明する、病院発行の正式書類を、ハルエルは手にしていた。

こうして、エルアル航空乗務員としてアイヒマンをアルゼンチンから出国させる計画が失敗しても、重篤な脳震盪患者のメイル・バルホンと称して担架に乗せ、機内に運びこむ手はずは整った。

五月一九日。

午後、エルアル航空機がブエノスアイレスに到着した。外務省儀典局の職員、熱心な地元のユダヤ人、そして青と白の小旗を振る子どもたちが、タラップのそばに敷かれた赤いカーペットの両側に並んでいる。

数時間後、ハルエルは、パイロットのツヴィ・トハールとエルアル航空会社の重役一名と協議のうえ、出発時刻を設定した。五月二〇日午前零時だ。

ハルエルは、自分の計画を説明した。ざっと話しあい、プランAを決行する同意を得た。アイヒマンは、病気になった乗務員として搭乗する。替え玉のエフダ・カルメルは、制服およびエルアル航空の航空士、ゼーヴ・ジクローニ名義のパスポートを、モサドのチームにすでに渡してあった。文書偽造の名人であるシャロム・ダニーが、アイヒマンと完全に一致するようにパスポートを修正した。カルメルには新たなパスポートが渡され、すぐにアルゼンチンを出国することになると告げてある。

その夜、〝基地〟はさまざまな動きでざわついた。緊張に満ちた一週間を過ごしたモサドの工作員たちは息を吹き返した。アイヒマンは睡眠薬を投与され、ぐっすり眠っている。工作員たちは、細心の注意をはらって屋敷の装備を撤去した。あらゆる器具や装置が取りはずされ、私物が荷造りされ、屋敷は完全に元の状態に戻された。ほんの数時間のうちに、過去八日間にこの屋敷が果たした役割をにおわすものすら消えてしまった。そして、ほかすべての隠れ家でも、おなじ処置が行なわれた。


五月二〇日。

ハルエルはホテルを引きはらい、タクシーで駅へ行き、荷物を預けた。そのあと、以前のとおりにカフェ巡りを再開した。最初にエルアル航空の職員が報告に訪れ、頭を寄せて、詳細な予定表を作成した。

正午に、最終幕がはじまった。ハルエルは、最後のカフェの勘定を支払い、荷物を引き取り、脱出作戦を監督するために空港まで車を飛ばした。指揮所に最も適した場所をさがしながら、ターミナルビルを歩きまわる。ショッピングエリアや搭乗手続きカウンターなどをうろついたすえ、空港職員用カフェテリアを見つけた。外はひどく寒いため、カフェテリアは、温かい飲み物や軽食めあての事務員や地上係員や乗務員でごったがえしていた。ハルエルは喜んだ。ここなら理想的だ。だれも彼に気づかないだろうし、部下と手早く小声で相談しても目立たない。席があくのをまって、アルゼンチン国内で行なう最後の隠密行動の指揮を開始した。

「やあ、エルアルだ！」

午後九時。隠れ家で、すべての準備が整った。アイヒマンの身体を洗い、髭を剃り、エルアル航空の制服を着せ、ポケットに、ゼーヴ・ジクローニの身分証明書をしのばせてある。顔には巧妙なメーキャップが施されているため、彼の息子でさえ父親だと気づかないだろう。医師と工作員二名もエルアル航空の制服を着用していた。医師が彼に注射したのは、眠りはしないものの、頭がぼんやりする薬剤だった。見たり聞いたり、歩くことすらできるが、話すことはできず、周囲の状況も理解できない。

アーロニもエルアル航空の制服を身に着け、車のハンドルを握っていた。助手席には、別の工作員が座っている。アイヒマンは、後部座席で医師と工作員のあいだにはさまれていた。車は発進した。

同時刻に、市中心部にある大衆向けのホテルから、二台の車が出発した。その二台には、本物のエルアル航空の乗務員が乗っている。空港までの進み具合は、モサドの車両と細かく調整されていた。

臨時指揮所にいるハルエルに、最新情報が次々とはいってくる。彼は、部下たちの荷物を空港へ運びいれろと命じた。チームのメンバー一人一人に個別の脱出経路を用意してあったが、主要計画がとどこおりなく進行すれば、全員がエルアル航空機でアルゼンチンから飛びたつことになる。ハルエルからそう遠くないテーブルで、シャロム・ダニーが、湯気の立つマグカップからブラックコーヒーを飲んでいた。その男がどれほど厚かましい人間か、そばの他人にはわかるまい。なんと彼はそこで、モサド工作員が難なく出国できるように、パスポートを改竄し、必要なスタンプと署名を描きいれる作業の最中だった。

午後一一時。ハルエルの横に一人の男が現われ、モサドとエルアル航空の全車両が到着しましたと報告した。ハルエルは駐車場へ急ぎ、エルアルの車両を確認した。乗務員たちは無言だった。自分たちが尋常でないことに関与していることを感じているものの、具体的なことは知らないのだ。ハルエルの指示にじっと耳を澄ませ、質問はしなかった。ハルエルが三台めの車内をちらりとのぞくと、付き添いにはさまれたアイヒマンが居眠りしていた。「行け」彼は言った。「幸運を祈る！」

前進した三台の車をよそに、ハルエルはターミナルへ引き返した。隊列を組んだ三台は、アルゼンチン航空のゲートへ達した。イスラエルの航空機は、そこに駐機されている。「やあ、エルアルだ！」――イスラエル人の一人が陽気に声をかけた。警備員らがその男に気づいた。一日を通して、そこを出たりはいったりするイスラエル人をひんぱんに見かけるのだ。三台に分乗するエルアル航空の制服を着た全員に、彼らは疲れた目を向けた。二台めの乗務員たちは、歌ったり、笑ったり、大声で話したりしており、三台めでは、ぐっすり眠っている。

ゲートがあがり、三台は飛行機に向かって走った。機体のドアはあいている。制服を着た十数人の男がかたまって、タラップに向かった。その中心を歩くアイヒマンは、ほとんど陰になっていて見えない。二人が彼をささえて階段をのぼらせ、ファーストクラスの窓際の席に座らせた。医師と警備チームは、それを取り囲む席につき、眠っているふりをした。仮にパスポートを調べに、アルゼンチンの入国管理局が機内に乗りこんできたとしても、彼らは第二シフトなので、次の区間まで休息する必要があると説明することになっていた。

午後一一時一五分。カフェテリアの席に戻ったハルエルに、〝ささやく巨人〟独特のエンジン音が聞こえてきた。飛行機は、ターミナルへと地上滑走してきて、出発ゲートで停止した。すばやく出発ロビーへまわったハルエルがあたりを見まわすと、目立たない隅のあちこちに、部下たちが荷物をそばに置いて立っていた。ハルエルは歩きまわり、各人のそばへ近づいたときにささやきかけた。「飛行機に乗れ」彼らはなにげなく動きだし、パスポート検査の列に並んだ。全員がパスポートを手にしている。シャロム・ダニーは、見事な腕前を発揮した。

午後一一時四五分。出国審査と税関を問題なく通過したグループは、出発ゲートを通り、飛行機へと歩いていった。最後にハルエルが荷物を手に取り、セキュリティ・チェックポイントを抜け、飛行機に乗った。その直後に、飛行機は滑走路へと移動をはじめた。

午前零時——五月二〇日から二一日にかけての深夜。飛行機が停止した。管制塔から、待機を命じられたのだ。工作員らは、不安と緊張で張りつめた。なにか起きたのか？　土壇場で、アルゼンチン警察に内密情報が届いたとか？　引き返せと指示されるだろうか？　だが、恐ろしいまでの不安におののいた数分ののち、ようやく飛行機は離陸を許可された。〝ささやく巨人〟は、銀色に輝くラプラタ川上空を飛び去った。ハルエルは、安堵の溜息をついた。

「国会(クネセト)に知らせなくては……」

五月二二日。早朝、飛行機はロッド国際空港に着陸した。午前九時五〇分、ハルエルはエルサレムへ直行した。ベングリオンの秘書のイツハク・ナヴォンが、すぐさま彼を首相の執務室へ案内した。

ベングリオンは驚いていた。「いつ着いた？」

「二時間前に。アイヒマンを連れてきました」

「彼はどこにいる？」指揮官は尋ねた。

「イスラエルですよ。アドルフ・アイヒマンはイスラエル国内にいます。賛成していただけるなら、すぐに警察に連れていきます」

ベングリオンは黙りこんだ。ある記事に書かれたように、わっと泣きだしもしなければ、別の記事にあるように、勝ち誇った笑い声をあげもしなかった。ハルエルを抱擁もせず、いかなる感情も見せなかった。

「それがアイヒマンであることは確実なのか？　彼が本物だとどうやって証明する？」と首相は尋ねた。

それを聞いてハルエルは驚き、確実だと答えた。彼は、アイヒマンの身元を証明するすべての証拠をベングリオンに説明し、なにより本人が、自分はアドルフ・アイヒマンであると認めたことを強調した。しかし、首相は完全には納得しなかった。まだ足りない、彼は言った。つぎの段階に進む許可を出す前に、アイヒマンを知る人物に、正式に確認してもらう必要がある。一〇〇パーセントの確信を得るまでは、彼はこのことを内閣に明かすつもりはなかった。

ハルエルは自分の事務室に電話をかけて、本人を見てアイヒマンだとわかる人間をさがせと命じた。すぐに、過去にアイヒマンと会ったことのあるイスラエル人二名が見つかった。そして、アイヒマンの独房へ連れてこられ、彼と話してから、正式に本人だと断定した。

正午、イスラエル人の使者が、フランクフルトのあるレストランに飛びこみ、テーブルのひとつに急ぎ足で近づいた。そこには、見るからに緊張してそわそわしている白髪の男が一人で座っている。「バウアさん」使者は声をかけた。「いま、アドルフ・アイヒマンはわが国の管理下にあります。彼を捕え、イスラエルに連行しました。首相が国会（クネセト）で声明を発表する用意はできています」

深く感動したバウアは、青ざめたまま立ちあがった。その手は震えている。アルゼンチンのアイヒマンの住所をモサドに知らせた男は、もはや自分を抑えていられなくなった。この男がいなければ、アイヒマンを捕まえられなかったかもしれない。彼は目から涙をあふれさせながら、相手のイスラエル人の肩をつかみ、抱擁し、キスをした。

午後四時。クネセトの本会議で、ベングリオンが演壇に立った。彼は、しっかりした明瞭な声で、短い声明文を読みあげた。「イスラエルの保安機関がつい先ほど、ナチス最大の犯罪者の一人、アドルフ・アイヒマンを捕えたことを、クネセトにお知らせします。彼こそは、他のナチス幹部とともに、『最終的解決』と呼ぶ行為、すなわち、六〇〇万人におよぶヨーロッパ在住のユダヤ人の虐殺の責任者であります。現在アイヒマンは、ここイスラエルで拘禁中です。まもなく、ナチスおよび、その協力者の犯罪に関する法律にしたがって、イスラエル国内で裁判が行なわれます」

ベングリオンの言葉が、衝撃と驚きをもって受けとめられたのち、自然に大きな拍手が湧き起こった。驚嘆と賞賛がクネセトに、そして世界じゅうに広がった。本会議が終わると、政府席の後方から一人の男が立ちあがった。その男の顔や名前を知るものはほとんどいなかった。イサル・ハルエルだ。

アドルフ・アイヒマンの裁判は、エルサレムで一九六一年四月一一日にはじまった。ナチスによる大虐殺を生き延びた一一〇人が、検察側の証人として出廷した。自分の過去を一度も明かしたことのない人々まで、すさまじい体験を語りはじめた。ラジオに釘づけになったイスラエルの全国民が、大きな痛みと激しい不快感をいだきながら、証言から浮かびあがる恐ろしい物語に聞きいった。また、ユダヤ人全員が、犠牲者六〇〇万人の代弁者としてナチスの犯罪者と対決するギデオン・ハウスナー検察官になりきっていた。

一九六一年一二月一五日、アイヒマンに死刑が宣告された。彼の訴えは最高裁判所に却下され、恩赦は、イツハク・ベンツヴィ大統領に拒絶された。一九六二年五月三一日、アドルフ・アイヒマンに、死期が差し迫っていることが知らされた。独房にいた死刑囚は、家族に数通の手紙を残し、カルメル産赤ワインをボトル半分飲んだ。真夜中近く、プロテスタントのハル牧師が、これまでのときと同様にアイヒマンの独房にはいってきた。「今夜は、あなたと聖書について議論はしない」アイヒマンは拒絶した。「時間を無駄にしたくない」

牧師が去ったあと、予期せぬ客がやってきた。ラフィ・エイタンだ。

アイヒマンを拉致した張本人は、薄茶色の囚人服を着た死刑囚と向かいあって立った。エイタンは無言だった。アイヒマンは相手を見つめ、ドイツ語で言った。「私の次がきみの番だといいが」

看守は、アイヒマンを処刑室へ連れていった。彼は、落とし戸の上に立たされ、首に輪縄をかけられた。複数の役人やジャーナリスト、医師一名などの見学を許可された少人数が、ナチスの伝統にしたがって口にされた最期の言葉を耳にした。「また会おう……私は、神を信じて生きてきた……戦争法に従い、旗に忠誠を尽くした……」

衝立の奥にいた警察官二人が、同時にボタンを押した。そのうちの一つだけが、落とし戸をあけるボタンだ。どちらの警察官が操作ボタンを押したかはわからないので、アイヒマンの処刑執行人の氏名はわからずじまいとなった。エイタンは実際の処刑は見なかったものの、落とし戸のばたんという音を聞いた。

アイヒマンの遺体は、刑務所中庭のアルミ製焼却炉で焼かれた。〝黒い煙が空へあがっていった〟と、アメリカ人記者は書いている。〝だれも一言も話さなかったが、アウシュヴィッツの焼き場を思い出さずにはいられなかった……〟

一九六二年六月一日の夜明け直前、イスラエル沿岸警備隊の高速艇が、イスラエル領海の外へ出た。エンジンが切られた。静かに漂うボートから、警察官が、アイヒマンの遺灰を地中海にまいた。

風と波が、残骸となった男の灰を散らした。二〇年前にこう豪語した男の灰を。〝六〇〇万も駆除したのだから、満足して笑って墓に飛びこめる〟

母親の死の床で、ツヴィ・マルキンは、ナチスによる大虐殺で残酷に殺された親族のこと、姉のフルーマと子どもたちのことを思った。そして身をかがめて、母の耳元でささやいた。

「母さん、アイヒマンをやっつけた。フルーマのかたきを取ったぞ」

「おまえが姉さんを忘れていないことはわかっていたよ」死にゆく女性は小声で答えた。

第7章 ヨセレはどこだ?

ハルエル長官と作戦チーム、そして捕われの身となったアイヒマンが、ブエノスアイレスの隠れ家で、テルアビブから飛んでくるエルアル機の到着を待っているときも、ハルエルはそれとは別の件であわただしく動いていた。ブエノスアイレスにナチスの犯罪者がもう一人――〝死の天使〟ことヨーゼフ・メンゲレ――潜伏しているという噂を耳にしたハルエルは、真偽を確認しようとしていた。列車でアウシュヴィッツに到着したユダヤ人を冷淡に選別し、健康ならば人体実験用に残し、衰弱した者や、女子どもや老人はガス室へ送ったという極悪非道の医師である。メンゲレは、第三帝国の残虐性と狂気のシンボルとなった。戦後は行方をくらましたが、アルゼンチンにいる可能性が大きかった。

メンゲレは裕福な家庭の出身なので、家族は、潜伏中の彼に大金を送って支えつづけた。その金の流れを追ったモサドは、ブエノスアイレスへ行きついた。とはいえ、メンゲレを発見できないでいた。

だが、今回は運が向いていたようだ。一九六〇年五月、ブエノスアイレスの空港にエルアル機が到着する少し前のこと、ハルエルの手の者がメンゲレの住所を突きとめた。なんと、彼は、本名を名乗ってブエノスアイレスに住んでいた！　自分は安全だと思いこんでいたらしい。ハルエルが、信頼を寄せる調査員ツヴィ・アーロニをその住所の確認に行かせたところ、メンゲレは留守だった。アーロニが近隣の住人から聞いたところでは、メンゲレ夫妻は二、三日は家をあけているが、じきに帰ってくるだろうということだった。胸を躍らせたハルエルは、ラフィ・エイタンを呼びつけた。「監視しよう。そして、メンゲレが帰宅したら、彼も拉致し、アイヒマンと一緒にイスラエルへ連行する」

エイタンは反対した。アイヒマン作戦は非常にこみいっています、と彼は言った。拉致した男が一人だけなら、飛行機に乗せて、イスラエルへ連れ帰れる可能性はかなり大きいでしょう。しかし、二人めを拉致するとなると、リスクははなはだしく高まります。取り返しのつかない失敗を犯しかねません。

反論に納得してその案をあきらめたハルエルに、エイタンはこう提案した。「アイヒマンをイスラエルへ連れ帰ったあと、そのことを一週間伏せておけるなら、メンゲレを引っぱります」

「どうやるつもりだ？」

「ブエノスアイレスにアイヒマン作戦のアジトが数カ所あります。そのことはだれも知りません。そこを維持しましょう。アイヒマンを乗せた飛行機がアルゼンチンを飛びたったら、私はツヴィ・マルキンとアヴラハム・シャロムを連れて、アルゼンチンを出国します。イスラエルに帰国しても、長官はアイヒマンのことを秘密にしておいてください。我々がやったことをだれも知らないうちは、だれも我々をさがそうとはしません。そして、私たち三人がブエノスアイレスへ戻り、メンゲレを捕まえます。彼を隠れ家に監禁し、数日後にイスラエルへ連れ出します」

ハルエルはその案に賛成した。アイヒマンを乗せたエルアル機がイスラエルへ向けて離陸すると、エイタン、シャロム、マルキンの三人は、隣国チリの首都サンティアゴへ飛んだ。アイヒマン逮捕の秘密が守られたならば、一日か二日のちにブエノスアイレスへ戻り、メンゲレ作戦を開始する予定だった。

しかし、次の日の朝、世界じゅうのメディアが、モサドがアルゼンチン国内でアイヒマンを捕えたことを大々的に報じた。こうなれば、モサドの工作員がアルゼンチンに再入国し、もう一人を拉致することなど論外だ。エイタンらは計画を断念し、イスラエルへ帰国するしかなかった。

のちに、アイヒマン逮捕の件を一週間ほど伏せてほしいとベングリオン首相に要請したが首相は受け入れなかったのだと、ハルエルはエイタンに打ち明けた。「アイヒマン逮捕の話を、すでに多くの人間が知っている」ベングリオンはこのようにハルエルに告げたといわれている。「長くは隠しておけないだろう。今日の午後、彼の逮捕をクネセトで発表することに決定した」

アイヒマンの逮捕は公表された——そしてイスラエルは、史上もっとも残虐な犯罪者の一人を裁判にかける機会を失った。

アイヒマンが捕えられてまもなく、メンゲレは、足元についた火に気づいた。そしてパラグアイへ出国し、およそ二〇年後の一九七九年二月に心臓発作で死ぬまで、姿を見せなかった。

一九六二年三月上旬、イサル・ハルエルは、ベングリオン首相から呼びだされた。首相はハルエルを温かく迎え、雑談に花を咲かせた。なんの用かとハルエルは首を傾げた。彼はベングリオンという人間をよく知っている。世間話がしたくて呼ばれたのでないのは確かだった。二人は似たもの同士で、たがいに好意を抱いていた。二人とも小柄で、頑固で、決断力があり、生まれながらの指導者で、イスラエルの安全保持に精力をそそいでいる。だから二人とも、時間と言葉を浪費するタイプではなかった。また、アイヒマンの逮捕以来、二人の絆はいっそう強まった。

話の途中でいきなり、ベングリオンがハルエルに向きなおった。「きみに子どもを見つけられるか？　どうだ？」

どの子のことか口にされなかったものの、ハルエルはすぐにぴんときた。この二年間、幾度もイスラエル国内を沸かしてきた問題がある。新聞でセンセーショナルに書きたてられ、クネセトの演壇で叫ばれ、一般の世俗的な若者からユダヤ教超正統派にぶつけられた問題だ。

「ヨセレはどこだ？」

ヨセレとは、テルアビブ近郊の町ホーローン出身の八歳のヨセレ・シュクマッカー少年のことである。少年の祖父が率いるユダヤ教超正統派によって誘拐された。ユダヤ教敬虔主義の祖父は、孫のヨセレを超正統派のユダヤ教徒に育てたいと考え、両親から少年を奪ったのだった。それ以来、少年は消えてしまった。その後、日を追って、少年の話題は、家族の問題から、全国的スキャンダルへ、そして世俗派と超正統派間の暴力的衝突事件へとエスカレートした。内戦が起き、国がばらばらになるのではないかと危惧された。最後の手段として、ハルエルが呼ばれたのだ。

「やれとおっしゃるなら、最善を尽くします」ハルエルは答えた。そして執務室へ戻り、虎の子作戦と命名した作戦ファイルを作成した。

ヨセレは器量よしで活発な少年だった。一つ欠点があるとすれば、まちがった両親のもとに生まれたことだ。それが、少年の祖父であるナーマン・シュタルケスの意見だった。顎鬚を生やし、眼鏡をかけ、がりがりに痩せ、ハシッドを盲目的に信じるシュタルケス老人は、頑固一徹で不屈の男だった。KGBの悪漢も、第二次世界大戦時に放りこまれた凍てついたシベリアの強制労働収容所も、この老人の意気をくじくことはできなかった。シベリアで片目と、凍傷のせいで足の指三本を失ったが、闘志を失うことはなかった。厳しい運命は、ソ連を憎む心に油をそそいだだけだ。彼の憎しみは、ごろつきの群れに息子を刺し殺された一九五一年に頂点に達した。それでもまだ、シャロムとオヴァディアという二人の息子と、仕立屋のアルター・シュクマッカーと結婚したアイダという一人娘がいると、彼は自分を慰めた。

シュタルケス一家は、ロシアとポーランド国内を転々としたあと、ウクライナ西部の都市リヴォフに腰を落ち着けた。そこの実家にしばらく同居していた娘夫婦は、一九五三年、二人めの子を授かった。それがヨセレだ。

ヨセレが四歳のとき、シュクマッカー夫妻はイスラエルへ移住した。その数カ月前に、ヨセレの祖父母であるシュタルケス夫妻とその息子のシャロムがイスラエルへ移り住んでいた。ヨ超正統派の一派ブレスラウ派に属するナーマン・シュタルケスは、エルサレム市内でユダヤ教超正統派が多く居住するメアシェアリーム地区に住みついた。そこは、黒いロングコートか絹のカフタンを着て、黒い帽子か毛皮の帽子をかぶり、顎鬚をふさふさとたくわえ、もみあげを長く伸ばす男たちが行き来する世界である。女は丈の長い堅苦しい服を着て、かつらかスカーフで髪の毛をおおっている。イェシヴァと呼ばれるユダヤ人学校と、シナゴーグと呼ばれるユダヤ教礼拝堂と、著名なラビで構成される法廷のある世界。シャロムは、イェシヴァへ通った。弟のオヴァディアはイギリスへ渡った。

アイダとアルターのシュクマッカー夫妻は、ホーローンの町に居をかまえた。やがて夫のアルターは、テルアビブ近郊にある織物工場の仕事についた。妻のアイダは、写真家に雇われた。夫妻は小さなアパートメントを購入した。生活費の捻出に苦労し、多額の借金を背負うことになった。そのため、娘のツィナをクファルハバットの宗教学校へやり、ヨセレを祖父母にあずけた。窮乏した生活にまいっていたシュクマッカー夫妻は、ロシアにいる友人たちに、イスラエルに来なければよかったと書いて送った。夫婦の愚痴に対する返信のいくつかをたまたま目にしたナーマン・シュタルケス老は、娘夫婦は、孫たちを連れてロシアに戻るつもりだと思いこんだ。激高した老人は、ヨセレを返さないことを心に決めた。

ところが、一九五九年の終わりごろには、シュクマッカー夫妻の経済状態が改善した。暮らし向きがよくなった夫婦は、また家族全員で暮らすことにした。一二月、アイダが、子どもを引き取りにエルサレムへ出向いたときには、ヨセレも父親も留守だった。「明日、あんたの弟のシャロムに、ヨセレを送っていかせよう」アイダの母親は言った。「いま、ヨセレはじいさんと一緒にシナゴーグへ行っているから、邪魔をしてはいけない」

ところが、あくる日、ホーローンにシャロムが一人でやってきて、父はヨセレを返さないと言っていると、姉のアイダに告げた。あわてたアイダは、夫とともにエルサレムへ急いだ。金曜を実家で過ごしたときには、ヨセレも一緒だった。土曜の夜、夫婦がヨセレを連れて帰ろうとすると、アイダの母親が反対した。「外はものすごく寒いから、この子をここで寝かしてやろう。あした、あたしが連れていくよ」夫婦は賛成した。アイダは、ベッドで丸くなって寝ている息子にキスをし、夫とともに帰った。ふたたび息子に会えるのが数年後になろうとは、そのときの彼女には想像もつかなかった。

次の日、ヨセレも母親もホーローンに来なかった。またもや、アイダとアルターは、エルサレムへの道を走った。が、無駄だった。ヨセレの姿はなく、アイダが泣いて息子を返してくれと頼んだにもかかわらず、シュタルケス老はぶっきらぼうに拒否した。ヨセレはいなくなってしまった。
さらに二、三度エルサレムへ足を運んだのち、アイダとアルターは、シュタルケスには孫を返すつもりも、居場所を明かすつもりもないのだと思いいたった。一九六〇年一月、夫婦は、テルアビブのラビ法廷に、ナーマン・シュタルケスを告訴した。シュタルケスは応じなかった。そして、夫婦の悪夢がはじまった……
一月一五日――イスラエルの最高裁判所は、三〇日以内に両親に子どもを返し、出廷するよう、ナーマン・シュタルケスに命じた。二日後、彼は〝体調不良のため、行くことができない〟と回答した。
二月一七日――シュクマッカー家は警察に、ナーマン・シュタルケスを逮捕し、息子を返すまで拘禁するよう訴え出た。最高裁判所は、子どもの捜索を警察に命じた。一〇日後、警察はヨセレ事件の訴えを受理し、捜索を開始した。
四月七日――警察は、少年のいかなる痕跡も発見することができず、最高裁判所に捜索活動の終了を願い出た。
五月一二日――立腹した最高裁判所は、警察に捜索続行を命じるとともに、ついにナーマン・シュタルケスの逮捕を命じた。翌日、シュタルケスは収監された。
だが、牢屋に投げこめば、シュタルケス老の決意が揺らぐだろうと考えたものがいたとすれば、それは完全なまちがいだった。筋金入りの老人は、頑として口をひらかなかった。
シュタルケス自身が少年を隠したのではなく、超正統派組織が動いたことが、すぐに明らかになった。彼ら全員が、聖なる使命にかかわっている。すなわち、少年をロシアへ連れていき、そこでキリスト教に改宗させるという正道をはずれた計画を阻止する使命だ——とシュタルケスは話した。エルサレム最高位のラビであるフランク師さえ、シュタルケス老を強く支援すると声明を出し、あらゆる点で彼に力を貸すよう正統派を促した。

一九六〇年五月、クネセトでその問題が浮上し、メディアは好き放題に書きたてた。この事件の波紋の大きさに最初に気づいたのは、宗教政党の代議士だった。シュロモ・ロレンツ議員は、子どもの奪取事件が、イスラエル国内の宗教戦争に火をつけるかもしれないという予感を覚えた。ロレンツは、シュタルケスとシュクマッカー家間の仲介人を引き受け、いまだ収監されたままのシュタルケスのもとに、子どもに正統派の教育を受けさせることを約束した両親の合意書の草案を持ちこんだ。シュタルケスは、ある条件つきで書類に署名することに同意した。その条件とは、エルサレムで最も過激とされるラビの一人、メイチシュ師からそうしろと命じられることだった。

ロレンツはエルサレムへ急行し、そのラビと話しあった。メイチシュ師は、拉致した側が起訴されないのなら、それに応じてもよいことをにおわせた。

そこでロレンツは、ヨーゼフ・ナーミアス警察本部長に話をつけにいった。「わかりました」ナーミアスは言った。「私の車で子どもを連れに行きましょう。議員のあなたは免責があるし、私の車などだれも尾行しないから、関与した人々の素性が明かされることはないでしょう」

喜んだロレンツがメイチシュ師を再訪したときには、師は決心を変えていた。ロレンツはふりだしに戻った。子どもはおそらく、タルムード学校か、正統派の集落のどこかにいるにちがいないと彼は考えていた。しかし、黙秘の壁にはばまれて、子どもを見つけることはできなかった。

一九六一年四月一二日、ナーマン・シュタルケスは〝健康上の理由〟で釈放された。少年をさがす努力をすると約束したうえでのことだった。しかし、彼は約束を守らなかったので、最高裁判所は、誘拐は〝不快で卑劣きわまりない犯罪〟であると明言し、ふたたび老人を逮捕した。一九六一年八月に設立された〝ヨセレを取り戻すための全国委員会〟が、パンフレットを配布し、公開会議を開催し、メディアに呼びかけた。数千人が嘆願書に署名した。文化戦争の不吉な影が、不気味に迫っていた。

一九六一年八月、警察は、ハシッドが住むコメミウト村を家宅捜索したが、子どもは出ていったあとだった。実は、一年半前、つまり一九五九年一二月に、叔父のシャロム・シュタルケスに連れられたヨセレは、その村のツァルマン・コットの家に〝イズラエル・ハザク〟の名で預けられたのだった。

そうしているうちに、少年は移動させられ、シャロムは国を出て、ロンドンのゴールダーズグリーン地区にあるユダヤ人街に住みついた。イスラエル警察の要請に応じて、イギリス警察はシャロム・シュタルケスを逮捕した。彼の第一子カルマンが生まれたとき、割礼の儀式を行なうために、家族は刑務所に乳飲み子を連れてきたという。

しかし、ヨセレは行方不明のままだった。足どりはまったくつかめなかった。ひそかに国外に連れだされたというものもいれば、病気で死んだのだというものもいた。警察は物笑いの種となった。世俗派と正統派のあいだで、暴力的な衝突事件が発生した。イェシヴァの学生が、街で通行人から殴られた。世俗派の若者たちは、〝ヨセレはどこだ？〟と叫んで、正統派の若者たちをののしった。

イスラエル国民の怒りは最高潮に達した。激しい論争がクネセトを揺るがした。

ベングリオンがハルエルを呼んだのは、そのときだ。

イサル・ハルエルがヨセレ捜索任務を引き受けたとき、彼の仕事人生において、それが最も困難で面倒な仕事になるとは考えもしなかった。一度として妻のリヴカに仕事の話をしたことのなかった彼が、今回は妻にこう語った。「政府の権威がかかっている」ハルエル麾下の最高の工作員の一人であるアヴラハム・シャロムは、それとは違う意見を持っていた。「イサルは、警察に果たせなかったことでも、自分ならできることを証明したかったんだ」

警察は大喜びで、やりたくない仕事を手放した。ヨーゼフ・ナーミアス警察本部長は、ハルエルに尋ねた。「子どもを見つけられると本気で思っているのか？」ハルエルの信任厚い協力者であるシャバク長官のアモス・マノルは、全体計画に反対した。モサドとシャバク幹部の多くが同意見だった。この事件は、彼らの守備範囲外だと考えたのだ。彼らの仕事は、イスラエルの安全を守るためであって、ハシッドの学校に隠れている子どもをさがしだすことではない。ハルエルの考えとはちがって、諜報機関は、ユダヤ人国家の評判を守るためのものではない。とはいえ、ハルエルが決断したことには異論を唱えない。長官の力は絶対だった。

ハルエルと補佐官らは、工作員四〇人からなる特別対策本部を設置した——シャバクの有能な調査官、作戦チームのメンバー、信心深い工作員、またはそれに準ずる人々、そして、この作戦に志願した民間人。志願者の多くは、ヨセレの誘拐事件が国を分断する大問題となる危険性に気づいた正統派ユダヤ教徒だった。ところが、第一回の作戦はぶざまな失敗で終わった。超正統派の要塞に強引に侵入しようとして、すぐに気づかれ、あざけられ、一蹴された。「火星に降りたったような気分だった」工作員の一人は語った。「気づかれずに火星人の群衆に溶けこむのは困難だった」

ハルエルは、一つ一つの資料を繰り返し読んで、忍耐強くファイルを研究した。イスラエルのどこにもヨセレがいた痕跡はなかった。そして、ついにある結論に達した。国外に連れだされたのだ。

国外だとしたら、どこの国か？　奇妙なニュースが彼の注意を引いた。一九六二年三月中旬、スイスのユダヤ教ハシッド派の団体がイスラエルへやってきた。尊敬するラビの柩を聖地に埋葬するために、大勢の男女と子どもが付き添ってきたという。葬儀を隠れみのとして利用し、その団体が数週間後にスイスへ帰国する際に、ヨセレをひそかに国外に連れだすのではないかと、ハルエルは推測した。そこで、空港に人員を配置し、アヴラハム・シャロムをリーダーにした小さなチームを、帰国する団体とともにチューリヒへ派遣した。モサドのチームは、子どもたちの属する寄宿学校へ行き、夜間に中庭に忍びこんで、窓をのぞき、子どもを一人一人確認した。「そのイェシヴァは森の中にあった」シャロムは回想する。「我々は窓に張りついた。変装している可能性を念頭に置いて、彼と同じ年頃の子どもをさがした」毎夜の冒険を一週間で終えたのち、スイス人寄宿学校にヨセレはいないことは確実であると、シャロムはハルエルに報告した。

ハルエルは、自ら作戦を指揮することにした。それ以外の未決の事案を補佐官らにまかせたハルエルは、パリに臨時本部を設け、世界各地に工作員を送りだした。彼らは、フランス、イタリア、スイス、ベルギー、イギリス、南アメリカ、アメリカ、北アフリカで調査を行なった。子どもを隠せるような場所をさがすために、さまざまな人間に扮して、正統派イェシヴァや共同体にはいりこもうとした。エルサレムの正統派の一人の若者が、スイスでソロヴァイシク師が運営する名高いイェシヴァへ、律法(トーラー)を研究するためにやってきた。地味で敬虔で信心深い一人の女性が、ロンドンに到着した。シャロム・シュタルケスの義母から信頼されている女性は、その義母の心温まる紹介状を手にしていた。女性は、シュタルケス一家に誘われて、その家に宿泊させてもらうことになった。その善人の女性が、アイヒマン拉致事件に参加した、ハルエル麾下の敏腕女性工作員エフディス・ニシャフであることを、一家は知らなかった。

その当時ロンドンで活動していたモサド工作員は、エフディス・ニシャフだけではなかった。ロンドンは、超正統派サトマール派（その派の発祥地であるルーマニアのサトゥマーレ村にちなむ）の重要拠点だった。ハルエルは、ロンドン市内のハシッド派の居住区域に、工作員のチームを送りこんだ。また別のチームはアイルランドに飛んだ。イギリスで活動中のチームは、信心深い若いカップルと出会い、彼らが唐突にもアイルランドの遠隔地に一軒家を借りたことを知った。その一軒家が、ヨセレのための新しい隠れ家ではないかと考えたチームは、子どもを取り戻すための詳細な計画を練った。大急ぎでアパートメントと車を借り、装備をこっそりと持ちこみ、偽造文書を用意した。作戦計画の詳細が煮詰められた。

そして、期待はずれの結果が次々とはいってきた。

最初にがっかりして帰ってきたのは、アイルランドのチームだった。〝信心深いカップル〟は、ただの信心深いカップルで、休暇でアイルランドに遊びにきただけだった。エフディス・ニシャフも、ロンドンのシュタルケス家からどんな情報も得られなかった。スイスへ律法の勉強をしに行った若者は、啓蒙されて、だが手ぶらで帰宅した。ハルエルの本部に、世界各地から否定的な回答が押し寄せた。少年の行方は不明のままだ。

ロンドンのハシッド・サトマール派の集落に潜入しようとしたチームには、最悪の事態が待っていた。スタンフォードヒル地区の若く聡明な若者たちは、招かれざる客であるチームに即座に気づき、「シオニストがいるぞ！　来いよ、ヨセレはここだ！」と叫んで立ちはだかった。若者たちは、ロンドン警察に通報すらした。ハルエルの補佐官らは、女王陛下の留置所から仲間を釈放するために奔走した。

　イサル・ハルエルを篤く信奉する協力者が、一人、また一人と希望を失っていった。彼らは言った。「イサル、うまくいくはずがない。捜索を中止しよう。無駄骨だ。子どもは見つからないよ」

　しかし、ハルエルはあきらめなかった。ブルドッグ並みにしぶとい彼は、すべての疑念と苦情をしりぞけ、あらゆる困難にもかかわらず、子どもを必ず見つけだすという信念を持って、とりつかれたように捜索を続行した。


　パリにいたハルエルは、支局長のヤーコフ・カロスを呼んだ。カロスはルーマニア生まれで、ナチスによる大虐殺で両親を亡くし、エルサレムのヘブライ大学を卒業したのち、安全保障および情報コミュニティーに身を投じた。ほっそりした身体、秀でた額、優美な顔だちに眼鏡をかけたカロスは、知的な雰囲気をただよわせている。彼は、モサド内の、外国情報機関と内密で提携関係を推進する部局テヴェル（宇宙）の元局長として、意外な国々と極秘に協力関係を築いてきた。イラン、エチオピア、トルコ、そしてスーダン（すべて中東地域の周辺に位置する非アラブ諸国）との〝周辺協定〟を結ぶために尽力した。また、フランス、イギリス、ドイツの情報機関の長との緊密な協力関係を築いた。モロッコで恐れられる内務相である、異彩を放つウフキル将軍と提携し、モロッコのハッサン王を秘密裡に訪問した。さらには、エチオピア皇帝ハイレ・セラシエ一世に加勢して、皇帝の側近が起こそうとしていたクーデター計画をつぶした。アルジェリアで秘密調査を行なっていた際、ジュリエット（ヤエル）という若い女性と恋に落ち、妻に迎えた。人当りが柔らかく、見かけは礼儀正しいカロスは、実動チームでは一度も活動したことがない。つねにスーツとネクタイを身につけた腕利きのスパイだ。フランス語と英語を自在にあやつる世慣れた男なので、ハルエルにとっては貴重な人材だった。

ハルエルは二四時間ぶっとおしで働いた。ホテルに部屋を取ってあったが、昼夜問わず、時間のほとんどを、臨時本部として使っているアパルトマンで過ごした。補佐官が彼のために購入した折りたたみベッド（〝ヨセレのベッド〟と呼ばれていた）に、ときどき倒れこむようにして仮眠をとった。そういう状態が数カ月続いた。彼は、報告書を読み、送信する電報の原稿を書き、ヨーロッパじゅうに散らばる部下たちとの打ちあわせに明け暮れた。明け方、彼は本部を出てホテルへ行き、そこでシャワーを浴びて気分をあらたにしてから、仕事に戻ってくる。最初の夜、朝早い時刻にホテルに戻ったとき、ポーターが感心したような笑みを向けてきた。この小柄な紳士は、パリのナイトライフを最大限に楽しんでいるようだ。二晩め、ポーターは親しみをこめたウインクをよこした。だが、夜の冒険が、三夜、四夜、五夜と続くと、ポーターは落ち着いていられなくなった。明け方、寝不足のせいで目を血走らせ、無精髭を生やし、くしゃくしゃの服で帰ってきたハルエルに、ポーターは芝居がかった仕草で帽子を取り、おじぎをしてからはっきりと告げた。「尊敬申しあげます、ムッシュ！」

そうこうするうちに、四月のある朝、興味をそそる報告が届いた。その報告は、ベルギーの都市アントワープへ派遣されたメイルという正統派の若者から送られたものだった。彼はその地で、ラビのイツィケル老師を聖者とあがめて従う敬虔なダイアモンド商人の一団と近づきになった。そのグループは、仕事上のもめごとを解決したいときに、国の裁判所に助けを求めるのではなく、ラビに——しばしば数百万ドルにのぼる取引の——調停と裁きを求める。ラビの言葉が法律だった。現代のヨーロッパにおいて、この商人集団は、古代の商習慣を守っていた。

ラビの支持者集団の仲間入りに成功したメイルは、第二次世界大戦時、彼らが反ナチス地下組織として活動し、秘密国家警察(ゲシュタポ)から大勢のユダヤ人を救ったことを知った。戦後、その団体は、地下組織として習得した手段と経験を生かして、世界各地で冒険的事業を展開した。メイルはさらに、金髪に青い瞳の元キリスト教徒のフランス人女性の驚くべき話を耳にした。戦時中、その女性はダイアモンド商人の組織の一員として、ヒトラーの支配下にあったユダヤ人を助けた。ラビの威厳と人間性に触れ、底知れぬ影響を受けた女性は、ユダヤ教に改宗して敬虔な正統派となっただけでなく、それ以上に、組織にとって非常に貴重な人材となった。長年地下活動にたずさわったことで、彼女はたくさんのことを学んだ。思慮深く、勇敢で、自分の痕跡の消し方や、外見の変え方、魅力を武器として利用する方法などに長けていた。そのうえ、ビジネスに対する直感と、生まれながらの鋭い知性の持ち主だった。アントワープのダイアモンド商人組織から依頼された任務を果たすために、フランス国籍のパスポートで世界を飛びまわった。「彼女は聖なる女性だ」アントワープのユダヤ人はメイルに語った。さらに、その女性はイスラエルとも関係があるという。最初の結婚で生まれた息子クロードも改宗し、スイスとフランス南東部のエクスレバンにあるイェシヴァでの勉学を終え、いまはエルサレムのタルムード学校の学生だ。ところが、アントワープの人々でさえも、そのすばらしい聖なる女性の所在を知らなかった。

その話は、ハルエルの想像力に火をつけた。報告書からは、フランス人女性とヨセレとのつながりは感じられない。しかし、ハルエルの目には、はかりしれない可能性を秘めた、また千の顔を持つ女性と映った。ヨセレに関する秘密任務が発生したとき、正統派の指導者たちにとって、彼女はまさに神の恵みのごとき人材だっただろう。

ハルエルは、自分の直感に従うことにした。その他の手がかりはみな捨て、謎めいた改宗者一人に絞ったのだ。わかっている限りの詳細をイスラエルに打電し、その息子と母親をさがせと指示した。

数日後、回答が届いた。女性の息子の名はアリエルといい、確かにイスラエルで暮らしている。ところが、母親の居場所は不明だった。彼女の生まれたときの氏名はマドレーヌ・フェラーユ、イスラエルでは、ルトゥ・ベンダヴィドと呼ばれている。

本部に次々ともたらされる報告により、マドレーヌ・フェラーユの人物像がだんだんと浮かびあがってきた。若く美しい女性は、トゥールーズ大学とパリのソルボンヌ大学で歴史と地理学を勉強した。大学時代の恋人アンリと結婚し、第二次大戦勃発直後に息子を出産した。戦時中、フランス地下運動組織マキに参加し、その活動を通じて、フランスおよびベルギーのユダヤ人とのつながりができた。アントワープのダイアモンド商人グループもその一つである。戦争が終わると、知りあった人々と共同で貿易事業を始めた。

一九五一年、マドレーヌは、アルザス地方の小さな町で若いラビと恋に落ち、アンリと離婚した。熱心なシオニストだったラビは、イスラエルへの移住を希望し、カップルは、その地で結婚することにした。つまり、彼女の改宗は、ユダヤ教に対する愛情ゆえではなく、その信奉者への愛情によるものだったのだ。改宗したばかりのルトゥ・ベンダヴィドは、金色の髪をスカーフで隠し、洗練された服を脱いで、正統派ユダヤ女の不格好な服に着替え、フィアンセと共に聖地へやってきた。だが、イスラエルに来て、二人の関係はうまくいかなくなった。ラビに捨てられたマドレーヌは、落胆し失望した。苦しくつらい経験が、エルサレムで最も極端な一派とその指導者であるメイチシュ師へと彼女を近づかせたのだろう。フランスのパスポートを使ってエルサレムのヨルダン側へ行き、嘆きの壁で祈りをささげて帰ってきた彼女は、宗教グループの中で尊敬を集めた。

一九五〇年代初頭、マドレーヌはフランスに戻り、ふたたび世界各地を旅しはじめた。エクスレバンまたはパリ近郊で、信仰篤い女性が運営する施設にしばしば滞在したことが、モサドの調べによりわかっている。しかし、彼女には定住所がなかった。

入国管理局によれば、過去数年間に、マドレーヌはイスラエルを二度訪れていた。二度めに訪れたとき、パスポートに娘と記された少女とともにイスラエルを一九六〇年六月二一日に出国した。アリタリア航空の便で、最終目的地はチューリヒだった。では、その少女はだれだったのか？　マドレーヌに娘はいない。ハルエルは、自分の直感は間違っていなかったと感じた。

その女性の詳しい人相書をたずさえて、ヤーコフ・カロスらのチームはエクスレバンへと出発した。ところが、彼らが車でその町へはいったとき、驚くべきものを目にした。上品な服装のルトゥ・ベンダヴィド——この場合は、マドレーヌ・フェラーユ——が、道端に立ってヒッチハイクしているではないか！　カロスらは仰天した。上品で洗練されたフランス人女性が、フランス国内の道路でヒッチハイクしようとしている姿は、控えめにいっても、ありふれた光景ではない。運転手は即座にUターンして、その女性に向かって走ったものの、その前に別の車が停まり、きれいな女性を乗せて走り去った。

工作員たちは、手ぶらでエクスレバンから戻ってきた。が、ルトゥ・ベンダヴィドは、ロンドンの裕福な宝石商ジョウゼフ・ドゥームと親しい関係にあるという情報が寄せられていた。彼女とドゥームが二人きりで自動車に乗っているところが目撃されていた。ハシッドの男にとっては不適切な行動である。ハルエルは、そのドゥームを知っていた。イスラエル国の敵だ。その男は、ハシッドのサトマール派に属し、ニューヨークのサトマール派ラビの親友であり、ヨーロッパ各地のサトマール派幹部と昵懇だった。「ニューヨークのサトマール派のラビが教皇だとしたら」ある専門家はハルエルに語った。「ドゥームは大司教だ」

ハルエルは、すべての道はロンドンに通じていることに気づいた。シュタルケス老の息子二人が住んでいる。ドゥーム率いるサトマール派の活発な共同体がある。ヨセレをイスラエルから連れだした可能性のあるルトゥ・ベンダヴィドとドゥームが一緒にいるところを目撃されている。ハルエルはもう疑っていなかった。ヨセレ少年を誘拐し、国外に連れだしたのは、イスラエルとヨーロッパのサトマール派のしわざだ。能力と経験とフランスのパスポートを持つルトゥ・ベンダヴィドが一役買ったにちがいない。彼女は、少年の居場所を知っているにちがいない。

ルトゥ・ベンダヴィドが息子に送った数通の手紙を、シャバクの調査官が盗み見たことによって、ハルエルの推測は裏づけられた。文中で、ヨセレ・シュクマッカーのことがさりげなくにおわしてあったのだ。

ただ、もっと情報が必要だ。工作員をサトマール派に潜入させることにした。ロンドンにいる工作員らが、フレエル（仮名）という名のモヘル――生後すぐのユダヤ人男児に割礼を施す専門のラビ――の身元を特定した。そのラビはおしゃべりで、見かけは高潔だが、実は人生を楽しむことが好きな男だ。そして――最後になったが――ドゥームと親しく、ヨセレの居場所を知っていると明言した男だ。

ハルエルは、フレエルをパリに呼び寄せるための複雑な作戦を開始した。工作員の一人が、モロッコの王子になりすまして、ひそかにフレエルのもとへ行き、ユダヤ人女性と恋に落ちたと打ち明ける。だれにも内緒で結婚し、モロッコの自宅でユダヤ教を信仰している。ごく最近、妻が男児を出産し、割礼をさせたいが、モロッコではできない。そのことが家族にばれれば、自分は殺されてしまう……妻と子はパリにいるので、ご足労だが割礼を施してもらえないだろうか？　報酬ははずもう。

フレエルは快く承知し、数日後にパリにやってきた。〝モロッコの王子〟のアパルトマンに足を踏みいれた瞬間、モサドの工作員に捕えられた。がらんとした部屋に連れていかれ、そこで、シャバク調査部長のヴィクトル・コーヘンに何時間も尋問された。モヘルは死ぬほどおびえ、なにも抵抗せずに進んで話そうとした。だが、ヨセレのことを訊かれると、彼は両手をあげた。「申し訳ないが、私はなにも知らない」

確かにフレエルは、誘拐された少年のことをなにも知らなかった。友人たちに大きな顔がしたくて大ぼらを吹いたのだ。ハルエルの努力は壁にぶつかった。

意外なことに、別のチームが金を掘りあてた。フランス情報機関の協力により、マドレーヌ・フェラーユに届いた手紙数通を盗み見ることができた。そして、そのうちの一通に、さがしていたチャンスを見つけた。マドレーヌは、〝フランスの庭〟ともいわれるロワール渓谷にある美しい街オルレアンに別荘を所有している。そして、その別荘を売るために、新聞広告を出した。手紙は、その広告を見た人からの申し込みだった。モサドは、マドレーヌの希望販売価格以上の金額で買うと申しでた手紙を、広告に出ていた私書箱に急いで送った。自分たちはオーストリアの実業家だと名乗り、休暇を過ごすための別荘をさがしていると知らせた。マドレーヌは、自宅の住所を書いてよこした。そのあとすぐに現地を訪ねてみて、自分たちの希望にぴったりの場所だとわかったと返事を送った。そして、契約をまとめるために、一九六二年六月二一日に、パリの有名ホテルのロビーで会うことが決まった。約束の日の数日前に、ハルエル配下の工作員らが、一人ずつパリにやってきて、準備のために走りまわった。レンタカーを借り、パリ市内や郊外に隠れ家を借り、脱出ルートを練り、公的書類と装備品を用意し、本国イスラエルから、偵察および尋問の専門家を呼び寄せた。マドレーヌに秘密を吐かせる最善の手段は、息子を利用することだ、とハルエルは考えた。イスラエルのイェシヴァで勉強中の息子のアリエルは、ヨセレのことをかなり知っていると思われる。フランスで母親を拉致すると同時に、息子を逮捕することにした。アリエルは正統派だが、母親のマドレーヌほど狂信的ではない。フランスとイスラエルで行なう母子の尋問のタイミングをあわせ、息子の回答を母親の尋問に利用できるような連絡システムが考案された。

そしてついに、六月二一日の朝、すらりと背が高く、エレガントで、目をみはるほど美しい女性がホテルのロビーにはいってきた。マドレーヌ・フェラーユだ。

魅力あふれるフランス人女性は、出迎えた二人のオーストリア人に自己紹介した。二人の男は、フューバーとシュミットと名乗った。マドレーヌは見事な英語を話し、ドイツ語も達者に使いこなした。二人の買い手の正体を疑ってはいなかった。三人は、別荘売買についてすぐに合意に達したものの、弁護士の到着が遅れていた。フューバーが、ホテルから弁護士に電話した。電話を終えて戻ってきたフューバーは、弁護士がひどく申し訳ながっていたと伝えた。いくつか緊急の用件があり、家を出られなかったという。パリに近いシャンティイの街にある自宅に来てもらえれば、すぐに署名すると言い、フューバーに住所と経路を詳しく説明した。

「行きましょうか？」フューバーは声をかけた。

マドレーヌは同意した。三人は、オーストリア人が借りた車に乗りこみ、弁護士の屋敷へ向かった。が、マドレーヌの魅力のせいで、あわや作戦全体が失敗するところだった。ハンドルを握っていたフューバーが、美しいマドレーヌに見とれ、赤信号を無視したのだ。甲高い笛の音で、彼は現実に引き戻された。怒りの形相をした太った警察官が、笛を吹き、赤信号を指さしながら走ってくる。

フューバーはいやな予感をいだき、緊張しながら車を停めた。どうすればいい？　ここは外国で、偽造パスポートを所持し、これから姿を消そうとしている女性とレンタカーに乗っている。違反切符を切られれば、警察による手続きが始まり、そうなれば……。と、そこで助け舟を出したのが、すべての災厄の元であるマドレーヌだった。「おまわりさん（ムッシュ・ラジャン）」彼女は優しく話しかけた。「こちらの男性は観光客なの。ここは外国だし、女と車に乗って、話を盛りあげようとしていただけ……わかってあげて。どうか許してあげてくださいな……」警察官もまた、その女性に魅了され、内心はあわてふためいていた工作員たちを、切符も切らずに放免した。

ほどなくして、彼らは、〝弁護士〟の住む、美しいシャンティイの街にはいった。車は屋敷の私道を進み、玄関の前で駐まった。実業家二人は、賓客を丁重に車から降ろし、玄関へといざない、ドアをあけ、中へ導いた。

マドレーヌは、〝弁護士事務所〟へ連れていかれた。

弁護士を演じていたのは、ヤーコフ・カロスだ。「マダム」彼はフランス語で呼びかけた。「これから話しあうのは、オルレアンの別荘ではなく、別の件についてです」

「なんのこと？　どうなっているの？」

「ヨセレ・シュクマッカーという子どものことを、あなたと話したいのです」

それと同時に、マドレーヌの横に二人の男が出現した。振り向くと、二人の〝実業家〟は跡形もなく消えていた。彼女は恐怖に襲われた。

「わなだったのね！」かすれ声のフランス語だった。

「あなたはイスラエルの情報機関の手に落ちたのですよ、マダム」カロスは答えた。

その瞬間、イスラエルのベールヤーコフという町で、女性の息子アリエル・ベンダヴィドが逮捕された。

シャンティイのカロスは、マドレーヌに向かって言った。「マダム、あなたは、ヨセレ・シュクマッカーの誘拐事件にかかわっている。我々は子どもを取り戻したい！」

「わたしはなにも知らないから、なにも話さないわ」彼女は断固として答えた。最初はショックを受けたようだったが、すぐに立ち直ったらしい。カロスは、万一のときのために、看護婦である義理の妹を呼んで、待機させていた。

マドレーヌは、モサドの最後の頼みの綱だった。しかし、この不屈の女性は簡単には口を割らないだろうから、かなり時間がかかることが最初から予想されていた。彼女の面倒は、ロンドンから到着したエフディス・ニシャフにまかされた。ニシャフは細やかに、信心深い女性の面倒を見た。安息日のための祈禱書と蠟燭を用意した。宗教的規則に従って処理された食品を調理して提供した。マドレーヌがいる屋敷部分は、男性立入禁止とされた。隣室で看護婦が待機した。

尋問が始まった。マドレーヌは数時間にわたって、おもにヤーコフ・カロスとヴィクトル・コーヘンからフランス語で質問された。イスラエル人たちが自分のことをよく知っているとわかって、彼女は驚いた。「なにも話さないわよ」その答えが繰り返された。彼女はヴィクトル・コーヘンを〝フリック〟――フランスの俗語で〝警官〟を意味する――と呼んだ。そして、誘拐事件との関連を断固として否定した。「だから、さまざまな事柄について話しあおうとした」のちにコーヘンはこう回想する。「彼女の態度をやわらげるために。キリスト教徒の女性が狂信的正統派に改宗したわけを知りたかった。その二つは、まったくの別世界だからね。最初に話しかけたとき、部屋に、女をもう一人いれるべきだと彼女は主張した。時間がたつと、私と二人きりで話すことを承知してくれたが、ドアはあけはなしたままだった」

尋問官の一人は、マドレーヌを口汚く非難するという不愉快な役をまかされた。冷静さを失わせ、興奮させて、言ってはいけないことを口走らせるためだ。イスラエルの息子の尋問でも、その手が使われているはずだった。

そして、アリエル・ベンダヴィドの尋問で、努力が報われはじめた。イスラエルの主任尋問官は、〝パショシュ〟（ツグミ）というコードネームに不釣り合いなタフガイ、アヴラハム・ハダルが務めていた。彼はアリエルに、母親は降参したと告げた。母親はすべてを白状した。きみが嘘を言っても、なんのためにもならない。真実を話しなさい！」

それからしばらくして、アリエルは屈した。少年の身の上を知っているが、〝母と自分が免責されるのなら〟話してもいいと彼は申し出た。

パショシュは答えた。「よし、わかった！」そしてすぐに、アリエルをシャバク長官アモス・マノルのもとに連れていった。二人が執務室へはいるなり、マノルは大声でわめいた。「パショシュがきみになにを約束したかは知らないが――承知した。さあ、子どもはどこにいる？」アリエルは動転した。そしてついに、彼の母親がヨセレを少女に変装させて、イスラエル国外へ連れだしたことを認めた。母親は、アリエルの以前の名前クロードで登録してあったパスポートを改竄した。名前をクローディーヌに変え、ヨセレの年齢にあうように生年月日を書き換えた。その後少年はスイスへ連れていかれたという。

アリエルが明かした内容はすぐにシャンティイへ送信された。そこの尋問官は、新事実をマドレーヌに突きつけた。「アリエルを確保した」ヴィクトル・コーヘンは告げた。「彼は、厳しい罰を受けている。すべてを白状した。息子のことが気にならないのか？」

「もうわたしの息子ではないわ」マドレーヌはぼそりと答えた。彼女は折れなかった。尋問官たちは、その女性の強靭な精神力に感心せずにはいられなかった。

だんだんと、状況は不利になってきた。答えはすぐそばにある。なのに、すべてが失敗に終わるかもしれないと尋問官らは感じていた。

いよいよハルエルは、自分が乗りだす決意を固めた。


がらんとした暗い部屋で、イサル・ハルエルとマドレーヌは、テーブルをはさんで向かいあった。モサドの工作員数人が、二人の背後に立っている。コーヘンとカロスが通訳を引き受けた。

ハルエルは、この鉄の意志を持った女性は、いかなる恫喝にも屈しないだろうと確信していた。倫理観について議論をし、説得するしかない。自分の信仰に忠実な女性だが、筋道を立てて話せばわかるはずだ。なんといっても、生まれながらの超正統派ではないのだし、代々続く狂信の血が流れているわけでもない。知的で洞察力のある女性だから、そのように話してみよう。

「私は、イスラエル政府の代表者だ」ハルエルは、一語一語はっきりと口にした。「あなたの息子はすべてを打ち明けた。あなたに関する情報を、こちらはたくさん握っている。あなたの秘密のほとんどを知っている。あなたをここに無理やり連れてきたことは申し訳なかった。あなたはユダヤ教に改宗したが、ユダヤ教とはイスラエルのことだ。イスラエルがなければ、ユダヤ教は生き残れないだろう。ヨセレの誘拐事件は、イスラエルの宗教社会に大きな打撃を与え、正統派に対する怒りを呼び起こした。あなたが、流血の惨事と内戦の原因となるかもしれない。子どもを返さなければ、中傷や非難合戦で血が流れるかもしれない。その子のことを考えたことがあるのか！　病気になるかもしれないし、死ぬことだってある。そうなったとき、あなたや共犯者は、子どもの両親にあわせる顔があるのか？　そのことは、あなたが死ぬまでついてまわるぞ。そこから解放されることは決してない！

あなたは女性であり母親だ。息子の育て方を非難され、その子を奪われたら、あなたはどう思う？　夜も眠れないのではないか？

我々の敵は宗教ではない。目的はただ一つ、子どもを見つけることだ。その子を返してもらえれば、すぐにあなたを解放し、息子を釈放する――そしてイスラエルはふたたび一つになる」

ハルエルが見つめていると、マドレーヌの顔に内心の葛藤が表われてきた。相反する感情で引き裂かれているようだ。強い人間だけに可能な、自分との戦いで張りつめた緊張状態にある。妥協の許されない窮地に追いつめられている。

モサドの工作員たちは、彫像のように身動きしなかった。彼らもまた、結果が明らかになる瞬間が到来したのを感じていた。

マドレーヌが首を起こした。「あなたが、イスラエル政府の本物の代表者だと、どうしてわたしにわかるの？　どうやってあなたを信頼しろというの？」

ハルエルは平然として、本名で発行された外交官用パスポートを取りだし、マドレーヌに手渡した。

部下たちはものも言えないほど驚いた。長官は気でも狂ったのか？　本人名義のパスポートを渡すとは——ぞっとするほどの危険がともなう！　しかし、ハルエルは、自分の誠意と、彼女に対する信頼を示さないかぎり、説得できる見込みはないと思っていた。

長いあいだ、マドレーヌは、パスポートに型押しされたイスラエル国の紋章を見つめていた。血がにじみだすまで唇を嚙んで。「これ以上は無理よ」彼女はつぶやいた。「負けたわ……」

そして、不意に頭をあげた。「子どもは、ニューヨークのブルックリン、ペンストリート一二六番地のガートナー家にいるわ。ヤンケレと呼ばれてる」

ハルエルは勢いよく立ちあがった。「子どもを確保しだい、きみを解放する」

彼は部屋をあとにした。

本国イスラエルと、そのあとニューヨークとワシントンと、あわただしく電報がやりとりされた。ハルエルは、イスラエル在外公館の北アメリカ大陸支部保安警官のイズラエル・グラリーに電話で知らせた。ニューヨーク駐在のグラリーが、ブルックリンの住所を確認しにいった。そして、その住所は正確であること、ガートナー家は、サトマール派が多く居住する地区に住んでいることを、折り返し知らせてきた。イスラエル政府は、ワシントンのアヴラハム・ハルマン駐米イスラエル大使に電報を打ち、FBIと接触して、子どもの捜索を依頼し、国へ連れ帰れと指示した。

グラリーは、FBIの担当官に連絡を取り、いっさいを話した――〝子どもがなにを食べ、なにを着ているか〟など。FBI捜査官は答えた。「そこまでわかっているのなら、自分で捕まえろ」グラリーは言い返した。「その権限を委任してくれ」FBIは拒否した。

不穏な動静を知らせる電報が、ハルエルの本部に押し寄せはじめた。アメリカはためらっている、とグラリーもハルマン大使も報告してきた。子どもは絶対確実にその住所にいるのかとアメリカ側は確認してきたという。その家に踏みこんで、子どもが見つからなかったらどうなる？　FBIの動きの鈍さは、連邦議会議員選挙を控えているためらしい。サトマール派は一〇万票近くを握っているので、彼らに背を向けられるようなことを政府はしたくないのだ。

シャンティイにいるハルエルの忍耐は切れかけていた。真夜中、彼は受話器を取りあげた。「ワシントンのハルマンにつないでくれ」

電話がつながると、彼は直截に言った。「ハルマン、こちらはイサル・ハルエルだ。ただちにロバート・ケネディ司法長官に連絡を取り、私の代わりに、FBIにすぐに少年を捜索させろと長官の尻を叩け」

ハルマンはひどく驚いた。「イサル、そんな言い方をしてよいものだろうか？」ハルマンは、アメリカの情報機関が会話を傍受しているかもしれないことをにおわせた。

「それならますます結構。きみだけに話しているのではないからだ」アメリカ人がそれを耳にし、ハルエルの断固とした姿勢を知って、奮起してくれることを願っていた。ハルマンはそれでもぐずぐず言い、外交的に持ちあがりそうな問題について警告しようとした。「きみに意見を訊いているわけではない」ハルエルはぴしゃりと言った。「すぐに行動しないなら、今後起きることのすべての責任は彼らにあると言うのだぞ」

数時間後、ハルエルに電話がかかってきた。ロバート・ケネディ長官が緊急手段を取ったことを、ニューヨークの領事館の職員が知らせてきたのだ。FBI捜査官のチームが、イスラエルの保安警官を同行してブルックリンへ出向いた。子どもが発見され、安全な場所に収容された。

エリ・ヴィーゼルという若い記者（のちのノーベル平和賞受賞者）が、グラリーに電話してきた。「子どもを見つけたそうだな」秘密厳守を誓っていたグラリーは、断固として否定した。その後長く、彼に対するヴィーゼルの怒りは解けなかった。

一九六二年、イスラエルの国民の祝日である七月四日は、ヨセレを乗せた飛行機が、ロッド国際空港に到着した日でもあった。メディアは、献身的かつ有能な秘密諜報機関を手放しで賞賛した。イスラエルは、影の組織が全国民から愛され、喝采を浴びる、世界で唯一の国となってゆく。イスラエルで有名なシュロモ・コーヘン・ジドン弁護士は、少年を取り戻したことに感謝する手紙を、ベングリオン首相に送った。首相は次のような返事を書いた。

〝わが国の秘密諜報機関と、主としてその長官に感謝すべきだろう。長官は、側近らがあきらめかけたときでも、日夜休息も取らずに、任務に心血を注ぎ、ついには、少年をさがしだして、隠れ家から連れだした。簡単ではない任務だった〟

イスラエルじゅうが、ヨセレの帰還を祝っていたころ、パリでは、ハルエルのために質素な祝賀会がひらかれていた。工作員の一人が、〝祖国に帰ってきた少年に、その子を見つけた不屈の意志を持つ男に、そして、国民を守ることの大切さを承知している国家に〟と、グラスをあげて乾杯した。別の工作員は、作戦の記念に、虎の子のぬいぐるみをハルエルに贈った。職場の仲間は、ハルエルが数えきれないほどの眠れぬ夜を過ごした〝ヨセレのベッド〟を船荷にして、テルアビブの彼の自宅に送った。


少年が見つかったことで、すべての真相が明るみになった。

それは、一通の電報から始まった。

一九六〇年春、ヨセレが、イスラエル国内のイェシヴァを転々としていたころ、マドレーヌことルトゥ・ベンダヴィドは、友人のメイチシュ師から電報を受け取った。〝すぐにエルサレムへ来てくれ。きみにぴったりの結婚相手を見つけた〟。エルサレムへ来てみると、〝結婚相手〟とは秘密任務のことだった。ヨセレをイスラエルからひそかに連れだす任務である。

ルトゥはいったんフランスに戻り、パスポートに登録してあった息子クロードの名をクローディーヌに、生年を一九四五年から一九五三年へ改竄した。服を着替え、氏名をマドレーヌ・フェラーユに戻した。まずジェノバへ飛び、移住者などを運ぶイスラエル行きの客船の乗船券を購入した。

ジェノバの桟橋で、あたかも偶然出会ったかのように、移住する家族の八歳の娘と遊びはじめた。乗船時刻になり、移住者たちが、梱包した荷物やスーツケースを手にしはじめたので、魅力的なマドレーヌが少女の手を引いて、甲板へあがった。イタリア人の出国管理官は、彼女のパスポートを確認し、小さな娘と一緒に乗船したことを特記した。イスラエルに到着すると、また同じことを繰り返し、その結果、イスラエルの入国管理官によって、小さな娘と下船したことが正しく記入された。

数日後、マドレーヌ・フェラーユは、ロッド国際空港から、〝娘のクローディーヌ〟を連れて出国した。女児用のかわいいドレスを着て、エナメル靴をはいた娘とは、ヨセレ・シュクマッカーにほかならない。

ヨセレは、二年近くをスイスとフランスの超正統派寄宿学校で暮らした。しかし、イスラエル国内のヨセレ捜索の規模がふくらんでいたころ、フランス北部の町モーにある寄宿学校にマドレーヌが現われた。〝スイス出身の孤児メナヘム〟に扮したヨセレが滞在していた場所だった。

マドレーヌは、少年にふたたび女児用の服を着せ、一緒にアメリカへ飛んだ。その地で、サトマール派代表であるジョエル・タイテルバウム師の指示で、ガートナーという牛乳配達人の家に、アルゼンチンから長期滞在のために渡米した従弟の〝ヤンケレ〟と称して、彼を預けた。

この事件でモサドは、アメリカとヨーロッパ全土に広がる超正統派秘密組織網は、世界最高の秘密情報機関に匹敵することを認識した。そしてなにより、ルトゥ・ベンダヴィドに舌を巻いた。彼女は、秘密組織の約束ごとを守り通した。定住所を持たず、重要書類はすべてハンドバッグに入れて持ち歩き、服を着替えるように軽々と身元を取り替える。この美しいフランス人女性は、正統派社会のマタハリだった。

しかし、イスラエル全土がヨセレの帰還を祝っていたころ、ルトゥ・ベンダヴィドは打ちひしがれ、敗北感を味わっていた。「わたしは罪を犯したわ」泣きじゃくりながら、友人にそう語ったという。「わたしは信念に背いたのよ。そんな自分をぜったいに許せない。かけがえのない宝物を預かったのに、それを守れなかった」

とはいえ、秘密工作員に必要なあらゆる素質をそなえていることを、身をもって見事に示したマドレーヌ・フェラーユことルトゥ・ベンダヴィドに、イサル・ハルエルはモサドの仕事を引き受けてみないかと勧めることにした。しかし、すでに手遅れだった。ルトゥはエルサレムに戻り、超正統派社会の中に埋もれてしまった。三年後、宗派の中で最も過激といわれるネトレイ・カルタの代表者、七二歳のアムラム・ブラウ師と結婚した。

九年後、本書の著者の一人が、ハルエルの功績をたたえる会をもよおしたときにヨセレを招待し、ハルエルとヨセレはようやく再会した。機甲師団の上等兵となっていたヨセレは、ハルエルと握手をし、次のように述べた。「感謝の念でいっぱいです。イサル・ハルエル氏は、私の人生で最も重要な人物です。彼がいなかったなら、私は、いまここにいないでしょうから」

第8章　モサドに尽くすナチスの英雄

一九六三年八月のむせるように暑いある日、マドリッドの土木事務所に二人の男がはいってきて、経営者であるオットー・スコルツェニーというオーストリア人に会いたいと申し出た。出てきたスコルツェニーに、男二人は北大西洋条約機構（NATO）の情報士官だと名乗り、スコルツェニーの別居中の妻の紹介でここに来たと話した。そして、彼が拒否できない提案を持ち出した……

スコルツェニーはすぐに、訪問客が、過去のことを含めて自分のすべてを知っていることに気づいた。第二次世界大戦中、武装親衛隊（ＳＳ）の将校スコルツェニーは、ナチスドイツの偉大な――最高ではないとしても――英雄の一人だった。独特の魅力を持つ長身のスポーツマンで、フェンシングで決闘したときの傷跡を顔に持つ彼は、大規模な作戦を遂行する命知らずの奇襲部隊員だった。一九四三年九月一二日、ナチスの落下傘部隊は、イタリアのアペニン山脈にグライダーで飛来し、山脈最高峰を有するグランサッソ山塊に着地した。そして、イタリアに生まれたばかりの反ナチス政権によってファシスト党の独裁者ベニート・ムッソリーニが幽閉されていた、ホテル・カンポインペラトールを強襲した。ＳＳのスコルツェニー大尉は、ムッソリーニを救い出し、ヒトラーのもとへ連れていった。ヒトラーは喜び、スコルツェニーに勲章を授与し、昇格させた。一九四四年末のバルジの戦いで、スコルツェニー——当時はSS大佐——は、アメリカ兵に変装した二四名を率いて前線から敵陣へ忍びこみ、連合軍の隊列に騒動と混乱を巻き起こした。その作戦によって、彼は〝ヨーロッパで最も危険な男〟と呼ばれるようになった。戦後、ダッハウ裁判で無罪となった彼は、スペインへ移り住み、独裁者フランコの庇護のもとで、会社を設立した。

一九六三年のその日の訪問者二人は、世間話などで時間を浪費しなかった。「我々はNATOのものではありません」一人が、完璧なドイツ語で打ち明けた。「実は、イスラエルの秘密諜報機関のものです」ラフィ・エイタンと、モサドのドイツ支局長、アヴラハム・アヒタフだった。

スコルツェニーは青ざめた。わずか一年ほど前、アドルフ・アイヒマンがイスラエルで絞首刑になったばかりだ。自分も捕えられるのか？　軍事裁判で無罪になったものの、一九三八年一一月の、いわゆる水晶の夜、シナゴーグを焼きはらった事件に彼が関与していたという説がある。

けれども、目の前に座る小柄な男は、彼の不安を追いはらった。「ぜひともあなたの力をお借りしたいのです。エジプト国内に得意先がおありだとか」そして、ユダヤ人国家が彼の協力を必要とする理由を、元SS大佐に話しはじめた。

ヨセレがイスラエルに帰ってきた日からわずか二週間後の一九六二年七月二一日、エジプトがミサイル四基を発射して、世界を驚かせた。そのうちの二基は、射程距離約三〇〇キロのアルサフィール（ヴィクター）型で、あとの二基は、射程距離約六五〇キロのアルカフィール（コンケラー）型だった。七月二三日のエジプト革命記念日に、国旗で飾られた巨大なミサイルが、カイロの街を得意げに引きまわされた。エジプトのナセル大統領は、狂喜する群衆に向かって、このミサイルは、〝ベイルートの南〟にあるものならどんなものでも攻撃できると自慢した。

ベイルートの南にいたイスラエルの政府指導部は、ショックと不安に包まれた。ナセルのミサイルは確かに、イスラエル国内のあらゆる標的を攻撃できる。イスラエルにとっては青天の霹靂（へきれき）だった。そして、イサル・ハルエルに怒りが向けられた。ナセルが破壊的なミサイルを建造していたときに、モサド長官は少年さがしに忙殺されていた、と評論家らはあげつらった。恐ろしい危険がユダヤ人国家の存続をおびやかそうとしていたときに、ハルエル麾下の腕利き工作員たちは、超正統派に変装して、イェシヴァからイェシヴァへ走りまわっていたのだ。案じたベングリオンと会談したハルエルは、できるかぎり早く、エジプトのミサイル計画に関する全情報を集めると約束した。本部に戻ったハルエルは、選り抜きの工作員を派遣し、エジプトの潜入スパイと情報提供者に活動開始を命じた。そして、約束どおり、四基のミサイルが発射されてから一月とたたない八月一六日、詳細にわたる報告書をベングリオンに提出したのだった。

ミサイルは、ドイツ人科学者によって建造された、とハルエルは報告した。

一九五九年、ナセルは、新型兵器を秘密裡に保有することを決定した。その極秘最新兵器——戦闘機、ロケット、ミサイル、そして化学および放射性物質——を開発する特別軍事計画局の局長に、元空軍情報部司令官のマフムード・ハリル将軍を任命し、巨額の予算を与えた。

ハリルの最初の仕事は、その兵器計画を実現できる人材をさがすことだった。どこへ行けばそういう人材が見つかるか、彼は知っていた。

ハリル麾下の局員らは、数百人におよぶドイツ人専門家や科学者の勧誘を開始した。その大半が、ナチスドイツのロケット航空技術研究所や試験場で働いていたものたちだった。高給とボーナスと無数の特典に引かれた三〇〇人を超えるドイツ人が、ひそかにエジプトに入国し、三カ所の秘密施設の建設に協力した。

第三六工場と呼ばれる第一の工場で、天才航空機設計者のウィリー・メッサーシュミットが、エジプト軍のジェット戦闘機を組み立てた。メッサーシュミットは、第二次世界大戦時、ナチスの空軍ルフトバーフェの高性能の戦闘機を生んだ父である。マフムード・ハリルは、一九五九年一一月二九日に、メッサーシュミットと契約をかわした。

一三五という暗号で知られる第二の工場で、技術者のフェルディナンド・ブランドナーによって、メッサーシュミットの航空機用のジェットエンジンが開発された。ブランドナーは、数年間ロシアに滞在したのち、ドイツに帰国していたときに、ダイムラー・ベンツ社重役のエッカート博士の仲介でハリルと知りあった。

最も極秘の施設は、砂漠の奥地に隠された第三三三工場だった。そこで、ヒトラーの元天才児たちが、ナセルの驚異の兵器、中距離ミサイルを組み立てた。

ハルエルが得た情報によれば、エジプトの計画が最高潮に達したのは、一九六〇年一二月だった。その月、アメリカのU－2偵察機が、イスラエルのディモナにある原子炉らしき巨大施設を空撮した。全世界のメディアが、大きな見出しでその発見を報じた。その施設は織物工場であるというイスラエルの釈明を信じるものは皆無だった。エジプトをはじめとするアラブ諸国は怒り、イスラエルを脅した。だが、脅しだけでは充分でないと判断したエジプトは、新型兵器の開発によって、イスラエルの核開発を相殺したいと考えた。

在エジプトのドイツ人ロケット科学者の中心人物は、シュトゥットガルトのジェット推進研究所所長をしているオイゲン・ゼンガー教授だった。戦後、ゼンガーはフランスで数年を過ごし、ドイツ製V2ロケットを模倣したベロニクを製作した。ゼンガーは、二人の助手を連れて、エジプトにやってきた。電子工学と誘導装置の専門家、ポール・ゴーク教授と、ペーネミュンデの研究所でエンジニアをしていたウォルフガング・ピルツである。才気あふれるヴェルナー・フォン・ブラウンが、ナチスドイツのV2ロケットを開発したのと同じ研究所だ。誘導装置の専門家であるハンス・クラインヴァクター博士も、エジプトの研究に協力した。博士は、スイス国境に近いドイツの美しい都市レラハにある研究所で、ミサイル誘導システムの開発に従事していた。化学部門のトップは、元SS将校のエルミン・ダデュー博士だった。ドイツ人とエジプト人は、複数のダミー会社――〝イントラ〟、〝イントラ・ハンデル〟、〝パトワグ〟、〝リンダ〟――を設立し、それらの会社経由で、ミサイル計画に必要な部品や材料を購入した。イントラ・ハンデル社の経営責任者は、シュトゥットガルトのジェット推進研究所を運営管理していたハインツ・クルグ博士だった。スイス在住のエジプト人大富豪ハサン・カミルも、表向きの中心人物かつ連絡係として協力を求められた。カミルの尽力により、スイスにダミー会社二社が設立された。そのMECO（メカニカル法人）とMTP（モーター、タービン、ポンプ）の役割は、基礎材料、電気器具、精密機械の確保だった。また、専門家や技術者のスカウトも行なった。二社の社長は、メッサーシュミット、ブランドナー、カミルが務めた。

一九六一年、ゼンガーをはじめとする数百人のエンジニアや技術者やエジプト人職員は、エジプト製のミサイルの製作を開始した。ところが、その年の暮れ、西ドイツ政府は、シュトゥットガルトのジェット推進研究所がエジプトのミサイル計画に極秘で関わっていることを知った。西ドイツ当局は、ゼンガーにエジプトの仕事を放棄させ、ドイツに帰国させ、すべての活動をやめさせた。エジプトのミサイル計画のリーダーの座は、ピルツ教授が引き継いだ。

一九六二年七月になるころには、第三三三工場は、三〇基のミサイルを完成させていた。その政府が招待した来賓やジャーナリストの前で、そのうちの四基が華々しく発射された。その他二〇基（数基は模型）はエジプト国旗をかけられ、カイロの街中を引きまわされた。

八月、ベングリオン首相との会談で、ハルエルは、ピルツから第三三工場のカミル・アザブ所長に送られた書簡を提示した。ラフィ・エイタンらの活躍により取得された複製だ。タイプ2ミサイル五〇〇基とタイプ5ミサイル四〇〇基の製造に必要な部品と装備購入のため、三七〇万スイスフランを要求する内容だった。

ミサイル九〇〇基! ハルエルの報告は、イスラエルの国防に関わる人々に大きな懸念をもたらした。専門家らは、エジプトが、ミサイルの弾頭に通常の爆薬を搭載するはずがないと考えた。ダイナマイト半トンを搭載するために、ミサイル製造に数百万ドルを費やすはずがないではないか。それなら、爆撃機のほうが狙いはずっと正確だ。エジプトは、核兵器か、あるいは国際法で禁じられた毒ガスや細菌や放射性廃棄物を弾頭に搭載するにちがいない。

ハルエルによれば、イスラエルを壊滅させるという恐ろしい計画に、ドイツ人科学者が一役買っているという。彼らは、地球最後の日をもたらす兵器を開発している。巨大なミサイルと、〝あらゆる生物を殺し〟、数年にわたってイスラエルの空気を汚染する核弾頭を。殺人光線や、その他邪悪な機械さえ開発しようとしている。

「我々は真剣に受けとめすぎた」当時の陸軍参謀長だったツヴィ・ツール将軍はそう認める。「わが国の科学者はみな素人で、その情報をどう処理すればいいかわからなかった」とはいえ、イスラエルは、エジプトのミサイル計画のいちばんの弱点を発見したのだった——ドイツ人は、ミサイルを目標物へ飛ばすための誘導システムをいまだ完成させていない。その障害を乗り越えないかぎり、ミサイルが発射されることはない。

イサル・ハルエルはもはや、部下たちが知っているすばらしい男ではなかった。アイヒマンを逮捕したあと、根本的に変わってしまった。豪胆で評判だった冷静な男が、いまや西ドイツを、イスラエルとユダヤ人の永遠の敵とみなしていた。現在の西ドイツ政府が、エジプトにいる科学者たちを支援し、ひそかにイスラエルを壊滅させようとしているのだと信じこんでいた。科学者らの活動をただちにやめさせるよう西ドイツのアデナウアー首相に働きかけるべきだと、ハルエルはベングリオン首相に注進した。ベングリオンは拒否した。つい最近、西ドイツから、ネゲブ砂漠の開発費用として五億ドルという巨額の借款を得たばかりだった。ベングリオンとアデナウアーはたがいに敬意をいだき、個人的な信頼関係を築いていた。アデナウアーとフランツ・ヨーゼフ・シュトラウス国防相は、数億ドル相当の最新兵器――戦車、大砲、ヘリコプター、航空機――を、ナチスによる大虐殺とユダヤ人に対する償いとして、イスラエルに無償で供与してくれた。ベングリオンは、現在の西ドイツ政府を信頼していた。彼らを非難し、エジプトの計画を阻止せよと要求することで、その関係を壊したくなかった。ゆえに、シモン・ペレス国防副大臣に、シュトラウス国防相宛てに書簡をしたため、知恵を借りたいと丁重に頼むよう指示した。

だが、ハルエルは満足せず、エジプト国内でドイツ人の活動を中断させるための活動を総力をあげて行なうことにした。

一九六二年九月一一日午前一〇時半、中東風の顔だちをした浅黒い男が、西ドイツのミュンヘンはシラー通りにあるイントラ社の事務所にやってきた。その客を、社長のハインツ・クルグ博士の執務室へ案内した事務員は、男が、ナディム大佐の指示でここにやってきたと言うのを聞いている。ナディムとは、クルグと緊密に連絡を取りあっていたエジプト人将校である。半時間後、エジプト人はクルグと連れだって事務所を出ていった。アラブ連合航空のスチュワーデスが、二人の男が航空券販売所に立ち寄るところを目撃している。その女性が、クルグを見た最後の人物となった。

あくる朝、クルグ夫人が、夫の行方が知れないと警察に届け出た。二日後、ミュンヘンのはずれに乗り捨てられたクルグの白いメルセデスが発見された。車は泥だらけで、燃料タンクはからっぽだった。警察に匿名の電話がかかってきて、〃クルグ博士は死んだ〃と告げた。しかし、べつの筋の情報により、博士はモサドに拉致され、イスラエルへ連れていかれたのだろうと警察は見ていた。いまとなっては、クルグが死んだことに疑いの余地はない。

一一月二七日、第三三三工場のピルツの秘書であるハンネローレ・ヴェンデの手元に、朝の郵便で分厚い封筒が届いた。差出人は、よく知っているハンブルクの弁護士だった。ハンネローレは封筒をあけた。耳をつんざく爆発が、事務所を揺さぶった。重傷を負った秘書は病院へかつぎこまれ、数カ月後、目も見えず、耳も聞こえず、顔にひどい傷跡を残したままこの世を去った。

一一月二八日、〃書籍〃と記された大きな荷物が第三三三工場に届いた。エジプト人の事務員がそれをあけたとたん、荷物は爆発し、五人が死亡した。発送人であるシュトゥットガルトの出版社の住所は、虚偽と判明した。

そのあとも、爆発物の小包は次々と届いた。ドイツから発送されたものもあれば、エジプト国内で出されたものもあった。いくつかは爆発し、負傷者を出したが、そのほかは、第三三三工場から通報をうけたエジプト軍の専門家が信管を除去した。差出人の身元は正式に立証されてはいなかったものの、エジプト政府やジャーナリストは、イスラエルのモサドのしわざだと確信していた。かなりあとになって、数通の手紙爆弾が〝ジャンパン・スパイ〟の手で投函されたことが判明した。その正体は、〝ヴォルフガング・ロッツ〟の名でエジプト国内で活動していたイスラエルの工作員ゼーヴ・グラリーである。元SS将校を詐称し、ドイツ人の妻とカイロに居を構え、エジプトの上流階級や軍幹部と親密な関係を築いた男だ。

手紙爆弾は、ドイツ人科学者たちをひどく不安にさせた。命の危険を感じたのだ。彼らの多くは、ミサイル計画に関与しつづければ本人や家族に危険がおよぶぞという、匿名の電話を受けとっていた。エジプトの三カ所の〝工場〟とヨーロッパの姉妹会社では、厳重な警戒態勢が敷かれた。科学者たちがヨーロッパを訪問するときには、西ドイツの公安警察に付き添われ、つねに団体行動しなければならなかった。おそらくはその措置が、一九六二年末にヨーロッパを訪れたピルツ教授の命を救ったと思われる。西ドイツおよびイタリアで、不審なグループがあとをつけてきたが、彼に近づくチャンスはなかった。

ハルエルは、一九六二年の秋と冬をヨーロッパで過ごし、もっと正確な最新情報の入手を目的とする多数の作戦を展開した。ラフィ・エイタンは、ドイツ人科学者の郵便物を取り扱う外交任務課に潜りこむことに成功した。そういった作戦は彼のお気に入りだった。「スパイの勧誘よりずっとましだ」彼は言った。「だれかを口説いてスパイにするには、その男を訓練し、絶対に失敗しない偽の身分を作りあげ、所定のポストに配置し、渡りをつける時間を与えなければならない……だから、敵の手紙を読むほうがずっといい——すぐに結果がわかるし、最高の資料になる」

変則的な作戦を遂行するには、非常に高性能な電子装置が必要だったが、どこでそれが入手できるか、エイタンにはわからなかった。CIAなどの情報機関で使用されているその装置は、小売りされていない。パリの事務所で新聞を読んでいたとき、マイアミの悪名高いユダヤ人の大物ギャング、マイヤー・ランスキーの小さな記事を見つけた。エイタンの悪賢い頭には、それは絶好の機会として映った。電話オペレーターに命じた。「マイアミのマイヤー・ランスキーをさがせ！」

三分後、ランスキーと電話がつながった。「平安(シャローム)あれ、マイヤー」エイタンは挨拶した。「私は、パリで活動するイスラエル人です。シオニストの国家に、あなたの力をぜひとも貸していただきたい」

「お安いご用だ。今月、スイスのローザンヌへ行くことになっている。そこで会おう」

ローザンヌでランスキーに会ったエイタンは、自分の希望を話した。ランスキーは、シカゴにいるある男の住所をエイタンに渡した。「望みのものは、彼が調達してくれる」一週間後、エイタンはシカゴに降りたち、もらった住所へ向かった。「この男から買った電子装置は、ドイツ人科学者相手のさまざまな作戦を通して、とても役に立った」とエイタンはしめくくった。

ある作戦で、イサル・ハルエルは、オットー・ヨクリック博士という氏名を知った。資料によれば、ヨクリックは、核放射を専門に研究しているオーストリア人科学者だった。記録的な速さで核兵器の保有をめざす、エジプトの秘密計画で採用されたと思われる。エジプトは、ヨクリックの研究に必要な放射性物質を購入し、それをエジプトに輸送するために、オーストリア国内にオーストラというダミー会社を設立しようとしていた。西ドイツ当局の調査を逃れるために、イントラ社とは分離させる。ヨクリックは、エジプトのために二度の核実験を行ない、ミサイル弾頭用の原子爆弾を製造することになっていた。

すべての情報が、ヨクリックは非常に危険な、おそらくは最も危険な科学者であることを示していた。ヨーロッパの全モサド支局に緊急指令が発せられた。ヨクリックをさがしだせ。

ところが、ハルエルは、驚愕のできごとに直面することになった。一九六二年一〇月二三日、見知らぬ男が、ヨーロッパのさる国にあるイスラエル大使館のドアを叩き、公安警官に会いたいと申しでた。「私はオットー・ヨクリックです。エジプトの兵器開発における私の活動に関して、すべてを話す用意があります」

二週間後、ヨクリックは人知れず、イスラエルに到着した。

それから数カ月たち、ヨクリックの変節が明るみになったとき、ヨーロッパの新聞各社は、イントラ社のハインツ・クルグ社長が失踪したため、ヨクリックはイスラエルと接触したのだろうと書きたてた。ヨクリックとクルグは緊密に連絡を取っていた。クルグは、エジプトの〝特別軍事計画〟におけるヨクリックの役割を熟知していた少数の人間のうちの一人である。クルグが失踪したとき、ヨクリックはパニックにおちいった。クルグがイスラエルに拉致されたのだとしたら？　口を割って、ヨクリックの秘密の任務をばらすかもしれない。そうなれば、自分は死んだも同然だとヨクリックは悟った。ゆえに、境界線の反対側へ渡り、イスラエルに自首することにした。そうすれば、命だけは助かるだろう。

ヨクリックは、イスラエルに四日間滞在した。最高警戒態勢を敷いたモサドの施設に徹底して隔離された。ハルエルは、おもに二つの任務を彼に与えることにした。エジプトの計画に関する情報提供者、そしてもう一つは、エジプトに戻り、そこでモサドのために働く二重スパイ。

オットー・ヨクリックは、アラブ連合航空の西ドイツ人の上級社員に勧誘されたこと、その西ドイツ人から、ドイツ人科学者のあいだで〝ドクトル・マフムード〟と呼ばれているマフムード・ハリル将軍に紹介されたことを、イスラエル側に話した。ドクトルとの会合から二つの計画が生まれた。アイビスとクレオパトラだ。二つの計画は、ピルツ教授とクルグ博士にのみ明かされた。

アイビスとは、放射性物質を拡散する放射性兵器開発計画だ。ヨクリックは、放射性同位元素のコバルト60を大量に入手して、エジプトで実験を行なう役目を引き受けた。その実験が成功したなら、ミサイルの弾頭に注入するため、さらに多くのコバルト獲得に動くことになる。

クレオパトラ計画の目的は、原子爆弾を二発製造することだった。ヨクリックは、爆弾製造のための独創的な方法を提案した。アメリカかヨーロッパで二〇パーセントに濃縮されたウランを購入する。それを、ヴィルヘルム・グロート博士、ヤコブ・キステマーカー博士、ゲルノート・ツィパ博士の手で、ドイツとオランダで開発された特殊遠心分離機で九〇パーセントにまで濃縮する。そして、その濃縮ウランで爆弾を製造する。

ヨクリックはアメリカへ飛び、濃縮ウランの獲得のために動いた。また、ドイツ人科学者多数と会い、一緒にエジプトで遠心分離施設を建設しないかと誘った。同時に、ヨーロッパでコバルト60をいくらか購入し、それをカイロの婦人科医に急送した。医師の名はハリル、ドクトル・マフムードの妹だった……

イスラエルでヨクリックの事情聴取が終わると、証言の内容を検討するため、複数の専門家に送られた。いくつかの理由で、その報告書はさほどの注目を集めなかった。クレオパトラ計画に関しては、ヨクリックが二〇パーセントに濃縮されたウランを入手する見込みはほとんどないと、専門家らは結論づけたのだ。たとえ入手したとしても、二、三年以内に爆弾一個分のウランを集めるには、高性能の遠心分離機が少なくとも一〇〇台必要だろう。そして、万が一、爆弾を製造したとしても、ヨクリックの計算式がまちがっているため、爆発しないだろう。また、専門家らは、放射性兵器は、通常爆弾と同程度の損害しかおよぼさないとして、アイビス計画には目もくれなかった。

なだめるような論調の報告書にもかかわらず、国家指導者の心は静まらなかった。エジプトが化学兵器も開発中であるという報告を聞いて、彼らはいっそう動転した。一九六三年一月一日、イエメン内戦でエジプトが毒ガスを使用したとき、彼らの心配が正しかったことが証明された。イスラエルのゴルダ・メイア外相は、ジョン・F・ケネディ米大統領との会談で、エジプトがミサイルに非通常弾頭を搭載する危険性について話し、圧力をかけてほしいと頼んだが、ケネディは介入しなかった。

非通常弾頭の危険性もさることながら、ミサイルの誘導システムの開発を阻止することが優先された。

第三三三工場の誘導システムの専門家、クラインヴァクター博士は、一九六三年の冬の数週間を西ドイツで過ごしていた。二月二〇日の晩、博士はレラハの研究所を出て、車を走らせ、自宅へ続く小道へはいった。小道は暗く、ひとけがなく、深い雪に埋もれていた。いきなり、タイヤのきしる音とともに、横道から一台の車が現われ、道をふさいだ。男が一人降りてきて、クラインヴァクターのほうへ歩いてきた。博士から、その車に乗っている二人の男がちらりと見えた。

「シェンカー博士のお住まいはどこですか?」男が尋ねてきた。そして返事を待たずに、消音装置をつけた拳銃を抜いて発砲した。弾は、フロントガラスを砕き、クラインヴァクターの羊毛のマフラーにあたった。彼は、グローブボックスに入れてある自分のリボルバーをさぐったが、襲撃犯は二台めの車に走って戻り、すぐに視界から消えた。

警察は、襲撃現場から一〇〇メートルほど離れた場所で、放置された一台めの車両を見つけた。犯人の三人は、別の車で逃走したのだ。彼らは、エジプトの情報機関の幹部の一人、アリ・サミル名義のパスポートを残していった。しかしながら、その手がかりは偽物だったことが明らかになった。襲撃当日、サミルはカイロにいて、ドイツ人ジャーナリストと一緒のところを写真に撮られている。

クラインヴァクターを襲った男たちは、二度と現われなかった。イスラエルが暗殺を試み、失敗に終わったのだというのが、メディアの一致した意見だった。

それから数週間のち、モサドはふたたび試みた――次に狙われたのは、スイスに滞在していたドイツ生まれのポール・ゴーク博士だ。

ゴークは、クラインヴァクターと同じく、第三三三工場の研究室でエジプト製ミサイルの誘導システムを開発していた。エジプト人から――そしてモサドからも――非常に重要な人物とみなされていた。ゴークの娘のハイディが、西ドイツのスイス国境に近い町フライブルクに住んでいた。クラインヴァクター暗殺未遂事件のすぐあとに、ヨクリック博士からハイディに電話があり、エジプトできみの父親に会った、彼は、イスラエルを壊滅させるための恐ろしい兵器開発にかかわっていると告げた。ゴークがその仕事をやめないなら、身がすくむような危険な目に遭うだろうとほのめかした。だが、エジプトを去るなら、危険は及ばないだろう。

「父親を大切に思うなら」最後にヨクリックは言った。「三月二日土曜日の午後四時に、バーゼルのスリーキングズ・ホテルへ来なさい。友人を紹介しよう」

ひどくおびえたハイディはすぐに、エジプトから委任されて科学者の警備を担当している元ナチス将校のH・マンに連絡した。マンが、フライブルク警察に通報し、そこからスイス当局に連絡がいった。そういうわけで、ヨクリックとその友人がスリーキングズ・ホテルにはいってきたときには、建物の裏側で警察車両数台が待機し、刑事がロビーで張りこみ、ハイディ・ゴークが座っているテーブルの近くに、テープレコーダーが用意してあった。

ヨクリックと友人――ヨーゼフ・ベンガルというモサド工作員――が、まっすぐわないに飛びこんできた。二人はなんの疑いも抱いていなかった。エジプトで兵器開発を続ければ、父親の身に危険が及ぶぞとにおわせながら、直接的な脅し文句を慎重に避けて、一時間ほどハイディ・ゴークと話した。そして、西ドイツにいれば家族全員が無事でいられるから、帰国するよう父親を説得しろと、ハイディにカイロ行きの航空券を渡した。

話が終わると、二人の男はホテルを出て、六時の列車でチューリヒへ行き、そこで二手に分かれた。そして、プラットホームで次の列車を待っていたヨクリックは、私服警官に逮捕された。ベンガルは、イスラエル領事館の近くで捕まった。

その夜、西ドイツ警察は、ハイディ・ゴーク脅迫と、クラインヴァクター博士襲撃事件に関与した疑いのある二人の男の身柄の引き渡しをスイスに求めた。

ヨーロッパの本部にいたハルエルは、連絡員に活動を開始させ、スイス政府を説得して、ベンガルとヨクリックを釈放させようとした。が、ドイツから身柄引き渡しの要請があったため、スイスはそれを拒絶した。ハルエルは本国に戻り、ゴルダ・メイア外相と会談した。近頃、二人は昵懇になり、西ドイツに対して共通する敵意と疑念を抱いていた。メイアは、イスラエル政府はアデナウアー首相と話しあい、身柄引き渡し要請を取りさげるよう要求してはどうかと提案した。

ハルエルは、ベングリオン首相の保養地であるティベリアへ車を走らせた。そして首相と会い、西ドイツの首都ボンに特使を派遣しろと訴えた。特使は、アデナウアーに、エジプトでのドイツ人科学者の非道な活動の証拠を提示し、身柄引き渡し要請の取りさげを要求する。

ベングリオンは拒否した。

ハルエルは引きさがらなかった。「逮捕の話がおおやけになったなら、どう処するべきか考えなくてはなりません。そのときには、すべてが駄目になります」

「どういう意味だ、駄目になるとは?」

「ベンガルの逮捕が世に知られれば、エジプト国内でのドイツ人科学者の活動が明るみに出ます。イスラエルは、ベンガルがあのような行動に出た理由を説明しなければならないでしょう。エジプトが、ロケットなどの軍事計画用の装備品を西ドイツから購入してきたことも、わが国は公表せざるをえないでしょう」

ベングリオンはしばし考えこんでから言った。「では、そうしろ」

二人のあいだに亀裂がはいったのはそのときだ。

一九六三年三月一五日木曜日の宵、UPI通信は、〝エジプトで働く西ドイツ人科学者の娘を脅迫した疑い〟で、ヨクリックとベンガルが逮捕されたニュースを発表した。ハルエルはひそかに日刊紙の編集長らを呼んで会合をひらき、ベンガル逮捕の背景を説明した。特に、事件におけるヨクリックの役割、エジプトの計画で行なっている彼の研究、自分の意志でイスラエルに味方していること、イスラエルに及ぼした被害を償おうとしていることを強調した。

その後二、三日のうちに、ハルエルの参謀らは、イスラエルのジャーナリスト三人にこっそり事情を説明した。《ハアレツ》紙のナフタリ・ラヴィ、《マアリヴ》紙のシュムエル・セゲヴ、《イディオト・アハロノト》紙のイェシャヤフ・ベンポラトだ。三人には、すべての事実と、イントラ社、パトワグ社、シュトゥットガルト研究所の住所が渡された。その後、三人はヨーロッパへ出向き、ドイツ人科学者に関するデータを集め、本社へ送った。これで、ドイツ人科学者らが関与する計画についてのニュースの信頼性は高まった、とハルエルは思った。また、外国の親イスラエルのジャーナリストに事件について説明するために、モサドの工作員が派遣された。

ハルエルは、ドイツがからむと、どれほど厄介な問題になるかを分かっていなかった。西ドイツに対する彼の無遠慮な攻撃は、止めることのできない雪崩を引き起こした。科学者らに対して怒濤のごとき非難が殺到し、イスラエル国内は本物のパニックに陥ったのだ。

三月一七日、イスラエルおよび外国メディアは、扇情的な見出しの海にはまりこんだ。元ナチスのドイツ人科学者多数が、エジプトで恐ろしい兵器を生産している。生物兵器、化学兵器、核兵器、放射性兵器を開発している。毒ガス、恐怖の細菌、殺人光線、死の放射能をばらまく原子爆弾もしくは放射性廃棄物を搭載した弾頭を作っている。新聞各社は、SFコミックから抜きだしたような記事を競って載せた。すべてを焼きつくす殺人光線……少なくとも九〇年間は続く空気汚染……悲惨な伝染病をまき散らす細菌など。報道は、西ドイツ人科学者がエジプトのために働くのをやめさせなかったばかりか、実質的にヒトラーの足跡をたどるようなことをした西ドイツ政府をも非難した。ヨーロッパに派遣された記者らは、科学者らの邪悪な陰謀に関する新しい事実を日々〝発見〟し、火に油をそそいだ。

バーゼルでひらかれたベンガルとヨクリックの裁判は、勾留日数を含めて二カ月の禁固刑で幕を閉じた。ところが、大きな意味を持つ副産物も生まれたのである。

審理の最中に、裁判官はふと、傍聴席にいる一人が銃を携帯していることに気づいた。

「私の法廷に銃を持ちこむとはどういうつもりか？」彼は憤然として尋ねた。

男は答えた。「つねに銃を携帯する許可を得ています。私は、エジプトにいるドイツ人科学者の護衛です」

彼は、H・マンと名乗った——ヨクリックからの電話を受けたハイディ・ゴークが連絡を取った男であり、西ドイツ警察へ通報した男である。

傍聴していたモサドの情報提供者は、すぐにそのできごとを報告した。報告を聞いたモサドの古参工作員のラフィ・メダンは、ウィーン行きの最初の列車に飛び乗り、かの有名なナチスハンター、シモン・ヴィゼンタールの自宅へ急いだ。ヴィゼンタールは二つ返事でモサドに協力することを承知した。

「H・マンというドイツ人のことを、なんでもいいから教えてくれ」メダンは頼んだ。ヴィゼンタールは、資料があふれかえる書庫で作業にかかった。数時間後、手に一冊のファイルを持って、メダンのもとに戻ってきた。「戦時中、SS将校だった男だ。オットー・スコルツェニー大佐の急襲部隊にいた」

メダンはその情報を、神出鬼没のラフィ・エイタンと、そしてアヴラハム・アヒタフに送った。

髪が薄く、よく日焼けした顔に口髭をたくわえ、眼鏡をかけたアヒタフは、アヴラハム・ゴトフリットとしてドイツに生まれ、五歳のときに、信仰篤い両親に連れられてイスラエルへ移住した。一六歳ですでに、ハガナーの一員となっていた。一八歳で、シャバク創設者の一人となった。高い知能を持つ彼は、活動と勉学を両立させ、最優等で法学校を卒業した。一九五五年には、イスラエル国内で、イスラエル人ジャック・ビトンとして活動していた、大きな影響力を持っていたエジプト人スパイ、リファァト・エルガマルを捕まえた。アヒタフは、エルガマルを転向させ、モサド最高級の二重スパイに育てあげ、一二年以上にわたって、巧妙に修正した情報をエジプト側に流しつづけた。一九六七年の第三次中東戦争の直前、エルガマルが、イスラエルは地上攻撃を開始したのちに航空支援を行なう計画だという情報をエジプトに伝えたせいで、エジプト空軍の気が緩み、イスラエル空軍機による空軍施設破壊を容易にした。アヒタフはのちにシャバク長官となり、おもに、イスラエル社会の主流におけるイスラエル系アラブ人の差別撤廃に向けた努力を高く評価されている。

一九六三年五月のこの夜、マンとスコルツェニーに関するメダンの報告を聞いたアヒタフは、エイタンに言った。「スコルツェニーに誘いをかけてみてはどうだろう?」

最初、そのアイデアは突飛に思えたものの、確かに筋は通っている。スコルツェニーが元部下のマンを説得できれば、マンから高度な機密情報を得られるかもしれない。では、スコルツェニーとどうやって接触するか。手早く調査が行なわれた結果、スコルツェニーの別居中の妻が、夫とまだ親しくしていることを突きとめた。妻はいま、金属類を売買する会社を経営している。モサドは、同業を営むイスラエル人実業家のシュロモ・サブロドヴィッチを見つけだし、接触をはかった。はい、スコルツェニー夫人なら知っています、と彼は答えた。そして、モサド工作員らは夫人と会い、知りたいことをすべて、その妻から聞いた。

こういうわけで、エイタンとアヒタフは、マドリッドのスコルツェニーの事務所に現われたのだった。二人は、この元第三帝国の英雄に、イスラエルのスパイとなり、エジプト国内にいる西ドイツ人科学者の活動について情報を集めてくれないかと頼んだ。H・マンのほかにも、スコルツェニーは、エジプトのドイツ人社会の有力な人物を多数知っていた。その多くが、かつての同僚である元将校たちだった。

「あなたがたを信用できるのか？」スコルツェニーは訊いた。「今後、あなたがたが私を追いまわさないと保証できるのか？」アイヒマンと同じ運命に陥ることを、彼は恐れていた。

ラフィ・エイタンは即座に解決策を思いついた。「我々は、恐怖からの解放をあなたに呈する権限を与えられている」と言い、一枚の紙を取りだし、イスラエル国代表として、彼に〝恐怖からの解放〟を保証し、いかなる種類の迫害や暴力の対象とならないことを約束する書状をしたためた。

それをじっくり読んだスコルツェニーは押し黙った。椅子から立ちあがり、物思いにふけったまま、行ったり来たりした。

そして、最後にイスラエル人に向きなおった。「いいだろう」

そのあとの数カ月間、スコルツェニーは、エジプト国内でのドイツ人科学者の活動に関する貴重な情報を、モサドに運びつづけた。彼は、H・マンやその他の力を借りて、ドイツ人科学者の氏名と住所、研究の進捗状況、手順、ミサイル設計図、ミサイルの誘導システム組み立て失敗についてのやりとりなどの情報を収集した。

しかし、スコルツェニーの報告書を読むはずのイサル・ハルエルは、もはやその座にいなかった。

いっぽう、イスラエルのメディアはやりたい放題だった。センセーショナルな見出しや社説、風刺漫画、詩歌さえもが、一九六三年の西ドイツは、一九三三年のドイツと同じだと叫んだ。六〇〇万人のユダヤ人を虐殺したのと同じドイツ人が、エジプトに手を貸して、次世代のナチスによる大虐殺の準備をしていると。クネセトでは、野党党首のメナヘム・ベギンが、ベングリオンを批判し攻撃する演説を行なった。〝あなたは、ウージー短機関銃を西ドイツに売り、西ドイツは、わが国の敵のために細菌を作っている〟。ハルエルの盟友のゴルダ・メイアは、エジプト国内で〝生きとし生けるものすべてを抹殺するのが目的の〟兵器を製造する西ドイツ人を責めたてる演説を行なった。

こうした非難は過大であり、まったく現実離れしたものだった。シャバク長官にしてハルエルの親友であるアモス・マノルは、のちに我々に語った。「対西ドイツ人科学者作戦を指揮していたこの時期、イサルはひどく偏っていた。妄想にとりつかれ、どっぷりとはまりこんでいた。この問題について、彼とまともに話せなかったくらいだ」

アフリカ訪問から五月二四日に帰国したシモン・ペレス副国防相はすぐに、ハルエルの対西ドイツ作戦から生じかねない、とてつもなく大きな危険に気づいた。また、〝生きとし生けるものすべてを抹殺〟する兵器の話はばかばかしいとも思ったという。イスラエル国防軍情報部アマンから提出された推定は、まったくちがうものだった。「我々は、集められるかぎりの情報を集めた」情報部長であるメイル・アミット将軍は語った。「そして、ゆっくりと状況が明らかになってきた。この問題は、でたらめに膨らんでいた……真実はこれとはちがう、と我が部員たちは言っていた。これほど深刻な事態ではありえないと」

アマンの部員たちは、西ドイツ人科学者が、化学兵器または細菌兵器を開発している証拠を一つも見つけられなかった。世界の破滅をもたらす兵器の話は、SF小説からの借り物と思われた。エジプトが購入したというコバルトの量は、ごく微量だった。さらに、この問題のそもそもの発端となった証言をしたオットー・ヨクリック博士は、日和見主義者以外のなにものでもなく、信用できない人物であることも明らかになった。

アマンの報告書がベングリオン首相のデスクに届けられたのは、三月二四日のことだった。首相はすぐにハルエルを呼び、情報源を問いただした。詳細で正確な返答が求められた。ハルエルは、余すところなく背景を説明したあと、新聞記者をヨーロッパへ送りだしたことを認めた。また、毒ガス、放射性物質またはコバルト爆弾に関する情報はないことも認めた。

その翌日、ベングリオンは、シモン・ペレス副国防相と、一緒にやってきた軍参謀総長およびアミット将軍と会談した。アマンの部長であるアミット将軍が、全体像を明確に描きだした詳細報告を行なった。エジプトで研究を行なっているのは二流科学者たちであり、彼らが製作しているのは旧式ミサイルである。彼らの活動は確かに危険ではあるが、国防省と軍をはじめ、イスラエル政府に広がったパニックは、過度な誇張といわざるをえない。

ベングリオンは、ふたたびハルエルを呼んだ。緊迫した会談の中で、首相は、ハルエルの報告と評価の正確性に疑問を呈した。二人の関係を特徴づけていた全幅の信頼は、怒りに満ちた口論にとってかわった。西ドイツとイスラエルの関係の別の側面も話題にのぼった。激怒したハルエルは、執務室に戻るとすぐに、ベングリオン宛てに辞表を書いて送った。ベングリオンは慰留しようとしたが、ハルエルは聞かなかった。辞めます、それが結論ですと彼はきっぱり言った。

このとき、一つの時代が終わった。

ベングリオンは、後任が見つかるまでは職にとどまるよう要請したが、ハルエルは拒絶した。「ベングリオンに、ただちにだれかにキーを取りにこさせろと言え」ハルエルは、ベングリオンの秘書官にそう言い放った。首相は、伝説的なモサド長官の後継者を見つけなければならなくなった。「いますぐアモス・マノルを呼べ」秘書官は電話口へ走った。

しかし、シャバクのアモス・マノル長官とは連絡が取れなかった。ヨルダン渓谷にあるキブツ・マアガンに住む親族を訪ねる途中だったのだ。携帯電話のない時代だ。

「では、メイルをここへ」ベングリオンはいらいらしながら言った。メイル・アミット将軍はネゲブ砂漠の視察旅行中だったが、無線連絡がつき、テルアビブに呼び戻された。そこに来てみて、モサド新長官が決まるまでの臨時長官に任命されたことを知った。数週間後、アミットは正式に長官の職に就いた。

ペレスから、西ドイツのフランツ・ヨーゼフ・シュトラウス国防相宛てに丁重な書簡が送られたあと、西ドイツは、エジプトから科学者を連れ戻すための計画立案を、尊敬を集めるボーマ教授にゆだねた。そして、自国領土内の研究施設への就職を持ちかけることで、科学者の多くを誘いだした。その他の科学者も、徐々にエジプトを離れた。彼らは、ミサイルの完成にはいたらず、誘導システムの開発に失敗し、弾頭に放射性物質を詰めることができず、メッサーシュミットの飛行機さえ離陸させられなかった。

本書の著者の一人が、米アラバマ州ハンツヴィルで、米航空宇宙局（NASA）の秘蔵っ子、ヴェルナー・フォン・ブラウン博士と面会した。博士は、エジプトで秘密計画にたずさわったといわれているドイツ人科学者の一覧に目を通して、こうした二流科学者らに、実戦配備可能なミサイルを製造できた可能性はごくわずかだろうと結論づけた。

ドクトル・マフムードらエジプト人の努力は、完全な失敗に終わった。

ドイツ人科学者の事件は、イサル・ハルエルの失脚とメイル・アミットの躍進を招いた。ハルエルは、後任のアミットに対して憎悪をつのらせ、彼が長官職にあるあいだじゅう、攻撃の手をゆるめなかった。また、この事件は、ベングリオンの政治力も低下させ、数カ月後の辞任につながった。

カイロでは、エジプト秘密情報機関が、〝シャンパン・スパイ〟ことウォルフガング・ロッツの正体を見抜き、一九六五年に逮捕した。とはいえ、この西ドイツ人の化けの皮をはがすことはできなかったため死刑の宣告には至らず、彼は二年半後に釈放された。

事件に幕がおりるとともに、ユダヤ人国家のためにスパイを働いた元ナチス、オットー・スコルツェニーの、なんとも信じがたいモサド連絡員の仕事も終わった。

第9章　ダマスカスの男

愛しのナディア、愛する家族よ、
　おまえたちが永遠に一つに結ばれることを願って、この最後の手紙を書いている。
妻よ、私を許してほしい。そして、身体を大切にし、子どもたちを立派に教育してやってくれ……最愛のナディア、きみは再婚するといい。そうすれば、子どもたちに父親ができる。きみは完全に自由の身だ。過去を嘆くのではなく、どうか未来に目を向けておくれ。私の最後のキスをきみに送る。
　そして、私の魂がやすらぐように祈ってほしい。

エリより

　一九六五年五月、この手紙が、モサドのメイル・アミット新長官のデスクに届いた。スパイ史上屈指の大胆不敵なスパイ、エリ・コーヘンが、ダマスカスの絞首台で一瞬にして命を落とす数分前に、震える手で書いたものだ。

エリ・コーヘンの秘密の生活は、二〇年以上前から始まっていた。一九五四年七月中旬の蒸し暑い日の午後、若くハンサムなエジプト系ユダヤ人のエリはちょうど帰宅途中だった。歳は三〇歳、中背で、手入れのいきとどいた黒い口髭をたくわえ、無邪気な笑みを浮かべた男だ。そんな彼が、カイロの街で、警察官をしている旧友と出くわした。「今夜、イスラエル人テロリストを数人逮捕する」友人は打ち明けた。「そのうちの一人は、シュムエル・アザールと呼ばれている男だ」いたく感心したようなふりをしたエリだったが、友人と別れるなり、賃借中のアパートメントへと走り、隠してあった拳銃、爆薬、書類を片づけた。エリは、秘密活動にどっぷりと首を突っこんでいたのだ。イスラエルへの移住を希望するユダヤ人家族用の脱出ルートを練り、偽造文書を用意する。また、ラヴォン事件と呼ばれるようになる大胆な作戦の主犯だったユダヤ人地下組織にも属していた。

一九五四年の初めごろ、イスラエル政府は、イギリス政府が、エジプトからの完全撤退を決定したことを知った。エジプトはアラブ諸国の中で最強の国であり、イスラエルの不倶戴天の敵だ。イギリス軍がエジプトに駐留し、スエズ運河沿いにある多数の陸軍基地や軍事飛行場を維持するかぎりは、エジプトの軍事政権に対して穏当な影響力を期待できる。イギリスがエジプトからの撤退を決定しただけで、その影響力はただちに消滅するだろう。そのうえ、近代的な基地、飛行場、大量の装備や戦争物資が、エジプト軍の手に落ちるのだ。より優れた武器を装備したエジプトの大軍は、建国してまだ六年のイスラエルを攻撃目標に据えるにちがいない。彼らは、一九四八年の第一次中東戦争で不名誉な敗北を喫した恨みを晴らしたがっているはずだ。

イギリスの決定は撤回できないのか？　イスラエルの国政の舵を握っているのは、もはやベングリオンではない。彼は、スデボケルのキブツで隠居生活にはいっていた。あとを継いだのは、穏健だが気弱なモシェ・シャレットだった。ピンハス・ラヴォン国防相は、首相の権威に公然と反抗した。ラヴォンは、軍事情報部アマン部長のベンヤミン・ジブリ大佐と示しあわせて、シャレット首相に相談もせず、また、モサドに知らせずに、危険で愚かな計画を考えついた。ラヴォンとジブリは、イギリス－エジプト条約の条文に、重大な危機に瀕した際には、イギリス軍は元の基地に戻ってよいという項目を発見した。そして単純にも、エジプトで幾度か爆破事件が起きれば、エジプトの政治家に法と秩序を維持する実力はない、とイギリスは考えるだろうと推察したのである。そうなれば、イギリスは、エジプト撤退の決定を取り消すだろう。ラヴォンとジブリは、カイロとアレクサンドリアで爆破事件を仕組むことにした。攻撃目標は、アメリカとイギリスの図書館、文化センター、映画館、郵便局、その他公共施設である。エジプト国内に潜伏していたアマンの秘密工作員は、イスラエルのためなら喜んで命を投げだそうという熱烈なシオニストの地元ユダヤ人の若者数人を仲間に引きいれた。が、それによってアマンは、イスラエルの情報社会の犯すべからざる鉄則——敵対作戦に現地ユダヤ人を参加させないこと——を破ってしまった。なぜなら、命を落とさないとも限らないし、また、現地ユダヤ人社会全体に大きな危険がおよびかねないからだ。くわえて、勧誘された若い男女は、そういった作戦のための予備訓練を受けていない。

爆弾は原始的な作りだった。眼鏡ケースに化学薬品を入れておく。別の薬品を詰めたコンドームをケースにしのばせる。その薬品は腐食性が高いので、コンドームを融かし、ケース内の薬品と接触して発火する。コンドームは、爆弾をセットした人物の逃走時間をかせぐための時限装置なのだ。

計画は、最初から失敗する運命にあった。二度の小さな作戦を経た七月二三日、アレクサンドリアのシネマ・リオの出入口で、シオニスト組織のメンバーであるフィリップ・ナタンソンのポケットの中で、爆弾の一つが爆発した。ナタンソンは警察に捕まり、その後数日のうちに、組織のメンバー全員が逮捕された。

エリ・コーヘンも逮捕されたが、家宅捜索では、罪に問われるような証拠はなにも発見されなかった。釈放されたものの、エジプト警察は彼の逮捕記録を作成した。三枚の写真と、氏名エリ・シャウラ・ユンディ・コーヘン、一九二四年アレクサンドリア生まれという内容の記録である。両親のシャウラとソフィ・コーヘンは、一九四九年、エリの二人の姉妹と五人の兄弟を連れて他国へ移住した。目的地は不明。フランス系の大学を卒業し、カイロ・ファルーク大学在学中。

エジプト側は知らなかったが、エリの家族はイスラエルへ移住し、テルアビブ近郊の町バトヤムに住みついたのだった。

逮捕され釈放されたあとも、エリは逃げずにエジプトに残った。そして、仲間にとって最悪の事態にならないことを祈りつつ、エジプトの監獄内での彼らの状況、虐待、拷問についてのあらゆる情報を集めた。

一〇月、エジプト政府は、〝イスラエルの複数のスパイ〟を逮捕したと発表し、一二月七日、カイロで審理が開始された。グループと共に逮捕されたイスラエルの秘密スパイ、マックス・ベネットは、監房のドアから引き抜いた錆びた釘で手首を切って自殺した。検察側は、政治犯数人の死刑を求刑した。ローマ教皇大使やフランス外相、アメリカとイギリスの駐エジプト大使、イギリス下院のリチャード・クロスマン議員とモーリス・アウエルバック議員、エジプトのラビ長らから、減刑の嘆願書が提出された……が、すべては無に帰した。一九五五年一月一七日、臨時軍事法廷は刑を宣告した。被告二名は無罪、二名は七年間の重労働懲役刑、二名は禁固一七年、二名は終身刑。組織の幹部であるモシェ・マルズク博士とシュムエル・アザール技師は死刑を宣告され、四日後に、カイロ刑務所の中庭で絞首刑に処された。イスラエルでは、途方もない政治スキャンダルが政府を揺さぶった。そんな馬鹿げた作戦を命じた愚か者はだれだ？　査問委員会がいくつもひらかれたが、明快な結論には達しなかった。ラヴォンとジブリはそれぞれ、相手に罪をなすりつけようとした。ラヴォン国防相は辞任に追いこまれ、代わって、引退していたベングリオンが引っぱりだされた。ジブリ大佐の昇進の道は断たれ、その後まもなく、除隊せざるをえなくなった。

エジプトのエリ・コーヘンは、親友数人を失った。当局に目をつけられてはいたものの、彼はカイロにとどまり、秘密活動を続行した。そして、スエズ紛争後の一九五七年になってようやく、イスラエルに移住した。

〝カイロの殉教者たち(マーターズ)〟というのは、テルアビブの木々の生い茂るバトヤム地区の静かな通りの名である。エリは毎日その通りを歩いて、自分の家族に会いにいった。イスラエルに移住した当初は、簡単にはいかなかった。二、三週間は、職を求めて歩きまわった。語学に堪能(アラビア語、フランス語、英語、ヘブライ語も)なおかげで、仕事が見つかった。アマンのために週刊誌と月刊誌を翻訳する仕事だ。エリは、テルアビブにある商業興信所に見せかけた事務所へかよった。月給は、一七〇イスラエル・ポンド(九五ドル)と並みだった。数カ月後に解雇されると、エジプト系ユダヤ人のある友人が、仕事を見つけてくれた。ハマシュビルという百貨店チェーンの経理係だ。仕事は退屈だったが、給料はよかった。そのころ、兄から、イラク出身の美人で聡明な看護婦を紹介された。出会いから一月後、エリは、売り出し中の知識人サミ・ミカエルの妹ナディアと結婚した。ある日の朝、一人の男がエリの事務所を訪ねてきた。「私はザルマン。情報士官をしている。きみにやってもらいたい仕事がある」

「どんな仕事だ?」

「とてもおもしろい仕事だ。ヨーロッパにたびたび行くことになる。うちの工作員としてアラブ諸国にも行ってもらうかもしれない」

エリは断った。「結婚したばかりなんだ。ヨーロッパにしろどこにしろ行きたいとは思わない」

話はそこで終わったものの、まだ続きがあった。ナディアが妊娠し、仕事を辞めざるをえなくなった。ハマシュビルは事業を整理し、人員の削減に踏みきった。そして、エリも解雇された。が、次の仕事は見つからなかった。そんなとき、あたかも偶然のように、賃貸アパートに予想外の客が訪れた。

先日やってきたザルマンだった。

「うちで働かないか？」彼はエリを誘った。「月給三五〇ポンド（一九五ドル）を払う。訓練期間は半年。訓練が終わったときに、気に入れば残れる——いやなら、自由に辞めていい」

今回、エリは断らなかった。そして、秘密工作員となった。

アマンの古参情報員たちが語るいきさつは、それとは少し異なっている。イスラエルに移住したとき、エリは、アマンの職につけなかった。なぜなら、心理テストの結果、自信過剰すぎると指摘されたからだ。有能で、勇敢で、すぐれた記憶力を持つが、自分を買いかぶり、不必要なリスクを冒す傾向が見られた。こうした性格もあって、アマンには不適とされた。

ところが、一九六〇年代初頭、状況は変化した。アマンの第一三一部隊、すなわち、イスラエル国防軍情報局特殊作戦部隊は、シリアの首都ダマスカスに、高い資質を持つ工作員を至急派遣しなければならなくなった。この二、三年のうちに、シリアは、アラブ諸国の中で最も攻撃的な、イスラエルの仇敵となった。シリアは、攻撃の機会を決して逃さなかった。ゴラン高原で、またガリラヤ湖畔で激しい戦闘が起きた。シリアのテロリスト集団がイスラエルへ侵入した。そしていま、シリアは、壮大な土木計画に着手しようとしていた。ヨルダン川の支流の流れを変えて、イスラエルの水を奪おうというのだ。

五〇年代後半に、イスラエルは、ヨルダン川の支流の水をネゲブの砂漠地帯に引くための巨大パイプラインおよび運河建造計画を開始した。水は、イスラエル領内を通る川から引かれた。アラブ首脳会談が何度か開催され、イスラエルの利水計画の対策が話しあわれた。そしてアラブ諸国は、ヨルダン川の支流の流れを変え、イスラエルの計画をつぶすことを正式に決定した。その仕事がシリアにまかされた。

ヨルダン川の水がなくては、イスラエルは生きていけない。シリアの計画を進行させるわけにはいかないので、対応策が考案された。その作戦には、信頼性が高く、大胆で自信にあふれた工作員を、ダマスカスに配置する必要があった。以前アマンがエリを不合格にした、まさにその性格が、第一三一部隊が望んでいるものとぴたりと一致した(五〇年後、その仕事のために、アマンは別の人物も勧誘しようとしていたことが明らかになった――エリの妻ナディアの兄のサミ・ミカエルである！　ミカエルはその話を断って、イスラエルにとどまり、偉大な詩人となった)。

エリのつらい訓練は長期間続いた。毎朝、エリはなんらかの口実を作って家を出て、アマン訓練センターへ向かった。数週間は、教官はイツハクという名の男一人だけだった。最初、ものを記憶する方法を学んだ。イツハクが、テーブルの上に一二個のものを並べる――鉛筆一本、鍵束、煙草一本、消しゴム一個、ピン二、三本。エリは、一、二秒間それらを見る。

そして目を閉じ、見えた様子を説明していく。戦車、軍用機、大砲の型と製造元も憶えた。「散歩しよう」イツハクは言う。二人は、混雑したテルアビブの街をぶらぶら歩く。「あそこの新聞売り場が見えるか？」イツハクはささやく。「では、あそこへ行って新聞を見るふりをしながら、だれがあとをつけてきているかを見破ってみろ」センターに戻ってエリの答えを聞いてから、イツハクは写真の束をテーブルに広げる。「この男については正しい。確かに彼はきみをつけていた。だが、木のそばの男はどうだ？　彼も尾行していたのだぞ」

ある朝、ザルマンから紹介されたイェフダという教官から、小型で高性能の無線送信機の使い方を教わった。そのあと、身体検査と心理テストを受けた。二つの検査ののち、ザルマンから、マルセル・クザンという若い女性を紹介された。

「エリ、最終試験を行なう。マルセルはきみに、エジプト系ユダヤ人名義のフランスのパスポートを渡す。アフリカに移住し、観光客としてイスラエルにやってきたという設定だ。このパスポートを使ってエルサレムへ行き、一〇日間滞在する。身元の詳細については、マルセルから説明がある――エジプトにいたときのこと、家族、アフリカでの仕事など。エルサレムでは、フランス語とアラビア語しか話してはならない。本当の身分を明かさずに、人々と会い、友人を作り、人脈を築くのだ。同時に、尾行されていないことをつねに確認しなければならない」

エリは、エルサレムで一〇日間を過ごした。帰国すると、二、三日の休みをもらえた。ナディアは、娘のソフィを出産したばかりだった。ローシュハッシャナ――ユダヤの新年祭―

―のあと、ザルマンから二人の男を紹介された。二人は名乗らなかった。「エルサレムの試験に合格したぞ、エリ」一人が、笑みを浮かべていった。「もう少し本気の勝負をしよう」

アマンの施設のがらんとした部屋で、エリは、イスラム教徒の族長と引きあわされた。族長から、コーランとイスラム教徒の祈禱をじっくりと教えこまれた。集中して覚えようとしたエリだが、何度も間違えた。「心配するな」ザルマンは言った。「だれかに訊かれたら、敬虔なイスラム教徒ではない、学校時代のぼんやりとした記憶しかないと答えろ」

そのあと、任務の概要を知らされた。まもなく中立国へ送られ、そこで追加訓練を受けたのち、アラブのどこかの国の首都へ移動する。

「どこの国？」エリは尋ねた。

「そのときが来たら教える」

ザルマンは続けた。「きみは、アラブ人になりきって地元で人脈を広げ、イスラエルのスパイ網を作りあげる」

エリは迷わず承諾した。任務を遂行できる自信はあった。

「きみは、シリアかイラクのパスポートを持つことになる」担当官らは言った。

「なぜだ？　イラクのことなんかなにも知らない。エジプトのパスポートにしてくれ」

「それは無理だ」ザルマンは答えた。「エジプトは、全国民の記録を更新し、発行したパスポートをすべて改訂している。だから、危険だ。イラクとシリアにそんな記録はない。きみの足跡をたどることはできない」

二日後、ザルマンらは、エリに新しい身元を告げた。「きみの名はカマル。父親はアミン・タベットだから、フルネームは、カマル・アミン・タベットになる」

エリの担当官らは、細部まで考慮された作り話――カバーストーリー――を、新工作員のために用意していた。「きみの両親はシリア人だ。母親の名は、サイダ・イブラヒム。姉が一人いる。きみは、レバノンの首都ベイルート生まれ。きみが三歳のときに、一家はエジプトのアレクサンドリアへ引っ越した。忘れるんじゃないぞ、きみの一家はシリア人だ。一年後に姉が死んだ。父親は織物商人。一九四六年にきみの叔父がアルゼンチンに移住した。その後まもなく、叔父から、みんなでブエノスアイレスに来ないかという手紙が届いた。一九四七年、家族はアルゼンチンへ移住した。きみの父と叔父ともう一人で布地屋をひらいたが、倒産した。父親は一九五六年に死に、その半年後に母も死んだ。きみは叔父と暮らし、旅行代理店で働いていた。のちに、実業家になり、大成功をおさめた」

次にエリは、自分の家族に話すためのカバーストーリーをこしらえた。「国防省と外務省の仕事を請け負う会社に就職したんだ」帰宅したエリは、妻のナディアにそう話した。「タース（イスラエルの軍事産業のこと）に納める道具類や装備品や材料の仕入れと、商品の市場開発のために、ヨーロッパに出張しなくちゃならない。でも、帰ってきたときには長い休みがもらえるからね。離れ離れになるのは――僕たち二人にとって――つらいけど、きみに給料の全額がはいるから、二、三年したら、ヨーロッパで家具を買って、アパートに置こう」

一九六一年二月上旬、なんのマークもついていない車が、ロッド国際空港へとエリを運んだ。ギデオンと名乗った若い男から、エリの本名名義のイスラエルのパスポートと、現金五〇〇ドルと、チューリヒ行きの航空券を渡された。

チューリヒに着いたエリは、白髪の男に出迎えられた。男は、エリのパスポートを取りあげ、あるヨーロッパの国の別名義のパスポートを渡した。そのパスポートには、チリの入国ビザと、アルゼンチンの通過ビザがついていた。「ブエノスアイレスに着いたら、うちのメンバーが、きみの通過ビザを延長することになっている」男は言い、エリの手に、ブエノスアイレスで途中降機可能な、チリの首都サンティアゴ行きの航空券をすべりこませた。「ブエノスアイレスには明日到着する。その次の日の午前一一時、カフェ・コリエンテスに行ってくれ。そこで打ちあわせだ」

アルゼンチンの首都に着いたエリは、ホテルにチェックインした。翌朝の一一時きっかりに、カフェ・コリエンテスの彼のテーブルに初老の男がやってきて、アブラハムと名乗った。家具付きアパートメントを借りてあるので、そこへ移れとエリに指示した。家庭教師からスペイン語を教わることになっている。「なにも心配することはない」アブラハムは言った。「金は私が出す」

三カ月後、次の段階に進む準備ができた。エリはまずまずのスペイン語を話せるようになり、ブエノスアイレスに詳しくなり、アルゼンチンの首都に住む数千人のアラブ人移民のような服装をし、同じように振る舞った。別の家庭教師から、シリアのアクセントのアラビア語を教わった。
あるカフェでアブラハムと再会して、カマル・アミン・タベット名義のシリアのパスポートを渡された。「今週末までに住所を変更する」アブラハムは言った。「その名義で銀行口座を作る。アラブ料理のレストラン、アラブ映画を上映している映画館、アラブの文化政治友の会へ行く。できるだけ多くの友人を作り、アラブ社会の指導者とコネをつけるようにする。きみは資産家で、貿易商で、立派な実業家だ。輸出入業にたずさわっているが、輸送業と投資にも力を入れている。アラブ社会の慈善基金にたっぷりと寄付をする。幸運を祈る！」

そのとおり、このスパイはたくさんの幸運に恵まれた。数カ月以内に、エリ・コーヘンは、ブエノスアイレスのアラブ系シリア人社会の中核にはいりこむことに成功した。彼の人間的魅力、自信、良識、そして財力が、アルゼンチンで最も影響力を持つかなりの数のアラブ人を魅了したのだった。エリの名はすぐに、アラブ社会に広まった。ある晩、イスラム教徒用の会員クラブで、髪の毛が薄く、ふさふさの口髭を生やし、立派な服装をした威厳ある紳士と出会ったのがきっかけだ。その紳士は、アルゼンチンで発行される雑誌《アラブ世界》の編集長のアブデル・ラティフ・ハサンだった。ハサンは、この〝シリアからの移民〟のまじめな人柄に深く感銘を受けた。そして二人は親友になった。

クラブでの文化イベントのあとに、アラブ社会の指導者をまじえて、もっと内輪の会合がひらかれた。エリは、シリア大使館来賓リストに名を連ねることに成功し、豪華なパーティやレセプションに招かれた。大使館の公式レセプションに出席したとき、ハサンから、シリア軍の将軍の制服を身につけた、堂々たる軍人に引きあわされた。「シリアを心から愛する本物の愛国者を紹介させていただきたい」ハサンが将軍に申しでた。そして、エリのほうを向いてさらに言った。「こちらは、大使館付き武官のアミン・エルハフェズ将軍だ」

エリは、自分の人間像は確立されたと考えた。実際のスパイ任務に取りかかる時期が到来した。一九六一年七月、アブラハムとひそかに短時間だけ会って、打ちあわせをした。その翌日、彼はハサンの事務所へ出向いた。「アルゼンチンに住むのにはもう飽き飽きした」と打ち明けた。世界のどこよりシリアを愛しているから母国に戻りたい、と。ついては、紹介状を書いてもらえないだろうか？　編集長はすぐに四通をしたためた。アレクサンドリアの義理の弟に一通、ベイルートの友人たちに二通（そのうちの一人は有力銀行家）、そしてダマスカスに住む息子に一通。ほかのアラブ人の友人たちをまわるうちに、エリのブリーフケースは、ブエノスアイレスのアラブ人社会の指導的人物の筆による、熱心な紹介状でいっぱいになった。

一九六一年七月末、カマル・アミン・タベットことエリは、チューリヒへ飛び、飛行機を乗り換えて、バイエルン州の州都ミュンヘンへ向かった。そこの空港に着くと、イスラエルの工作員が近づいてきた。ツェリンガーという男だ。彼はエリに、イスラエルのパスポートと、テルアビブ行きの航空券を手渡した。八月上旬、エリは家へ帰りついた。「数カ月は家にいるからね」妻のナディアにそう告げた。

集中訓練が始まった。エリの隠れみのは完璧で、彼はその新しい人間になりきっていた。無線機の教官のイェフダと再会し、無線暗号通信の授業が再開された。数週間すると、一分間に一二ないし一六語を送受信できるようになった。必要に迫られてシリアという国や軍隊、兵器、戦略に関する書物や資料を読み、専門家による説明を数えきれないくらい聞いた結果、彼自身がシリアの国内政治の専門家となった。

一九六一年一二月、エリはふたたびチューリヒへ飛んだ。だが、最終目的地は、獅子の巣穴のダマスカスだった。

シリアの政権が弱体化したため、シリアとイスラエル国境の緊張は高まっていた。一九四八年から何度か続いたクーデターのせいで、シリアの国情は不安定だった。もはやシリアの独裁者が自然死することはほとんどなかった——絞首台の上か、銃殺隊の前か、暗殺犯の巧みな手によって命を落とした。不安定な国には、紛争がつきものだ。国民の目を国内問題からそらすために、シリアの国家指導者は、しばしば故意に国境紛争を引き起こした。公開処刑は、ダマスカス広場でのおなじみの光景となった。絞首刑執行人は、陰謀者、スパイ、国家の敵、そして前政権の支持者として烙印を押された人々を次から次へと処刑した。エリが到着する少し前の一九六一年九月二八日にもクーデターがあったばかりだ。そのクーデターのせいで、アラブ連合共和国と名づけられたシリア―エジプト連邦は短命に終わった。

　任務を開始する前に、エリは、神出鬼没のザルマンと会い、詳細な指示を受けとった。

「ミュンヘンで、ツェリンガーから無線送信機を受けとる。ダマスカスに着いたら、シリア放送会社の社員から連絡がくるだろう。彼もまた、きみと同じ、少し前にシリアに身を落ち着けた『移民』だ。彼はきみの正体を知らない。彼をさがそうとしてはならん！　そのときが来たら、彼の方からきみに接触してくる」

　ミュンヘンでツェリンガーから、舌を巻くようなスパイ用具の詰まった小包を受けとった。見えないインクで送信用暗号のキーが書かれた冊子。送信暗号用の書籍数冊。特殊タイプライター。送信機がはめこまれたトランジスタラジオ。電気カミソリ――そのコードを、送信機のアンテナとして使う。ヤードレー社の石鹸と葉巻に隠されたスティック状ダイナマイト。万一にそなえて、自殺用のシアン化物の錠剤……

　エリは、それらの装備品をどうやってシリアに持ちこもうかと頭を悩ませた。シリアの税関および入国管理は非常に厳しい。

　ツェリンガーは答えを知っていた。「一月上旬にジェノバからベイルートへ航海する〈アストリア〉号の乗船券を買うんだ。船内で接触してくる男が、シリア入国の手助けをしてくれる」

　エリは〈アストリア〉に乗って船出した。ある日の朝、エジプト人のグループのそばに座っていると、一人の男が近づいてきて、ささやきかけてきた。「ついてこい」エリは立ちあがり、グループから離れた。男は言った。「俺の名は、マジード・シーク・エルアルド。車がある」つまり、エリをダマスカスまで車に乗せていこうとにおわしているのだ。

ここそこした雰囲気の小柄なエルアルドは国際的起業家であり、ダマスカスでは名の知れた——かつ、胡散臭い——実業家だった。エジプト系のユダヤ人女性と結婚していたにもかかわらず、第二次世界大戦時にナチスドイツで暮らすことを選んだ男だ。移り気で強欲な気質のせいで、パートナーとしてはあまり好ましくないと思わせるところに興味を引かれたイスラエルの諜報機関は、すぐにその男をスパイに仕立てあげた。本人はそうと自覚していないにしても。彼自身は、シリアの地下右翼過激派組織のために働いていると思いこんでいた。そして、カマル・アミン・タベットにまつわる話を心から信じており、のちに、エリの頼りがいのある協力者となる。

彼の最初の仕事は、タベットの荷物を無事にシリア国境を越えさせることだった。一九六二年一月一〇日、ベイルートからやってきたエルアルドの車が、シリア国境で停車した。トランクに、送信装置やその他あやしげな品物が詰まった鞄をいくつも載せている。エリは、エルアルドの隣の助手席に座っていた。

「これから友人のアブ・ハルドゥンと会う」国境に近づいたとき、エルアルドはエリに言った。「金銭的な問題をかかえている。五〇〇ドルあれば、まちがいなくその状況は改善するだろう」

そういうわけで、エリの財布にあった五〇〇ドルが、シリアの税関検査官アブ・ハルドゥンのポケットへすばやく移動した。遮断機があがり、車は堂々と砂漠へはいった。エリ・コーヘンはシリア国内にいた。

混みあったモスクや色鮮やかなスークなどが点在する騒がしいダマスカスでは、人ごみに溶けこむのは簡単だ。だが、エリはそれと正反対を望んだ。目立ちたかったのだ。しかも、すぐに。シリア軍総司令部に近い、高級なアブラメン地区にある豪邸を借りた。屋敷のバルコニーから、シリア政府の迎賓館の入口が見える。エリの屋敷は、外国大使館、裕福な実業家の邸宅、国家指導者の公邸が立ち並ぶ一角にあった。エリはすぐさま、家じゅうのさまざまな場所に、秘密の装備品を隠した。自分の家に内通者や裏切り者をかかえるリスクを避けるために、召使いは雇わず、一人きりで暮らすことにした。

彼はここでも幸運に恵まれた。絶妙な時期にダマスカスにやってきたのだ。アラブ連合共和国からシリアが離脱したことを、カイロのナセル大統領は、エジプトに対する侮辱と受けとめた。シリアの政治および軍事指導部の頭は、エジプトがクーデターをけしかけた可能性のことで一杯で、イスラエルの諜報活動のことなどすっかり抜け落ちていた。それとは別に、彼らには、新しい支持者や協力者、資金源がどうしても必要だった。シリア人であれば、国内在住または外国に移住したかどうかなど関係なかった。文句のつけようのない紹介状の数々を手にした、忠実な国家主義者の大富豪カマル・アミン・タベットは、まさにうってつけの人物だった。

エリは、すばやく、かつ効率的に人脈を築いていった。紹介状は、上流階級や、九月二八日のクーデターを扇動した銀行や実業界への扉をあけた。新しい友人たちは、政府高官や軍高官、政権与党幹部にエリを紹介してくれた。富裕な実業家二人が、娘の一人の結婚相手にどうかと、若くて二枚目の大富豪に近づいてきた。エリは、ダマスカスの貧民のための公共調理場の建設資金として多額を寄付し、気前のよさを見せびらかした。彼の人気は、政界に近づく道をひらいた。とはいえ、シリアの新しい支配層と関係するのは控えた。暫定的なものだという予感がしていたからである。シリア国内は、エジプトからの分離後の大混乱がいまだに続いていた。

エリがダマスカスに来て一月がたったころ、ジョージ・サレム・セイフが訪ねてきた。外国に住むシリア人向けラジオ放送ラジオ・ダマスカスの番組の主任司会者である。イスラエルでの最後の打ちあわせのときに、ザルマンが言っていたのは、その男のことだった。セイフは、エリの少し前にシリアに〝戻って〟きていた。現在の地位のおかげで、政治および軍事情勢に関する内部情報をまわしてもらえる。また、なにを放送し、なにを放送しないかを決める宣伝省の秘密指針もエリに打ち明けてくれた。セイフの自宅で催されたパーティで、エリは、大勢の高級官僚や著名政治家と知りあった。

エルアルド同様、セイフも、エリ・コーヘンの正体をまったく知らなかった。タベットことエリは、自分なりの政治目的を持つ狂信的国家主義者だと、セイフは信じていた。

エリは、自分が世界一孤独なスパイになったことを自覚した——友人や相談相手は一人もいない。ほかのイスラエルの組織がダマスカスで活動しているのかどうかも知らない。恐ろしいまでの孤独というストレスに耐え、一日二四時間、危険な役割を演じぬく鋼鉄の心臓が必要だった。ごくたまに帰省しても、妻に秘密を打ち明けるわけにはいかず、それどころか妻も騙さなくてはならなかった。

彼は、毎日午前八時に――ときには夕方も、イスラエルへ報告メッセージを送信した。絶対安全な隠れみので守られていた。送信機が置かれている屋敷は、常時無数の無線交信が飛びから軍総司令部のすぐそばにある。エリの送信と、軍通信センターから発信される数えきれないメッセージとは、だれも区別がつかないだろう。

シリアに来て半年たったころには、カマル・アミン・タベットの名は、ダマスカスの上流社会にかなり広まっていた。そうなって初めて、〝仕事〟で外国に出張した。まずアルゼンチンに飛んでアラブ人の友人に会い、そのあとヨーロッパへまわり、飛行機と身元を乗り換えて、暑い夏の夜、ロッド空港へ到着した。山のようなみやげをかかえた〝旅まわりのセールスマン〟は、妻子のナディアとソフィが待つ、バトヤムの普通のアパートメントに帰ってきた。

秋が終わるころ、エリはヨーロッパへと旅立った。数日後、カマル・アミン・タベットがダマスカスへ戻ってきた。イスラエル滞在中にアマンの上官から渡された超小型カメラを持って。それがあれば、現場や書類の写真を撮ることができる。マイクロフィルムの隠し場所は、バックギャモンの駒入れに使われている高価な箱だった。真珠貝と象牙のモザイク模様の艶のある木箱だ。そのモザイク模様をはずして、くぼみにマイクロフィルムを入れ、またモザイク模様をはめこむ。そして、バックギャモンのセットを〝アルゼンチンにいる友人〟に送る。そこからは外交嚢でイスラエルに運ばれる。

エリが最初に送ったのは、軍部内の不穏な空気と、勢力拡大中のバース（復活）社会主義政党に関する報告だった。シリア国内で本質的に変化するなにかを感じたエリは、自分の直感に従って動いた。バース党幹部と密な関係を築き、党に巨額の献金をしたのである。

その判断は正しかった。一九六三年三月八日、またもやクーデターがダマスカスを揺るがした。軍が現政権を引きずりおろし、バース党がシリアで権力を握った。エリのブエノスアイレス時代からの友人であるハフェズ将軍が、サラーフッディーン・アル＝ビータール内閣の国防相に任命された。七月に、こんどは政権内部でまたクーデターが起きた。ハフェズ将軍が、革命議会議長兼国家元首となった。エリの親友たちが内閣や軍部の重要ポストに任じられた。いまやイスラエルのスパイは、最高権力を持つ実力者グループの一員となった。

ダマスカスで華やかなパーティが開催された。閣僚や将軍らを乗せた高級車が続々と、壮麗な屋敷に到着した。夜会服やまばゆい制服姿の招待客が屋敷の前で長い列を作った。列の先頭で、主催者が客を温かく迎えている。招待客のリストは、〝ダマスカスの名士録〟さながらだった。国防相と農地改革相を含む閣僚数人、将軍や大佐など多数、バース党幹部、実業家、そして大御所たち。彼らの多くが、サリム・ハトゥム大佐を取り囲んでいた。クーデターの夜に戦車師団を率いてダマスカスに入城し、ハフェズ将軍を大統領職につけたといわれている大佐である。ハフェズ大統領はあとになってパーティに顔を出し、主催者にして友人のカマル・アミン・タベットと心のこもった握手をかわした。その横には、シリアの海外移住者からの大統領夫妻に対するお祝いとして、タベットから贈られたミンクのコートをまとった美しいハフェズ夫人が立っていた。高価な贈り物を受けとったのは夫人だけではない。少なくない数の女性が、タベットから贈られた宝石をつけ、高級官僚は、タベットから贈られた車に乗ってきていた。有力な政治代理人たちによって、彼らの銀行口座にエリの金が振りこまれていた。

イスラエル国境から離れたこの居間で、官僚や軍士官らが一団となって、軍事情勢について話しあっていた。そこに、ヨルダン川の支流の流れを変えるという野心的な計画にたずさわる起業家や技師たちが加わった。広々とした玄関ホールには、ラジオ・ダマスカス国営放送の重役たちや、宣伝省の幹部らが集まっていた。いまや、タベットはその一員だ――政府から、海外在住のシリア人向けラジオ番組の制作を依頼された。また、担当する別の番組で、政治経済問題を解説している。

ほかのどのパーティとも変わらず、このパーティにも大金がかかったが、タベットはまばたきすらしなかった。彼は、成功の頂点に達したのだ。そして、彼にあけることのできないドアはないように思えた。軍総司令部に親友が何人もおり、また、バース党の政策立案会議に定期的に出席している。

エリは、イスラエルに情報を送信しつづけた。軍幹部士官の氏名と職務と性格や、最高機密の軍命令書など。軍用地図や、イスラエル国境沿いの要塞の詳細な設計図を写真撮影し、アマンに送った。シリア陸軍に導入された新兵器について報告した。また、新兵器を使いこなすシリア人の能力について説明した。数カ月後、シリア人のある将軍は苦々しく認めた。

〝エリ・コーヘンに知られなかった軍の秘密は一つもなかった……〟

エリは、毎朝イスラエルへ送信した。近所の軍総司令部が流すシリア軍放送を傘がわりに使っているおかげで、ばれる心配はなかった。けれども、一度だけ、友人のザヘル・アルディン陸軍中尉が、突然屋敷を訪ねてきたことがある。エリは送信機を隠しおおせたものの、暗号を書いた一枚の紙をテーブルに置き忘れた。碁盤目状に引いた線に文字を書きこんだ紙だ。

「これはなんだ？」ザヘルは尋ねた。

「ああ、クロスワードだよ」エリは答えた。

彼は、無線送信と〝アルゼンチンの友人〟宛てのバックギャモンの箱のほかに、イスラエルとの第三の通信方法をあみだした。ラジオ・ダマスカスだ。テルアビブで上官らと一緒に考えた単語と語句の暗号を、ラジオ番組に挿入して放送する。そして、アマンがそれを解読する。

つぎに、最高機密情報を入手するための新たな手段を考案した。タベットが自分の屋敷で違法なセックスパーティをひらいているという噂が、ダマスカスの支配層に広まった。ごく親しい友人だけがそのパーティに招かれ、大勢の美しい女性たちに引きあわされた。街の売春婦がいれば、名家の子女もいた。客人たちは激しいセックスを楽しんだものの、主催者だけは冷静さを失わなかった。

さらにエリは、セクシーで――物分かりのいい――秘書を、重要ポストについている友人たちに手配してやった。そうした友人の一人だったサリム・ハトゥム大佐の情婦は、大佐が話した一字一句をエリに伝えてきた。

エリは、イスラエルについて話すときには、熱烈な愛国心をもって〝アラブ民族主義の最も卑しむべき敵〟と断じた。そして、シリアの指導者たちに、反イスラエル宣伝活動をもっと増やすように、また、エジプトだけでなく、イスラエルに対して〝第二戦線〟をひらけと強く迫った。のみならず、侵略者イスラエルに対して、やるべきことをやっていないと友人たちを非難した。それによって、彼は目的を果たした。友人の軍人たちが、エリの思いこみを正すために、敵との戦闘準備を進めている様子を見せてくれたのだ。合計三度、彼らに連れられて、エリは、イスラエル国境沿いのシリア軍陣地を訪れた。要塞や掩蔽壕を見学し、その地域に集積された兵器を目で確認し、防衛計画および攻撃計画の説明を受けた。ザヘル・アルディン中尉は、大量の新型兵器が保管されているエルハマ駐屯地にエリを案内した。イスラエルとの国境線を四度めに訪れたときには、エリは唯一の民間人として、シリアとエジプトの軍高官のグループに加わった。そのグループを率いていたのは、アラブ連合軍総司令官として、エジプト・シリア・イラク連合軍を――少なくとも書類上は――指揮する、アラブ諸国の軍部で最も尊敬されているエジプト軍のアリ・アメル将軍だった。

アメルの訪シリアの直後、バース党幹部はエリに、きわめて重要な仕事を依頼した。ハフェズ将軍によって政権の座からおろされ、それ以来、〝病気治療のため〟にエリコに滞在している、バース党の元党首にして元首相のサラーフッディーン・アル＝ビータールとの和解の仲介役だった。エリはヨルダンへ行き、元首相と数日を過ごした。ダマスカスに戻ったエリは、体調不良のためにパリに治療を受けにいくハフェズ大統領に付き添って空港へ向かった。二、三週間してハフェズが帰国したとき、エリは、駐機場の出迎えの列に並んで待った。彼の任務は成功して終了した。


一九六三年、イスラエルで大きな変化があった。イサル・ハルエルの後任のメイル・アミット新長官は、数カ月間にわたってアマンとモサド両方を指揮したのち、第一三一部隊を廃止し、人員と作戦本部をモサドへ移行させることにした。ある朝起きたら、雇い主が替わっており、いまはモサドの工作員となったことを、エリ・コーヘンは知った。

その年、妻のナディアは次女のイリスを出産した。そして一九六四年一一月、その年二度めの帰省中に、エリのひそかな夢がかなった。三人めにして、初の息子が生まれたのだ！シャウラと名づけられた。

「帰省したエリは、すっかり人が変わったようになりました」のちに、家族は語った。「自分の殻に閉じこもって、神経質で、ひどく機嫌が悪かった。何度かかんしゃくを起こしました。外出したがらず、友だちにも会いたがらなかった。『じきに仕事をやめるよ』わたしたちにそう言いました。『来年、イスラエルに帰ってくる。これ以上、家族と離れ離れになりたくない』」

一一月末、エリは妻と三人の子どもに別れのキスをし、また飛びたった。それが最後の別れになることを、ナディアは知らなかった。

一九六四年の一一月一三日は水曜日だった。イスラエルと国境をはさんだテルダンに近いシリア軍陣地から、非武装地帯を走っていたイスラエルのトラクターに対する射撃がはじまった。イスラエルの反撃は激しかった。戦車と大砲が一斉に砲撃し、数分のちにはミラージュ戦闘機とボートゥール戦闘機が飛来した。戦闘機は、シリア軍陣地に連射を浴びせてから、ヨルダン川支流の工事現場に向かって急降下し、シリア人が掘った運河を爆破した。大型機械、ブルドーザー、トラクター、掘削機などが順に破壊されていった。シリア空軍は、獲得したばかりのソ連製ミグ戦闘機の操縦にまだ熟達していなかったので、戦闘に参加できなかった。

世界のメディアは、シリアの攻撃に対するイスラエルの報復は正当であると、ほぼ満場一致で認めた。数カ月後、シリア軍士官らは、イスラエル軍の攻撃計画の立案者の一人は、エリ・コーヘンだったと指摘することになる。戦闘が起きたとき、彼はイスラエル国内にいた。エリのおかげで、イスラエル軍は、シリア空軍の貧弱な装備と、その時期の戦闘能力不足を完全に把握していた。また、シリア軍基地と河川改修工事に関する詳細もつかんでいた。各基地および掩蔽壕に配置された兵器の種類と数量を正確に知っていた。

だが、エリ・コーヘンは、それ以外のこともたくさん知っていた。彼は、シリアの第一運河の計画立案と工事を請け負ったサウジアラビア人業者と友情関係を築くことに成功していた。その友情により、イスラエル軍は、数カ月も前から、掘削工事が行なわれる場所、運河の幅と深さ、工事に使用される機械類、その他技術的詳細を握っていたのだ。請負業者は、友人のエリに、運河がどれほどの規模の空爆に耐えられるか、また、防衛対策全般についても漏らしていた。そのエリの親友の名は、ビン・ラディンという。オサマの父親だ。その男がイスラエルのスパイに明かした詳細な情報をもとにして、イスラエルは何度も攻撃を行ない、ついには一九六五年、アラブ諸国は河川計画を断念した。

エリがイスラエルを発って数週間後の一九六五年一月中旬、ナディア・コーヘンの郵便受けに、一枚のきれいな絵葉書が届いた。〝愛しいナディア〟、エリはフランス語で書いていた。〝新年のお祝いを言いたかった。今年一年、家族全員が幸せでいられますように。愛する家族にたくさんのキスを——フィフィ（ソフィ）、イリス、シャイケー（シャウラ）そしてきみに、心の底から贈ろう——エリより〟

ナディアがその絵葉書を受けとったとき、エリはこっぴどく打ちすえられ拷問されて、ダマスカス刑務所のざらついた床石に横たわっていた。

シリアのムハバラト――秘密諜報機関――が最大級の警戒態勢を敷いて、すでに数カ月がたっていた。警鐘を鳴らしたのは、ムハバラトのパレスチナ部のタヤラ部長だった。タヤラは、一九六四年の夏からずっと気づいていた。シリア政府が宵のうちに――あるいは、夜間に――決定したほぼすべての政策が、その翌日、コル・イスラエル――イスラエル国営放送――のアラブ語番組で放送されていることに。さらに、イスラエルは、ひそかに決定された最高機密事項数件を公表した。タヤラは、一一月一三日のイスラエルの空爆の正確さに仰天した。イスラエルは、シリア陸軍の前線の配置を正確につかんでいたし、また、どこをどう攻撃すればよいかを知っていた。シリア政府の最高レベルにイスラエルのスパイが潜入していることを、タヤラは確信した。スパイの情報は、数時間のうちにコル・イスラエルで放送される。つまり、スパイは、つかんだ情報を無線で送信しているのだ。では、送信機はどこにあるのか？

一九六四年秋、タヤラたちは、ソ連製の装置で秘密送信機のありかを特定しようとしたが、果たせなかった。

そして、一九六五年一月、幸運が訪れた。

ラタキア港に到着したソ連船から、新型の通信装置を満載した多数の巨大コンテナが陸揚げされた。シリア陸軍の旧式機器と交換されることになっている装置類だった。装置の交換は、一九六五年一月七日に行なわれた。新しい機器を設置し、動作を確認するために、全軍の通信が二四時間停止された。

シリア国内で全軍の通信が沈黙しているとき、軍の受信機のそばにいた当直士官が、一つだけかすかに聞こえてくる電波に気づいた。スパイの送信だ。その士官は、上官に報告しようと電話に手を伸ばした。

ソ連製探知機を装備したムハバラトの部隊が発信源を突きとめるべく、ただちに出発した。あいにく、彼らがその場所に到達する前に、送信は止んでしまった。しかし、技術者たちの熱心な計算によって、ある方角が示された。カマル・アミン・タベットの屋敷である。

「なにかの間違いだ」ムハバラトの高官は否定した。バース党幹部から、次の閣僚に指名されようとしているタベットがスパイだとはとうてい信じられない。タベットには疑いの余地もない。

しかし、その晩、再びその場所から送信された。ムハバラトはまたも部隊を送り、またも同じ結果を得た。

よく晴れた一月のある日、ちょうど午前八時に、四人のムハバラト局員が、アブラメン地区の壮麗な屋敷に踏みこんだ。玄関ドアを叩きこわして蝶番から引きはがしたのち、銃を手に、寝室へと走った。スパイがそこにいたが、眠ってはいなかった。ちょうど送信の真っ最中だったのだ。彼はぱっと立ちあがって、局員たちと向かいあった。逃げようとせず、抵抗もしなかった。今度ばかりは、彼に勝ち目はなかった。「カマル・アミン・タベット」指揮官の声がとどろいた。「おまえを逮捕する！」

そのニュースは、野火のようにダマスカスに広がった。ばかげている、理屈にあわない、ありえない、たわごとだ！　ニュースを聞いたときのシリアの指導者たちのショックと驚きは、言葉ではとうてい表わせなかった。政権与党幹部の一人であり、大統領の親しい友人であり、大富豪にして社交界の名士がスパイとは！

しかし、証拠は、わずかな反論の余地すらないものだった。よろい戸の裏に隠されていたタベットが使っていた送信機、居間の大きなシャンデリアに隠されていた予備の小型送信機、マイクロフィルム、ダイナマイト入り葉巻、暗号書……どこから見てもこの男は裏切り者だった。

慌てふためいた国家指導部は、徹底的な調査を命じた。タベットは、実際にはどんなシリアの国家機密を握っているのか？　自分たちは罪に問われるのか？　ハフェズ大統領じきじきに、監房に尋問しにやってきた。「尋問しながら」のちにハフェズは証言した。「タベットの目を見つめていた私は、恐ろしい疑念にさいなまれた。目の前の男は、アラブ人ではないと感じたのだ。細心の注意を払いながら、イスラム教について、コーランについて、いくつか質問した。スーラ・アルファティハ——コーラン第一章——を暗誦してくれと頼んだ。タベットは、二、三行を口にするのがやっとだった。彼は、幼いころにシリアを離れたから、記憶があいまいになっていると言い訳した。だが、その瞬間わかった。彼はユダヤ人だと」

そのあとは、ダマスカスの尋問官にまかされた。爪が引きはがされ、顔も身体もみにくい傷だらけにされ、意識をなくしたタベットが、まだ暗い監房で横たわっているうちに、彼の自白はハフェズに届けられた。その男はタベットではなかった。エリ・コーヘンというイスラエルのユダヤ人だった。

一九六五年一月二四日、ダマスカスは正式に〝イスラエルの大物スパイ逮捕〟の件を発表した。怒りのあまり青ざめた高官が、記者会見で吠えた。「イスラエルは悪魔の国だ。そして、コーヘンは悪魔の代理人だ！」

ダマスカスじゅうをパニックが駆けめぐった。コーヘンは単独犯か、それともスパイ組織の親玉か？　逮捕者は次から次へと増え、六七人にのぼった。そのうち二七人が女性だった。マジード・シーク・エルアルド、ジョージ・サレム・セイフ、ザヘル・アルディン中尉、宣伝省高官、売春婦、その他氏名未公表の女性たちだ。ほかに、タベットと接触したことのある四〇〇〇人ほどの人間が事情聴取を受けた。調査をしていくうちに、深刻な問題がいくつか表面化した。シリアの政治や軍事や実業界の指導者の多くが、コーヘンと親しい関係にあった。調査官は、そういう人々に手を触れることができなかった。その人々の名が少しでもおおやけに出れば、タベットのスパイ活動の共犯者というイメージが生まれてしまいかねないので、名前を出すわけにはいかなかった。また、タベットは、情報提供者どうしが接触した話が広まらないように、あらゆる努力を重ねていたことも判明した。それゆえ、スパイ網の規模を確定するのがひどく困難だった。

イスラエルでは、軍の言論統制によって、コーヘン逮捕のニュースはまったく報道されなかった。イスラエル政府は、コーヘンを救う希望を捨てておらず、国内メディアに逮捕のニュースを嗅ぎつけられないように苦心していた。とはいえ、ある人々には、事実を知る権利がある。ある日の夕方、見知らぬ人間が、エリの兄弟の家を訪ねてこう告げた。「あなたの弟さんが、ダマスカスで逮捕され、イスラエルのスパイだと告発されました」兄弟は仰天した。その一人のモーリスが、バトヤムに住む母親宅へ急いだ。「母さん、気をしっかり持ってくれ。エリがシリアで逮捕された」

老婦人は言葉を失った。ようやく「シリアで？　どうして？　間違って国境を越えたのかい？」と口にした。モーリスが、ダマスカスでエリがなにをしていたのか説明すると、気の毒な女性は崩れるように倒れた。

ナディアは愕然とし、三人の子どもに囲まれて棒立ちになった。最初から、夫にはなにか隠しごとがあると疑っていたとしても、そういう仕事をしていたとは想像もしていなかった。エリの同僚は、ナディアを落ち着かせようとした。「すぐにパリへ行くんだ」一人は言った。「最高の弁護団を雇おう。彼を助けるためにできることはなんでもしよう」メイル・アミットがじきじきに、コーヘン救出の作業にあたった。

一月三一日、フランスで最優秀の弁護士の一人といわれるジャック・メルシエがダマスカスに到着した。表向きは、コーヘン家に雇われたことになっていたが、実のところ、彼の経費と弁護料を支払ったのは、イスラエル政府だった。メルシエは、実現不可能な使命を帯びてシリアへやってきた。「ダマスカスに着いた初日に」のちに彼は語った。「エリ・コーヘンの運命は確定していることがわかった。絞首刑だ。だから、私にできることは、時間を稼いで、彼の命を救う交渉をするしかなかった」

最初、メルシエは、裁判を阻止しようとした。政権の中枢と談判し、コーヘンと面会させてくれと頼んだ。自分を弁護士に任命する文書に署名させるためだ。

その要求はにべもなくはねつけられた。

ところが、国際世論を尊重する支配者層に、自分の味方が存在していることに気づいた。その人々は、被告の権利が守られる裁判を望んでいた。軍体制派内の〝タカ派〟が支持する人々だ。つまり、ハフェズとタベットとの緊密なつながりを、公判で明らかにすることを望んでいるハフェズの天敵だった。彼らは、裁判をすれば、政権の腐敗が白日のもとにさらされ、地位を弱体化させられると考えていた。

けれども、このやり方は、別のグループ――タベットと親しく交際を続けていた人々――から強硬に反対された。公判になれば、自分たちも絞首台行きになりかねないことがわかっていたからだ。そのグループの目的はただ一つ――どんな犠牲を払っても公判を阻止し、できるかぎり早くコーヘンを抹殺することだった。

最終的に、非公開の特別軍事法廷が、傍聴人を入れずにひらかれた。その法廷の厳選されたわずかな一部分が、国営放送で放送された。検察官も被告側弁護士もいなかった。エリ・コーヘンが被告弁護人を求めると、裁判長はいきりたった。「あなたに弁護人は必要ない。腐ったメディアすべてが、あなたの味方をしている。また、革命のすべての敵が、あなたを擁護している」裁判長が、質問者、検察官、裁判官の三役を引き受けた。しかし、中でも最悪だったのは、裁判長が、タベットのかつての親友、サラー・ダリ准将だったことだ。また、それ以上にタベットと親密だったサリム・ハトゥム大佐も裁判官として加わっていた。コーヘンと親しくしていたという噂を払拭するために、彼は尋ねた。「サリム・ハトゥムを知っていますか？」細かく指示が書きこまれた脚本どおりに演じる役者のごとく、被告人エリ・コーヘンは、無人の法廷を見まわしてから、ハトゥムに顔を向けて答えた。「いいえ、この部屋に彼はいません」

そのシーンがテレビで放映された。「ダマスカスじゅうが、それを見て笑った」メルシエは言った。「あれは裁判ではない。悲喜劇だ、くだらないショーだ」

テレビカメラは、エリ・コーヘンの共犯者を映しだした。エルアルド、アルディン、セイフ、売春婦数人。だが、その他の女たちとはだれのことだ？　高官の妻？　〝秘書〟？　タベットまたはバース党幹部の友人？　それに、コーヘンは、イスラエルにどんな秘密を送信したのか？　スパイ活動の罪で訴えられたというのに、彼が実際にしたことや、送信した報告の内容について、裁判では一言も触れられなかった。カメラが隠しきれなかったのは、コーヘンの左頬の筋肉のけいれんと、彼が何度も勢いよく首を傾けた様子だけだった。頭部と胴体に電極を取りつけて行なわれた拷問の後遺症だ。

イスラエル国民は、黙って公判を見守った。毎晩、エリの家族は、モサドから貸しだされたテレビの前に集まった。子どもたちとナディアと兄弟は、テレビ画面に映ったエリの顔を見てすすり泣いた。エリの母親は、衝動的に画面にキスしたり、自分が身につけている小さなダビデの星をエリの顔に押しつけたりした。ソフィが声をあげた。「パパだ！　パパは英雄よ！」ナディアは声を殺して涙を流した。

ダマスカスのメルシエは、冷や汗にまみれ、恐ろしい悪夢にうなされて、深夜に目をさました。無力感が彼を深くさいなんだ。三月三一日、軍事法廷は評決を言い渡した。エリ・コーヘン、マジード・シーク・エルアルド、ザヘル・アルディン中尉に、死刑が宣告された。

メルシエは、新たな作業に取りかかった。一九六五年の四月と五月に、イスラエルから提示された交渉条件をたずさえて、彼はダマスカスへ三度飛んだ。一度めは取引だった。イスラエルは、コーヘンの命と引き換えに、数百万ドル相当の薬品と大型農業機械を譲渡する用意がある。シリアは拒絶した。二度めの交渉で、イスラエルは、イスラエル国内で拘禁されているシリア人スパイ一一人を送還すると申し出た。シリアはそれも拒絶したが、大統領の恩赦であれば考慮しないこともないとにおわせた。

五月一日、エルアルドの刑が、終身刑に減刑された。五月八日、エリ・コーヘンの刑が正式に発表された。モサドは、最後の戦いに向けて気持ちを引き締めた。パリでは、ナディア・コーヘンが、シリア大使館前で慈悲を訴える呼びかけを行なった。世界じゅうから助命嘆願書が届いた。パウロ六世やイギリス人哲学者のバートランド・ラッセルといった世界的な著名人が署名した。フランスの政治家エドガー・フォーレとアントワーヌ・ピネ、ベルギーのエリザベス皇太后とカミーユ・ユイスマンス、カナダの政治家ジョン・ディーフェンベーカー、イタリアの枢機卿や聖職者たち、イギリスの国会議員二二名、人権連盟、国際赤十字……エリがそれを聞いたなら、一一年前に友人たちの命を救うために、似たような嘆願書が出されたものの、無駄に終わったことを思いだしたことだろう。

五月一八日の深夜、看守はエリ・コーヘンを起こした。そして、白く長いガウンを着せ、ダマスカスの市場に連れていった。家族に手紙を書かせ、ダマスカスのラビ、ニシム・アンダボ師と一言二言話させた。そのあと、コーヘンの胸に、アラビア語で刑を書いた大きな紙を貼った。テレビカメラと新聞社のカメラが、階段に二列に並ぶ武装した兵士のあいだを、絞首台へとのぼっていく男を鮮明に映しだした。

上で待機していた絞首刑執行人が、エリの首にすばやく輪縄をかけて締めた。そして、低い腰かけの上に死刑囚を立たせた。

静まりかえった群衆に顔を向けたエリの表情は、あきらめが感じられたものの、敗北に打ちひしがれてはいなかった。群衆は固唾を飲んで見守った。エリの足元で腰かけが引っぱられたときのガタンという音がはっきり聞こえた。男も女も、イスラエルのスパイの断末魔を見て、大喜びして歓声をあげた。

朝の早い時間に、訳もわからずに起こされたダマスカス市民は、それからの六時間、死体を眺めながら、絞首台のそばを歩きまわった。イスラエルでは、重く垂れこめていた沈黙が、ある一瞬で一気にはがされた。二、三時間のうちに、エリ・コーヘンは、国民的英雄に早変わりした。数十万人の人々が、遺族とともに彼の死を悼んだ。学校や街の通りや公園に、彼の名がつけられた。記事や書物に、彼の功績が詳しく描かれた。ナディアは再婚しなかった。

エリ・コーヘンの死から四六年たったこんにちでも、シリアは、遺体の返還を拒否している。エリ・コーヘンは、モサドの勇士の一人とみなされている。しかし、多くの人間が、非難の矛先をモサドに向けているのも事実だ。遺族や多数の著述家は、モサドは徹底的にエリを利用し、毎日、ときには一日に二度も、報告を送信させたと批判した。モサドは、シリア議会の討論までも定期的に送れとエリに命じていた。その討論の重要性など皆無だというのに。無意味な作業をやらせて、エリに不必要なリスクを負わせた。

エリ・コーヘンは偉大なスパイだった。そして、彼の死は、すべての偉大なスパイたちの死だった。

自信過剰と、本国からの過大な要求が、彼らを死へと導いたのである。

第10章　「ミグ21が欲しい！」

イサル・ハルエルからモサド長官職を引き継いだメイル・アミットは、一種特別な男だった。意志が固く、決断力があり、ときにはぶっきらぼうなほど率直で、気難しいが、それでいて心は温かく、愉快で、戦士の中の戦士であり、多くの友人を持つ男だ。モシェ・ダヤンが一度私たちにこう語ったことがある。「アミットは、私のたった一人の友だちだ」

メイル・アミットの来歴は、モサドの指導者の変遷を象徴しているといっていいだろう。ロシア生まれのイサル・ハルエルは開拓者の世代に属しているが、メイル・アミットは、イスラエル生まれのイスラエル人で、イスラエル軍の将軍となった最初の一人である。数々の戦争をたたかい、長年着てきた制服を脱いで、モサドに異動した。ハルエルの世代は、控えめで、無口で、匿名と陰謀と隠蔽の影に包まれていた。メイル・アミットは、彼をよく知る大勢の友人と同僚に囲まれて、集団の中で生きてきた。影に包まれた人生は、彼にはそぐわない。また、ハルエルが、カリスマ性と神秘性をまとっていたのに対して、アミット以降のモサド長官は、階級と制服の世界で生きてきたものならではの、容赦ないほどの率直さと権威を身につけていた。

ティベリアで生まれ、エルサレムで育ち、最後はキブツ・アロニムの一員となったアミットは、制服を着て人生の大半を過ごしてきた。一六歳のときからハガナーに属し、イスラエル国防軍創設と同時に大隊長となり、第一次中東戦争で負傷し、その後は、軍人として華々しく活躍した。エリート部隊であるゴラニ旅団指揮官、第二次中東戦争の作戦部長、南方軍部長、そののち中央軍部長を歴任した彼は、まちがいなく陸軍参謀長への階段をのぼっていた。ところが、不運なパラシュート降下によって、一年間を病院のベッドで過ごすことになった。かなり回復した状態でコロンビア大学へ留学し、そののち、アマン部長に任命された。そして、一九六三年四月のあの緊迫した午後、イサル・ハルエルの後任をさがしていたベングリオンの目に留まったのだった。

アミットがモサド長官に就任したてのころ、ものごとは簡単には進まなかった。ヤーコフ・カロスなどのハルエルの腹心の部下の多くが、アミットのぶっきらぼうな態度と自己過信に鼻白んだ。すぐに辞めたものもいるが、ほかは、時間をかけて慣れていった。アミット長官の指導のもと、組織は変化していった。しかし、新長官に対する内部の反抗など、ハルエルの仕打ちに比べれば、ものの数ではなかった。

一九六三年晩春、ベングリオン首相は辞任し、その側近だったレヴィ・エシュコルが、首相と国防相を兼任することになった。エシュコルは、前任者を激怒させるような多数の決定をくだした。その一つが、情報関連事項担当補佐官にハルエルを任命したことだった。ハルエルはモサド長官を辞任したことを苦々しく思い、落胆していた。そして、メイル・アミットがモロッコ人に異例の好意を示したと聞いて、ハルエルはまっすぐ急所を突いた。

メイル・アミット率いるモサドは、モロッコ王国と非常に親密な関係を築いていた。親交がはじまったのは、ハルエルの在職期間中だ。モロッコと最初に関係を持った工作員は、ヤーコフ・カロスとラフィ・エイタンだった。一九六三年の冬、ハルエルは、絶対の自信を持ってエイタンにこう語った。「モロッコ王のハッサン二世は、西側寄りの政策を取っているせいで、エジプトのナセル大統領に暗殺されることを恐れている。ハッサンが、彼自身の安全確保を、モサドにまかせたいと言ってきた」

ありえないような話だった。アラブの国の王が、イスラエルの諜報機関に協力を要請するだろうか？　急遽、つねに実際的なラフィ・エイタンと、ダヴィド・ショムロンという工作員が、偽造パスポートでモロッコの首都ラバトへ飛んだ。二人は、秘密の入口を通って王宮へはいった。そこで、名前だけで人々を震えあがらせるというウフキル将軍と面談した。内務相を務めるウフキル将軍の残虐ぶりは知れ渡っている。国王の敵に対しては容赦せずに拷問し、反体制派の不可解な失踪事件の多くの裏にいる人物とされている。にもかかわらず、情報活動に関しては国王の最も信頼厚い顧問なので、イスラエルとモロッコ間の協定には、将軍の承認が必要だった。将軍は、補佐官のドゥリミ大佐と共に姿を現わした。

エイタンとウフキルは、その場で合意に達した。モサドとモロッコ秘密情報機関は、緊密な関係を築き、両国内に常設事務所を開設する。モサドは、モロッコの情報機関を訓練し、モロッコは、モサドの工作員に対し、世界各地で通用する絶対安全な隠れみのを提供する。共同で情報を収集するための特別組織を編制する。モサドは、国王の警護を担当する特別部隊の訓練も行なう。最後に国王に謁見して、協定が確定した。エイタンはぎくしゃくとお辞儀をし、国王の手にキスをした――そしてモサドは、アラブ世界で初の同盟国を手にしたのである。

二週間後、ウフキル将軍はイスラエルにいた。壮麗な宮殿や一流ホテルに慣れているはずの将軍が、テルアビブの地味な住宅地にあるエイタンの三部屋のアパートメントに長期間滞在した。エイタンは、モロッコからの客人のために、モサドの伝説的シェフ、フィリップをなだめすかして連れてきて料理を作らせた。ウフキルはそこを出ていっては、また戻ってきた。二つの情報機関の関係はだんだん発展していった。一九六五年、ウフキルは、メイル・アミットに特別な尽力を頼んだ。

国王の最も危険な敵である反体制派の指導者は、メーディ・ベンバルカというモロッコ人だった。ベンバルカは王政転覆の陰謀をめぐらしたかどで告発され、国外追放されたものの、身を隠したまま破壊活動を指揮しつづけた。不在中に死刑を宣告された彼は、自分の命が危険にさらされていることを知った。そして、きわめて注意深く活動していたため、ウフキルの部下たちは彼を見つけだすことができなかった。ベンバルカ捜索に協力してもらえないか？

アミットは承知した。巧妙な口実をこしらえて、スイスにいたベンバルカと接触し、重要な会合に出席させるために パリに来ることを承諾させた。セーヌ川左岸にある有名レストラン、ブラッセリー・リップのドアのところで、彼は、二人のフランス人警察官――あとで判明したところでは、ウフキルの手下――によって逮捕された。ベンバルカはウフキルに引き渡され、その後姿を消した。が、ウフキルが彼を刺し殺すのを見たと証言する目撃者がいた。メイル・アミットは、エシュコル首相に報告した。〝男は死亡しました〟

フランスでは、ベンバルカの失踪事件は、過去に例のないほどの政治スキャンダルに発展した。ドゴール大統領は怒りで逆上し、拉致事件にイスラエルが関与していると聞いて、いっそう怒りくるった。イサル・ハルエルは驚きで声も出なかった。どういうわけで、そんな事件にモサドが加担したのか？　よくもアミットは、そんな社会的倫理に反する犯罪の片棒をかつぎ、フランスとの大切な同盟関係を危険にさらしたものだ。ハルエルは、エシュコル首相に、ただちにアミットを罷免するべきだと意見した。エシュコルは躊躇し、二つの査問委員会を設置したが、アミットを処分する根拠は見つからなかった。結局、アミットは、ベンバルカをパリへおびき寄せただけで、拉致にも暗殺にも関与していない。ハルエルはあきらめて、エシュコルとアミットの即時解任を要求した。メディアで宣伝活動をしようとしたところ、軍による言論統制がかかり、その事件についてわずかでも口外することを厳重に禁じられた。

ハルエルは根気強く反アミット運動を続けていたが、新長官はすでに、イスラエルの国防にはかりしれない大きな意味を持つ別の作戦に没頭していた。イラクのクルド人との秘密提携である。

アミットは回想録で書いている。〝一九六五年末に、我々の夢が現実となりはじめた。驚くべきことが起きた。イスラエルの公式代表団が、クルディスタンにあるムスタファ・バルザニ（イラク北部を本拠とするクルド人反政府組織指導者）のキャンプに到着したのだ〟

クルディスタンにモサドの局員が足を踏みいれたことは、イスラエルの情報活動にとって、途方もない勝利とみなされた。ともかく初めて、イラクの国家を構成する三つの要素の一つ――バグダッドのイラク政府を、永遠の敵とみなして戦い続けるクルド人――との交渉窓口がひらかれたのだ（ほか二つの要素は、イスラム教シーア派とスンニ派）。バルザニ率いる反政府組織は、イラク国内の広大な地域を支配していた。仮にモサドが、クルド人反政府組織を強力な軍事部隊に変えることができれば、イラクの国家指導部は、国内問題に集中せざるをえなくなり、イスラエル対策に割く軍事力は小さくなるだろう。クルド人との提携は、イスラエルにとって真の恵みとなるはずだ。

先陣を切ってやってきたモサド工作員二名が、クルディスタンに三カ月滞在した。バルザニは、その二人を自分の実力者グループに迎えいれ、どこへ行くにも連れて歩き、自分の秘密をすべて見せた。そのときの絆が、長年続くことになる密な協力関係の土台となった。バルザニとクルド人軍事指揮官らがイスラエルを訪問した。メイル・アミットと補佐官が、クルディスタンへ行った。イスラエルはクルド人に武器を供与し、彼らを擁護する声明を発表した。

モサド上級工作員のベニ・ゼーヴィは、出産をまぢかに控えた妻のガリラをロンドンに残し、初めてクルディスタンを訪れた。バルザニに付き従って、クルディスタンの切り立った山々を歩いているときに、ゼーヴィの息子ナダフが生まれた。〝リモン〟——メイル・アミットの暗号名——の署名つきで、〝母子ともに健康。おめでとう！〟という暗号電報が届いた。

息子の誕生を知ったバルザニは、四個の石を拾い、その石を地面の四方に置いた。「これが、私からご子息への贈り物だ」彼はゼーヴィに言った。「ご子息が成長したとき、わが国へ来て、土地の所有権を主張すればよい」

だんだん深まっていくクルド人との関係をながめながら、メイル・アミットは、モサドの歴史に残る作戦の立案を開始した。作戦名〝ヤハロム〟（ダイアモンド）は、彼が最も誇らしく思う作戦となる。

アミットが死ぬ前年、テルアビブ近郊の保養地ラマトガンにある彼の自宅に、私たちは何度か話を聞きにいった。「当時、空軍司令官だったエゼル・ヴァイツマン将軍とのある会話から、この話は始まる。我々は、二、三週間に一度、朝食会で顔をあわせるようになっていた。あるとき、私は、モサド長官として何かできることはないかとエゼルに尋ねた。彼は即答したよ。『M(ミ)I G(グ)21が欲しい』と。

私は言った。『気でも狂ったか？　西側にはただの一機もないのだぞ』」当時、ミグ21は最新鋭のソ連製戦闘機だった。ソ連は、その戦闘機多数をアラブ諸国に供与していた。

だが、エゼルは譲らなかった。「わが国は、ミグ21を一機どうしても手に入れなければならない。そのための努力を惜しんではならない」

アミットは、レハヴィア・ヴァルディに作戦をまかせることにした。古参工作員のヴァルディは過去に、エジプトかシリアのミグ21の入手を試みた経験がある。「この作戦に数カ月かけた」後年、ヴァルディはこう語った。「アイデアを実際の作戦にどう生かすかが大きな問題だった」

ヴァルディは、アラブ世界のすみずみに偵察兵を放った。数週間後、駐イラン大使館付き武官のヤーコフ・ニムロディから報告が届いた。それによると、ヨーセフ・シェメシュというイラク系ユダヤ人が、イスラエルにミグ21を運んでこられそうなパイロットを知っていると主張しているという。あか抜けた独身で、女たらしで食道楽のシェメシュは、だれとでも友だちになり、相手の信頼を得るという超人的な才能を持つ男だった。「口説き上手な彼の話は、非常に説得力があった」ニムロディは言う。「プロ中のプロだったパイロットを引き抜いて、そのパイロットに一年間、仕事をさせた。あんなことができるのは、シェメシュをおいてほかにいない」ニムロディは、シェメシュを試験することにした。まず、補助的なスパイ作戦に二、三度参加させてみた。シェメシュは、すばらしい情報を獲得し、試験に見事合格した。そしてニムロディは、シェメシュに作戦開始のゴーサインを出した。

バグダッドには、シェメシュのキリスト教徒の愛人がいた。その愛人の妹のカミールの結婚相手が、同じくキリスト教徒のイラク空軍パイロット、ムニール・レドファだった。レドファが挫折感を感じ、不満を抱いていることをシェメシュは知っていた。腕のたつミグ21のパイロットにもかかわらず、昇進しなかったのだ。そのうえ、時代遅れのミグ17で胸の悪くなるような任務を命じられた――クルド人の村の爆撃である。彼はこの命令を、自分を侮辱するものであり、降格同然の扱いだとみなした。上官にそう訴えると、キリスト教徒である以上、昇進は無理だし、飛行中隊長にはなれないと諭された。野心家のレドファは、これ以上イラクに住む意味はないと考えた。

シェメシュは、ほぼ一年近く、その若いパイロットと話しあいを続けたすえ、ついに説得に成功した。パイロットはまず、アテネへ短い旅行に出ることになった。レドファの妻のカミールは重病にかかっており、命を救うには、西側世界の医師に診せるしかないことを、シェメシュは熱弁をふるってイラク当局に説明した。いますぐギリシアへ飛行機で行かなければ間にあわない、そして、家族の中で英語を話せるのは夫だけなので、夫が付き添うことを許可してくれと、カミールに代わってシェメシュが頼みこんだ。

当局は折れ、ムニール・レドファは、妻に付き添ってアテネへ旅することを許された。そして、アテネで、別のパイロットと会った――イスラエル空軍士官のゼーヴ・リロン大佐だ。ポーランド生まれで、ナチスによる大虐殺の生き残りであるリロンは、空軍情報部長として、モサドからレドファの件で協力を求められた。リロンとレドファは、何度も二人だけで話しあった。リロンは、反共産党組織のために働くポーランド人パイロットと名乗っていた。レドファは、家族のこと、イラクでの生活、そして、クルド人の村の爆撃命令をくだした上官に対する深い失望について語った。クルド人の成人男性はみな戦闘のために出ていき、村に残っているのは女子どもと老人だけだ、と彼は言った。そういう人たちを殺さなければならないのか？　彼にとっては、それが我慢の限界だった。そして、永遠にイラクを去るという決断をくだした。

モサドの指示にしたがって、リロンは、ギリシアの小島へレドファを招いた。モサドは、レドファに〝ヤハロム〟（ダイアモンド）というコードネームをつけていた。静かでのどかな雰囲気の島で、男二人はさまざまなことについて話し、やがて親友になった。ある晩、リロンは、戦闘機に乗ってイラクを飛びだしてきたらどうなるだろうとレドファに訊いた。

「そんなことをしたら殺される。それに、俺を保護してくれる国などないだろう」

「諸手を挙げてきみを歓迎する国が一つある」リロンは答え、驚くべき真実を明かした。

「私はポーランド人ではなく、イスラエル軍のパイロットだ」

長い沈黙が続いた。

「また明日話しあおう」リロンは言い、その夜は別れた。あくる朝、レドファはリロンに、申し出を受けることにしたと告げた。二人は、レドファが受けとる金額を含めて、亡命の条件について話しあった。

レドファはとても慎ましかった。「メイル・アミットから、ある程度の金額を提示せよと指示を受けていた」のちにリロンは語った。「必要ならその二倍出せとも。だがレドファは、最初の金額ですぐに同意した。彼の家族をイスラエルに呼び寄せることで話がまとまった」

彼らは、ギリシアの島からローマへ飛んだ。シェメシュと愛人がバグダッドからやってきた。数日後、空軍情報部の調査士官であるイェフダ・ポラトが到着し、レドファに任務に関する説明を始めた。

「礼儀正しく、とても親切で、信義を重んじる男だった」そのときのことを思い出してポラトは語った。「勇気があり、口数は少なかった。彼のような立場の人間にありがちな遠慮とは無縁だった」

ローマで、リロンとレドファは、通信手段について話しあった。そして、ラジオ・コル・イスラエルのアラビア語放送で〈マルハブタイン・マルハブタイン〉という流行歌が流れたら、それがレドファの作戦開始の合図だと決まった。だが、ローマのあちこちのカフェで何度も打ちあわせをしている様子をモサド幹部に見られていたことを、レドファは知らなかった。

「私がこの目で」メイル・アミットは語った。「パイロットの人物を見て確かめてから、作戦の最終段階に進もうと考えた。私はローマへ飛び、イラク人パイロットとうちの工作員らが落ちあうことになっているカフェへ行った。近くのテーブルに座って、私は待った。すると、かなりの人数のグループがカフェへはいってきた。その男の印象はよかった。彼のそばに座っているうちの工作員に、よしと合図してから、私はそこを出た」

私たちがアミットから直接話を聞いていたとき、彼から、自著『*Head On*』の、ローマのカフェにグループがはいってきたときの光景を描写した一節を読めとうながされた。〝ユダヤ人の浮気男（シェメシュ）は、足を怪我したせいでスリッパを履いていた。その愛人は太っていて、みにくいといってさしつかえない女性だった（彼女のどこがいいのか、私にはわからなかった）。ダイアモンド（レドファのコードネーム）は、小柄でたくましく肩幅の広い男で、思慮深い顔をしていた。彼らは、人物検査されていることに気づかなかった。〟

ダイアモンドが信頼できる人間だと確信して初めて、アミットは、作戦の次の段階――イスラエルでイラク人パイロットに要旨説明すること――に進む許可をレハヴィア・ヴァルディに与えた。リロンとレドファはアテネへ戻り、テルアビブ行きの便に乗ろうとした。が、アテネの空港での思わぬハプニングで、あわや作戦が台なしになるところだった。レドファはうっかりして、テルアビブ行きではなくカイロ行きの便に搭乗してしまったのだ。エルアル機に乗りこんでから、リロンは、レドファがいないことに気づいた。

「暗澹たる思いだった」のちにリロンは打ち明けた。「すべてが無駄になったと思った。ところが二、三分たつと、レドファがそばに来た。カイロ行きの便の乗客数を数えていた客室乗務員が、一名多いことに気づいて、レドファのチケットを確認し、テルアビブ便のまちがいだと教えたんだ」

レドファのイスラエル滞在は、わずか二四時間だった。作戦手順について説明を受け、イスラエルまでの飛行計画を復誦させられた。モサド総本部内で、秘密の暗号を教わった。そのあと、新しい友人たちは彼を連れだし、テルアビブの幹線道路の一本であるアレンビー通りをぶらぶら歩き、その夜は、ヤッファの高級レストランで彼をもてなした。「彼にくつろいでもらうために」

レドファはアテネへ戻り、飛行機を乗り換えて、最終段階の準備のためにバグダッドへ降りたった。

ところが……「あのときは、心臓が止まるかと思ったよ」アミットは回想する。「決行日まで数日となったある日、あのイラク人パイロットは、家具を売り払うことにした。戦闘機パイロットが突然、ガレージセールをひらいたんだ。それが意味することを想像したまえ。そのセールを聞きつけたイラクのムハバラト（秘密諜報機関）が、レドファを尋問して逮捕し、作戦が崩壊するんじゃないかと恐れおののいた。さいわい、ムハバラトはそれに気づかなかったから、あのけちん坊の家財道具大売出しは逮捕につながらずにすんだものの……」

そのあと、また別の問題が浮上した。パイロットの一族をイラクから出国させる方法だ。まずイギリスへ送り、そのあとアメリカへ行かせるか？　パイロットには、たくさんの姉妹と義理の兄弟がいる。亡命の前に、彼らを国外へ連れ出さなくてはならない。肉親は、イスラエルへ連れてくることが決まっていた。レドファの妻は、亡命のことはまだなにも知らない。レドファには、妻に真実を話す勇気はなかった。妻には、しばらくヨーロッパに滞在することになるとしか話していなかった。妻は、二人の子を連れてアムステルダムへ飛んだ。その地で待っていたモサドが三人をパリへ連れていき、そこでリロンが出迎えた。その人々の正体を、依然として妻は知らないままだった。

「三人は、ダブルベッドが一台置いてある小さなアパルトマンに落ち着いた」リロンは当時のことをこう語った。「イスラエルへ飛ぶ前の晩、我々はそのベッドに腰かけて、本当のことを打ち明けた。私はイスラエル軍の士官であること、彼女の夫が、次の日にイスラエルへやってくること、我々もそこへ行くこと」

妻の反応は激しかった。「夫は裏切り者だ、これはイラクに対する反逆だ、夫がなにをしたかを知ったら、兄弟たちは彼を殺すだろうと。「彼女は一晩中、泣いたりわめいたりしていた」リロンは上官に報告した。

すぐにでもイラク大使館に駆けこんで、夫がやろうとしていることを知らせたがった。その夜はずっと泣きわめき続けた。私は、彼女をなだめようとした。夫に会いたいなら、私たちと一緒にイスラエルに来るしかないと言い聞かせた。それよりほかに仕方がないと、彼女は悟った。泣き腫らした目をして、病気の子どもを連れて飛行機に乗り、イスラエルへ飛んだ」

一九六六年七月一七日、ヨーロッパのモサド支局に、飛行予定が決まったことを知らせる暗号書簡がレドファから届いた。八月一四日、彼は離陸したものの、電気系統の故障で引き返し、ラシード空軍基地に着陸した。「あとになって」アミットは語った。「深刻な問題でなかったことが判明した。ヒューズが燃えたせいでコクピットに煙が充満したんだ。そのまま飛んでくれれば、無事に到着しただろう。だが、危険を冒したくなかった彼は基地に引き返した。私の白髪が増えたよ……」

その二日後、ムニール・レドファは再び離陸し、予定された航路を飛行した。やがて、イスラエル軍のレーダー画面に一つの点が出現し、外国籍の飛行機がイスラエルの空域に接近していることを示した。空軍の新司令官モルデカイ（モティ）・ホッド将軍が、任務に指名したのはパイロット二人だけだ。二人は、イラク軍機をイスラエル国内の基地へエスコートすることになっていた。それ以外の部隊やパイロット、飛行中隊、国内の空軍基地すべてに、ホッドからの命令が徹底された。〝本日は、いかなる行動も起こしてはならない。私本人から口頭指令を受けたもの以外、決して行動してはならない。私の声はわかっていることと思う〟。熱心すぎるパイロットに、イスラエルの領空を侵犯しようとする〝敵機〟を撃墜されては困るからだ。

ミグ21が、イスラエルの領空に侵入した。レドファのエスコートに選ばれたのは、空軍撃墜王（エース）の一人、ラン・ペカーだった。ペカーは、空軍管制塔に報告した。「お客さんが速度を落としている。そして、着陸したい旨を親指で合図している。また、翼を傾けている。敵意がないことを示す世界共通の信号だ」バグダッドを離陸して六五分後の午前八時、レドファは、イスラエルのハッツァー空軍基地に着陸した。

作戦開始から一年後、また、一九六七年の第三次中東戦争の一〇カ月前に、イスラエル空軍はミグ21を手に入れた。国境からエスコートしてきたミラージュ二機も一緒に着陸した。メイル・アミットに率いられた男たちは、不可能な任務を成し遂げた。ソ連が保有する兵器の中で最も重要視され、西側世界の空軍にとって大きな脅威とみなされていたミグ21を、こうしてイスラエルは獲得したのである。

着陸したばかりで、まだ茫然とし、まごついていたレドファは、ハッツァー基地司令官の自宅に連れていかれた。そこで、無神経にも彼の気持ちを無視して、高官らは祝賀会をひらいた。

「レドファは、パーティに驚いていた。最初は、見知らぬ男の結婚式に迷いこんだような顔をしていた」アミットは回想する。「彼は、静かに片隅に座っていた」

少し休息を取ったあと、妻と子どもたちがエルアル機でイスラエルに向かっていると知らされてから、レドファは記者会見場に引きだされた。彼は、イラクでキリスト教徒が迫害されていること、クルド人の村を爆撃していること、そして彼自身が亡命した理由について述べた。

記者会見が終わると、レドファは、テルアビブ北部の海辺の街ヘルツリヤへ向かい、そこで家族と対面した。〝我々は全力で彼を落ち着かせ、励まし、作戦を成功させたことに敬意を表した〟とアミットは書いている。〝彼と家族がショックから立ち直るために、私は全力で協力すると約束した。だが、その次の段階が心配だった。レドファには厄介な親族が多くいることがわかっていたのだ〟

レドファがハッツァー基地にミグ21で着陸した数日後、彼の妻の兄――イラク陸軍士官――がイスラエルにやってきた。同行したのは、シェメシュと愛人のカミールだ。兄は激怒した。ヨーロッパにいる妹が危篤なので、すぐに会いにいけと言われたのに、驚いたことにイスラエルに連れてこられたのだから。レドファに会うなりかんしゃくを起こし、彼を売国奴と呼んで飛びかかり、めった打ちにしようとした。また、自分の妹、つまりレドファの妻に向かって、夫の計画を最初から知っていたのなら、口にするのも恐ろしい犯罪の共犯者だと非難した。妹はそれを否定したが、聞いてもらえなかった。数日後、兄はイスラエルを去った。

ミグを最初に操縦したのは、イスラエルで最高のテストパイロットとして名を知られている空軍のダニー・シャピラだった。ミグが到着した翌日、ホッド将軍はシャピラにこう告げた。「きみは、ミグ21を飛ばす西側最初のパイロットとなる。この機を研究し、できるかぎり長くそれを飛ばし、長所と欠点を調べてくれ」

シャピラは、レドファと面会した。「到着して数日後にヘルツリヤで会った」シャピラは語った。「紹介されると、彼は飛びあがるようにして気をつけをした。そのあと、ハッツァー基地の戦闘機のそばで会った。彼と私で、スイッチ類のロシア語とアラビア語の表示を一つずつ見ていった。一時間くらいたってから、この飛行機を飛ばしてみると言うと、彼は仰天した。『説明はまだ終わっていない！』私はテストパイロットなんだと説明した。彼はひどく心配そうで、離陸のときにはそばにいさせてくれと頼んできた。私は承知した」

空軍幹部全員が、処女飛行を見学しにハッツァー基地に集まった。最近まで空軍司令官だったエゼル・ヴァイツマンも同席した。「エゼルがやってきて」シャピラは思い出して語る。

「私の肩を叩いて言ったんだ。『ダニー、いたずらするなよ、飛行機をちゃんと戻すんだ、いいな？』レドファもその場にいた。離陸して、やるべきことをやり、着陸すると、レドファがそばに来て、私を抱きしめた。彼は目に涙を浮かべていたよ。『きみのようなパイロットが相手では、アラブ人は決して勝てないだろう』」

数度のテスト飛行を行なってみて、空軍の専門家らは、西側がミグ21を非常に高く評価している理由を理解した。高高度を超高速で飛ぶ能力がある。重量も、フランスやイスラエルのミラージュⅢより一トン軽い。

ミグ21獲得作戦は、世界のメディアをにぎわした。アメリカ人は仰天した。すぐに、技術者の代表団を送りこむから、機体の調査とテスト飛行をさせてほしいと依頼してきた。イスラエルは、それを承知する条件として、ソ連の新型対空ミサイルＳＡＭ－２の資料閲覧を請求した。最終的にアメリカは同意した。アメリカ人パイロットがイスラエルにやってきて、ミグ21の機体を調べ、飛行テストを行なった。

秘密だったミグ21の性能を知ったことは、イスラエル空軍にとって、途方もなく大きな力添えとなった。おかげで、一〇カ月後の一九六七年六月に始まる第三次中東戦争で、敵国のミグと対決するために不可欠な準備を整えることができた。「あのミグは、イスラエル空軍の勝利に、特に、二、三時間のうちにエジプト空軍を壊滅させるうえで大きな役割を果たした」とアミットは得意げに語った。

確かに、モサドとイスラエル空軍は空前の勝利を勝ち取った。しかし、そのために、ムニール・レドファとその家族は大きな犠牲を払うことになった。「イスラエルにやってきてからのレドファの暮らしは、苦しく、惨めで、悲しいものだった」と、モサドのある高官は語った。「［外国で］工作員が新しい生活を築くのは、ほとんど不可能だ。レドファは落胆し、いらいらしていたが、家族も苦しんでいた。家族全員が打ちひしがれていた」

それから三年にわたって、レドファは、イスラエルで生きていこうと努力し、イスラエルの石油会社所有のダコタ機のパイロットとしてシナイ半島を行き来したりもした。家族は、イラン難民という隠れみのを与えられて、テルアビブに住んでいた。しかし、敬虔なカトリック教徒の妻は、友だちを作ることができず、孤立したように感じており、イスラエルの生活に順応できなかった。ついにレドファ一家はイスラエルを離れ、偽りの身元のまま、西側世界のある国へ移り住んだ。そこでも、祖国や親族から遠く離れ、現地警備員に囲まれ、寂しい思いをしながら、イラク秘密諜報機関ムハバラトの魔の手を恐れて暮らした。

逃亡から二二年後の一九八八年八月、ムニール・レドファは、心臓発作により自宅で死亡した。妻が泣きながらメイル・アミット（かなり以前にモサドを辞めた）に電話をかけてきて、その日の朝早く、自宅の二階からおりてきて、玄関ホールで息子の横に立っていた夫が突然倒れ、直後に息を引き取ったと話した。

モサドは、ムニール・レドファの追悼式をひらいた。古参の局員たちは涙を抑えきれなかった。「非現実的な光景だった」リロンは言う。「イスラエルのモサドが、イラク人パイロットの死を悼むとは……」

ダイアモンド作戦を成功させ、それに続いて第三次中東戦争で驚くべき勝利をあげた今が次の作戦を開始するチャンスだと、メイル・アミットは考えた。戦争捕虜の交換の一環として、ラヴォン事件の囚人を釈放するよう要求したのだ。捕われた若者たちは、恩赦も早期釈放の見込みもないまま、一三年も刑務所に監禁されていた。イスラエル政府は、彼らのことを忘れてしまったのではないかとアミットは感じていた。第三次中東戦争の終結後、イスラエルはエジプトと交渉を行なっている。いっぽう、エジプトが捕虜にしたイスラエル人はわずか一一名だ。

八三〇名を捕虜にした。いっぽう、エジプトが捕虜にしたイスラエル人はわずか一一名だ。ところがエジプトは、ラヴォン事件の囚人の釈放を断固として拒否した。

メイル・アミットは、はいそうですかと引きさがる気はなかった。「あきらめろ、メイル」友人のモシェ・ダヤン国防相は言った。「エジプトは決して釈放しないだろう」エシュコル首相も同意見だった。が、アミットはあきらめようとしなかった。なんとナセル大統領に〝一人の戦士から一人の戦士へ〟私信を送り、囚人たち、並びに、ドイツ人科学者事件で逮捕された〝シャンパン・スパイ〟ことウォルフガング・ロッツの釈放を要求した。

アミットは、シリアとも捕虜の交換を交渉した。この交渉には、彼自身が関わった。レバノンの監獄に捕われているシュラ・コーヘンの釈放について、シリアに助力を求めたのだ。シュラ・コーヘン（コードネームは〝パール〟）は、モサドの伝説のスパイの一人だった。

一介の主婦だった彼女は、レバノン及びシリアの高官との関係を築き、シリアとレバノンのユダヤ人数千人の秘密移住計画を立て、スパイ組織を指導して大きな成果をあげた。アミットが驚いたことに、ナセルへの嘆願が聞きいれられ、その後すぐにシリアもそれにならった。メイル・アミットは勝ったのだ。秘密交渉で、ラヴォン事件の囚人ロッツと、シュラ・コーヘンがイスラエルに戻ってきた。

ときには、自国民を連れ戻す任務が、最も大きな意味を持つ。

第11章　決して忘れない人々

　一九六四年九月上旬、がっちりした体格に禿頭の、サングラスをかけた四〇代なかばの男が、パリから、オランダのロッテルダム駅に急行列車で到着した。そして、市中心部にある豪華なライン・ホテルに、オーストリア人実業家の〝アントン・クンズル〟としてチェックインした。近くの郵便局へ行き、同じ名義で私書箱を借りた。その足で、アムロ銀行へまわり、口座をひらいて三〇〇〇ドルを預けた。印刷屋で、ロッテルダムの投資会社経営者、アントン・クンズルと印刷した名刺とレターセットを注文した。そのあと、ブラジル領事館へ急ぎ、ブラジルの観光ビザの申請書に記入した。医院で形式的な健康診断を受けて、診断書を書いてもらった。そして、検眼士を訪ね、検査をごまかして、必要ないにもかかわらず、分厚いレンズの眼鏡をあつらえた。

　あくる朝、チューリヒへ移動して、クレディ・スイス銀行で口座を作り、六〇〇〇ドルを預金した。そのあとパリへ戻り、メーキャップ係にふさふさした口髭をつけてもらった。写真家に、新品の眼鏡をかけた写真を撮ってもらい、パスポート用の数枚組の写真を受けとった。ロッテルダムへ戻ってきて、ブラジル領事館のビザ係に写真を持っていくと、彼のオーストリアのパスポートに、ブラジルの観光ビザの印紙が貼られた。このあとようやく、彼は、リオデジャネイロ経由サンパウロおよび、ウルグアイの首都モンテビデオ行きの航空券を購入した。どこへ行くにしろ、話好きなクンズルは、母国オーストリアで好調な事業のことをしゃべった。彼が気前よくばらまくチップや、彼が選ぶ最高のホテルと高級レストランがおのずと物語った――確かにクンズルは金持ちで、成功した実業家である、と。

こうした単純な行動により、モサドの工作員イツハク・サリド（仮名）は、絶対にはがれない仮面をこしらえた。パリからロッテルダム、そしてチューリヒへ行くまでのどこかで、イツハク・サリドは宙に消え、それに代わる別の男が出現した。ロッテルダムの住所、銀行口座、名刺、ビザ、ブラジル行きの航空券を持つオーストリア人実業家のアントン・クンズル。

わずか数日前の九月一日、イツハク・サリドは、パリの会議に呼びだされた。サリドは、モサドの〝カエサレア〟という作戦部隊の一員だ。ベルサイユ通りの隠れ家で、部下から慕われているカエサレアのヨスケ・ヤリヴ隊長と顔をあわせた。がっちりした体格をした元陸軍士官のヤリヴは、ラフィ・エイタンの後任として、作戦部隊を率いている。エイタンは、パリを本拠とするヨーロッパ支部長になった。

ヤリヴは話しはじめた。この二、三カ月のうちに、西ドイツ議会は、戦争犯罪に関する出訴期限法案を可決するだろう。そうなれば――現在は身元を偽って暮らしている――元ナチスの犯罪者らは、まるで残忍な行為などしたこともないかのように、隠れ家から出てきて、ふつうの生活に戻ることが可能になる。多くのドイツ人が、新時代の幕をひらき、おぞましい過去と決別したがっているのだ。ナチスドイツに苦しめられた他の国でさえ、元ナチスの捜索にさほど熱心ではない。四年前にアイヒマンを逮捕したのちは、アイヒマンの裁判と死刑執行によって、世界の歴史のある一章の幕が閉じられたかのように、ナチスの犯罪に対する関心が薄れていった。ナチスの犯罪に関する出訴期限法案を、絶対に成立させてはならない、とヤリヴは説いた。極悪人どもがいまも逃亡中であることを、世界に知らしめる必要がある。

「最大の元ナチス犯罪者の一人を血祭りにあげるぞ」ヤリヴはサリドに宣言した。そして、南アメリカで任務についているモサド工作員が、その犯罪者を見つけたことを明かした。ラトビアのユダヤ人三万人の虐殺に関与した〝リガの殺し屋〟の居場所が、間違いなく確認された。本名のヘルベルト・ツクルスのまま、ブラジルに住んでいるという。メイル・アミット長官は、作戦開始を許可した。

ヤリヴは、サリドに顔を向けた。サリドは、アイヒマン作戦に参加した、聡明で機知に富む工作員というだけではない。ドイツ生まれのサリドは、ナチスによる大虐殺で両親を失った。サリドはパレスチナへ逃げたが、ヒトラー打倒を誓い、イギリス軍に志願した最初のパレスチナ人の一人となった。ヤリヴは、サリドの意欲を疑ってはいなかった。

「オーストリア人実業家としての仮面に肉付けをしてほしい」カエサレアの隊長はサリドに命じた。「きみの仕事は、ブラジルへ行って、ツクルスをさがしだし、彼の信頼を勝ち取ることだ。それが、彼の処刑への第一歩となる」そのあと行なわれた詳細な任務説明で、サリドは新しい氏名を与えられた。〝アントン・クンズル〟だ。

パリの会合から一〇日後、アントン・クンズルは、リオデジャネイロ行きのヴァリグ航空機に乗っていた。気持ちははやっていたが、任務のことで悩んでもいた。こうした任務につくのは、これが初めてだ。外国でまったく一人きりで活動し、いつの日か自分を殺そうとする人間がやってくることを確信している、鋭い感覚を持つ極悪人と友人関係を築かなければならない。たった一つのミスが、作戦全体の失敗につながるだろう。たった一歩のつまずきが、自分の命を縮めることになるだろう。

クンズルは機内で、ヘルベルト・ツクルスに関する大部の書類や証言集や新聞などの切り抜きをじっくりと読んだ。恐れを知らないその男は、一九三〇年代に、自分で作った小型機に乗って、ラトビアからアフリカのガンビアまで飛んだ。一晩のうちに、若くハンサムな敏腕パイロットとして名をあげ、ラトビアの国家的英雄となった。そして、ブラジル生まれの航空発明家にちなんで制定されたブラジルのサントス・ドゥモン勲章を受章した。メディアはツクルスを、〝ラトビアの鷲〟や〝ラトビアのリンドバーグ〟と呼んだ。ツクルスの飛行機を見るために、それが展示されているリガの戦争博物館に大勢の人々が詰めかけた。

右翼のラトビア国家主義者だったツクルスには、ユダヤ人の友人が大勢いた。彼は、はるばるパレスチナへ旅し、シオニズム運動に深い感銘を受けて帰国した。パレスチナの先駆者たちに対する熱い思いを表明していたため、ツクルスは、ラトビアに住むユダヤ人の味方だと思われていた。

ところが、第二次世界大戦が勃発すると、事態は急変した。最初にラトビアを占領したソ連は、すぐにラトビアの人々の反感を買い、ツクルスのような人々を迫害した。が、ヒトラーがロシアに侵攻すると、ソ連軍は撤退した――そして、ドイツ軍がラトビアを占領した。これを機に、ツクルスはすっかり変わってしまった。筋金入りの国家主義者にして、超過激極右組織サンダークロスの幹部であったツクルスは、みずからナチスに身を投じ、リガのユダヤ人にとっては、残虐で冷酷無比な殺人者となったのだった。ツクルス率いる部隊は、ユダヤ人三〇〇人を地元のユダヤ教会へ押しこみ、火をつけて、中にいた全員を焼き殺した。ユダヤ人を捕え、リボルバーで殴り殺し、数百人を射殺し、正統派ユダヤ人に屈辱を与えて殺し、赤ん坊の頭を壁に叩きつけた。ある夜は、ユダヤ人虜囚の前で、年老いたラビに、衣類を脱がせた若いユダヤ人女性をなでさせたり、なめさせたりした。酒に酔ったラトビア人看守らは、それを見て笑い声をあげた。夏には、クルディーガ湖で一二〇〇人のユダヤ人を溺死させ、一九四一年一一月には、ユダヤ人三万人をルンブラの森に連行した。そこでドイツ兵が、彼らの衣類を脱がして射殺した。

奇跡的に生き残ったユダヤ人の証言集を読んで、クンズルは大きなショックを受けた。資料によると、戦争の終わりごろに、ツクルスは偽造書類を使用してフランスへ逃亡したという。ツクルスは〝農夫〟を装い、リオデジャネイロ行きの船に潜りこんだ。〝保険〟として、戦時中彼が保護していた若いユダヤ人女性のミリアム・カイツナーを連れていった。いまやツクルスの擁護者と化したミリアムは、ブラジルじゅうに、立派な〝リガの救世主〟のことを広めた。

リオにやってきたツクルスは、ブラジル在住のユダヤ人と親密な関係を築いた。彼は、ミリアムの感動物語を人々に聞かせるのが大好きだった。「ラトビアでナチスに捕まった彼女は」ツクルスはこうして話したという。「恐ろしい死を迎えようとしていました。しかし、私が彼女を救ったのです。自分の命の危険をものともせずに」それほどまでに勇敢な英雄が、そしてユダヤ人の救世主がリオに来ることはめったにないので、街に住むユダヤ人たちは全力をあげて、彼の気高い行為を賞賛した。

ツクルスは、一躍ユダヤ人社会の有名人となった――勇敢なこのラトビア人が酒を飲みすぎる夜まで。アルコールで舌がゆるんだツクルスは、これまでとはまったく別の話をしてしまった。そのときの彼は、ユダヤ人のことを、ブタめとか薄汚い野郎どもと呼んだ。また、彼とナチスの友人たちが、ヨーロッパのユダヤ人を惨殺した方法や、ユダヤ人を焼き殺し、溺死させ、射殺し、殴り殺したことを得意げに語った……びっくり仰天したリオのユダヤ人たちは真相を調べた――そして、ぞっとするような事実が明らかになった。

本性を暴かれたツクルスは姿を消した。だが、リオを去ったのではない。だだっ広い街の端にある地区へ引っ越したのだ。もはや必要はないと見て、ミリアム・カイツナーを捨てていった。のちにミリアムは地元のユダヤ人と結婚し、ブラジル社会に同化する。ツクルスは、妻と三人の息子を呼び寄せた。

一〇年が過ぎた。ツクルスは、エアタクシー会社の経営者となっていた。ところが、そのとき起きた偶然のできごとによって、リオのユダヤ人社会が彼の存在に気づいた。彼らはデモを行ない、人々に事実を広めようとした。学生らが、エアタクシー会社の事務所に乱入し、窓ガラスを割り、装備品を壊し、書類をばらまいた……ただちにツクルスは家族を連れてリオから逃げ、サンパウロに落ち着いた。

サンパウロで、嫌がらせをされることはなかったが、ツクルスの恐怖心は消えなかった。危険にさらされているという不安につきまとわれ、近づいてくる他人はすべて疑った。一九六〇年六月、アイヒマンが逮捕されて数日後のこと、ツクルスは、サンパウロの警察本部へ出向き、警察による保護を要求した。要求は認められた——が、メディアで公表されたので、世界各地にいる虐殺の犠牲者の遺族に、彼の居場所が知れ渡った。

数年が過ぎたが、ツクルスの不安は増すばかりだった。復讐心に燃えるユダヤ人が彼の所在を突きとめて、いつ殺しにきてもおかしくないと、妻や息子たちに泣き言をいっている。自分で、最も危険な敵のリストまでこしらえていた。その大半が、リオ出身の有力なブラジル系ユダヤ人だった。リストの最上位にあったのは、上院議員のアーロン・シュテインブルック博士。アルフレード・ガルテンベルヒ博士。マーコス・コンスタンチーノ博士。イスラエル・スコルニコフ博士。クリンジェール氏。パイリーツスキ氏。

本名を名乗りつづけていたツクルスだったが、要塞のような自宅を建て、相当の金額の袖の下を払って、警察と警備会社に保護してもらっていたらしい。

いくつか新規事業を手掛けたものの、失敗した。クンズルの資料によると、判明している最後の住所は、サンパウロ郊外の人工湖のマリーナになっている。二、三艘の貸しボートを所有し、観光客相手に水上機の遊覧飛行をしているらしい。

いきなりツクルスに近づこうとしても怪しまれるだけだとわかっていたので、まずはリオで二、三日過ごすことにした。目をみはるようなブラジルの大都市は、彼に課せられた邪悪な任務とはまったく対照的だった。コパカバーナ海岸やイパネマ海岸を散歩しながら、極小のビキニをつけた混血児の美女たちを見つめ、美しいパンデアスーカルの岩山や、コルコバードの丘の頂上に立つキリスト像をながめ、マクンバ（ブードゥー教の流れをくむブラジルの宗教）の儀式を見物し、暖かい日光とサンバのリズムを吸収した。典型的な観光客だったが、現地観光局に行ったときに、観光業界の高官や個人投資家たちと知りあい、ブラジルの観光業に興味を持つ投資家だと自己紹介した。また、サンパウロで観光業に従事する有力人物宛ての紹介状も数通入手した。

サンパウロに着いたクンズルは、すぐさまツクルスのマリーナを見つけた。桟橋のレジャーボートから少し離れた場所に、旧式の水上機が係留されており、その横に、飛行用のつなぎ服を着た長身痩軀の男が立っている。ヘルベルト・ツクルスだった。

クンズルは、ツクルスの遊覧船の切符を売っていた若いドイツ人女性に近づき、その地域の観光情報を尋ねた。そのときは、この若い女性が、ツクルスの長男の嫁とは知らなかった。

彼女は、観光のことをよく知らないと白状してから、つなぎ服姿の男を指さした。「あの人に訊けば、いろいろわかると思います」

クンズルはパイロットのほうへ歩いていき、オーストリア人投資家だと自己紹介した。そして、いくつか仕事がらみの質問をすると、ツクルスはしぶしぶ答えた。ところが、クンズルが遊覧飛行をしたいと申し出ると、ツクルスの態度ががらりと変わった。数分後、二人は上空を飛んでいた。そして、いろいろと打ち解けて語りあった。クンズルは、人と親しくなる方法を知っていた。桟橋に戻ってきたときには、ツクルスから、自分のボートでブランデーを一杯飲まないかと誘われたほどだ。

酒を飲んでいると、いきなりツクルスが怒りだし、自分を非難する人間たちをこきおろした。「私が戦争犯罪者だと?」彼はわめいた。「戦争中、ユダヤ人の女の子を助けたというのに」ツクルスの怒りは、自分を挑発するための見せかけではないかという疑いをクンズルは抱いた。

「戦争のとき兵役についたか?」ツクルスが尋ねてきた。

「ああ、ロシア戦線で」答えとは反対のことを意味するようなクンズルの口調だった。軍務につきはしたが、ロシア戦線ではなかったことをほのめかすような口調で。そして、シャツのボタンをはずし、胸の傷跡をツクルスに見せた。「戦争のときの」ほかにはなにも説明しなかった。

クンズルは、相手の状況をざっと観察し、判断した。ツクルスの経済状態はよくない。ほつれたつなぎ服、水上機はおんぼろ、みじめな状態のボート——すべてが、生活水準の低さを示している。となると、この自分、クンズルが、いくつかの問題を克服する機会をもたらすことを、大きな利益をもたらす可能性を持った男であることを、ツクルスに信じこませなければならない。クンズルは、自分の会社や共同事業者のこと、くわえて、ラテンアメリカの観光業に大金を投資するという壮大な計画について話しつづけた。そして、ブラジルの観光業について詳しいツクルスには、その計画に参加資格があることをにおわせた。

ツクルスが、クンズルの言葉に興味を引かれたように見えたとき、不意にクンズルは立ちあがった。「さて、これで失礼するとしよう。あなたはとてもお忙しいだろうから」

「いや、全然」ツクルスは答え、近いうちに、仕事帰りに自宅を訪ねてくれと誘った。「そのときに、共通の利益について話しあおう」

パイプはつながった。餌はまかれた。あとは、ツクルスが納得してそれを飲みこむのを待つだけだ。

その晩、クンズルは、ヨスケ・ヤリヴに暗号電報を打った。このとき初めて、ヤリヴがツクルス用に選んだコードネームを使った。〝故人〟である。

その夜、ツクルスもまた、書き物をしていた。最も危険な敵のリストを取りだし、氏名を一つ書き加えた。

アントン・クンズル。

一週間後、サンパウロのリビエラ地区の一軒の住宅のそばでタクシーが停まった。質素な家だが、構えは要塞並みだ。周囲をぐるりと壁と有刺鉄線で囲まれ、出入口は鉄の門でふさがれ、その脇に、一人の若者と獰猛な顔の犬が立っている。

クンズルは、その若者に——ツクルスの息子の一人と判明した——パイロットに取り次いでくれと頼んだ。彼を温かく出迎えたツクルスは、家じゅうを案内し、妻のミルダと引きあわせてから、ひきだしをあけて、戦争で受章した一五個ほどの勲章を見せた。その多くに、鉤十字章がついていた。

ツクルスは別のひきだしをあけて、目を丸くしているクンズルに、自家製兵器庫を見せびらかした。ずっしりと重いリボルバー三挺とセミオートマチックの小銃一挺だ。それらの銃を所持する許可をブラジルの秘密情報機関から得ていることを、ツクルスは自慢げに話した。そして「私は、身の守り方を知っている」と付け加えた。

クンズルはその言葉を、それとない脅迫と受け取った。私を傷つける気なら、私が武装していて危険であることを知っておけ、とこの家の主人は言いたいようだ。

ふとツクルスが提案した。「私の農場に一緒に行かないか？　田園地方にあるんだ。そこに一泊しよう」

クンズルは喜んで賛成した。とはいえ、ホテルに帰る途中で金物屋に寄り、飛びだしナイフ一丁を購入した。万一に備えてだ。

数日後、二人はクンズルのレンタカーに乗りこんで、山地に向かった。

不気味な緊張のみなぎったドライブだった。ナイフのみで武装したアントン・クンズルは、ツクルスを恐れながらも、楽な金儲けができそうだという期待で彼を誘いこみ、死に追いやる決心をしている。

そして、助手席には、ヘルベルト・ツクルスが座っている。強く冷静だが、貧しく、知りあって間もない友人に警戒心を抱き、拳銃を携帯しているとはいえ、目の前にぶらさがる餌を無視できない男。

クンズルは、追いかけっこをしていて罠にはまった犠牲者のような気分だった。ツクルスはクンズルの作り話を信じておらず、クンズルを殺すために山地へ行こうと持ちかけたのかもしれない。

途中、荒れた農地に立ち寄った。そこで突然、ツクルスが、鞄からセミオートマチックの小銃を取りだした。クンズルはぎょっとした。ツクルスはなぜ、拳銃だけでなく小銃も持ってきたのだろう？

「射撃大会をしようじゃないか？」ツクルスから声をかけられて、クンズルはすぐに納得した。ツクルスは、ロシア戦線でたたかったと話したクンズルの射撃の腕を試したいのだ。ツクルスは、紙製の標的を木の幹に貼りつけ、小銃に弾をこめると、一〇発を連射した。弾は、直径一〇センチの範囲内に命中した。ツクルスは、バッグから二枚目の標的を取りだすと、再び小銃に弾をこめて、それをクンズルに手渡した。イギリス陸軍およびイスラエル国防軍で兵役を経験してきたクンズルは、射撃の名手である。彼は銃を手に取ると、一瞬もためらうことなく一〇発を連射し、直径三センチの範囲内に命中させた。ツクルスは満足げにうなずいた。「すばらしい腕だ、アントンくん」

二人は車に戻り、次の農場をめざした。そこは、さっきよりずっと広く、深い森と、ワニがのんびり日光浴をしている川まで流れていた。ツクルスは先頭に立って森へはいっていく。クンズルはまたも不安に襲われた。これは罠か？ ツクルスが彼をここに連れてきたのは、証拠を残さずに殺すためか？

彼はツクルスと並んで歩きつづけた。岩を踏みつけたと思ったとき、釘が靴底を突きぬけて、かかとに刺さった。痛みで腰を曲げたクンズルは膝をついて、靴を脱いだ。かかとから血がぽたぽたと滴っている。

ツクルスがかがんで、拳銃を抜いた。クンズルは完全に無防備な状態だ。ここまでだ、彼は観念した。これで最期だ。このラトビア人は、野良犬みたいに彼を撃つだろう。ところが、ツクルスはその銃を差しだした。「握りの部分で、釘を叩きつぶせ」

クンズルは銃を受け取った。一瞬にして、立場が逆になった。山あいの農地に二人きり。数キロ以内に人っこ一人いない。銃は装塡されている。この瞬間にも、彼はツクルスを抹殺できる。狙いをつけて、引き金を引くだけ。

彼はそうはせずに、腰をかがめて、釘の鋭い先端を思いきり叩きつぶしてから、銃を持ち主に返した。

夕方、二人は、いまにもくずれそうな小屋に到着し、持ってきた食料で夕食をすませた。

古い鉄製ベッドに寝袋を広げた。ツクルスが枕の下に拳銃を滑りこませたのを、クンズルは見逃さなかった。不吉な考えに悩まされながら、彼もポケットからナイフを抜きだして、いつでも使えるように握った。眠れなかった。

深夜、ツクルスのベッドから物音がした。身体を起こした彼は、銃を手にして、静かに出ていった。なぜだ？　クンズルはわからなかった。外の音に耳を澄ましていると、聞き慣れた音が聞こえた。ツクルスは外で立ち小便をしているのだ。野生動物が徘徊していたのかもしれない。

次の日、二人は無事にサンパウロに戻ってきた。クンズルは安堵の溜息をついて、ホテルへはいった。

その翌週、クンズルは、食通好みのレストランや高級クラブやバーにツクルスを招待した。ツクルスのぎらついた目に気づいたクンズルは、金で買えるそうした楽しみをこの男が最後に味わったのは、ずいぶん昔のことなのだと痛感した。次は、ツクルスを誘って、国内を飛行機で旅してまわった——もちろん、経費はクンズルもちで。二人は、いくつか観光地をめぐり、ツクルスは最高の食事とホテルを楽しんだ。

そのあとクンズルは、ウルグアイの首都モンテビデオへ行こうと言いだした。共同出資者たちが南アメリカに事業本部を設立したいと考えているので、オフィスビルやその他の施設を確認したい、と彼は説明した。ツクルスのパスポート申請の料金まで、彼が負担した。

クンズルはモンテビデオへ飛び、その数日後にツクルスが合流した。だが、彼の疑念は晴れていなかった。カメラを持ってきたのだ。モンテビデオの空港で飛行機から降りてきた彼は、出迎えに来ていたクンズルを見て、カメラを取りだした。そして、クンズルの写真を何枚か撮り、彼を驚かせた。友人であり、パートナーであり、資金源であるクンズルは、ツクルスの目には、彼の暗殺をくわだてる重要な容疑者と映っていた。

ところで、クンズルが借りたレンタカーは、大型のアメリカ車だった。その色――ショッキングピンク――が恥ずかしくて嫌だったが、レンタカー営業所にはその車しか残っていなかった。また、街で最高のホテルであるビクトリアプラザに部屋を取った。そして、そこに二、三日滞在し、クンズルの会社の本社として使えそうなビルをさがしまわった。適当な物件は見つからなかったものの、夢のような休暇を過ごすことができた。クンズルはツクルスを、最高級のレストランとナイトクラブと観光に連れていき、カジノでは、勝って儲けた金を山分けしてやった。ツクルスは大喜びした。休暇は終わり、二、三カ月したらまた戻ってきてプロジェクトを進めることをツクルスに約束して、クンズルはヨーロッパへ旅立った。サンパウロへ戻ったツクルスは、モンテビデオでだれかに尾行されたので、用心を怠らず、身を守る用意をしておかなければならないと妻に話した。

パリへ戻ったクンズルは、ヤリヴたち仲間と会い、すぐに作戦の準備に取りかかった。いくつかの理由により、ツクルスをモンテビデオで殺害することに決まった。ブラジル国内では、ツクルスは警察に保護されているため、そこから問題が生じる可能性がある。ブラジルにはかなり大きなユダヤ人社会があるので、ネオナチやドイツ人から報復攻撃を受けるかもしれない。最後に、ブラジルには今でも死刑制度があるので、襲撃班が逮捕されて起訴された場合、死刑を宣告される危険がある。

工作員計五名の襲撃チームを、ヨスケ・ヤリヴ本人が率いることになった。ほか四名は、メイル・アミット長官の従弟のゼーヴ・アミット（スルツキー）、クンズル、アーリエ・コーヘン（仮名）、オズワルド・タウズィッヒ名義のオーストリアのパスポートを所持するエリエゼル・スディット（シャロン）である。

メンバーは、一九六五年二月にモンテビデオに到着した。オズワルド・タウズィッヒは、レンタカーの緑色のフォルクスワーゲンと、カラスコ地区のカルタヘナ通りに面したカーサ・クベルティーニという小さな住宅を借りた。まぎわになって、ヤリヴは彼に、ぞっとする仕事をいいつけた。一九世紀に使われたような大型の旅行用トランクを買うことだ。元ナチスの遺体を一時的に収納するための臨時棺桶。

クンズルは再度、ツクルスをモンテビデオ旅行に誘った。

一九六五年二月、ツクルスは警察本部を訪れ、アルシード・シントラ・ブエノ・フィーオ巡査に相談した。「私は実業家だ」ツクルスは言った。「命を狙われる理由があるので、数年にわたって、ブラジル警察に保護してもらっている。いま、事業のヨーロッパ人パートナーから、モンテビデオで会おうと誘われている。どうだろう、私はウルグアイに行っていいだろうか？　危険だろうか？」

「行ってはだめだ!」巡査は断固として言った。「ここで何事もなく暮らせるのは、警察が保護しているからです。でも、忘れないで——ブラジルから出た瞬間、あなたは保護されなくなる。無防備な状態をさらすことになる。敵がいるなら、その敵はあなたのことを片時も忘れないと思いますよ」

ツクルスはしばし考えこみ、ためらっていたようだが、最後に立ちあがって、こう言った。「私はいつも勇気を持って生きてきた。怖くはない。身の守り方は知っている。銃を持ち歩いているんだ。こう見えても私は——長い年月がたったとはいえ、いまでも射撃の名手なんだよ」

二月二三日、ツクルスはモンテビデオにやってきて、クンズルと会った。罠は仕掛けてある。クンズルは、レンタカーの黒いフォルクスワーゲンにツクルスを乗せて、襲撃チームが待ちうけるカーサ・クベルティーニへ向かった。途中、幾度か停車して、会社の事務所として使えそうな建物を〝見学〟した。そしてようやく、カーサ・クベルティーニに到着した。隣家で、数人の男たちが改築作業をしている。タウズィッヒの緑色のフォルクスワーゲンが家のそばに駐車してあった。クンズルはエンジンを切り、車をおりて、迷いのない足どりで玄関へ向かった。ツクルスがあとをついてくる。ドアをあけたクンズルの目に、異様な光景が映った。暗い家の壁ぎわに、下着のパンツ一枚だけになった襲撃チームのメンバーが立っている。ツクルスを拘束するには流血騒動は避けられないと考え、血で汚さないように服を脱いであるのだ。暗い中でパンツ一丁の男たちがずらりと並び、目標の人物を待っている光景は、ぞっとするものがあった。

　クンズルは道を譲り、ツクルスを家にはいらせた。彼が中へはいるのとほぼ同時に、クンズルはドアをばたんと閉めた。三人が、ツクルスに飛びかかった。ゼーヴ・アミットは、パリで訓練したとおり、相手の喉元めがけて手を伸ばした。ほかの二人は、男の横側に飛びついた。

　ツクルスは抵抗した。襲いかかった男たちを払いのけ、ドアへ突進した。ドアのハンドルをぐいと引き、ポケットに入れた銃を取りだそうとしながら、ドイツ語で叫んだ。「ラッセン・ズィー・ミッヒ・シュプレッヘン！」（「私の話を聞け！」）

　格闘するあいだ、ツクルスに大声をあげさせないために、ヤリヴは手で相手の口をふさごうとした。ツクルスがその手に思いきり嚙みついた。指の一本が嚙みちぎられそうになり、ヤリヴは痛くて声をあげた。そのとき、アミットが重い金づちをつかみ、ツクルスの頭に振りおろした。血が飛び散った。全員がひとかたまりになって倒れこみ、床の上で身もだえした。その間も、ツクルスは必死になって銃を抜こうとしている。あと数秒で終わりだ。コーヘンがツクルスの頭に銃口を押しつけ、二度発射した。サイレンサーが銃声を殺した。

　ツクルスの身体から力が抜けた。彼の血が衣類と床のタイルに流れている。襲撃チームのメンバーは血まみれだった。

　オズワルド・タウズィッヒが急いで庭へ出て、蛇口をひねった。メンバーらは身体の血を洗い流してから、床と壁を洗った。だが、タイルについた大きな血のしみは取れなかった。

あとになって襲撃チームの一人が語ったところでは、彼らとしては、ツクルスを生きたまま捕まえ、臨時軍事裁判にかけてから、処刑するつもりだった。しかし、計画に欠陥があったせいか、または、ツクルスの身体能力を見くびっていたせいか、作戦は予想外かつ不必要な大虐殺となってしまった。カルタヘナ通りの一軒家を借りたのは、作戦開始の間際のことだった。同様に、旅行用トランクを購入したのも間際だった。パンツ一丁で敵に飛びつくのではなく、即座に射殺することもできたのだ。ともあれ、襲撃チームのメンバーたちが私たちに話したとおり、任務は完遂した。

襲撃チームは、ツクルスの遺体をトランクに詰めた。彼を拉致して、ウルグアイからひそかに出国させるつもりだったと警察に思わせるためだ。そのあと、前もって用意してあった、タイプライターで打った英語の手紙を遺体に貼りつけた。〝ヘルベルト・ツクルスが関与したとされる数々の重大犯罪、ことに三万人の男女と子どもを殺害した事件において、彼個人の責任の大きさと、その犯罪を実行したヘルベルト・ツクルスの残虐性とを考慮し、我々はツクルス当人に死を宣告した。被告人は、一九六五年二月二三日、『決して忘れない人々』の手で処刑された〟

チームは家を出て、二台のレンタカーで出発した。隣家では、なにかを叩いたり打ったりして作業する音が続いていた。彼らにはなにも聞こえていないだろう。ヤリヴは激痛に耐えていた。その後死ぬまで、手の後遺症は残った。タウズィッヒとクンズルはレンタカーを返却し、ホテルをチェックアウトした。チーム全員がモンテビデオを発ち、複雑な経路でヨーロッパとイスラエルへ帰っていった。ゼーヴ・アミットは、〝身体に傷をこしらえ、心に痛手を負って〟パリに帰りついた。その後何カ月も悪夢に悩まされ、精神的打撃と苦痛を克服できなかったという。

襲撃チーム全員が南アメリカ大陸をあとにしたころ、モサドのある工作員が、ドイツの通信社に電話をかけ、ナチスの犯罪者が〝決して忘れない人々〟によってモンテビデオで処刑されたと密告した。

それを聞いた記者たちは、いたずらと決めつけて、その情報を無視した。なんの動きもないので、モサドは、こんどは詳細な記事文を用意し、通信社に送付した。それを送付されたモンテビデオの新聞社の記者が、警察に通報した。ツクルスが殺害されて一〇日以上たった三月八日、ようやく警察が、カーサ・クベルティーニに調べにきた。

その次の日、世界じゅうの新聞が、モンテビデオの空き家でツクルスの遺体が発見されたことを大きな見出しで伝えた。記事に、殺人の容疑者として二つの氏名が挙げられていた。アントン・クンズルとオズワルド・タウズィッヒである。それから数日後のこと、リオデジャネイロの週刊誌に、アントン・クンズルの大きな写真が掲載された。ツクルスが撮った写真だ。雑誌の記事で、クンズルは〝微笑むオーストリア人〟と呼ばれていた。複製された写真が、イスラエルの《マアリヴ》紙の第一面で発表された。それを見た友人たちは、すぐにアントン・クンズルだとわかったという。

それからさらに数日後、ツクルスの自宅に一通の手紙が届いた。足どりを隠そうとしたアントン・クンズルのむなしい試みだった。

親愛なるヘルベルト、

神の助けと私たちの努力により、私は無事にチリにたどりつきました。旅の最中は神経がすり減りましたが、今はのんびり休んでいます。きっとあなたも、まもなく帰宅されることでしょう。ところで、男女一人ずつ、計二人に尾行されていたことがわかりました。どこまでも用心して、あらゆる予防策を取らなければなりません。いつも申しあげてきましたが、日々、本名で行動されているあなたは、大きな危険を冒しています。そのことが、私たち二人の破滅につながりかねませんし、そのせいで私の正体が明かされないともかぎりません。

ウルグアイで面倒な事態を経験したことが教訓となり、もっと慎重になられることを願います。自宅や周囲で不審なことがあれば、私の助言を思い出してください。フォンレード（カイロに逃亡したドイツ人グループの元ナチスのリーダー）の仲間にはいって、恩赦の問題が解決するまでの一、二年間は身を隠すのです。

この手紙を読んだら、あなたがご存じのチリのサンティアゴの住所に返事をください。

敬具、アントン・K

むろん、だれもその手紙にだまされなかった。ツクルスの妻のミルダはまったく動じなかった。犯人はクンズルだ。

ツクルスの殺害チームのメンバーの大半は、すでにこの世にいない。本書の著者たちと懇意だったゼーヴ・アミットは、一九七三年の第四次中東戦争で死亡した。

彼らの努力は報われた。西ドイツおよびオーストリアの議会は、ナチスの犯罪に関する出訴期限法案を否決した。

数年後、イサル・ハルエル元長官から、彼の友人が会いたがっていると、本書の著者の一人に連絡があった。ハルエルは詳しくは語らず、北テルアビブの住所を伝えただけだった。著者が行ってみると、そこにはこぢんまりした家が建っていた。ドアがあき、眼鏡をかけて禿頭の、がっしりした男が出てきた。著者はすぐにその男に気づいた。

そして、あいさつした。「こんばんは（グーテン・アーベント）、クンズルさん」

第12章　赤い王子をさがす旅

一九七二年九月五日午前四時三〇分、武装しスキーマスクをかぶった八人のテロリストが、西ドイツの都市ミュンヘンのオリンピック選手村のイスラエル選手団宿舎に侵入した。彼らは、抵抗したレスリングのコーチ、モシェ・ワインバーグと、ウェイトリフティングの選手のジョー・ロマノを殺害した。叫び声と銃声で目を覚ました選手数人は、窓から脱出した。テロリストは、九名を人質に取った。

西ドイツの地元警察が到着したあと、記者やカメラマンやテレビ撮影班がやってきて、選手村で繰り広げられる事件を報道した。人類史上初めて、全世界が、テレビの生中継でテロ事件を見ることになった。寝ていたところを補佐官に叩き起こされたイスラエルのゴルダ・メイア首相もだ。メイアは、困った立場に追いこまれたと感じた。テロ攻撃が起きたのは友好国の国内なので、人質の救出は西ドイツが行なうことになる。事件の発生現場となったバイエルン州当局は、イスラエルからの特殊部隊サイェレットマトカルの派遣の打診を丁重に断った。イスラエル代表団に対して、西ドイツ側はこう答えた。心配することはありません。人質全員を解放します。だが、西ドイツには、経験と創造性と、さらには、命を捨てる覚悟をした狡猾なテロ組織と正面から対決する度胸が欠けていた。テログループと西ドイツ当局間で骨の折れる交渉が丸一日行なわれた結果、テログループと人質は、ミュンヘン郊外のフュルステンフェルトブルック空軍基地へ車両で移送された。そこから飛行機でテログループの希望する目的地に向かうことで、双方は合意していた。ところが、警察は、飛行場に、幼稚で未熟な罠を仕掛けた。無人のルフトハンザ機が滑走路上に用意された。無能な狙撃手数人が、屋上に配置された。テログループのリーダーが、飛行機の安全を確認しにきた。搭乗員の姿もなく、エンジンの冷えきっている飛行機が、あと数分で離陸するだろうか？　リーダーは即座にだまされたことに気づいて発砲し、手榴弾を投げた。その後、警察と銃撃戦になり、人質の九名全員が死亡した。警察官一名と、八名のテロリストのうち五名が死亡した（残りの三名は逮捕されたが、直後に同じテロ組織によるルフトハンザ航空ハイジャック事件が起き、すぐに解放される）。近頃、メイル・アミットの後任としてモサド長官に就いたツヴィ・ザミール将軍は、その流血の様子をなすすべもなく管制塔からながめていた。ゴルダ・メイア首相の命でミュンヘンに派遣されたものの、西ドイツの作戦に口出しする権利は彼になかった。西ドイツ側は、作戦計画は万全なので、黙って見ていろと何度も請けあった。長官が見たのは、イスラエル選手の虐殺だった。そして、イスラエルに新しい敵が登場したことに気づいた。〝黒い九月〟と名乗るテロ組織である。

黒い九月。パレスチナのテロ組織は、一九七〇年九月、ヨルダンのフセイン国王によって、ヨルダン国内の組織のメンバー多数が殺害された事件を機にそう改名された。一九六七年の第三次中東戦争から数年が過ぎ、このテロ組織は、ヨルダン国内の幅広い一帯と首都アンマンの多数の地域を支配するようになっていた。イスラエルとの国境沿いの町や村は、彼ら専用の基地となり、武器を持ったテロリストが通りをうろついている。フセイン国王の権威を認めようとしない彼らは、着実にヨルダンの真の支配者にのしあがっていった。国王はその事実を知っていた——が、なんの手も打たなかった。国王が、ある駐屯地を訪問したとき、戦車のアンテナで旗のようにはためいているブラジャーを目にした。「これはどういうことだ?」王はむっとして尋ねた。

「我々は女だという意味です」男性の戦車長は答えた。「戦わせてもらえない」

ついに、フセインの堪忍袋の緒が切れた。指のあいだから自分の王国がすり抜けていくのを、ダチョウのように砂に頭を突っ込んで、これ以上見て見ぬふりをしていられなくなったのだ。一九七〇年九月一七日、王国は、テロリストの基地やキャンプに対して総攻撃を開始した。恐るべき大虐殺だった。テロリストたちは町中で射殺され、追われ、捕われ、裁判もせずに処刑された。一部はパレスチナ難民キャンプに逃げこんだが、ヨルダン軍は、冷酷にもキャンプを砲撃し、大勢を殺害した。動転したテロリストの多数が、ヨルダン川を渡り、イスラエル軍に投降した。ヨルダン軍に撃たれて死ぬよりは、イスラエルの刑務所で痩せおとろえるほうがましだと思ったのだろう。虐殺をまぬかれたテロリストの多くは、シリアかレバノンへ逃げた。現在にいたるまで、この年の九月に殺害されたテロリストの人数は判明していない。二〇〇〇人ないし七〇〇〇人といわれている。

パレスチナ解放機構最大のゲリラ組織ファタハの最高指導者であるヤセル・アラファトの頭から、復讐のことが離れなくなった。彼は、ファタハ内部に秘密組織を設けた。地下組織の中の地下組織である。一般のメンバーや指揮官は、その存在すら知らなかった。アラファトはその組織を〝黒い九月〟と名づけた。この組織は、国際社会の理解と共感を得るために、アラファトが組織に徹底させようとしていた〝社会的に見て立派な〟行動方針に従わなかった。彼らは、〝パレスチナ人の敵〟をあらゆる方法で情け容赦なく攻撃する、冷酷で節度のないグループとなる。公式的には、黒い九月は存在せず、アラファトはそのグループとの関係をいっさい否定するものの、実は彼こそがその創設者にして首領だった。アラファトは、黒い九月のリーダーに、ファタハ幹部のアブ・ユセフを指名した。作戦部隊の隊長には、狂信的な思想を持ち、勇敢で抜け目のないアリ・ハサン・サラメを選んだ。若いアリは、一九四八年の第一次中東戦争でパレスチナ軍を率いたハサン・サラメ最高司令官の息子である。ハサン・サラメはその戦争で死亡したが、息子のアリは、父の遺志を継いで闘争を続けることを誓った。

黒い九月が作戦を開始した当初は、大半がヨルダンに向けたものだったので、イスラエルはさほど心配しなかった。テログループは、ヨルダンの国営航空のローマ事務所を爆破し、パリのヨルダン大使館に火炎瓶を投げこんだ。リビア行きのヨルダンの旅客機をハイジャックし、スイスの首都ベルンのヨルダン大使館と、西ドイツの電子機器工場と、ハンブルクとロッテルダムの石油備蓄所に破壊工作をした。西ドイツの首都ボンにある一軒家の地下室で、ヨルダン人秘密工作員五名を殺害した。最も恐ろしいのは、エジプトの首都カイロのシェラトン・ホテルのロビーで、ヨルダンのワスフィ・アルタル元首相を殺害した作戦だ。犯人の一人は被害者におおいかぶさって、その返り血を浴びた。

一九六七年の第三次中東戦争でイスラエルが勝利すると、テログループはイスラエルに矛先を向けた。飛行機をハイジャックし、国境を越えてイスラエルに侵入し、民間人を殺害し、大都市に爆弾や爆発物を仕掛けた。シャバクとモサドは、こうして新たな敵と戦うことになった。テロ組織に潜入し、彼らの計画を阻止し、活動家を逮捕するのだ。イスラエルが対決するべき相手は、黒い九月ではなくファタハだった。

しかし、黒い九月はまもなく、そもそもの活動の境界線を越え、西側国家——イスラエルに対する活動を開始したのである。

ミュンヘン・オリンピックの事件が、最初の攻撃だった。

そして、ミュンヘン作戦を計画したアリ・ハサン・サラメは異名を獲得した。殺しと流血にとりつかれた彼の噂は広まり、テロリストたちは彼を〝赤い王子〟と呼びはじめた。

一九七二年一〇月上旬、二人の退役将軍が、一九六九年に急死したレヴィ・エシュコル首相の後釜に座ったゴルダ・メイア首相に面会を求めた。その二人とは、モサド新長官のツヴィ・ザミールと、首相のテロ対策顧問で元アマン部長のアハロン・ヤリヴである。

イスラエル人選手が殺害された〝ミュンヘンの夜〟事件は、メイアを精神的に打ちのめした。「またもやドイツの地で、ユダヤ人が拘束され、縛られ、殺害された」メイアはこう語ったといわれている。彼女は強靭で不屈の女性だ。ミュンヘン事件の犯人を無傷で見逃すつもりがないことは明白だった。

まさに、ザミールとヤリヴはそれを提案するつもりで首相に会いにきたのだった。

髪が薄く、痩せこけていて、そばかすのある三角形の顔に鋭い目鼻だちをしたツヴィ・ザミールは、エリート部隊パルマク出身とはいえ、傑出した将軍とはみなされていなかった。軍歴の最高位は、南部戦線司令官だ。その後、大使館付き武官およびイスラエル国防省の代表としてイギリスに駐在した。一九六八年、任期満了で辞任したメイル・アミットの後任として、モサド長官の座に就く。ザミールの任命にあたっては、多くの批判があがった。ザミールは穏やかで内気な男で、秘密作戦の経験は皆無だ。彼自身、カリスマ性に欠けることを知っており、ハルエルやアミットのような長官になれるとは考えていなかった。どちらかというとザミールは、取締役会長か、大勢の側近や補佐官を統率する権威者として行動するのを好んだ。彼が高い評価を得たのは、第四次中東戦争（第14章参照）のときだけなので、一九七二年の時点では実績はないに等しかった。ラフィ・エイタンなどモサドの古参工作員の数人はザミールを嫌い、抗議の意味をこめて辞職した。

ザミール同様、ヤリヴも、注目を浴びる人物というよりは、あまり目立たない男だった。第三次中東戦争時にアマンの部長として目覚ましい活躍を見せたが、賞賛されたのはおもに、あった。

彼の博学で分析的な考え方だった。きゃしゃな体格をし、秀でた額に眼鏡をかけ、柔らかい物腰で礼儀正しいヤリヴは、スパイの親玉というよりは、学識豊かな教授といった雰囲気があった。

ヤリヴとザミールには多くの共通点があった。職務が重なりあっているため、本来は競争相手のはずなのだが、二人はたがいを信頼し、協調して仕事にあたった。二人とも物静かで、控えめで、遠慮がちで、かなり引っ込み思案だった。脚光を浴びるのが嫌いで、非常に慎重に分析し立案する。ところが、その一〇月の午後、メイア首相に対する提案は、驚くほど冷酷なものだった。モサドなどの秘密諜報機関は、黒い九月の幹部の身元を特定し、居場所を突きとめ、殺害するべきである。全員を。

ミュンヘンの事件以来、ザミールとヤリヴは休む暇なく動きまわり、黒い九月に関する第一級の情報を収集してきた。そして二人は、メイアに談判に来た。黒い九月は、イスラエルに対して全面戦争を仕掛けようとしています。このグループは、できるかぎり多くのユダヤ人——軍人、民間人、女と子ども——を殺すと宣言したのです。彼らを止めるには、指導部全員を順に抹殺するしかありません。蛇の頭をつぶすのです。

メイアはためらった。実行するとなれば、危険な暗殺任務に若者を送りだすことになる。彼女にとって簡単な決断ではなかった。イスラエルにとっては初めてのことだ。メイアは、長いあいだ無言で座っていた。そして、口をひらいたときには、かろうじて聞きとれる声で、ユダヤ人大虐殺の恐ろしい記憶と、何世代にもわたってユダヤの人々が迫害され、追われ、虐殺されてきた悲しい歴史について、ひとりごとのようにつぶやいた。

最後にメイアは顔をあげて、ヤリヴとザミールを見た。「やりましょう」と彼女は告げた。

ザミールはただちに作戦の準備をはじめた。作戦名は〝神の怒り〟だ。

ただし、メイアにも考えがあった。ユダヤ人による民主国家の首相として、メイアは、ヤリヴとザミール麾下の〝若者たち〟が標的にするのは、黒い九月の幹部と主要メンバーだけという口約束をあてにはできなかった。口約束だけでは充分でない。そういった作戦は法律の外側で行なわれるものであり、文官がモサドの活動の管理を緩めれば、無実の人々を殺すことになりかねない凶暴性が潜んでいることは、いやというほどわかっている。それゆえ、神の怒り作戦を厳しく監視する機関を設置することにした。メイアは、自分とモシェ・ダヤン国防相、そして、ずば抜けた才能を持つ元将軍のイーガル・アロン副首相の三人からなる秘密委員会を創設した。三人が秘密裁判官となり、作戦の対象となる一人一人を検討し、殺害を承認するかどうか決めるのだ。ヤリヴとザミールは、X委員会と呼ばれるその三人委員会に、あらゆる資料と氏名を提出しなければならない。そして、承認を得てはじめて、モサドは襲撃チームを現場入りさせることができる。

神の怒り作戦を実行するのは、モサドの作戦部門マサダ（カエサレア）だった。隊長は、巧妙な黒い髪でいかつい顔をした無口な工作員のマイク・ハラリだ。ほぼすべての襲撃は、隠れみのに守られた黒い九月のメンバーが住むヨーロッパで行なわれることになった。

ハラリは、マサダの特殊暗殺部隊キドンから襲撃チームの人員を選抜した。黒い九月の各メンバーに差し向けられる各チームに、支援チームが加わる。男女六人の支援チームは、容疑者の身元の確認と尾行を担当する。彼らがつけ狙う男が本当に本人で、羊の皮をかぶった狼であることを確認する。目をつけたテロリストが活動している都市に到着したのち、彼を尾行し、密かに写真を撮り、習慣をさぐり、友人をさがしだし、正確な住所や、行きつけのバーやレストラン、時間ごとの日課を突きとめる。たいていは男女一人ずつからなる班が、アパートメントやホテルの部屋やレンタカーなどを借りる実務を担当する。それとは別の班が、ヨーロッパの各都市に設けられた臨時作戦本部およびイスラエル本国のモサド本部との連絡を担当する。

モサド工作員数人から成る襲撃チーム本体は、最後に現地に到着する。彼らの仕事は、ある決められた時間に、ある住所へ出向き、顔写真その他の情報で人物確認された男を殺すことだ。その襲撃チームを、別の班が警護する――武装した工作員と運転手と車両が近くで待機し、周到に用意され、予行演習された脱出経路を走れるように発車準備を整えている。警護班の仕事は、襲撃チームを――必要ならば武器を使って――守ることだ。作戦終了後ただちに、襲撃チームと警護班全員が出国する。

容疑者の身元を確認し尾行したチームは、作戦開始前に出国する。数人だけが二、三日ほど滞在し、痕跡を隠したり、装備品を片づけたり、使用したレンタカーを返却したりする。

第一回の神の怒り作戦は、ローマで行なわれることになった。

その永遠の都で、先発隊が、テロリズムと関係があるとはとうてい思えない男の正体を確認し、尾行していた。リビア大使館で下級事務官として働く、ヨルダン川西岸ナブルス生まれの三八歳のパレスチナ人、ワエル・ズワイテルだ。著名な文学者にしてアラビア語翻訳家の息子である彼は、ほっそりして、物腰の柔らかい優しい男だった。ワエル自身も、小説や詩集を、他国語からアラビア語へ、またその逆のすばらしい翻訳をすることで知られていた。また、熱心な芸術愛好家でもあった。リビア大使館で通訳として働き、月に一〇〇リビア・ディナールというわずかな給料をもらい、アンニバリアーノ広場沿いの狭いアパートメントでとても慎ましく暮らしていた。友人たちは彼のことを、どんな形態の暴力も認めないし、テロリズムと殺人に嫌悪感を示すことも多い温和な人物と思っている。

だが、ワエルのいちばん親しい友人たちでさえ、彼の秘密を知らなかった。彼こそ、ローマでの黒い九月の作戦を指揮する冷酷で過激な男なのだ。近ごろ彼は、破壊的な作戦を考案し、実行した。まず、イスラエルへ行く途中でローマに立ち寄った若いイギリス人女性二人と知りあった。ワエルは、ハンサムで魅力的なパレスチナ人の若者二人に、その女性たちに近づき、誘惑しろと指示した。そして、若いカサノバ二人はすぐに、イギリス人女性のベッドに飛びこんだ。恋人との別れぎわに、パレスチナ人の一人が、ヨルダン川西岸に住む家族にプレゼントを持っていってくれないかといって、小型レコードプレーヤーを託した。愚かな女は快く引き受け、レコードプレーヤーは、ローマの空港のエルアル航空カウンターで、他の荷物と一緒に預けられた。ワエルと魅力的な恋人二人が、自分たちを殺そうとしていたことを、女二人は知りもしなかった。ワエルの指示により、黒い九月のメンバーの手でレコードプレーヤーは分解され、爆薬を詰められ、真新しい箱に納められたのだ。飛行機が巡航高度に達した瞬間に、仕掛け爆弾が爆発するようセットされていた。飛行機と乗客全員は、消える運命にあった。

さいわいなことに、同じような爆発物を仕掛けられて、イスラエル行きのスイス航空機が爆発した事件のあと、エルアル機の貨物室の壁に分厚い装甲板が貼られたため、爆発しても機体は損傷しなくなった。レコードプレーヤーは爆発したが、装甲板は持ちこたえた。エルアル機のパイロットは、警報の赤いライトが点滅するのを見て、即座に空港に引き返した。言葉もないほど驚いているイギリス人女性二人が尋問され、パレスチナ人の恋人とのやりとりを話した。が、男二人は、死にゆく女性たちとの胸の張り裂けるような別れを忍んだあとすぐ、イタリアを飛びたっていた。

作戦実行部隊の第一陣がローマに到着し、それから数日間、ワエルを尾行した。若いカップルがリビア大使館の前をうろつき、女がハンドバッグに隠したカメラで、大使館を出入りするワエルを撮影した。さまざまな便で数人の〝観光客〟がローマに飛んできた。そのうちの一人、アンソニー・ハットンという名の四七歳のカナダ人が、エイビス営業所で、ベネト通りのエクセルシオールに宿泊していると告げて、レンタカーを借りた。係員が確認したなら、エクセルシオールにそんな男は泊まっていないことがわかっただろう。その同じ週、レンタカー営業所に偽の住所を届けて車を借りた〝観光客〟数人とまったく同じように。

一〇月一六日の夜、ワエルが帰宅し、エレベーター使用料として一〇リラのコインを投入しようとした。玄関は暗く、四階のだれかがピアノで物悲しいメロディーを奏でている。いきなり影から二人の男が現われ、ベレッタ拳銃でワエルの身体に二二口径弾を一二発撃ちこんだ。銃声を聞いたものはだれもいなかった。二人は、アンニバリアーノ広場に駐めてあったフィアット125に飛び乗った。数時間後、彼らは出国した。

ワエル・ズワイテルが殺されたいま、分厚い隠れみのは必要なくなった。ベイルートのある新聞に、複数のテロ組織の署名つきで、ワエルは〝最高の戦闘員の一人だった〟と称える追悼文が掲載された。

ワエル・ズワイテルを殺害した襲撃チームのリーダーは、二〇代なかばのダヴィド・モラド（仮名）が務めていた。彼はチュニジアで生まれ、子どものときにイスラエルに移住した。教師にしてシオニストの両親に育てられ、完璧なフランス語を操り、イスラエルに対する熱い愛国心に燃える男だった。幼いころから、自分の命を危険にさらしても、イスラエルのために働くことを夢見ていた。軍に入隊すると、特殊精鋭部隊に志願し、大胆で機敏なところを見せつけて指揮官を驚かせた。除隊したのちモサドへはいり、最も危険な作戦に参加して、たちまち名うての工作員となった。フランス語が堪能なので、フランス人、ベルギー人、カナダ人、スイス人に楽に扮することができる。若くして結婚し、すぐに男児の父親となったが、モサドの闘士として第一線で働きたいという情熱は冷めなかった。

ワエル・ズワイテル殺害作戦ののち、モラドはイスラエルで数日を過ごしてから、パリへ飛んだ。

それから二、三日たってから、パリのアレジア通り一七五番地のアパルトマンの電話が鳴った。マフムード・ハムシャリ博士が電話に出た。「ハムシャリ博士ですか？ 駐フランスのPLO代表の？」相手の話し方からは、強いイタリア語なまりが聞きとれた。電話をかけてきた男は、パレスチナの大義に共感するイタリア人ジャーナリストと名乗り、ハムシャリに対談を申しこんだ。二人は、ハムシャリの自宅から遠く離れたカフェで落ちあうことにした。高名な歴史学者のハムシャリは、フランス人の妻マリー・クロードと幼い一人娘とパリで暮らしており、最近は用心に用心を重ねていた。尾行されていないことを確認しつつ、まわりにいる人々を観察しながら街を歩く。カフェやレストランに行ったときは、注文の品がすべて届く前にそこを出る。見知らぬ連中が自分のことを訊きまわっていないかどうか、近所の住人にひんぱんに尋ねる。

見たところ、心配の種はなにもなかった。彼は、パリの有識者仲間として認められている研究者であり、穏健な男である。〝用心する必要はない〟、と週刊誌の《ジュンヌ・アフリック》でアニー・フランコは書いている。〝彼は危険人物ではない。イスラエルの秘密諜報機関はそのことをよく知っている〟

しかし、モサドはそれ以上のことを知っていた——一九六九年にデンマークで起きたベングリオン暗殺未遂事件、および、一九七〇年に四七名の死者を出したスイス航空機空中爆発事件に彼が関与していたこと。夜間、重そうなスーツケースを持って、彼のアパルトマンにこっそりはいっていく、謎めいたアラブ人の若者たちとの関係。

モサドは、ハムシャリが、黒い九月ヨーロッパ支部の副部長を務めていることも知っていた。

こうして、ハムシャリがイタリア人記者との対談に出かけた日、男二人がアパルトマンに押しいり、一五分後に出ていった。

その次の日、ハムシャリの妻と娘が外出し、ハムシャリが一人きりになるまで、その男たちは待った。電話が鳴り、ハムシャリが受話器を取った。

「ハムシャリ博士ですか？」あのイタリア人記者だった。

「そうです」

そのとき、ハムシャリに、甲高い口笛の音が聞こえた──そのあと、爆発が起きた。デスクの下に隠されていた爆薬が爆発したのだ。ハムシャリは重傷を負って倒れた。数日後、彼は病院で死亡した。モサドを非難する時間もなかった。

ハムシャリが死んで数週間後、マイク・ハラリと、ジョナサン・イングルビーと名乗る男が、地中海に浮かぶキプロス島にやってきた。二人は、キプロスの首都ニコシアのオリンピア・ホテルにチェックインした。キプロス島は、イスラエル、シリア、レバノン、そしてエジプトに近いため、イスラエル人工作員とアラブ人工作員の戦いの場となっていた。今回、二人のイスラエル人工作員は、フセイン・アバド・アッ・シルというパレスチナ人を尾行した。アバド・アッ・シルは、黒い九月のキプロス駐在員として、二、三カ月前にやってきたばかりだった。また、テロリストにとって天国であり安息所となっている、ソ連および東側ブロック諸国との交渉責任者でもあった。ソ連、チェコスロバキア、ハンガリー、ブルガリア各国の軍事施設や特殊部隊で、パレスチナ人テロリストが訓練を受けている。それらの国々から、テロ組織に兵器や装備品が提供されている。かなり多数のパレスチナ人指導者が、ソ連のイデオロギーを信奉し、モスクワにあるパトリス・ルムンバ大学で学んでいる。

また、アバド・アッ・シルは、イスラエルにテロリストを潜入させ、イスラエル人管理者と会うためにキプロスにやってきたアラブ人スパイを排除する作戦の責任者でもある。X委員会は、彼に死を宣告した。

その夜、ホテルの部屋に戻ったアバド・アッ・シルは、照明を消してベッドにはいった。ジョナサン・イングルビーは、その男がぐっすり眠ったことを確認してから、リモコンのボタンを押した。耳をつんざくような爆発がホテルを揺らした。四階の部屋で、イスラエル人の新婚旅行客が、ベッドの下に飛びこんで身を守った。フロントの係員は、アバド・アッ・シルの部屋へ急行した。煙が晴れたとき、あるものを目にして、彼は気を失った。便器に突き刺さったアバド・アッ・シルの頭部が、自分のほうを向いていたのだ。

黒い九月は、即座に復讐を開始した。

一九七三年一月二六日、モシェ・ハナン・イシャイという名のイスラエル人が、マドリッドのホセ・アントニオ通りにあるモリソンパブで、パレスチナ人の友人と会っていた。パブを出た彼らの前に、男二人が立ちはだかった。パレスチナ人が逃げた隙に、男二人は銃を抜き、イシャイに銃弾を浴びせてから姿を消した。

二、三日たってようやく、イシャイの正体は、マドリッドでパレスチナ人学生組織を作りあげた、モサドの古参工作員バルーフ・コーヘンだと判明した。彼がパブで会っていた若者は、彼がかかえている情報提供者の一人だったが、実は黒い九月から送りこまれたスパイだった。死亡したアバド・アッ・シルの復讐として、バルーフ・コーヘンの命が奪われたのだ。

さらに、ベルギーの首都ブリュッセルのカフェで、イスラエル人工作員ザドック・オフィルが撃たれて負傷した事件、また、ロンドンのイスラエル大使館付き武官、アミ・シェチョリ博士が手紙爆弾で暗殺された事件の黒幕は黒い九月ではないかといわれている。

アバド・アッ・シルが死んで二週間後、黒い九月は、キプロスに次の駐在員を派遣した。ニコシアに到着して二四時間たつかたたないうちに、そのパレスチナ人はKGBの連絡員と会い、ホテルに戻ってきて、照明を消し――前任者と同じ方法で殺された。

この時点で、アラファトとアリ・ハサン・サラメは、大規模な復讐計画を実行することを決意した。自爆部隊に飛行機をハイジャックさせ、そこに爆薬を仕掛け、イスラエルへ向けて飛ばす。テルアビブのどまんなかに墜落させれば、数百人が死ぬだろう。ニューヨークの九・一一同時テロを思わせる計画だ。

モサドの情報提供者がその噂を聞きつけた。そして、パリにいる複数の工作員が、計画の責任者と見られるパレスチナ人グループの尾行を開始した。ある晩、工作員らは、そのグループにいる年上の男に目を留めた。男の写真をモサド本部へ送ると、黒い九月の上級幹部であるバシル・アルクバイシと判明した。アルクバイシは、ベイルートのアメリカン大学で法学の教授を務める、評判の高い著名な法学者である。しかし、彼もまた――ズワイテルやハムシャリやその他大勢と同じく――本当は危険な男だった。一九五六年、イラクのファイサル国王の車列のルート上に自動車爆弾を仕掛け、暗殺を試みた。そのときは、爆発のタイミングが早すぎて失敗した。アルクバイシはレバノンへ、そのあとアメリカへ逃亡した。それから数年後、アメリカを訪問中のゴルダ・メイアの暗殺を試みた。それが失敗に終わると、パリの社会主義インターナショナル首脳会談に参加したメイアの殺害をくわだてた。それも失敗した。アルクバイシはあきらめなかった。パレスチナ解放人民戦線（PFLP）に飛びこみ、その組織の創設者であるジョージ・ハバシュの副官となった。そして、一九七二年五月三〇日のアラブ人と日本人テロリストによるロッド空港攻撃計画に関与した。聖地に巡礼にきていたプエルトリコ人を中心とした二六人が死亡した事件だ。その後、アルクバイシは黒い九月に加入し、いまはパリで、飛行機自爆作戦を指揮していると思われる。彼は、マドレーヌ広場から少し離れたアルカデ通りの小さなホテルに滞在していた。

四月六日、カフェ・ド・ラペで夕食をとったアルクバイシが、ホテルまでの道を歩いているときだった。マドレーヌ広場でモサドの襲撃チームが待ち伏せしていた。二人が通りに、あとの二人は車の中にいる。そのうちの一人は、金髪のかつらをかぶっていた。近づいてくるアルクバイシを見た二人は、銃の撃鉄を起こして彼のほうに向かった。ところが、予想外のことが起きた。けばけばしい車がアルクバイシの横に停まり、きれいな若い女が窓から顔を突きだしたのだ。二人は二、三言話すと、アルクバイシは乗りこみ、車はさっと走り去った。失望した工作員は、さっきの女は売春婦で、アルクバイシを誘ったのだと気づいた。

娼婦のせいで、作戦がつぶれるのか！

が、その場にいたチームリーダーが、がっくりした戦士たちをなだめた。少し待って様子を見よう、と彼は心得顔に言った。すぐに戻ってくるはずだ。なぜそう言えるのかはわからなかったが、リーダーは正しかった。二〇分ほどたったとき、車が戻ってきたのだ。アルクバイシは売春婦と別れ、ホテルに向かって歩きだした。数歩進んだところで、物陰から男二人が現われ、道をふさいだ。一人は、ダヴィド・モラドだった。

アルクバイシはすぐに悟った。「やめろ！」フランス語で叫んだ。「いやだ！　よせ！」弾丸九発を撃ちこまれた彼は、マドレーヌ寺院のそばで崩れるように倒れた。モサドたちは逃亡用の車に飛び乗り、広場をあとにした。

あくる日、ズワイテルのときと同じように、PFLPの広報担当者が、法学教授の真の役割を明かした。

その後、モラドを含むキドンのメンバーは、テロ攻撃用の船舶を購入するためにギリシアへ来ていた黒い九月の代表団を殺害した。

しかし、一つの疑問が、未解決のまま残っている。ミュンヘン事件の黒幕はどこにいる？ サラメはどこだ？

サラメはベイルートの本部で、次の作戦計画を練っていた。最初は、黒い九月によるタイのイスラエル大使館占拠だった。しかし、その作戦は失敗に終わった。粘り強く強情なタイ人将軍たちに脅され、バンコクのエジプト大使から圧力をかけられて、テロリストは人質を解放し、ほうほうのていでタイを出ていった。

次の作戦は、さらに無謀なものだった。完全武装した黒い九月のメンバーが、スーダンの首都ハルツームのサウジアラビア大使館に押しいった。そこではヨーロッパのある国の外交使節の送別会の最中で、いあわせた外交官ほぼ全員が人質として拘束された。アラファトの命令で、アメリカ大使のクリオ・A・ノエル、アメリカ使節団副団長のジョージ・C・ムーア、そしてベルギー大使代理のギー・エだけを残して、ほかの人々は解放された。サラメの指示により、ひどく残虐なやり方で三人は殺害された。まず脚を撃ってから、カラシニコフ突撃銃の銃身をゆっくりとあげていって、胸をずたずたに引き裂いたのだ。

テロリストは逮捕されたが、数週間後にスーダン政府によって釈放された。

ぞっとするような外交官の殺害事件に、世界が怒りと嫌悪を示した。イスラエルは、いまこそ黒い九月を叩きつぶすときだと感じた。

エルサレムにいたゴルダ・メイアは、若さの春作戦の開始を許可した——神の怒り作戦は新たな段階に進んだ。

一九七三年四月一日、三五歳のベルギー人観光客ジルベール・ランボーが、ベイルートのサンズ・ホテルにチェックインした。同じ日、ディーター・アルトヌーダーという別の観光客が、そのホテルにチェックインした。二人は知りあいではないようだった。二人とも、オーシャンビューの部屋へはいった。

四月六日、さらに三人がそのホテルへやってきた。文句のつけようのないくらいこざっぱりとめかしこんだアンドルー・ウィッチローはイギリス人だ。二時間遅れて、ローマからの便で到着したダヴィド・モラドは、シャルル・ブサー名義のベルギーのパスポートを引っぱりだした。夕方到着したジョージ・エルダーもイギリス人だが、先にチェックインした同国人とは正反対だった。もう一人のイギリス人観光客のチャールズ・メイシーは、エルバイダビーチに面したアトランティック・ホテルで宿泊手続きをした。そして、本物のイギリス人らしく、一日に二度、天気予報を尋ねた。

六人はそれぞれ、通りを歩きながらベイルート市内を見てまわり、土地勘を養った。エイビス・レナカー営業所で、ビュイック・スカイラーク三台、プリマスのステーションワゴン一台、ゴルフ・バリアント一台、ルノー16一台を借りた。

四月九日、イスラエル海軍のミサイル艇と哨戒艇計九隻が公海へ向かい、国際航路にはいった。ミサイル艇〈ミフタハ〉に乗るアムノン・リプキン大佐率いる空挺部隊は、パレスチナのPFLP本部を攻撃することになっている。ミサイル艇〈ガーシュ〉には、エフード・バラク大佐率いる空挺小隊と特殊部隊サイェレットマトカルの隊員が乗り組んでいた。それぞれの部隊には、異なる任務が割りあてられている。彼らは船に乗る前に、四人の写真を渡されていた。黒い九月最高司令官のアブ・ユセフ、ファタハの主席作戦指揮官にしてイスラエル占領地内での黒い九月の作戦責任者であるカマル・アドワン、ファタハの主任広報官のカマル・ナセルだ。三人とも、ベルダン通りの同じアパートメントに住んでいるという話だった。

四枚めは、アリ・ハサン・サラメの写真だった。彼の居場所はだれも知らない。

奇襲部隊員は私服姿だった。午後九時半、ベイルートへ近づいたころ、隊員らはかつらをかぶり、ヒッピー風の服をまとった。エフード・バラク大佐は、官能的なブルネット美人に見えるようにドレスを身につけた。ブラジャーの中に爆薬を隠している。

奇襲部隊員を乗せたゴムボート数艘が暗がりから現われ、ベイルートのひとけのない浜辺に上陸した。彼らの前に六台の車両が駐まっており、それぞれ〝観光客〟がハンドルを握っている。兵士は、自分が乗るべき車両を心得ていた。数分のうちに、六台はさまざまな方角へ走り去った。PFLP本部へ向かったのは二、三台だ。ほかは、黒い九月の幹部が住んでいるアパートメントへ向かった。その一台をモラドが運転している。

PFLP本部に向かった奇襲部隊は、テルアビブ近郊の建設中のビルを使って、奇襲攻撃の予行演習をしてあった。ある夜、その演習を見学にきたダヴィド・エラザル陸軍参謀長に、りりしい顔だちの若者が近づいて話しかけた。アヴィダ・ショル中尉だ。「ベイルートのビルを爆破するのに一二〇キログラムの爆薬を使用することになっています。しかし、不必要に多く、危険です。爆発は、大勢の民間人が住む近隣のビルに被害をもたらすでしょう」中尉は、ポケットから手帳を取りだした。「計算しました。爆薬は八〇キログラムあれば充分です。これだと、他のビルにいる罪のない人々を傷つけずに、目標のビルを破壊できるでしょう」エラザルは、その計算の正否を確認させたのち、ショルの提案を採用した。そして、作戦指揮官に、八〇キログラム以上の爆薬を使わないように命じた。

PFLP本部に、奇襲部隊が到着した。短い銃撃戦ののち――隊員二人が命を落とした――部隊は玄関ロビーを占拠し、八〇キログラムの爆薬をセットした。爆発でビルは粉々にくずれ、大勢のテロリストが死んだ。が、近隣の建物に被害はなかった。

死亡した隊員の一人が、アヴィダ・ショル中尉だった。

同じころ、テロリストやレバノン軍を出動させるための陽動作戦として、ベイルート南部のテロ組織のキャンプ数カ所を、空挺部隊が攻撃した。だが、予想されたような反応はなかった。

まさにそのとき、サイェレットマトカルの部隊が、ベルダン通りの建物に到着した。中にはいろうとしたとき、レバノン人警官二名がそばを通りかかった。が、警官二人が見たのは、歩道で情熱的に抱きあっている恋人たちの姿だった。ロミオは、ほかならぬサイェレット最高の戦士の一人、ムキ・ベツェル、豊満なジュリエットはエフード・バラクだ。警官が角を曲がるなり、部隊は建物に突進し、カマル・アドワンの三階の部屋、カマル・ナセルの四階の部屋、アブ・ユセフの七階の部屋に乱入した。

テログループの幹部らに、万に一つの勝ち目もなかった。空挺部隊員に部屋に押しいられてから、武器に手を伸ばしたものの間にあわなかった。自分の身体を投げだして夫をかばおうとしたアブ・ユセフの妻も、撃たれて死んだ。被害者がもう一人出た。アドワンの向かいの部屋に住むイタリア人の老女だ。銃声を聞いて、ドアをあけたため——弾を何発も撃ちこまれて殺された。

隊員たちは、黒い九月幹部の部屋の戸棚やひきだしにはいっていた書類をかき集めた。そのあと、負傷者と死者を運び、ゴムボートが置いてある浜辺へと車を飛ばした。

浜辺で、モサドの〝観光客〟六人が、レンタカーをきちんと並べて駐車し、キーを差したまま放置していった。数日後、レンタカー会社は、アメリカンエクスプレスを通じて料金を受け取った。

奇襲部隊は、ふたたび母船に集合し、イスラエルへと海上を進んだ。作戦は完全に成功した。ＰＦＬＰ本部はもはや存在せず、黒い九月幹部は死んだ。アブ・ユセフは組織のまとめ役だった。

ところが、奇襲部隊は知らなかったが、ベルダン通りの家からわずか五〇メートル離れた目立たない建物で、アリ・ハサン・サラメがぐっすり眠っていた。彼の睡眠は邪魔されなかった。翌日、アブ・ユセフの死が公表されると同時に、彼が黒い九月の代表となった。若さの春作戦は、黒い九月に対する死の告知だった。その組織は二度と生き返らないだろう。幹部全員が殺されてしまっては。

残るは一人。

若さの春作戦で奪取してきた書類は、それまでの二年間、モサドを悩ませてきた謎を解くのに役立った。過越（すぎこ）しの祭り事件である。

一九七一年四月、若く美しいフランス人女性二名が、テルアビブのロッド空港に到着し、フランスの偽造パスポートで入国しようとした。彼女たちの到着について前もって警告を受けていた空港警備局は、二人を別室に連れていき、女性警官とシャバクの女性局員に身体検査させた。すると、奇妙なことが明らかになった。下着を含めた衣類の重さが、通常の二倍はあったのだ。また、彼女たちが着ている服は、白い粉にまみれていた。白い粉を溶いた濃い溶液に服を浸して乾燥させたかのように。身につけている衣類を振ったりこすったりすると、大量の粉が集まった。白い粉は、女性たちが履いていた優雅なサンダルのヒールの中からも発見された。二人が運んできた計五キログラムの白い粉は、強力なプラスチック爆薬だったことが判明した。スーツケースの一つにはいっていたタンポンの箱から、多数の起爆装置が見つかった。

女性二人は尋問されて降参し、バルデリという裕福なモロッコ人実業家の娘で、ナディアとマドレーヌの姉妹だと白状した。パリである男から依頼されて、もともと冒険好きな二人は、白い粉を密輸したのだ。

「ほかにだれが、これに関与しているのか?」刑事は尋ねた。

その日の午後、数人の警察官が、テルアビブ市内の小さなホテル〈コモドール〉の一室に踏みこみ、ブーギャルテという名の老夫婦を逮捕した。夫婦のトランジスタラジオを分解すると、中から、爆弾の部品となる遅延式信管が出てきた。夫のピエール・ブーギャルテはわっと泣きだした。

あくる日、なにも知らずに、作戦の指揮者がイスラエルにやってきた。フランシーヌ・アドレーヌ・マリア名義のパスポートを持つ、二六歳の魅力あふれるフランス人女性だ。本名をイヴリン・バルジュといい、ヨーロッパのテロ攻撃に何度も参加経験のある狂信的マルクス主義者であり、プロのテロリストとして、モサドによく知られた人物だった。

警察の尋問中に、いわゆる過越しの祭りグループのメンバーは、持ちこんだプラスチック爆薬で、観光シーズン真っ盛りのテルアビブの主要ホテル九軒を爆破して、できるだけ多くの観光客とイスラエル人を殺害し、イスラエルに大きな打撃を与えることが目的だったと白状した。

一味は監獄へ送られたものの、裏で糸を引いていた男は捕まらなかった。その男とは、パリの劇場の演出家を務め、また俳優でもある、魅力的なアルジェリア人のモハマド・ブディアだ。またもや、ジキルとハイドの登場だ。教養高い知識人にして芸術家、という顔は、犯罪活動のための隠れみのにすぎない。イヴリン・バルジュの恋人だが、それまでも数多くの女性と関係してきたため、モサドの工作員たちは、六人の妻を次々と殺して取り替えた男の物語にちなんで、彼を青ひげと呼んだ。

もともとブディアは、ジョルジュ・ハバシュとPFLPの命令で動いていた。過越しの祭りグループが捕まって一年後、ブディアは黒い九月に加入し、組織のフランス支部長に任じられた。そして、モサドの情報提供者ではないかと思われていたパリ在住のシリア人記者、ハデル・カノウ殺害に関与した。ヨーロッパの黒い九月の作戦責任者でもあったブディアは、ロシアから移民途中のユダヤ人キャンプの攻撃を計画した。ハムシャリが暗殺されたあと、ブディアは非常に用心深くなり、尾行は困難をきわめた。

一九七三年五月、マサダの襲撃チームがパリに到着し、ブディアの居場所を突きとめようとした。ブディアの新しい恋人の氏名と住所はわかっていた。その女が住んでいる建物の角で、工作員たちは忍耐強く待ちつづけた。ついに、どこからともなくブディアが現われ、こっそりはいっていった。だが、次の日、その建物から出勤する住人の中に、ブディアの姿はなかった！　いらいらと一月がたってようやく、メモを見くらべた工作員らは、おかしなことに気づいた。ブディアが恋人を訪ねた翌朝、建物から出てくる人々の中に、長身で大柄な女がまじっている。金髪のときもあれば、ブルネットのときもあった……ついに謎は解けた。ブディアは俳優としての才能を駆使して女に変装し、建物から出ていったのだ。

ところが、なんらかの理由で、ブディアは恋人宅を訪れなくなり、モサドは彼を見失った。

残された唯一の手がかりは、彼が毎朝、地下鉄に乗り、凱旋門の地下にあるエトワール駅で電車を乗り換えることだけだ。エトワール駅は、一大基幹駅で――数多くの路線がそこを通り、無数の人間が、地下通路を移動して乗り換えをする。そんな場所で、〝千の顔を持つ男〟ブディアを見つけられるだろうか？

だが、ほかに手はなかった。ヨーロッパ各地からモサドの工作員が集められた。ブディアの顔写真を渡され、広大なエトワール駅の通路やプラットホームに配置された。一日が過ぎ、そして二日、三日と過ぎたが、なにも起きなかった。ところが四日め、ある工作員がブディアを見かけた――変装し、化粧をしていたが、さがしている男にちがいない。そして、駅の出口の近くに駐めてあった車にブディアが乗りこむまで、影のように彼に張りついた。その車を尾行し、ブディアがはいっていったフォッサンベルナール通りの家を夜通し監視した。おそらく彼の新しい愛人宅だろう。翌日の一九七三年六月二九日、自分の車に近づいたブディアは、外側から徹底的に点検し、車体の下をのぞきこんだ。満足したらしく、ロックをはずして、運転席に乗りこんだ。その瞬間、耳をつんざく爆発が起きて、車は黒焦げのねじまがった金属に変わり、ブディアは死んだ。ヨーロッパの記事によると、モサド長官のツヴィ・ザミールは、街角からその爆発の様子を見ていたという。

しかし、モサドの幹部に、作戦の成功を祝っている時間はなかった。本部に、緊急連絡がはいった。黒い九月の特使、アルジェリア人のベン・アマナが、アリ・ハサン・サラメと会うために派遣されたという。ベン・アマナは、風変りでまわりくどいルートでヨーロッパを横断し、ノルウェーのリゾート地リレハンメルにたどりついた。

数日後、マイク・ハラリ率いるキドンの襲撃チームが、リレハンメルに配備された。サラメが山あいの静かな町でなにをしているのか、だれにも見当がつかなかった。第一班はベン・アマナを尾行し、彼が町のプールへ行って、中東出身者らしい男と接触するのを目撃した。第一班の三人のメンバーが、持っていた顔写真と見くらべて、その男はまちがいなくサラメだと断定した。男が他人と話している声をふと耳にした四人めのメンバーが、サラメにノルウェー語が話せるはずはないと指摘したが、三人はその意見を却下した。

彼らは、身元確認に絶対の自信を持っていた。リレハンメルの町中を行くサラメを尾行し、ノルウェー人の若い妊婦と連れだって歩く彼を見守った。

作戦は、最終段階にはいった。イスラエルから工作員らが到着した。ツヴィ・ザミールもその一人だ。サラメの暗殺は、黒い九月の潰滅への最後の仕上げとなる。ザミールは、その場でフィナーレを見届けたかった。殺し屋班は、神出鬼没のジョナサン・イングルビーと、ロルフ・バエルと、ジェラール・エミール・ラフォンの三人だ。ダヴィド・モラドは、この作戦には参加していない。支援チームは、レンタカーとホテルの部屋を借りた。いつもとちがう動きがあれば、町の住人がすぐに気づいただろうと主張する人々がいる。大勢の〝観光客〟があちこちを車で走りまわる光景は、夏のリレハンメルではほとんど見られない。

一九七三年七月二一日、クリント・イーストウッド主演の映画〈荒鷲の要塞〉を見終えて、サラメと妊婦が映画館から出てきた。カップルはバスに乗り、静かでひとけのない通りでおりた。突然、そばに白い車が停まった。二人の男が歩道に飛びおり、手にしたベレッタ銃で、サラメの身体に一四発を浴びせた。

赤い王子は死んだ。

作戦は終了し、マイク・ハラリは、ただちにノルウェーから出よと部下に命じた。撤退は、規則にのっとって行なわれた。殺し屋は、リレハンメル中心部に白い車を放置したまま、首都のオスロを出発する最初の飛行機に乗った。その次に、工作員の大半とマイク・ハラリが出発した。隠れ家を引きはらい、レンタカーを返却する工作員が最後だ。ところが、予想外の偶然が、すべてを大混乱におとしいれた。襲撃が行なわれた場所の近くに住んでいた女性が、殺し屋班の車の色――白――と車種――プジョー――を覚えていた。リレハンメルとオスロ間のある検問所に配置されていた警察官が、すこぶる魅力的な女が運転する白のプジョーを見かけ、車のナンバーをひかえておいた。次の日、その車が空港のレンタカー営業所に返却されたときに、警察は借主のカップルダン・エルベルとマリアンヌ・グラドニコフを逮捕した。その二人の尋問が、シルヴィア・ラファエルとアヴラハム・ゲメルの逮捕につながった。同日、さらに二人の工作員が逮捕された。徹底的に尋問されて音をあげたエルベルとグラドニコフは、作戦に関する最高機密情報から、ノルウェーとヨーロッパ各地にある隠れ家の住所、共同謀議する際の原則、電話番号、モサドの手口まで明かした。オスロのアパートメントへ踏みこんだ警察はそこで、大量の書類を発見した。イスラエル大使館の公安警官、イガル・エヤルがモサドと結びついていることも明らかになった。

あくる日、ノルウェーのメディアは、イスラエル人工作員逮捕のニュースを大々的に報道した。それは、モサドの威信を大きく揺るがす痛手となった。だが、それ以上に破壊的なニュースが流れた。モサドは、人違いをしたのである。

リレハンメルで殺された男は、アリ・ハサン・サラメではなかった。ノルウェーに仕事をさがしにきていたモロッコ人のウェイター、アフメド・ブシキという男だった。妻は、金髪のノルウェー人で妊娠七カ月だった。

全世界の新聞は、衝撃的な見出しで飾られた。逮捕された工作員は裁判にかけられ、数人は長期間の禁固刑を宣告された。そのうちの一人、シルヴィア・ラファエルの誇り高く高貴な様子は、ノルウェー人に強い印象を残した。裁判は、思いがけない褒美をもたらした。彼女は、ノルウェー人の弁護士と恋に落ち、釈放されたのちに結婚、二〇〇五年にガンで死ぬまで幸せに暮らした。

リレハンメルの大失敗ののち、モサド内部で大変革が行なわれた——共同謀議の際の原則を変更し、隠れ家を捨て、新しい人脈を築き——アフメド・ブシキの死に関してみずからの責任を認め、遺族に四〇万ドルを支払った。しかし、最悪なのは、モサドは無敵だという輝かしい伝説が、完全に崩れ去ったことだ。

ゴルダ・メイアは、神の怒り作戦の即刻の終了を命じた。ところがまもなく、その失敗がかすむほどの大事件が起きた。一九七三年一〇月六日、エジプト軍とシリア軍が、イスラエルを先制攻撃したのである。第四次中東戦争の火ぶたが切って落とされた（第14章参照）。

二年が過ぎた。

一九七五年のさわやかな春の宵、ベイルートのある一家が、世界一の美女をもてなしている。四年前に、米国フロリダ州マイアミビーチで行なわれた美人コンテストでミス・ユニバースに選ばれたジョルジーナ・リザークは、そのタイトルにふさわしい女性だった。このレバノン美人は、名声と賞金と旅行と、世界的指導者との会談の権利を勝ちとった。レバノンに戻ってきてから、スーパーモデルとして、またファッションブティック経営者としての華やかなキャリアを築いてきた。

その夜友人宅で、ジョルジーナは、ハンサムで存在感のある若者と出会った。二人は恋に落ちた。二年後の一九七七年六月八日、二人は結婚した。幸運な花婿は、アリ・ハサン・サラメだった。

この数年間、彼のキャリアも上り調子だった。一九七三年末、黒い九月という組織は消え去った。組織は崩壊したにもかかわらず、サラメはアラファトの右腕となり、〝養子〟となった。アラファトの後継者として、ＰＬＯの舵取りをまかされるのではないかという噂もあった。

黒い九月の消滅ののち、サラメは、第一七部隊の隊長となった。ファタハ幹部の警護にくわえ、変則的な奇襲攻撃のすべてを行なう部隊である。サラメは、アラファトのニューヨーク訪問に同行した。アラファトは、片手にオリーヴの枝を持ち、ベルトに拳銃を差して、国連総会の会場に入場したのだった。アラファトがモスクワへ飛んで、強大な力を持つ世界の指導者と対談したときにも、サラメはそばにいた。イスラエルが驚いたことに、CIAも彼に誘いをかけていた。

またもや大きな見落としをしたのか、CIAは、〝赤い王子〟ことサラメの血塗られた過去を不問に付することにした。ミュンヘン・オリンピック事件や、ハルツームのアメリカ人外交官殺害事件におけるサラメの役割どころか、世界で最も危険なテロリストの一人であるという事実に目をつぶり、情報提供者にならないかと働きかけたのだ。CIAは、サラメにアメリカの利益に忠実な家来になってほしかった。CIAは、数十万ドルの報酬を持ちかけたが、彼は断った。一方で、ジョルジーナとハワイに長期滞在することには同意した。経費はすべてCIA持ちで。

サラメの生活ぶりが変わったので、彼の命はもはや狙われていないのだと、友人たちは考えはじめた。ところが、サラメは、自分の命はもう長くないと感じていた。死のことを、よく口にした。〝私の運命が確定するとき、終わりが来る。私を救えるものはだれもいない〟

イスラエルは、彼の運命を確定することにした。

黒い九月が消滅してから、イスラエルでは、さまざまな点で変化があった。ゴルダ・メイアが去り、その後任のイッハク・ラビンは辞任し、いまは、メナヘム・ベギンが首相の座についている。モサドの長官は、ツヴィ・ザミールから、元北部地域司令官のイツハク・ホフィ将軍に代わった。パレスチナ人のイスラエルに対するテロ活動は、散発的に続いていた。一九七六年、ウガンダのエンテベ空港に着陸したエールフランス機のハイジャック事件は、イスラエル軍空挺部隊とサイェレットマトカルによる救出作戦で終わった。一九七八年には、ファタハのテログループがイスラエルに侵入し、民間人の乗るバスを乗っ取り、テルアビブへ向かった。バスは、街はずれに設けられたバリケードで停車し、最後は制圧されたが、乗客三五名が死亡した。民間人の男女と子どもが、イスラエルの領土に侵入したテロリストの攻撃によって、幾度も犠牲になっている。

ベギン首相は、手を血で染めたテロリストを野放しにはできないと感じた。七〇年代後半に、ふたたびサラメの名が報復者リストに載った。

モサドの秘密工作員がベイルートへ派遣され、サラメが運動するために通っているヘルスクラブへはいった。ある日、サウナへ行った工作員は、裸のサラメと真正面で向きあうことになった。

この仰天ものの発見で、モサド本部で激しい議論が湧き起こった。ヘルスクラブで裸でいるサラメは格好の餌食だ。他方で、そこで彼を殺そうとすれば、民間人の犠牲者を出す危険性がある。よって、その案は却下された。

ここで、エリカ・チェンバーズが登場する。

チェンバーズは、独身で奇矯で変人のイギリス人女性で、それまで四年間はドイツで暮らしていた。ベイルートにやってきて、ベルダン通りとマダム・キュリー通りの角に建つ建物の八階の部屋を借りた。近所の住人は、身持ちの堅い彼女を揶揄して貞女ペネロピと呼んだ。住人たちには、貧困に苦しむ子どもたちを世話する国際組織でボランティアをしていると説明してあったようだ。たしかに、あちこちの病院や救援機関にいるところを目撃されている。彼女とアリ・ハサン・サラメとは面識があるとさえ噂するものがいた。とても孤独な女性のようだった。いつも、よれよれのだらしない服装をし、山盛りに盛ったえさの皿を手にして、野良猫にやりに外に出てくる。自室でも猫をたくさん飼っていたらしい。また、熱心な絵描きでもあるが、彼女の作品を見れば、才能が不足していることはすぐに判断できたという。

しかし、レバノンの風景画を描くほかに、チェンバーズが本心から興味を持っていたのは、道路を行き来する車、もっと正確にいえば、毎日窓の下を走っていく二台の車だった。ベージュのシボレー・ステーションワゴンと、必ずそのあとをついてくるランドローバーだ。チェンバーズは、暗号を用いて、車が通る時刻と方向を几帳面に書きとめた。毎朝、二台はスノウブラ地区からやってきて、ベルダン通りとマダム・キュリー通りの交差点を抜け、ファタハ本部のある南へ走り去る。昼食時に同じルートを逆戻りし、午後にふたたび南へ向かう。

双眼鏡で車を眺めるうちに、チェンバーズは、シボレーの後部座席に、武装した二人の護衛にはさまれて座るサラメを確認した。後続のランドローバーに、武装したテロリストが数人乗っている。

あの護衛たちは、サラメを守ることはできても、秘密工作員の最悪の敵からは、彼を守ることができなかった――習慣だ。美しいジョルジーナと結婚してから、サラメの生活は、決まったパターンを繰り返すようになっていた。スノウブラ地区に妻と住み、事務員のように、毎朝同じ時刻に出勤し、昼休みは帰宅し、それが終わるとまた仕事に戻る。彼は、秘密活動の基本的ルールをなおざりにしていた。規則正しい習慣を作らないこと、一ヵ所に長く住みつかないこと、同じ道程を使わないこと、一日の同じ時刻に外出しないこと。

一九七九年一月一八日、ピーター・スクライバーというイギリス人観光客がベイルートに到着し、メディテラニ・ホテルにチェックインしてから、レンタカーのレナカー営業所で、青いフォルクスワーゲン・ゴルフを借りた。その日、カナダ人観光客のロナルド・コルバーグと会った。ロイヤルガーデン・ホテルを宿にし、やはりレナカーでシムカ・クライスラーを借りた男だ。コルバーグは、ダヴィド・モラドにほかならなかった。その次の日、人気のレンタカー営業所に三人めの客がやってきた。すなわちエリカ・チェンバーズは、〝山へ旅行するための〟車を借りたいと注文を出した。サインしてダットサンを借り、自宅の近くに駐車した。

その夜、イスラエル海軍のミサイル艇三艘が、ベイルートとジュニエという港町のあいだにあるひとけのない浜辺に接近し、湿った砂の上に大量の爆薬を置いていった。その様子を見ていたコルバーグとスクライバーが、爆薬をフォルクスワーゲンに積みこんだ。

一月二一日、ピーター・スクライバーはホテルをチェックアウトし、青いフォルクスワーゲンを運転してベルダン通りへ行き、エリカ・チェンバーズの部屋の窓が正面に見える場所に車を駐めた。そのあとタクシーで空港へ行き、キプロス行きの飛行機に乗りこんだ。ロナルド・コルバーグもホテルを引きはらい、ジュニエのモンマルトル・ホテルに移った。

午後三時四五分、いつものようにアリ・ハサン・サラメがシボレーに乗りこんだ。護衛たちはランドローバーに乗り、二台はファタハ本部へと走りだした。マダム・キュリー通りを走ってきて、ベルダン通りへと曲がった。

角の建物の八階から、エリカ・チェンバーズが、近づいてくる二台を見守っていた。そのそばに、リモコンを手にしたモラドが立っている。

青いフォルクスワーゲンのそばを、シボレーが滑るように通ったそのとき、モラドがリモコンのスイッチを押した。

フォルクスワーゲンが爆発し、巨大な火の玉となった。次に、炎に包まれたシボレーが爆発し、金属のかたまりとガラスの破片を猛烈な勢いで噴きあげた。近隣の家の窓が割れ、歩道にガラスの雨を降らせた。煙をあげてくすぶる破片の散るなかで、通行人らは凍りついたようにシボレーの中を見つめた。

警察車と救急車が現場に飛んできて、救難員らが、ねじまがったシボレーから、運転手と二人の護衛と、アリ・ハサン・サラメの遺体を引きずりだした。

ダマスカスのホテル〈ル・メリディアン〉で開催中の会議で議長を務めるヤセル・アラファトに、使者がつらそうに緊急電報を運んできた。アラファトは電報をざっと読んでショックを受け、わっと泣きだした。

その日の夜分、イスラエル海軍のミサイル艇を出発したゴムボートが、ジュニエの海岸に上陸した。ロナルド・コルバーグとエリカ・チェンバーズが飛び乗ると、ボートはふたたびミサイル艇へ引き返した。数時間後、二人はイスラエルにいた。レバノン警察は、キーをさしたままで海岸に駐車されていた二台のレンタカーを発見した。

エリカ・メアリー・チェンバーズというのは、モサドの工作員の本名である。イギリス出身のユダヤ人で、イギリスとオーストラリアで居住したのち、イスラエルへ移住し、ヘブライ大学で研究しているときにモサドの工作員にならないかと誘われた。彼女がイスラエルへ戻ったあと、その名を耳にしたものはだれもいない。


目標は達成され、神の怒り作戦は終了した。

黒い九月は消滅したのだ。

ずいぶんあとになって、その作戦の細部がいくつか明るみになった。アハロン・ヤリヴ将軍は、ゴルダ・メイア首相に〝できるかぎり多くの黒い九月幹部を殺す〟ことを進言したことを、テレビのインタビューで認めた。将軍は、〝我が部隊によるベイルートでの軍事作戦とヨーロッパでの数人の暗殺事件により、ファタハ幹部が、外国でのテロ活動を中止したこと〟を意外に思ったと話した。〝その事実は、一定の期間は、この手段を取って正解だったことを証明した〟

　しかし、その邪悪な計画は、驚くべき、そして希望がうかがえる結末を迎えた。一九九六年、イスラエル人ジャーナリストのダニエル・ベンシモンは、エルサレムの友人たちのパーティに招待された。そのにぎやかなパーティで、彼は、非の打ちどころのない装いをし、流暢な英語を話す、パレスチナ人の愉快な若者と出会った。若者は、アリ・ハサン・サラメと名乗った。

「ミュンヘン・オリンピック事件の黒幕だった男と同じ名前ですね」ベンシモンは言った。

「あれは父です」若者は答えた。「父はモサドに殺されました」目を丸くしているベンシモンに対し、あののち長くヨーロッパで母と暮らしていたが、ヤセル・アラファトの賓客としてようやくエルサレムにやってきたのだと語った。「エルサレムのパーティで、イスラエル人の若者と一緒にダンスする日が来るなんて想像したこともなかったですね」と付け加えた。そして、イスラエル各地を旅したことや、出会ったイスラエルの人々の温かいもてなしについて話し、イスラエルとパレスチナの宥和のために働きたいという意志を明らかにした。

「僕は、平和を愛する人間です」若いサラメは言った。「父は、戦いの時代に生き、その代償として命を落としました。いまは、新しい時代がはじまっています。イスラエルとパレスチナが和解することが、それぞれの人々の人生でもっとも大きなできごとになればいいと思います」

第13章 シリアの乙女たち

一九七一年一一月の悪天候の夜、イスラエル海軍のミサイル艇が、荒れくるう地中海の波をかきわけて、シリアの海岸に向かって進んでいた。夕刻にハイファの海軍基地を出発し、レバノンの海岸線を北上し、シリア領海にはいった。照明を消したミサイル艇は、明るく輝くラタキア港を通りすぎて、北上を続けた。最終的に、トルコとの国境に近い、ひとけのない浜辺から充分に離れた沖に停泊した。第一三小型艦隊の特殊部隊員らが、大きく船体を揺らしながら甲板に現われて、ゴムボート数艘を海面におろした。

出発の準備が整ったころ、錠がかかっていた船室のドアがひらき、私服姿の三人の男が出てきた。三人の顔は、格子縞のカフィエで隠されている。小型トランシーバー、偽造パスポート、私物、装塡済みのリボルバーがはいった防水袋を手にしている。彼らは一言も発さずにゴムボートへ飛び移り、浜へ向かった。特殊部隊員は、彼らの素性も、シリアへ運ぶ理由も聞かされていなかった。夜明け直前に海岸に接近すると、私服姿の男三人は、氷のように冷たい海に飛びこみ、浜へ向かって泳いだ。そして、波間にうずくまって、砂浜で待機している男の影を確認してから、最後数メートルを泳ぎ、男に駆け寄った。男は、〝プロスパー〟というコードネームを持つ、リーダーのヨナタンだった。彼から乾いた衣類を受け取ると、海から来た三人は、寒さで身震いしながら着替えた。近くに車が隠してあった。モサドの現地補助員と思われる見知らぬ男が、運転席で待っていた。走りだした車は、シリアの幹線道路の一本に巧妙に合流し、数時間後、ダマスカスへはいった。

彼らは二軒のホテルで宿泊の手続きをした。長時間の睡眠を取ったのち三人は集合して、シリアの首都の調査に出かけた。第一三小型艦隊の元特殊部隊員にして現モサド工作員の三人が、人生で最も奇抜な任務に取りかかった。このうちの一人がダヴィド・モラドだった。

この作戦は、数週間前からテルアビブのモサド本部で計画されてきた。ツヴィ・ザミール長官、モサドの暗殺部隊カエサレア隊長のマイク・ハラリ、ほかに部長二、三人が、二三歳から二七歳までの若者四人と顔をあわせた。海軍特殊部隊の技能とモサドで受けた訓練を活用しながら幾度も作戦に一緒に参加し、固い絆で結ばれている四人だ。四人とも北アフリカの生まれで、フランス語とアラビア語に堪能だった。そして、自分たちのことを、シチリアのマフィアになぞらえて〝コーザ・ノストラ〟と呼んだ。ザミールは彼らに、作戦の説明をはじめた。

二年前に、シリアからある便りが届いた。縮小しつつあるユダヤ人社会の指導部から送られたものだ。一九七〇年に権力を握って以来、ハーフィズ・アル＝アサド大統領は、現地のユダヤ人を迫害してきた。ユダヤ人は、高齢化する小さな共同体に背を向け、少しずつシリアを出ていった。若く有能な男たちがシリアを出ていったため、ユダヤ人女性の結婚相手がいなくなってしまった。女たちも、イスラエルへ逃げるしかなくなった。

女たちのグループが密輸業者を買収して、レバノン経由で脱出しようとした。何人かは捕まり、殴られ、虐待され、銃撃までされた。それでも少人数が、レバノンの首都ベイルートへどうにかたどりついた。全員が、ベイルートの隠れ家の住所を知っていた。イスラエルへ出発できる日が来るまで、在ベイルートのモサド補助工作員が、彼女たちの面倒を見た。

一九七〇年冬のある晩、ベイルートの北に位置するジュニエ港に接近したイスラエル海軍のミサイル艇に、現地の漁師の船が、シリアから逃げてきた一二人のユダヤ人女性を運んできた。ミサイル艇の艇長は、ベテラン船乗りにして潜水艦乗組員のアヴラハム・ベンゼーヴ大佐だった。作戦の前に、ベンゼーヴの部隊は、海軍基地内に作られた実物大の模型を使って、非常に厳しい演習を行なった。その演習のおかげで、女たちを船から船へ移す作業はよどみなく、効率的に進んだ。ベンゼーヴは部下に命じて、ひどく怯えて身を震わす女たちに毛布をかけさせ、サンドイッチとコーヒーを配らせてから、全速力でハイファへ戻った。午前四時に港にはいったとき、驚いたことに、見まちがいようのないゴルダ・メイア首相の姿が岸壁にあった。首相と並んで、イスラエル軍参謀長のハイム・バルレフ将軍と、その副官のダヴィド・エラザル将軍の顔も見えた。メイアは、シリアからやってきた女性たちのためにささやかな歓迎会をひらき、彼女たちの話を聞いて、大きく心をかき乱された。その次の年、ベンゼーヴと後任のアムノン・ゴネンは、さらに何度か作戦を決行し、シリアの女性たちをレバノンからイスラエルへ連れ帰った。しかし、シリアからレバノンへの国境越えの危険性は高まっていたうえ、アラブ人の密輸業者や漁師は信用できなかった。というわけで、メイアは、残る女たちを、シリアからイスラエルへ直接連れてくるしかないと決心した。

　首相はザミールを呼び、シリアの女たちを救出せよと命じた。

　ザミールは、コーザ・ノストラの四人に語りかけた。「女たちを救いだせ。それがきみたちの任務だ」

　会議室では、白熱した議論が続いた。これはモサドの工作員がやる仕事だろうかと、一人が疑問を口にした。ユダヤ機関がやるべきことだ。別の男は、モサドは結婚仲介所ではない、ユダヤ人の女たちに結婚相手を見つけてやるために、最も危険で残忍なアラブ国家で命を危険にさらせというのか、と怒りの口調でまくしたてた。

　ザミール長官は一歩も譲らなかった。彼は、敵国内のユダヤ人社会を助けることは、創設当時からのモサドの任務であると断言した。

　作戦名は〝スミハ〟と名づけられた——ヘブライ語で〝毛布〟を意味する。

　コーザ・ノストラがシリア国内にはいった次の日、コーザ・ノストラは自信を深めた。彼らはフランス語で話しながら、ダマスカスの街中を歩いた。周囲の状況を観察し、世に恐れられているシリアの秘密諜報機関〝ムハバラト〟に尾行されていないことを確認した。その日の夜、こうこうと明かりのついた市場をぶらつきながら、とある宝石店にはいったときだった。〝プロスパー〟と〝クロディー〟（エマヌエル・アロン）がフランス語で話しながら宝石類をじっくりながめているところへ、店主が近づいてきて身をかがめ、そっとささやいた。「あなたがたはブナイ・アメヌ（ヘブライ語で『同胞』の意味）ですね？」

彼らはぎょっとした。そんなに簡単に正体を見破られるのなら、非常に危険だ。店主の言葉を聞かなかったふりをして、すぐに店を出て、人ごみにまぎれた。

シリアを脱出してイスラエルへ行けそうだという情報は、ユダヤ人社会の若い女たちに広まっていた。「シリア国内の私たちの状況は、それはそれはひどいものでした」のちに、女性の一人であるサラ・ガフニは語った。「結婚する必要に迫られていました――けれど、相手はどこにもいませんでした。いろいろな話や噂を聞いて、そうするしか道はないと思いこんでいました。イスラエルへ行こう、ユダヤ人の国へ行こう、と」

プロスパーのもとに、ひそかに連絡がはいった。明日の夜、女たちが、ホテルからそう遠くない場所に駐めた小型トラックで待っている。

果たして、次の日の夜、コーザ・ノストラは、暗い通りに駐められた、後部にキャンバス地の幌をかけた小型トラックを見つけた。彼らは前もってホテルをチェックアウトし、荷物を手にしていた。二人がトラックの運転台へ、残る二人は幌をめくり、一五から二〇歳までの女性たちと、一〇代の少年一人の乗る荷台へあがった。コーザ・ノストラはふたたびカフィエで頭と顔をおおい、目の部分だけ出した。シリアでは、軍と検察が、幹線道路にバリケードと検問所を設けることがしばしばある。万が一、警察に呼びとめられたときは、高校の遠足だと説明することにした。

トラックを調達してきた現地補助工作員が運転手だ。あらかじめ打ちあわせてあった場所でさらに二人を乗せてから、タルトゥスに向かって北へ走った。ひとけのない浜辺にたどりつくと、シリアの若いユダヤ人女性と工作員は廃屋に身を隠した。イスラエル海軍のミサイル艇は、かなり沖合で待っている。プロスパーは懐中電灯で船に合図を送り、無線で呼びだした。第一三小型艦隊特殊部隊隊員の乗るゴムボートが浜へ近づいてくる。

そのとき、プロスパーと仲間のすぐそばで、連続する銃声が響いた。彼らはさっと身を隠したが、自分たちを狙った銃撃でないことはすぐにわかった。だれが撃っているのか？　ゴムボートが見つかったのか？

〝浜は混乱状態だ〟特殊部隊長のガディ・クロルは、本国にそう無線連絡した。だが、彼はあきらめなかった。ゴムボートに連絡し、前もって選んであった北側の第二候補地へまわらせた。同時に、プロスパーらは女たちをトラックに乗せて北へ向かい、ゴムボートと再度連絡を取った。第二の浜は静かだった。女たちと、またもカフィエで顔を隠したコーザ・ノストラは、胸まで水につかって海の中を歩き、ゴムボートに乗りこんだ。荒れた波に長い時間激しく揺られ、ついにミサイル艇へ到着した。工作員はすぐに船室へはいった。女たちは別室へ連れていかれ、シリアから脱出したことをだれにも話してはならないと命じられた。家族はまだダマスカスにいるので、彼女たちがイスラエルへ逃げたことが広まれば、両親に危険がおよぶ可能性がある。

現地補助工作員は、トラックを運転してダマスカスへ戻り、次の作戦の準備にかかった。

その後は何事もなく、ミサイル艇はハイファへ到着した。しかし、次の任務にかかる前に、あの夜、何者が浜辺で発砲したのか、モサドは突きとめようとした。情報部は、スパイ報告を調査し、シリアの冬眠スパイを始動させ、軍内部の情報源と接触させた――が、成果はなかった。そして、発砲事件は、不出来な待ち伏せ作戦か、シリア兵が海上の不審な動きに過敏に反応したのだろうと結論づけられた。

次の作戦では、コーザ・ノストラは空路でダマスカスにはいった。考古学専攻の学生という名目でパリからやってきた四人は、シリアの古代遺跡を見学しにいった。そして、偽造パスポート、パリの地下鉄の切符、硬貨、カフェやレストランのレシートなど、偽りの身分を裏づける品々でポケットを一杯にしていた。身分証などの書類はすべて整っていたにもかかわらず、彼らは不安でぴりぴりしていた。ムハバラトに正体を見破られるのではないだろうか？ なんの問題もなく入国審査を通過したあとも、気持ちはまだ落ち着かなかった。空港の到着ロビーを横切り、それぞれタクシーに乗りこんで都心へ向かった。四人は、別々のホテルへはいった。クロディーは、ダマスカス・ヒルトンで宿泊の手続きをした。

ダマスカスで過ごす初めての夜は緊張に満ちていた。万一、四人が捕まった場合の運命はもう決まっている。拷問と凄惨な死だ。補助工作員に頼んで、かの有名なイスラエルのスパイ、エリ・コーヘンの処刑が数年前に行なわれた広場に連れていってもらった。絞首台からぶらさがるコーヘンの遺体の前に集まった群衆が、拳を振りまわしながら歓声をあげたという、まさにその場所に立っているだけで、四人は精神的に参ってしまった。クロディーは仲間と別れ、ホテルに走って帰った。ひどく動揺したのだ。

広場の恐ろしい光景が脳裏から消えず、ベッドで寝返りを繰り返し、まったく眠れなかった。ふと、真夜中にドアのほうから物音が聞こえた。クロディーは即座にぴんときた。鍵穴に鍵を差しこもうとしている。ここまでだ、彼は観念した。俺を捕まえにきたのだ。次に街の広場で処刑されるのは俺だ。彼はドアへ近寄って、のぞき穴から外を見た。年配のアメリカ人観光客が、むなしくドアをあけようとしている。何度かやって失敗したのち、その女性はあきらめて立ち去った。エレベーターをおりる階をまちがえたらしい。クロディーは、生まれ変わったように感じた。

次にユダヤ人女性を移送する手はずが整うのを待つあいだ、四人はダマスカス市内を歩きまわり、カフェやレストランにはいった。食事をしながら抱腹絶倒する〝フランス人〟四人組を、ウェイターたちは口をぽかんとあけて見とれた。すべてはクロディーのせいだった。彼は、ヘブライ語の俗語の冗談をはさみながら、フランス語で大げさな即興演説をして、仲間の――自分の――不安と緊張を追いはらうことに、何度も成功した。

今回、そしてその後も作戦は成功し、順調に続いていた。そんなある日、プロスパーと仲間は、沿岸に終結した大部隊がせわしなく移動していることに気づいた。厳重な哨戒が行なわれている沿岸での作戦行動は危険だ。プロスパーは旅程を変更することにした。

「ベイルートへ行け！」支援者にそう告げると、自分たちは一〇〇キロ離れたレバノンの首都へ急行した。国境を越えたのち、プロスパーは、ベイルートの北に位置する、主にキリスト教徒が住むジュニエの港へ行った。そこで中間サイズのヨットを借りる。船の所有者には、友人の誕生日に一五人の客を招待して舟遊びに出かけ、〝サプライズパーティ〟をひらきたいのだと説明した。ヨットを借りる手続きをすませ、出港準備が整うと、パリにいる上官に暗号通信を送り、計画変更を知らせた。まもなく同じチャンネルで、作戦の許可を受け取った。

その夜、ダマスカスから、ユダヤ人の若い女性たちを乗せたトラックがやってきた。クロディーがハンドルを握っている。トラックは、レバノンとの国境まで数キロのところで停止し、荷台の人間をおろした。クロディーは一人でトラックを走らせ、国境検問所に書類を提出し、レバノンへはいった。そして、道端でトラックを駐めて待った。モサドの工作員に付き添われ、重いスーツケースを持った若い女たちは、国境管理壁を迂回して、暗がりの中、岩だらけの荒地をよろよろと数時間も歩いた。骨の折れる行進ののち、国境の反対側の道路に達し、クロディーと再会した。そして、トラックはジュニエへ向かった。彼女たちは一人ずつ船に乗りこみ、ついにヨットは〝サプライズパーティ〟へと出発した。沖合で、女たちは海軍艇へ乗り移った。

その翌日、コーザ・ノストラはベイルートをぶらつき、買い物をした。夜になると、行きと同じルートでダマスカスへ向かった。国境の数キロ手前で三人の工作員はトラックから降り、検問所を迂回して暗い荒地を歩いた。クロディーは合法的にトラックで国境を越え、道路の先で仲間を拾い、ダマスカスへ戻った。

次の日、パリへ、そしてテルアビブへ帰った。

一九七三年四月に作戦が終了したとき、ハイファの海軍基地へやってきたゴルダ・メイア首相じきじきに、プロスパーやクロディーら四人に謝意を表した。一九七〇年九月から一九七三年四月までのあいだに、モサドと海軍は、タルトゥスの浜とレバノンの海岸から、シリアのユダヤ人の男女を連れだす作戦を約二〇回行なった。全作戦が成功し、一二〇〇人近い人々がイスラエルへ運ばれた。その作戦の秘密は、三〇年以上にわたって守られた。

そして、コーザ・ノストラの役目は終わった。四人は、たまにモサドの特別作戦に呼ばれることはあったものの、事業や観光や役所仕事など、もっと穏やかな仕事についた。

時は過ぎ、エマヌエル・アロン（クロディー）が親族の結婚式に出席したときのことだ。花嫁に紹介されてすぐに、彼は気づいた。彼がシリアから連れてきた女性の一人だ。そして尋ねた。「どこから来たの？」

女性の顔色が変わった。いまでも秘密を守らなければならないと感じていたのだ。アロンは彼女に微笑みかけた。「シリアから来たんじゃないかい？　船で？」

肝をつぶし、気絶しそうになった女が、いきなり彼の腕をつかんで抱きつき、心のこもったキスをした。「あなたでしたのね」彼女はつぶやいた。「あそこから連れだしてくれたのは！」

「そのとき」のちにアロンは語った。「俺たちが冒した危険はすべて報われた」

第14章 「きょう、戦争になる！」

一九七三年一〇月五日午前一時、〝ドゥビ〟のコードネームを持つモサド工作員に、カイロから電話がかかった。上級局員であるドゥビは、ロンドンの隠れ家を拠点にして活動している。電話は、すさまじい衝撃をもたらした。電話してきた相手は、モサドにおいても最も重要で、最も秘密とされているスパイだった。そんなスパイが存在することさえ、ごく少数しか知らない。コードネームは、エンジェル（他の報告書で、〝ラシャシュ〟または〝ホテル〟と呼ばれているときもある）だ。エンジェルが口にした数語のうちの一語を聞いて、ドゥビは身を震わせた。その語とは、〝化学薬品（ケミカルズ）〟だった。ドゥビはすぐさま、本国のモサド本部を呼びだして、暗号を伝えた。それを聞くやいなや、ツヴィ・ザミール長官は、参謀のフレディー・エイニに告げた。「ロンドンへ行ってくる」

ぐずぐずしている時間はない。〝ケミカルズ〟という言葉には、不穏なメッセージが隠されている。〝イスラエルに対する攻撃が間近に迫っている〟だ。

一九六七年の第三次中東戦争で、イスラエルは広大な領土を占領した。エジプトのシナイ半島とガザ地区、シリアのゴラン高原、ヨルダンのヨルダン川西岸とエルサレムである。その戦争に勝利したときから、近隣のアラブ諸国からの攻撃は予想されていた。現在イスラエル軍は、ゴラン高原、スエズ運河東岸、ヨルダン川沿いに展開している。アラブ諸国は勇ましく復讐を誓っていたものの、第三次中東戦争の最初の六日間に続く消耗戦では、イスラエルが優勢だった。占領した領土を交渉で交換しようというイスラエルの努力を、アラブ諸国ははねつけた。そうしているあいだに、威勢のよかったエジプトのナセル大統領が死去し、アンワル・サダトに代わった。カリスマ性に欠ける男で、イスラエルの専門家からは、意志が弱く、優柔不断で、国民を率いて戦争をする能力はないと見られていた人物だ。イスラエルでは、エシュコル首相が死んだのち、ゴルダ・メイアという強靭で不屈の女性政治家が首相になり、世界的に有名なモシェ・ダヤン国防大臣がそれを補佐した。最高の人材がイスラエル国家の安全保障をになっていると考えられていた。

カイロから電話がかかる二、三週間前、ヨルダンのフセイン国王が超極秘でイスラエルを訪問し、エジプトとシリアがイスラエルの攻撃を計画していることを、メイア首相に警告した。フセインは、イスラエルと秘密の同盟関係を結び、メイアが送った外交使節と集中的な交渉を行なっていた。しかし、そのときのメイアは、フセインの警告を真剣に受けとめなかった。間近に控えていた選挙と、〝スエズ運河ではすべてが平穏〟というスローガンで行なわれていた労働党のキャンペーンのほうに、すっかり関心が向いていたのだ。

贖罪の日（ヨムキプル）のわずか一八時間前、スエズ運河沿いのすべてが不穏に見えた。ツヴィ・ザミールは、エンジェルの警告を厳粛に受けとめた。あらかじめ決めてあった手順に従って、ザミール長官は、暗号を受け取るとすぐに、そのスパイとロンドンで会うことにした。

ザミールは、ロンドンへ出発する最初の便に搭乗した。ロンドンのドーチェスター・ホテルからそう遠くない場所に建つビルの六階に、ひっそりとモサドの隠れ家があった。隠しカメラが設置されたその部屋は、モサドの工作員が詰めて安全性を確保している。たった一つの目的のために設けられた隠れ家だった。エンジェルとの会合のためだ。ツヴィ・ザミールが到着すると、工作員一〇人が建物の周囲の位置についた。カイロから送られてきた信号が、長官を捕える、または傷つけるための計略だった場合の守備態勢だ。その班を率いるのは、アルゼンチンのアイヒマン捕獲作戦に参加した伝説の古参工作員、ツヴィ・マルキンだった。

ザミールは緊張し、いらつきながら、その日ずっとエンジェルを待っていた。エンジェルは、カイロからローマへ飛んで時間調整し、夜が更けたころにロンドンについたようだ。二人が隠れ家で顔をあわせたのは、午後一一時だった。

いっぽう、イスラエルは、ヨムキプル――祈りと絶食とつぐないのための祭日――を迎えていた。あらゆる仕事は中断され、テレビとラジオの放送は休止し、一台の車も道路を走っていない。イスラエルの国境を警備する部隊は、必要最小限に減らされた。

ザミールとエンジェルとの会合は二時間続いた。ドゥビは、その一字一句を記録した。

午前一時近くに会談は終了した。ドゥビはエンジェルを別室へいざない、いつもの一〇万ドルを支払った。ザミールは、イスラエルへ送る緊急電報の原稿を大急ぎで書いた。だが、運命のかかったメッセージを送信するための大使館暗号器が見つからない。ついにザミールは怒りを爆発させ、参謀のフレディー・エイニの自宅に電話をかけた。電話はつながらず、途方に暮れた交換手が告げた。「だれも出ません。今日は、イスラエルの大切な祭日だと思います」

「もう一回やってみろ！」ザミールはうなるように言った。ようやく、電話のベルで目ざめたエイニが受話器を取り、寝ぼけたような声で答えた。「冷たい水を洗面器に溜めろ」ザミールは言った。「そこに足をつけて、ペンと紙を手に持て」言われたとおりにしたエイニに向かって、ザミールは、暗号化した文章を口述した。「会社は、今日じゅうに契約書にサインする」

そして、ザミールは付け加えた。「さあ、服を着て本部へ行き、全員を起こせ」

エイニは、ザミールの言葉どおりに動いた。そして、イスラエルの政治的・軍事的指導者に電話をしはじめた。エイニが彼らに伝達した事項を、一つの文章に要約するとこうなる。

〝戦争はきょう起きる〟

それからまもなく、ザミールが打った電報がようやくテルアビブに届いた。〝計画に従って、エジプトとシリアは宵の口に攻撃を仕掛ける。今日がイスラエルの祭日であることを承知したうえで、暗くなる前に「スエズ運河の我が国側へ」上陸できると考えている。攻撃は、我々がつかんでいる計画どおりに行なわれるだろう。サダトは、アラブ諸国の首脳たちとの約束があるため、攻撃を遅らせることはできないし、すべての細部に関与したいと考えていると、彼（エンジェル）は見ている。サダトは躊躇しているが、攻撃作戦が実施される確率は九九・九パーセントだと彼は考えている。アラブ側は、自分たちが勝つものと確信しているため、早期に発覚して、外部の介入をまねくことを恐れている。それによって、同盟国が躊躇し、考えなおすだろうからだ。ロシアは、攻撃には参加しないだろう〟

ザミールの大げさな報告を、必ずしも全員が真に受けたわけではなかった。自信たっぷりの美男子で、アマンの部長を務めるエリ・ゼイラ将軍は、スパイからの不安をかきたてる報告はあるにせよ、戦争勃発の危険はないと考えていた。スエズ運河のアフリカ大陸側に大規模に集結しているエジプト兵と機甲部隊は、大軍事演習以外のなにものでもないと信じていた。しかし、ザミールとの話の中で、第八四八部隊（八四八はイスラエル軍通信傍受施設、のちに第八二〇〇部隊と改名）からはいってきた報告――シリアとエジプトに駐在するロシア人軍事顧問の家族が、その二国からあわてて退去しているという、戦争が迫っているなによりの証し――に関する〝理由は不明〟ともゼイラは認めた。

アマン部長をはじめ、国防筋の幹部の大半は、〝概念〟を確固として支持していた――エジプトがイスラエルを攻撃する条件は二つある。第一に、イスラエルの戦闘機に対抗できる戦闘機と、イスラエルの人口集中地域に到達する爆撃機やミサイルを、ソ連から獲得したとき。第二に、他のアラブ諸国の参戦を確信したとき。この二つの条件が重ならないかぎり、エジプトが攻撃してくる可能性はないと〝概念〟は述べている。エジプトは、威嚇し、からかい、挑発し、大演習を行なうだろう――が、戦争をはじめるつもりはない。

……いた。その年、エジプト軍の大部隊は、イエメンの泥沼にはまりこんで……動にも出ないだろうと、イスラエルは考えて……とはいえ、一九六七年五月一五日、ナセル大統領が国連監視団を追いはらい、紅海からイスラエル船舶を締め出したときに、エジプト陸軍の精鋭部隊が突如としてシナイ半島を横断し、イスラエルとの国境に達した。イスラエルの軍事専門家らは、自分たちの理論の誤りを認めるべきだった。ところが、第三次中東戦争の目覚ましい勝利の余韻のせいで、目がくらんでいた。

〝概念〟理論は、一九七三年一〇月六日の早朝に招集された臨時閣僚会議にもつきまとっていた。ゼイラだけでなく、ほか数人の閣僚も、エジプトーシリア同盟軍の奇襲攻撃がまもなく開始されるだろうという報告を信じかねていた。過去にも、一九七二年一一月および一九七三年五月の二度、エンジェルが、外国からの攻撃が迫っているとイスラエルに警告を発したことがあった。たしかに、最後の瞬間に前言を翻したものの、一九七三年五月には、イスラエルは大人数の予備兵を緊急動員したため、三四五〇万ドルもの巨額を費やした。

その朝の閣僚会議に出席していた全員が、事態の重大性を認識していた。にもかかわらず、予備兵の一部の動員を決定しただけだった。また、運河沿いに集結したエジプト軍の大部隊を予防攻撃しないことも決定した。

帰国したザミールは、あくまで自分の意見にこだわった。戦争は迫っている！　エジプト軍とシリア軍の合同攻撃が日没直前に行なわれるというエンジェルの警告を、彼はそのまま引用した。

午後二時、ゼイラは、自分の執務室に従軍記者たちを呼びいれ、戦争が起きる確率は低いと明言した。彼がまだ話している最中に、補佐官がはいってきて、メモを手渡した。それを読んだゼイラは、なにも言わずにベレー帽をつかむと、急ぎ足で部屋を出ていった。

数分後、空襲警報が、ヨムキプルの静寂を破った。第四次中東戦争が始まったのだった。

戦争が終わったあと、アマン幹部は、攻撃開始はその日の終わりだと知らせてきたエンジェルを痛烈に非難した。実際に攻撃が開始されたのは昼間だったのだ。あとになって、攻撃開始時刻は、シリアとエジプト両国の大統領の電話会議により、最後の瞬間に変更されたことが明らかになった。エンジェルがすでにロンドンへと出発したあとのことだった。

アマン幹部が、エンジェルの情報のまちがい、または、以前に発した誤った警告に浮き足立っていたことが異様に思える。どうやらアマン幹部は、エンジェルを情報源としてではなく、エジプトの大統領執務室で起きたすべてのことを事細かく報告させるためにモサドが送りこんだ代表者とみなしていたようだ。上級の地位にあるとはいえエンジェルは単なるスパイを知って、[illegible]情報を入手できるものの、あらゆるスパイの例に漏れず、つねにすべて第四次中東戦[illegible]、アマン幹部は忘れている。[illegible]の日まで、エンジェルは、イスラエルに第一級の情報を送り続けた。エジプト軍が、イスラエル軍の部隊集結地にスカッド・ミサイル二基を発射したとき、エンジェルからの報告を聞いて、イスラエルは胸をなでおろした。エジプト軍には、これ以上ミサイルを発射する意図も、戦争を激化させる意図もないと、エンジェルは言ったのだ。

一〇月二三日、戦争は終わった。ゴラン高原ではシリア軍が敗走し、ダマスカスから三〇キロの地点に、イスラエル軍の大砲が配備された。南方では、エジプト軍が、スエズ運河のイスラエル側を幅一〇キロにわたって占領したものの、イスラエル軍は、エジプト領内に橋頭堡を築き、エジプト軍の布陣を破り、カイロからわずか一〇〇キロの距離に複数の陣地を構築し、エジプト陸軍第三軍を完全に包囲した。

それでもイスラエルは、この勝利を喜ぶことができなかった。この戦争で、死者二六五六人、負傷者七二五一人を出し、軍事的に優位にあるという神話は崩れたからだ。

とはいえ、イスラエルとエジプト間で交渉がはじまり、最初に終戦協定が、次に、二国間の恒久的平和条約樹立のための協定が結ばれた。シリアは、和平プロセスへの参加を拒んだ。

ツヴィ・ザミールの任期満了にともない、イツハク・ホフィ将軍がモサド長官に就任した。功績を賞賛する声に包まれて、ザミールはモサド長官を辞任した。情報機関関連で唯一、シリア－エジプト軍の攻撃準備に関して警告を発した人物であること、差し迫るイスラエル攻撃について重大な報告をもたらしたことを絶賛された。仮にイスラエルの国家指導部が、ザミールの警告にもっと耳を傾け、予防攻撃を即刻命じていたら、イスラエルにとって、はるかにましな結果になっていた可能性が高い。イスラエルが先に戦争を始めたと非難されないために予防攻撃を思いとどまったのだと、一部の閣僚は主張した。その釈明は不自然なうえ、近視眼的決定に思える。どちらが大切なのか——先に戦争を始めたのはイスラエルだと〝非難〟されないことか、それとも、持てる手段のすべてを使って国を守ることか？

しかし、イスラエル人歴史学者のウリ・バルヨセフ博士は、エンジェルの警告によって、ゴラン高原は守られたと主張する。一〇月六日の朝、エンジェルの報告に従って、戦車乗組員が緊急動員された。彼らは午後のうちにゴラン高原へ到着し、シリア軍のナファ地区への進軍をくいとめた、と博士は書いている。

戦争が終了すると、国民から前例のない要求を受けて、イスラエル政府は、最高裁のシモン・アグラナト判事を委員長とする査問委員会を任命し、第四次中東戦争における意思決定プロセスを調査させた。委員会は、エリ・ゼイラ将軍（くわえて、ダヴィド・エラザル陸軍参謀総長を含む七人）の即刻の解任を命じた。

ところで、エンジェルとは何者だったのか？　彼の正体に関しては、さまざまな物語や報告や書物——すべて間違ったものばかり——が、何年にもわたって発表されてきた。エンジェルは、エジプトの国家指導部およびエジプト陸軍最高司令部に近い地位にある人物であることは明らかだった。しかし、彼の本当の姿のまわりに張りめぐらされた鉄壁の守りを、だれも破ることはできなかった。ジャーナリストや評論家は、彼にさまざまなコードネームをつけ、語り伝えられるほどの才能に恵まれた人間として表現した。彼は、数多くのスパイ物語の、そして、ベストセラー小説のヒーローにさえなった。

解任されたあとも、ゼイラ将軍は、胸の奥深くに大きな不満をかかえていた。そして、自分の無実を証明し、一九七三年の事件に対する自分なりの見解を世間に発表することを決意した。

最終的には自著で、自分の答えを表明することに決めた。エンジェルの報告を、自分はなぜはねつけたのかという疑問に対する答えである。

エンジェルとは、イスラエルを誤った方向に導くために、悪賢いエジプト人がモサドに送りこんだ二重スパイにすぎないとゼイラは書いている。

ゼイラの見解を信じたジャーナリストたちは、エンジェルは確かに優れた二重スパイだったという記事を書いた。そういった記事によれば、エンジェルの役割は、ある期間、事実に即した正確な情報を流して、イスラエルの信頼を勝ち取り——その後、モサドが実質的に言いなりになったら、大嘘の情報を知らせて破滅に導くというものだった。

よくできた話である。それで、だいたいの説明はつくが、すべてではない……というのは、ゼイラと彼の支持者は、ある一つの事実を完全に無視している。エンジェルの報告は、最初から最後まですべて、完全に正確だった。そんな大嘘の情報がどこにあったのか？

そして、エンジェルがイスラエルを誤った方向に導くつもりなら、スエズ運河沿いに集結した部隊は演習のためであり、戦争はないと知らせればよかった——が、〝二重スパイ〟は、それとは反対の情報を伝えてきた。イギリス駐在のザミールの部下に電話をかけて、警告——〝ケミカルズ〟——を発し、そのあとロンドンに飛んできて、奇襲攻撃が迫っていることをザミールに伝えた。

それでもまだ、ゼイラは満足していなかった。二〇〇四年、著書の新版が刊行されたとき、さらに一歩すすんで、エンジェルの正体を公表したのだ。経験豊富なジャーナリスト、ダン・マルガリットが司会を務めるテレビのニュース番組の対談を頂点とする数々のインタビューで、ゼイラは、エンジェルの本名を明かした。

アシュラフ・マルワン。

その名は、エジプトの政界に詳しい人々を仰天させた。彼らからすれば、マルワンがイスラエルのスパイだったとは信じがたいことだった。

では、この大物スパイは何者なのか？　アシュラフ・マルワンとはどういう人物だったのか？

一九六五年、エジプト北部の都市ヘリオポリスのテニスコートで、恥ずかしがりやで可愛いエジプト人の少女が、容姿端麗で魅力的な若い男と出会った。モーナというその少女は、一家の三女で、最もできのよい娘とはいいがたかった。知能が高く、ギザ高校の優等生だったのは姉のフダだ。けれどもモーナは愛嬌があり、父親のお気に入りの娘だった。そのモーナが出会った若者は、社会的名声のある裕福な一族出身だった。化学を専門とする理学士の学位を取得して大学を卒業し、陸軍に入隊したばかりだった。そしてモーナは、その若者に夢中になった。

まもなく、モーナは恋人を家族に紹介した。こうして若者は、モーナの父親であるガマル・アブデル・ナセル大統領に引きあわされた。

娘の結婚相手が理想的な男かどうか、ナセルに確信はなかったものの、娘の意志は固かった。しかたなくナセルは、大統領親衛隊の上級士官である若者の父親を大統領執務室に招き、子ども同士を結婚させることに決めた。それから一年後の一九六六年七月、若い二人は結婚した。そのあとすぐに、モーナの夫は共和国警備隊の化学部門の配属となり、一九六八年末に、大統領府科学局に転属した。

大統領の義理の息子の名はアシュラフ・マルワンという。

若者は、新しい仕事に満足していないようだった。彼は、ロンドンで研究を続けたいと、ナセルに申し出た。ナセルは承諾し、アシュラフ・マルワンは、エジプト大使館の監督のもと、イギリスの首都に単身で移り住んだ。

ところが、監督は行き届かなかったようだ。アシュラフ・マルワンは、ぜいたくな生活、パーティ、アバンチュールが大好きだった――そのすべてが、六〇年代のロンドンにはたっぷりあった。エジプト人の若者が、手当てを使い果たすまでに長くはかからなかった。夜の楽しみのための資金源をどこかで見つけなければならない――そしてすぐに見つけた。

クウェートのアブダラ・ムバラク・アルサバハ族長《シーク》の妻、スアドだ。マルワンは、情熱的な夫人を楽しませ、そのお返しに、夫人は財布をあけた。だが、その取り決めは長続きしなかった。情事がばれ、腹を立てたナセルは、この女たらしを帰国させた。ナセルは、娘のモーナに姦夫との離婚をせまったが、モーナはきっぱり拒絶した。ナセルは結局、マルワンをエジプトにとどまらせ、論文を提出するときだけロンドンに行かせることにした。また、マルワンは、スアド・アルサバハから受け取った全額を返金する義務も負った。彼は、ナセルの直属となり、時折ささいな作業か任務をまかされた。

一九六九年、マルワンは、大学に論文を提出するために再びロンドンを訪れた。だが、そのときに、義理の父親を裏切る第一歩も踏みだしたのだった。エジプト大統領から恥をかかされた彼は、それを恨みに思い、鬱屈した思いをかかえていた。彼は迷わなかった。イスラエル大使館に電話をかけて、大使館付き武官につないでくれと頼んだ。出てきた士官に、マルワンは本名を名乗り、イスラエルのために働きたいと単刀直入に言った。そして、この種の活動をしている人々に、彼の要望を伝えてくれと希望した。士官は、彼の話を真剣には受けとらず、そういう電話があったことを報告しなかった。マルワンがかけた二度めの電話にも、なんの対応もなされなかった。とはいえ、その話は、モサドの局員数人に伝わった。マルワンからの電話を受けたのは、モサドのヨーロッパ支局長であるシュムエル・ゴレンだった。ゴレンは、マルワンの素性を知っており、置かれている立場の重要性に気づいていたので、大使館にはもう電話をしないように頼んだ。その代わりに、非公開の電話番号を教え、同僚にその旨を通達しておいた。

ゴレンの最高機密報告書が、ツヴィ・ザミールと、モサドの人材スカウトを行なう部署ツォメットのレハヴィア・ヴァルディ部長のもとに届いた。二人は特別チームを編制し、マルワンについて徹底的に調べさせた。一方で、マルワンの行動は、典型的なおとり捜査そのものだった。努力して勧誘したわけでもないのに、敵組織の高位にある人物がスパイになろうと買って出たのだ。その点が非常にあやしい。エジプトの諜報機関からおとりとして送りだされた二重スパイであるとも考えられる。

しかし、他方で――同じことが、正反対の意味を持つ。敵組織の高位にある人物が、スパイになろうと買って出た。その男は、ほかのだれも手に入れられないような極秘情報に手が届くにちがいない。ということはつまり、彼は理想的なスパイ、世界の諜報機関が夢見るような人材ではないか？　そのうえ、ヴァルディ配下の者たちは、マルワンという男を知っていた――野心的な若者にして快楽主義者、つまるところは金銭が大好きな男。モサドの人材スカウト係にとって、誘惑は絶大だった。

ロンドンへ戻ったゴレンは、マルワンに会いたいと申し出た。同意し、やってきたマルワンは、優雅な服装に身を包んだハンサムな若者だった。彼は、一九六七年の第三次中東戦争でエジプトが負けたことに深く失望した、だから、勝者につくことにしたと包み隠さずに話した。そして、その〝イデオロギー〟的動機にくわえて、彼は大金を要求した。スパイ管理者との面談一度につき一〇万ドル。

巨額のコストにもかかわらず、ゴレンはその要求を承諾した。それまで、モサドのスパイ一人に、そんな高額が支払われたことは一度もなかった。とはいえ、まずはマルワンが言葉どおりの優秀なスパイであるという明確な証拠が必要だった。ゴレンは、一例となる秘密文書の提出を求めた。それによって、マルワンをモサドに縛りつけることにもなる。マルワンがイスラエルのスパイになったという動かぬ証拠となる。エジプト人から見れば、それによってマルワンは、国を裏切った敵スパイとなる。

マルワンは、ゴレンを長くは待たせなかった。持参したのは、一九七〇年一月二二日にモスクワで行なわれた、ナセル大統領とソ連指導部との会談の全記録だった。そのときのモスクワ訪問で、ナセルはソ連に、イスラエルの内陸部を攻撃可能な近代的な長距離爆撃機の提供を求めた。

その文書は、読んだ者全員を驚かせた。その種の文書を目にしたのは初めてだったのだ。信頼性に疑いの余地はなかった。そして、すばらしい宝物を手にしたことを、モサド幹部は認識した。マルワンの管理者としてドゥビを指名し、ロンドンへ派遣した。即座に準備が始まった。ロンドンにエンジェルとの面談用のアパートメントを借り、隠しマイクと録音装置を取りつけ、安全を確保し、花形スパイに支払うための特別基金を設けた。いつでも開始できる準備が整った。

面談は、マルワンが渡したい情報を入手したときに行なわれた。ドゥビと取り決めた約束事にしたがって、マルワンは仲介者（ロンドン在住のユダヤ人女性だったといわれている）に電話をかける。そこからモサドに連絡が行く。マルワンが管理者に渡したのは、大量の情報や、最高機密の政治および軍事関係の文書などだ。アマンの第六支部（エジプト軍担当）長のメイル・メイル大佐が、マルワンとの面談に数回出席した。メイルはいつも、偽名でロンドンへやってきた。身元を特定するような衣類のラベルはすべて除去してあった。ロンドンに到着すると、徒歩やタクシーやバスで市内を動きまわり、尾行されていないことを徹底して確認したのち、借りた部屋のある建物へ行き、六階へあがるのだった。大佐がその部屋でマルワンに初めて会ったとき、マルワンは、あからさまに彼を侮り、見下すような目でにらんだという。メイルが莫大な知識と経験の持ち主と知ってようやく、ハンサムだが無礼なマルワンは態度をやわらげた。一度、メイルは、マルワンに渡してくれといわれてブリーフケースを預かったことがある。中身は何だと尋ねると、友人のモサド工作員は目くばせして、「ハメディア広場の高級マンションさ」（ハメディア広場周辺は、テルアビブの一等地）と答え、大金がはいっていることをにおわせた。モサドの推定によれば、イスラエルはマルワンに、合計三〇〇万ドル強を支払ったとされている。

ナセルは一九七〇年九月二八日に他界し、アンワル・サダトが後を継いだ。イスラエルで五本の指にはいるエジプト研究者の一人、シモン・シャミル教授は、モサドから依頼されてサダトの人間性を分析した。意志薄弱で鈍感な男だ、とシャミルは言い、サダトの政権は長続きしないだろうし、戦争もしないだろうと強調した。同じように感じていたエジプトの指導層の大多数とはちがい、マルワンは無条件にサダトを応援することにした。ナセルの私用金庫の鍵を妻からもらい、重要な資料や書類を取りだして、新大統領のところへ持っていった。

一九七一年五月、エジプトの国家指導部内部で、親ソビエトのクーデターがもくろまれたとき、マルワンはふたたびサダト側についた。共謀者の中には、エジプトの著名人数人が含まれていた。アリ・サブリ元副大統領、マフムード・ファウジ元戦争相、シャラウイ・グマ内務相をはじめ、数人の閣僚と国会議員である。その謀略とは、アレキサンドリア大学を訪問中のサダトを暗殺するというものだった。だが、サダトが先に動いて、陰謀グループ全員を逮捕した。マルワンはサダトを支持し、サダトが犯人グループを叩きつぶすのを支援した。

結果はすぐに表われた。エジプトの権力者集団におけるマルワンの地位が、劇的に向上したのだ。彼は、情報担当大統領秘書官および特別顧問に任命された。また、サダトのアラブ諸国歴訪に同行し、首脳会談に出席した。

マルワンの地位があがるにつれ、彼の報告内容の価値も高まった。一九七一年、サダトは幾度かモスクワを訪問し、イスラエル攻撃に必要な購入予定の兵器リストを、ブレジネフ書記長に提出した。さまざまなものにまじってミグ25戦闘機が挙げられたリストだ。マルワンは、そのリストをモサドへ渡した。サダトーブレジネフ会談録を要求されると、マルワンはそれも渡した。ツヴィ・ザミールは、マルワンの報告に大いに感じいり、みずから面会した。マルワンからの情報報告が配布された先は、モサドおよびアマンのごく少数の幹部、イスラエル軍参謀長とその副官、ゴルダ・メイア首相、モシェ・ダヤン国防相、そしてゴルダ・メイアの腹心であるイズラエル・ガリリ無任所大臣だった。

マルワンの情報報告書が、他国の秘密諜報機関にまわされたこともあったようだ。マルワンは、イタリアの諜報機関に対しても情報提供を申し出た。ある筋によれば、イギリスの海外情報局（MI6）とも接触していたという。これにより、あの運命の一〇月五日、マルワンが、ツヴィ・ザミールに会いにロンドンへ来る途中、ローマに立ち寄った理由がはっきりする。彼は、戦争がまもなく起きることをイタリア人にも知らせたのだ。

それ以前にも、マルワンの報告書がイタリア人の手に渡ったことがあったが、それはモサドを介してのことだった。第四次中東戦争の一カ月前、リビアがエジプトに協力を求めた。リビアの指導者、カダフィ大佐に雇われたパレスチナ人テロリストのグループが、ローマの空港を離陸するエルアル機の撃墜をもくろんだ。

これは、一九七三年二月にシナイ半島上空でリビアの民間旅客機を誤って撃墜したイスラエルに対する報復だった。パレスチナ人テログループが飛行機をハイジャックし、爆薬を仕掛け、イスラエル国内の大都市に墜落させる（第12章参照）計画の証拠を、モサドはつかんだ。リビア国旗をつけた飛行機がシナイ半島上空に出現し、身元の確認を拒み、イスラエルの管理空域へと飛び去ったため、イスラエル空軍の管制官は、自爆テロ機と断定した。そして、二機の戦闘機を出撃させ、その飛行機を撃墜したのである。あとになって、その飛行機は、シナイ半島上空で猛威をふるっていた砂嵐のためにコースをはずれた旅客機だったことが判明した。飛行機の残骸から、一〇八体の遺体が発見された。

カダフィは、犠牲者のかたきを取ることを誓った。その作戦の実行チームを率いるのは、ファタハに属するアミン・アルヒンディだ。サダト大統領は、リビアに手を貸すことを決定し、ソ連製のストレラ二基をテログループに送り届けろとマルワンに命じた。マルワンは、その携帯式地対空ミサイルを外交嚢に入れて、ローマへ送った。ローマにやってきたマルワンは、ミサイルを自分の車に積んだ。そして、世界的に名高いベネト通り沿いの靴屋でアルヒンディと落ちあい、一緒に絨毯店へ行って、大判の絨毯二枚を購入した。その絨毯でミサイルを包み、地下鉄に乗ってパレスチナ人の隠れ家へそれを運んだ……マルワンがモサドに警告を発し、モサドからイタリア政府に連絡がはいっていることも知らずに、テロリストたちはミサイルの射撃準備をした。九月六日、イタリア警察の対テロ特捜班が、ローマの空港に近いオスティアという町のアパートメントに踏みこんだ。そして、テログループのメンバー数人を逮捕し、ミサイルを押収した。他のメンバーは、ローマのホテルにいるところを逮捕された。イタリアのメディアは、イタリア当局に事件のことを知らせたのはモサドだと報道した。逮捕作戦中、ツヴィ・ザミール自身がローマに滞在していたという噂もあった。

その一月後、第四次中東戦争が勃発した。

戦争が終わったあとも、マルワンは、サダトから命じられた秘密活動に従事した。サダトの使者としてアラブ諸国の首都へ派遣され、シリア－エジプト――そしてイスラエル――間の軍事力の分離に尽力した。また、ヨルダンの首都アンマンで行なわれた、アメリカのヘンリー・キッシンジャー国務長官とヨルダンのフセイン国王との会談にも同席した。軍事力の分離が、マルワンに、もう一つの秘密諜報機関と接触する機会を与えた――アメリカのCIAである。CIAは、イスラエルと暫定合意したあとのエジプトの政策に関する信頼に足る情報をさがしていた。アメリカの複数の筋によれば、マルワンとCIAとの秘密の関係は、二五年近く続いたという。マルワンは、何度か治療目的でアメリカへ渡り、CIAに温かく迎えられ、手厚いもてなしを受けた。

だが、上位の地位と秘密活動にさえ飽きたのか、マルワンは第二の仕事をはじめた。ビジネスだ。ロンドンのカールトン・ハウス・テラス二四番地に豪華なアパートメントを買い、さまざまな事業に投資しはじめた。一九七五年、アシュラフ・マルワンは、アラブ産業協会の会長に就任した。西側世界の手法で通常兵器を製造するために、エジプト、サウジアラビア、ペルシャ湾岸の首長国によって設立された組織である。その事業は失敗したものの、実業界に貴重な人脈を培う役に立った。短い任期を務めたのち、会長の地位を追われたマルワンは、一九七九年にパリへ移った。それから二年後に、サダト大統領が狂信的なテロリストグループによって暗殺されたあと、彼はロンドンへ移り住んで、実業家の道を華々しく歩み、大金持ちになった。バレアレス諸島のマリョルカ島に所有するホテルに、モサド担当者のドゥビを招き、そこで、スパイの世界から足を洗うと打ち明けた。七〇年代の終わりごろには、イスラエルと秘密のつながりがあるのではないかと疑われており、エジプト国内で足に火がつきそうだと感じていたマルワンは、エジプトともモサドとも永遠におさらばすることにしたのだった。

その後、マルワンは、いくつものすばらしい商取引を行なった。自己資金を巧みに投資し、まもなく、チェルシー・フットボールクラブの共同所有者となる一方で、ロンドンの高級デパート〈ハロッズ〉の買収の件で、ダイアナ妃の恋人ドディの父親であるモハメド・アルファイドと張りあった。享楽的な生活にあくまでこだわり、いつも上等の服を着て、浮き名が絶えなかった。ニューヨークのホテルまでマルワンに会いにきたCIA局員は、当時の愛人が身じたくして部屋を出ていくまで、外で待たなければならなかったという。

八〇年代には、リビアのカダフィ政権やレバノンのテロ組織の兵器売買取引にからんで、マルワンの名前が取り沙汰された。あるアメリカ人ジャーナリストの記事によれば、マルワンはCIA局員を自宅に招き、テラスへいざなって、そばに駐めたきらきら光るロールスロイスを指さし、「あれは、カダフィからのプレゼントなんだ」と言ったらしい。

マルワンがテロ組織と結びついているという話は、真っ赤な嘘だろう。モサドを敵にまわせば、イスラエルのスパイだった過去をあばかれ、死刑を宣告される。そんな危険を冒してまで、テロ組織と取引するだろうか。マルワンが、リビアやテロ組織といかがわしい関係にどっぷり浸かったのだとしたら、それはモサドに協力してのことだと思われる。

時は過ぎ、二〇〇二年にロンドンで『*A History of Israel*』という題名の本が出版された。アーロン・ブレッグマンというイスラエル人研究者によって書かれたこの本に、第四次中東戦争が迫っていることをイスラエルに警告したスパイが登場する。ブレッグマンは、そのスパイを〝義理の息子〟と呼んでいる。スパイが、ある重要人物に近い人間であることをにおわせているのだ。エンジェルは、ナセルの義理の息子だった。ブレッグマンは、その男が二重スパイとして、イスラエルに偽情報を提供していたと書いている。

氏名は明かされていなかったにもかかわらず、マルワンは怒った。彼は、エジプトの《アルアハラム》紙との対談で、ブレッグマンの調査を馬鹿にし、〝おそまつな探偵物語〟と呼んだ。

腹を立てたブレッグマンは、自分の名誉を守るために、《アルアハラム》紙の対談で、〝義理の息子〟とはアシュラフ・マルワンのことだと公然と述べた。容易ならぬ告発だが、証拠は一つもなく、なんの影響もなかった――イスラエルを〝だました〟二重スパイは、確かにアシュラフ・マルワンであると、元アマン部長のエリ・ゼイラが公表する日までは。

イスラエル史上初めての事態となった。元スパイの本名は、本人たちの死後も明かされたことがなかった。アシュラフ・マルワンの場合は、まだ存命中で、非力で、エジプトのムハバラトの殺し屋たちの格好の餌食になる。三〇年間の隠退生活からカムバックした元モサド長官のツヴィ・ザミールは、マルワンに連絡しようと試みたが、エンジェルはザミールと話すことを拒絶した。「彼が話したくなかったのは」ザミールは悲痛な声で語った。「私が彼を守らなかったと感じたからだ。彼を守るためにできるかぎりのことはやったが、それでも守りきれなかった」

ゼイラが暴露したあと、ザミールは沈黙を破って、元アマン部長を手厳しく非難した。国家機密を漏らしたと責めた。ゼイラも攻勢に出て、元モサド長官は、二重スパイ以外の何者でもない男を守ろうとしていると主張した。

イスラエル人ジャーナリストのロネン・バーグマンは、テレビで生中継されているエジプト国内の式典を見ていた。エジプトのムバラク大統領がナセルの墓地に花輪を置き、同行のマルワンと親愛の握手をかわしている。その放送のあと、バーグマンは、マルワンは二重スパイだったことを記事にした。ムバラク大統領は、マルワンがイスラエルのスパイだったという噂を断固として否定した。

イスラエルは非難合戦の波に包まれた。モサドとアマンがそれぞれ立ちあげた査問委員会は、同じ結論に達した。マルワンは二重スパイではないこと、そして、イスラエルになんの害ももたらしていないこと。あきらめきれないゼイラは、ザミールを法廷に訴えた。裁判所から仲裁人に指名されたテオドレ・オル元判事は、ザミールの言い分が真実であることを明確に裁定した。

ゼイラとその支持者は、マルワンがエジプト政府内の主要人物であり、ナセルの義理の息子であり、サダトの親密な顧問だったという事実を無視することにしたようだ。エジプトの国家指導部は、自分たちの仲間の一人が売国奴にしてシオニストのスパイだったことを認めたくなかった。それを認めれば、エジプトの世論を大きく動揺させ、国家指導層に対する国民の信頼を揺るがすことになる。ゆえに彼らは別の方法を採った。公にはマルワンを褒めたたえておき、ひそかに彼を葬るのだ。

二〇〇七年六月上旬、オル元判事は所見を発表した。六月一二日、イスラエルの法廷は正式に、モサドとマルワンの関係に関するザミールの見解は真実であると認めた。二週間後の六月二七日、マルワンの遺体が、自宅のテラスの下の歩道で見つかった。

イスラエル政府は、実行犯はエジプトの秘密諜報機関だと名指しで非難した。ゼイラの無責任な発言がマルワンの死を招いたという意見も多かった。また、驚いたことに、マルワンの未亡人が、夫殺しの犯人としてモサドを非難した。マルワンが死ぬ直前、中東出身らしき男が、テラスでマルワンと一緒に立っていたという目撃情報があったという。

ロンドン警視庁は、殺人事件の捜査を再開したものの、最終的に、容疑者不明と発表した。エンジェルを殺した犯人は、いまでも自由に歩きまわっている。

第15章　アトム・スパイが掛かった甘いわな（ハニートラップ）

モルデカイ・ヴァヌヌは、〝私はスパイです〟という名札をつけること以外、秘密の生活を人目にさらすためにできることはすべてしていたようだ。

彼は、イスラエルで最も謎に包まれ、最も警戒厳重な施設であるディモナ原子力研究センターに勤務する技術者だった。多くの外国政府や海外メディアが、イスラエルは、最高機密の施設で核兵器を製造していると考えている。ディモナで仕事に就くためには、用紙記入から始まって、質問攻めの面接と、シャバクやその他警備専門家による身元調査など、長く厳しい審査を受けなければならない。それに合格したのち、ようやく秘密施設への入場を許される。ディモナで働いているあいだはずっと、絶え間なく集中的に監視される。

日刊紙の求人広告を見て、ヴァヌヌはディモナの職に応募した。近くの都市ベールシェバにある〝原子力研究施設〟事務所で用紙に記入し、所定の身元検査を受け、なんの問題もなくその職についた。

こんなことが可能なのか？　彼は左翼過激派であるうえ、共産主義で反シオニストのラカハ党に属するアラブ人の友人がいた。ヴァヌヌは、その友人たちと共に抗議活動に参加し、過激な親パレスチナ大会で写真を撮られ、プラカードを掲げ、演説をし、メディア相手に意見を述べた。

また、ベールシェバにある狭いアパートメントに、ラカハの活動家を泊め、イスラエルをあからさまに敵視する若いアラブ人の過激派のみで構成される、大学の組織細胞に参加させてくれと頼んだ。ヴァヌヌが学生登録をしていたベングリオン大学では、彼の過激な考え方は有名だった。

才能はあるが、腰が定まらない若者だった。ラカハの支持者になる前は右翼過激派であり、人種差別主義者のカハネ師を信奉していた。その後、左翼過激派のハテキヤ（再生）支持にまわり、リクードに投票し、最終的には左翼過激派に落ち着いた。一九八二年のイスラエルによるレバノン侵攻によって、政治観が変わったと彼は言う。孤独で、友人もほとんどいない。そして、モロッコ出身のせいで差別されていると思いこんでいた。空軍士官学校の入試に落ちて工兵科の配属になったときに、その思いはいっそう強くなった。軍を除隊したのち、テルアビブで工学の勉強をはじめたが、気を変えてベールシェバに引っ越し、そこで経済学の勉強をはじめ、またもや専攻を哲学に変えた。菜食主義者となり、その後は絶対菜食主義者になった。

クラスメートを感心させるほど彼の金銭欲は強かった。株式市場の投資がうまくいっているので働く必要がないと、彼は自慢した。哲学と英語の勉強よりも、株式市場を〝優先〟してスケジュール調整した。赤いアウディを乗りまわし、ヌードモデルをして小金を稼ぎ、学生のパーティでは、賞金を獲得するために下着を脱いだ。

彼の生活ぶりをとやかく言うべきではないが、ラカハ支持者およびパレスチナ支援者としての政治活動は、あちこちの機関を刺激したはずだ。じっさい、シャバクに呼ばれて、そういった活動を中止するよう諭され、警告を受けたことを確認する書類に署名を求められた。彼は署名せず、活動も中止しなかった。

シャバクは、国防省の公安部長あての定例報告書に、ヴァヌヌの活動を記載した。公安部長はその報告をディモナ研究センターの警備部長にまわしたものの、警備部長はその報告書をファイルに綴じただけだった。なんの対応もせず、ヴァヌヌの監視も開始されなかった。驚くべき手抜かりだ。そこに関わった人々全員――地方および国家レベルのシャバク局員や、国防省やディモナの警備部長ら――が、自分の使命を果たさなかった。

ヴァヌヌは、それ以降なににも悩まされずに政治活動を続けた。

彼は、ディモナ研究センターの中で最も極秘の第二研究所で〝オペレーター〟をしていた。ディモナの二七〇〇人の職員のうち、第二研究所へはいれるのは一五〇〇人だけだ。ヴァヌヌはバッジを二つ持っていた。研究センターへはいるための九五六七‐八と、第二研究所へはいるための三二〇である。

第二研究所の外観は、倉庫か多目的施設のような質素な二階建ての建物だった。しかし、観察力があれば、平らな屋根に突きでたエレベーター室に気づくだろうし、二階建てなのにどうしてエレベーターが必要なのかと首を傾げるにちがいない。この謎を解く鍵は、第二研究所の本物の秘密にある。エレベーターは、上へあがるのでなく、巧みに隠された地下六階へおりるためのものなのだ。夜間勤務の責任者であるヴァヌヌは、この建物の中をよく知っていた。二階は、事務室がいくつかとカフェテリアがある。一階に二、三ある出入口は、原子炉で使用されている燃料棒を取り替えるときに使われる。やはり一階に、事務室と組み立て室が数部屋ある。地下一階は、パイプとバルブだ。地下二階には中央制御室と、〝ゴルダのバルコニー〟と呼ばれるテラスのような見学室がある。完全な秘密情報取扱い許可を持つ重要人物は、そのバルコニーから、下の製作室をながめることができる。地下三階で、技術者たちが、上からおろされた燃料棒の作業を行なっている。地下四階は、三階分の高さのある大きな地下空間となっていて、燃料棒からプルトニウムを除去する製造プラントと分離施設がある。地下五階には、冶金部門と、爆弾の部品を製作する研究室がある。地下六階には、化学廃棄物のはいった特殊な容器が置かれている。

原子炉が作動しているあいだ、連鎖反応によってプルトニウムが作られ、燃料棒に蓄積される。棒から〝削り落とされ〟たプルトニウムは、地下四階と五階で、イスラエルの核兵器の組み立てに使われる。

ある日、特別な理由もなく、ヴァヌヌは第二研究所へカメラを持っていった。あとでベングリオン大学の授業に出ようと思ってカバンに入れて持っていった教科書のあいだにカメラを突っこんだ。持ち物検査をした警備員からカメラを持ちこんだ理由を訊かれたら、ビーチへ持っていったまま、カバンに入れっぱなしになっていたと答えるつもりだった。けれども、だれも彼のカバンを点検せず、なにも訊かれなかったので、自分のロッカーにカメラをしまった。昼休みと夕方の休憩時間のだれもいないときに、地階へおりて研究室や設備やホールを撮影し、詳細なスケッチを描き、無人の事務室へはいって、あけっぱなしの金庫にはいっている書類をざっと読んだ。だれにも見とがめられず、だれにも怪しまれなかった。警備員は、虚空に消えてしまったかのようだ。ヴァヌヌの上司は、この危険な趣味のことをなにも知らず、物静かで真面目で勤勉な技術者と彼を評価していた。

一九八五年の年末、ディモナ研究センターに九年勤めたヴァヌヌが解雇された。政治活動のせいではなく、ディモナの予算が削減されたためだ。彼を含む大勢がクビを切られたのだった。彼は、〝適応援助金〟として五割増しの退職金と八カ月分の給料を受け取った。それでも彼は腹をたて、落胆していた。そして、外国へ長旅に出ることに決めた――イスラエル国外に住む一二〇〇万人のユダヤ人と同じく、自分の居場所を見つけたなら、そこに定住しよう。彼はアパートメントと自家用車を売却し、銀行口座を解約した。

三一歳のヴァヌヌは、リュックサックを背負って出発した。長旅の経験はある――ヨーロッパに一度、アメリカに一度行ったことがあった。だから今度はアジアをめざした。リュックの中に、ディモナで撮った二巻のフィルムが入れてあった。

最初にギリシアに滞在し、そのあとロシアからタイへ、そしてネパールへ行った。ネパールの首都カトマンズで、イスラエル人の若い女性と出会い、はにかみながら言い寄った。

〝モーディ〟と名乗り、左翼の平和主義者で、イスラエルへ戻る気はないと断言した。仏教寺院を訪れ、仏教徒になろうかと漠然と考えたりした。

カトマンズを出てから極東へ向かい、最終的にオーストラリアへたどりついた。数カ月間はシドニーで片手間の仕事をいくつかしたものの、たいていは一人ぼっちで、みじめだった。ある晩、シドニーで一、二をあらそう柄の悪い地域をぶらついた。売春婦やけちな泥棒や麻薬密売人の巣窟だ。暗闇を歩いていた彼の目の前に、セントジョージ教会の尖塔が現われた。苦しむ人々——絶望した人、犯罪者、家のない浮浪者、貧しく虐げられた男女——の避難所として知られる場所だ。教会へはいっていったヴァヌヌは、そこで英国国教会のジョン・マクナイト司祭と出会った。徳の高い司祭はすぐに、ヴァヌヌは安息の場所と家族をさがしもとめていることを見抜いた。そして、内気で自信のないその客を、心をこめて温かく迎えた。二人はさまざまなことを正直に語りあい、そしてついに——一九八六年八月一七日——ヴァヌヌは洗礼を受けてキリスト教徒となり、ジョン・クロスマンと改名した。

モロッコのマラケシュに生まれ、多感な時期にイスラエルのベールシェバで、ユダヤの律法を勉強するためのタルムード学校とイェシヴァに通った用心深いユダヤ人にとって、それは天地をひっくり返すほどの変転だった。宗教に対する情熱を失って久しいものの、その改宗は、ユダヤ教に失望したからというより、不安定で混乱した精神の産物だった。セントジョージ教会へはいらず、ジョン司祭と出会わなければ、仏教かその他の宗教に改宗していたかもしれない。そして、ユダヤ教を見捨てたことにより、彼はイスラエルをも見捨てた。祖国に対する反感はしだいに大きくなり、その後の彼の行動を大きく左右する動機となる。

教会の親睦会で、ヴァヌヌは、できたばかりの友人たちに、イスラエルでついていた仕事について語り、ディモナ研究センターのことを説明し、撮影した写真のスライド上映を申し出た。友人たちは、ぽかんと彼を見つめた。ヴァヌヌの話がさっぱり理解できなかったのだ。ところが、聞き手の中に、話に興味をそそられた男が一人だけいた。オスカル・ゲレロというコロンビア人の旅人にして、自称ジャーナリストだ。二人は、共同で教会の塀のペンキを塗り、一時はアパートメントの同じ部屋に住んでいた。写真の重要性に気づいたゲレロは、栄光に輝く未来があることをヴァヌヌに教えた。

ヴァヌヌは金が欲しくてたまらなかった。だが、栄光に輝く未来を、ユダヤとアラブの平和を促進するために利用しようとも考えた。それは、彼のもともとの計画ではなかった。平和を推進するために、イスラエルを飛びだして、フィルム二巻とともに世界を何カ月も旅してきたわけではない。しかし、イスラエルの原子爆弾から世界を救い、平和を推進することが、彼の崇高な目的となったようだ。イスラエルの核開発計画に対するヴァヌヌ個人の挑戦は、時間の経過とともに推進力を得て、ディモナ研究センターの写真を公表するための一大理由へと変わっていった。だが、それを公表したときに、イスラエル人としての自分も終わるとわかっていた。二度とイスラエルに戻れないだろうし、国賊であり国家の敵という烙印を押されてしまうだろう。

それでも誘惑は大きかった。ヴァヌヌとゲレロは、シドニーの写真現像所へ出向いた。第二研究所で撮った写真を現像し、アメリカの雑誌社の現地支局やオーストラリアのテレビ局に売りこんだが、成果はなかった。楽に金儲けをしようという変人かペテン師だと思われたのだ。内気で禁欲的な青年が、イスラエルが厳重に隠している秘密を握っていると主張しても、だれも信じなかった。

スペインとイギリスへ飛んだゲレロが、ようやく金脈を掘りあてた。ゲレロの話を聞いたロンドンの《サンデー・タイムズ》の編集者らが、ほかでは入手できない写真とスケッチを中心にした、イスラエルの原子炉に関する記事の話題性に目をつけた。とはいえ、彼らはきわめて慎重だった。そう遠くない昔、〝ヒトラーの日記〟なるものを購入したが、月並みの作り話だったことがあとで判明するという、手痛い被害を被ったことがあったのだ。そのため、ゲレロが持ちこんだ資料を徹底的に調べたいと申しいれてきた。

いっぽう、ディモナの原子炉の写真を売ろうとした奇妙な男は本当にイスラエル人かと、オーストラリアのテレビ局が、首都キャンベラにあるイスラエル大使館に問いあわせた。その話を聞きつけたイスラエル人新聞記者が、テルアビブの本社に伝えた。

イスラエルの秘密諜報機関は、雷に打たれたように激しく動揺した。ディモナの第二研究所の元オペレーターが、イスラエルの最も重要な秘密を売ろうとしている。「組織のシステムが機能せず、その男を事前に捕まえられなかった」当時、国防省公安部長だったハイム・カルモンは力なく認めた。

そのニュースは、挙国一致内閣のメンバーである〝首相クラブ〟――ペレス首相と、ラビンおよびシャミル元首相――へ運ばれた。彼らは、ただちにヴァヌヌを見つけだし、イスラエルへ呼び戻すことを決定した。数人の補佐官は、帰国させるより殺害すべきだと提案したが、その意見は退けられた。首相は、モサド長官に電話をかけた。

一九八二年、モサドに新しい長官がやってきた。ナフーム・アドモニだ。ほぼ二〇年にわたって軍出身者が務めてきたモサド長官の職に、初めて庁内叩きあげの人物が就任した。エルサレム生まれのナフーム・アドモニは、シャイとアマン勤務の経験もある。イツハク・ホフィ長官の副官を務めたアドモニは、一九八二年に退職したホフィから長官職を引き継いだ。そして、長官を七年間務めることになるものの、その期間は、モサドにとって最高の時代とはいえなかった。一九八二年から一九八九年までのあいだに、モサドを困惑させるような数々の事件が起きたのだ。イスラエルに機密情報を流していたユダヤ人の情報分析官がワシントンで逮捕されたポラード事件。イスラエルも関与したイラン・コントラ事件で、不注意なミスのせいでモサドの工作員数人が外国で逮捕された事件。とはいえ、イスラエルに最大の被害を与えたのは、モルデカイ・ヴァヌヌだった。ペレスとの電話を切るなり、アドモニは、ヴァヌヌ捕獲作戦を開始した。モサドのコンピューターがはじき出した作戦のコードネームは〝カニウク〟。

ナフーム・アドモニは、カエサレア部隊をオーストラリアに緊急派遣し、ヴァヌヌを捜索させた。しかし、遅すぎた。鳥はすでに籠から飛びたったあとだった――イギリスへ。

ゲレロと話してすぐに、《サンデー・タイムズ》の編集長は、週に一度のインサイト欄を担当する花形記者のピーター・ハウナムに、ヴァヌヌに会いにオーストラリアへ行かせた。シドニー行きの飛行機に乗ったハウナムは、ゲレロが持ちこんだ写真を調べた英国人研究者らが資料は本物だと断定したことを知っていた。シドニーでヴァヌヌと会い、ハウナムはその話が事実であることを確信した。特に、ヴァヌヌは〝イスラエル人科学者〟だと誇張したゲレロの言い分を、ヴァヌヌが否定したことに感心した。ヴァヌヌは真実を語った。ディモナでは、ただの技術者だった、と。

ヴァヌヌとハウナムは、ゲレロを置き去りにしてロンドンへ飛んだ。ロンドンにやってきたヴァヌヌは、《サンデー・タイムズ》の社員からさまざまな事柄について質問を受けた。彼は知っていることをすべて語り、イスラエルが中性子爆弾も開発していることをイギリス人に明かした。中性子爆弾は、建物や構造物などを破壊せずに、人間だけを殺傷する能力を持つ兵器である。また、第二研究所で行なわれていた爆弾の組み立て手順を説明した。しかし、そのあいだじゅう、ヴァヌヌは怯えて不安がっていたようだ。イスラエルの諜報機関に殺されるか、拉致されることを恐れていた。《サンデー・タイムズ》の人間は、彼を安心させようとした。別のホテルへ移動させ、スタッフ総動員で、大切な客を交代で〝子守り〟した。そして彼に、一人で街をうろつくなと――無駄だったが――言い聞かせた。

質疑応答を終えたとき、新聞社はヴァヌヌに、途方もない条件を持ちかけた。記事と写真の代価として一〇万ドル、新聞記事の配当権の四〇パーセント、出版権——書物になった場合——の二五パーセントを約束した。さらに彼らは、《サンデー・タイムズ》のオーナーのルパート・マードックは、映画会社の20世紀フォックス社も所有しており、彼の人生や時代を映画化したいと考えているとも述べた。ヴァヌヌの役を、ロバート・デニーロが演じるかもしれない。

ヴァヌヌの接待役は、ロンドンで可能なかぎりのあらゆる楽しみを彼に提供した。一つ——女——を除いて。ヴァヌヌはセックスと女性のぬくもりに飢えていたのに、手に入れられなかった。話し相手を務めていたインサイト欄スタッフのロウィナ・ウェブスターに、セックスをしようと必死で誘いかけたものの、きっぱり断られた。セックスはヴァヌヌの弱点だったが、《サンデー・タイムズ》の優秀な編集者たちにはそれが理解できなかった。

また、イスラエルの諜報機関に対するヴァヌヌの恐怖心が道理にかなったものであることも、彼らは理解できなかった。ヴァヌヌ自身が語る本人像を確かめるために、インサイト欄の記者の一人がイスラエルへ派遣された。その記者からヴァヌヌのことを聞いたイスラエルのジャーナリストが、すぐにシャバクに通報した。数時間後、モサドの数人のチームが、ロンドンに到着した。チームのリーダーは、アドモニ長官の副官であるシャブタイ・シャヴィト、指揮するのは、第二副官にしてカエサレア隊長のベニ・ゼーヴィだ。

新聞カメラマンに扮した二人のモサド工作員が《サンデー・タイムズ》の社屋のそばをうろつき、ちょうどスト中で、抗議活動をしていた社員の写真などを撮影した。二、三日後、ヴァヌヌを見かけた二人は、彼の写真を撮り、ベテラン工作員のツヴィ・マルキンが開発した〝ローラー〟方式で、ロンドンの街中を行くヴァヌヌを尾行した。〝標的(マーク)〟の尾行にくわえて、彼が行きそうな地域をしらみつぶしに調べ、彼が到着したときにはすでにその場にいるようにする。九月二四日、ヴァヌヌは、観光客に人気のレスター広場にやってきた。彼は、新聞売り場のそばで、〝テレビ番組の〈チャーリーズ・エンジェル〉に出演しているファラー・フォーセットによく似た〟女性を見かけた。

金髪のきれいな娘で、ヴァヌヌの目には〝天使のような美女〟と映った。新聞売り場の前の行列に並んでいる彼女を、ヴァヌヌは物欲しげな目で見つめた。女は首をまわして、意味ありげな目つきでヴァヌヌをじっと見つめかえした。一瞬、二人の視線がからみあったものの、番がまわってきた彼女は新聞を買って歩き去った。別の方角へ歩きかけたヴァヌヌだったが、ありったけの勇気をかき集めて道を引き返し、彼女に声をかけた。女は、にっこり笑って了承した。二人は、形式ばらずに気楽にやりとりした。彼女はシンディと名乗り、フィラデルフィア出身のユダヤ人で美容師をしていて、休暇でヨーロッパに観光にきたと説明した。

ヴァヌヌは警戒心を抱いた。彼はここ数日、神経のすり減るような毎日を送っている。《サンデー・タイムズ》の編集者たちによる質問攻めは果てしなく続き、ディモナ研究センターの記事の掲載は延期された。《サンデー・タイムズ》が、ロンドンのイスラエル大使館にディモナの件に関してコメントを求めることを知って、イスラエルの諜報機関に対するヴァヌヌの恐怖心はいっそう高まった。《サンデー・タイムズ》のような定評ある新聞はつねに、もう一方の当事者に意見を求めなければならないことを彼らは説明した。ヴァヌヌは納得しなかった。だれからも見放されたように感じ、腹を立て、耐えきれなくなった。

そんなとき、突然――シンディが現われた。


「きみはモサドかい？」ヴァヌヌは冗談半分に尋ねた。

「いいえ、ちがうわ。モサドってなに？」

そして彼に名前を訊いた。

「ジョージだ」ホテルの宿泊登録に使用した名前だった。

女はにやりとした。「ねえ、ほんとはジョージじゃないんでしょ？」

二人はカフェにはいった。ヴァヌヌは本名を明かし、《サンデー・タイムズ》のことや自分の悩みを打ち明けた。彼女は即座に、ニューヨークに行くことを勧めた。そこなら彼に合った新聞社と弁護士が見つかる。

だが、彼は聞いていなかった。モルデカイ・ヴァヌヌは一目で恋に落ちたのだった。その後の数日間に、彼は幾度かシンディと会った。彼によれば、そのときが人生最良の日々だったという。手をつないで公園を散策し、ハリソン・フォード主演の『刑事ジョン・ブック／目撃者』やウディ・アレン監督の『ハンナとその姉妹』などの映画を観にいった。ミュージカルの『フォーティーセカンド・ストリート』も観て、たくさんキスをした。温かい抱擁と甘いキスを、彼は決して忘れないだろう。シンディは甘いキスをしてくれた——ものの、彼と寝ることは断固として拒否した。もう一人の女の子と同室だから、ホテルの部屋に招くことはできないというのだ。彼のホテルの部屋に行くことも拒否した。あなたは神経が張りつめていてぴりぴりしているから、うまくいかないわ、と彼女は言い続けた。ロンドンでは無理よ。

するとと、彼女が思いついた。「一緒にローマに行かない？　姉が住んでいて、アパートメントを持っているから、そこで楽しく過ごしましょう。そうしたら悩みなんて全部忘れちゃうわよ」

最初、ヴァヌヌは断った。けれども、ローマに行くと決めた彼女は、ビジネスクラスの航空券を買った。そして、彼がようやく同意すると、彼の分の航空券も買った。「あとでお金を返してね」

こうして、彼は誘惑に負けた。

ヴァヌヌがもっと思慮深い理性的な男であれば、〝甘いわな（ハニートラップ）〟に引っかかったのだとすぐに気づいただろう。女性スパイが男性を誘惑する諜報活動をさす言葉である。街でふと出会った女が、いとも簡単に彼にぞっこん惚れこんで、彼のためならどんなことでもしてくれる——彼のことをよく知らないくせに、ローマに住む姉の家へ連れていき、航空券まで買ってくれる。ロンドンでは夜を一緒に過ごせないのに、ローマではそれができるという。良識ある男なら、シンディの話を胡散臭いとか、ばかげているとすら考えるはずだ。ところが今回、モサドの心理学者たちの仕事ぶりは見事だった。彼らは、ヴァヌヌが欲しているものを正確に見抜き、華やかでセクシーな女性の甘いキスと、それ以上に甘い約束につられて、彼がやみくもに行動することを予測したのだ。

《サンデー・タイムズ》のピーター・ハウナムは良識ある男だった。シンディの話を聞くなり、ひどく怪しいと感じた。最善を尽くして、彼女と会うのをやめさせようとしたが、無駄だった。すでに餌を飲みこんでしまったヴァヌヌの決心を変えられるものは、この世に一つもなかった。一度、ハウナムは、シンディと待ちあわせしているカフェに車で送ってくれないかと頼まれたことがあり、そのときに話題の女性をちらりと見ている（のちに、ハウナムは、その一瞬の記憶をもとに、女の似顔絵を描くことになる）。ヴァヌヌが〝二、三日〟ロンドンを離れるつもりでいることを知ったハウナムは、再びそれをやめさせようとしたが、無駄骨に終わった。それでもハウナムは、イギリスを離れるな、また、ホテルのフロントにパスポートを預けるなと忠告した。しかし、さすがのハウナムも、ヴァヌヌがシンディとついにベッドを共にするために、ローマへ行くつもりでいるとは想像できなかった。

シンディがローマでヴァヌヌと夜を過ごすことに同意したのは、まったく別の理由からだった。イスラエルは、イギリス国内でヴァヌヌを拉致したくなかった。ペレス首相は、あの恐ろしい〝鉄の女〟マーガレット・サッチャーとの対決を避けたかった。モサドも、イギリス国内で落ち着いて活動できなかった。わずか二、三カ月前、西ドイツ当局が、公衆電話のボックスでイギリス国籍の偽造パスポート八通のはいった鞄を発見した。不幸なことに、その鞄には、持ち主の名前と、イスラエル大使館との関係を示す札もついていた。イギリス政府は激怒した。そしてモサドは、二度とイギリスの主権を侵さないことを誓った。こういうわけで、ペレスもモサドも、イギリス国内で秘密作戦を展開することなど考えもしなかったのである。

そこで選ばれたのがローマだ。モサドとイタリアの諜報機関との関係は、緊密で強固だった。ナフーム・アドモニ長官と、イタリア諜報機関のトップであるフルヴィオ・マルティニ将軍は、良き友人どうしだった。政治的混迷が長く続いているイタリアで、ヴァヌヌが拉致されたことを立証できないのはほぼ確実だった。

一九八六年九月三〇日、シンディとモーディは手に手を取って、ローマ行き英国航空五〇四便に乗りこんだ。午後九時に到着した二人の恋人を出迎えたのは、大きな花束をかかえた陽気なイタリア人だった。その男は、自分の車に二人を乗せて、シンディの姉の家へと走った。その車中、シンディは、幸せ一杯のモーディを抱きしめてキスし続けた。

車は、小さな一軒家の前で停まり、女がドアをあけた。最初にヴァヌヌが中へはいった。その途端ドアがばたんと閉まり、二人の男に飛びかかられ、強烈な力で殴られ、床に投げ飛ばされた。そのうちの一人は金髪だったのを彼は憶えている。手足を縛られるあいだに、女が身をかがめて、ヴァヌヌの腕に注射針を突き刺した。すべてがぼんやりしたと思うと、彼は深い眠りに落ちた。

意識のないヴァヌヌを乗せた営業用のバンは、北へ向かって数時間走った。ヴァヌヌの横には、男二人と女一人が付き添った。二、三時間たつと、ふたたび注射をされた。シンディは消えてしまった。バンは、北イタリアのラスペッツィア港に到着し、担架に縛りつけられたヴァヌヌは、高速モーターボートへ乗せられ、外海で待っていたイスラエル船籍の貨物船タプツ号（別の筋によると、ノガ号ともいわれている）へ運ばれた。貨物船の乗組員は休憩室へはいり、そこから出ないよう命じられた。だが、当直員が、走ってくる高速ボートを目撃している。船外におろされた縄梯子を、男二人と女一人が慎重に登ってきて、運んできた意識不明の男を一等航海士の船室へ連れていき、中から鍵を閉めた。船はただちにイスラエルへ向けて出発した。

船旅のあいだじゅう、ヴァヌヌは狭い船室に閉じこめられたままだった。シンディの姿は見なかった。その後どうなったかわからないので、彼女のことが心配だった。ヴァヌヌは、シンディがモサドの工作員だとは気づいていなかった。隠れ家の入口で彼と別れたシンディは、おそらく、その日の夜にイタリアを出ただろう。ヴァヌヌに付き添っていた医師の女は、船内で彼に麻酔薬を注射し続けた。

船は、イスラエルの海岸からそう遠くない沖に停泊した。ヴァヌヌは、イスラエル海軍のミサイル艇に移された。そして、海岸で待機していた警察官とシャバク局員に正式に逮捕され、イスラエル中西部の都市アシュケロンのシクマ刑務所へ連行された。

最初の尋問のときに、ヴァヌヌは、自分がイスラエルへ移送されているあいだに、《サンデー・タイムズ》が彼の暴露に基づく特集シリーズの掲載を始めていたことを知った。彼が隠し撮りした写真とスケッチつきの記事は、世界じゅうの多数の新聞に転載された。《サンデー・タイムズ》は、イスラエルの核計画に関する過去のすべての評価が誤っていたことを明らかにした。それまでイスラエルは、一〇ないし二〇基の単純な原子爆弾を保有していると考えられていた。ところが、ヴァヌヌがもたらした情報が、イスラエルはすでに核保有国となり、その兵器庫には、少なくとも一五〇ないし二〇〇基の高性能爆弾がはいっていることを証明した。また、水素および中性子爆弾の製造能力も持っている。衝撃的な暴露記事に、ヴァヌヌはおびえた。イスラエル人に殺されるのではないかと不安でたまらなかった。それに、シンディの安否も心配だった。彼女が、自分をわなにかけた一味だとはとうてい信じられなかった。

ほぼ四〇日間近く、ヴァヌヌの消息は不明だった。メディアは、事実とはかけ離れた、人騒がせな記事を発表した。イギリスの新聞は、彼がロンドンで拉致され、〝外交箱〟に入れられてイスラエルへひそかに運ばれたいきさつを詳しく報道した。別の新聞は、若い女と一緒に、ヨットでイスラエルへ連れていかれる彼を見たという〝目撃証言〟を引用した。ロンドンの国会議員らは、正式な調査と、イスラエルに対する厳しい処置を要求した。

一一月中旬、ヴァヌヌは正式に起訴され、何度か法廷に出向くことになった。彼は、刑務官を出し抜く行動に出た。彼が出廷する日には、記者たちがどこで待機しているかが正確にわかっていた。ある日、警察車の後部座席に座って裁判所へ向かった彼は、集まった記者やカメラマンの前で車が停まる機会を待った。停まったとき、彼は、てのひらを車の窓に押しつけた。こうして、世界各地からやってきた記者とカメラマンは、てのひらに書かれた文章を読んだのだった。

ヴァヌヌMは、BA五〇四便でローマへ到着し、八六年九月三〇日二一時、ローマで拉致された。

ヴァヌヌが自分の意志で民間航空会社の定期便に乗り、イギリスを離れたことがはっきりしていたため、それが暴露されても、イスラエルとイギリスの関係は傷つかなかった。ローマの諜報機関の幹部は立腹し、不満を抱いたものの、しばらくしてイスラエル側が関係修復に動いた。

ヴァヌヌは、スパイ罪と国家反逆罪で告発され、禁固一八年の刑を宣告された。だが、外国では、彼はスパイとも国賊ともみなされていなかった。ほとんど一晩のうちに、ヨーロッパやアメリカで彼を支援する団体や協会が生まれ、平和のために戦う恐れを知らぬ戦士、イスラエルの核計画を阻止するために一身を捧げた男というイメージができあがった。

しかしヴァヌヌはそういう人間ではなかった。勇敢でイデオロギー的なキャッチフレーズは、第二研究所の元オペレーターの欲求不満と支離滅裂な行動を覆い隠すためのものだ。彼は、ディモナ研究センターで働いているときには、イスラエルの核計画に反対しようとはしなかった。解雇されなければ、いまでもそこで働いていたかもしれない。国を発ったときも、自分の聖戦を急いで始めるわけでもなく、世界を旅し、ネパールとタイを見てまわり、オーストラリアで洗礼を受けた。ゲレロに出会わなければ、〝ゴルダのバルコニー〟や爆弾組み立て工場の写真を、リュックサックの底にしまいこんだままだったかもしれない。

ところが、世界じゅうのだまされやすい善人たちは、この男を、イスラエルの危険な核計画と闘う戦士だと見ている。ある親切なアメリカ人夫婦は——ヴァヌヌの家族はまだ生きているにもかかわらず——ヴァヌヌを養子にし、優しいキリスト教徒は、ノーベル平和賞の候補者として推薦を続けている。

一八年後に釈放されたとき、ヴァヌヌは、エルサレムのある教会に住むことを選択した。彼はいまでもイスラエルへの憎悪を露わにし、その国土に住むことを拒絶し、ヘブライ語を話すことを拒絶し、ジョン・クロスマンと名乗り、アラビア語の新聞各社に、アラブ人かパレスチナ人の花嫁を求む（〝非イスラエル人のみ〟）と広告を出している。

シンディはその後どうしたか？　ロンドンの作戦が急遽決まったせいで、モサドは、絶対安全な隠れみのを用意する時間がなかった。彼女は、妹のシンディ・ハナンの名とパスポートを借りたことから、イギリスとイスラエルの記者に正体を知られてしまった。彼女の本名はシェリル・ベントフ、旧姓をハナンといい、タイヤ販売業で富を築いたアメリカ人大富豪の娘であることを記者らは突きとめた。献身的なシオニストだった彼女は、一七歳のときにイスラエルに移住し、イスラエル軍に入隊し、元アマン士官と結婚した。そして、モサドに引き抜かれた。知能指数は高く、動機は深く、アメリカ国籍のパスポートは有用だった。二年間の過酷な訓練を終えて、カニウク作戦に参加する他のメンバーとともに、急遽ロンドンへ飛んだ。しかし、ヴァヌヌの拉致事件後にマスコミでひどく騒がれたため、諜報活動から手を引かざるをえなくなった。

現在、シェリル・ハナン・ベントフは、フロリダ州オーランドに住んでいる。夫婦で不動産業を営み、アメリカの模範的なユダヤ人家族の生活を送っているそうだ。ヴァヌヌ事件によってモサド工作員としての正体を暴露されて組織を辞めていった、頭の回転が速い美しい女性のことを、同僚たちは心から惜しんでいる。法を犯さずにヴァヌヌをイギリスの外へ連れだせたのは、彼女のおかげだ。

イギリス国内で違法行為が行なわれなかったことが明らかになると、マーガレット・サッチャーは、騒いでいた国会議員らを簡単に抑えこんだ。

しかし、昔使った裏技をモサドがふたたび持ちだすまでに、長くはかからなかった。二年後、アリエ・レゲフとヤーコフ・バラドという二人の工作員によって、二重スパイとしてロンドンに送りこまれたパレスチナ人が逮捕された。サッチャーは、ロンドンのモサド支局を閉鎖し、レゲフとバラドを追放した。

モサドはふたたび、態度を改めることを約束した。そして、その約束を守った――マフムード・アル＝マブフーフ事件までは……

第16章 サダムのスーパーガン

一九一八年三月二三日、第一次世界大戦の真っ最中のこと、フランスはパリにあるレピュブリック広場の真ん中で、大きな砲弾が爆発した。一時間後、また別の砲弾がパリ中心部に落ち、八名が死亡した。パリっ子たちはおびえた。戦線から遠く離れているパリは安全だと思っていたのだ。パリ地域担当の司令官は、すぐに複数の部隊を送りだし、ドイツ砲兵隊が潜んでいそうな首都近辺の森を調べさせた。だが、なにも見つからなかった。ツェッペリン号の姿はなかったけれども、砲弾は飛行船から発射されたにちがいないとフランス人は考えた。それから六日後の聖金曜日、パリでまた砲弾が爆発した。今度は、四区のサンジェルベー教会に命中し、九一名が死亡、一〇〇名が負傷した。

街はパニックに陥った。陸軍偵察隊が首都に展開したものの、犯人らしきものは見つからなかった。いずれにしろ、そんな遠くからパリを攻撃できるような大砲の存在を、だれも聞いたことがなかった。各新聞社は、かなたから砲撃してきた怪物を、ジュール・ベルヌが『月世界旅行』で描いた巨大大砲になぞらえた。ベルヌが考えついた大砲は、宇宙船ごと月へ向けて発射できる。

フランスは運がよかった。その年、戦争は、帝国主義ドイツを打ち負かした連合軍の勝利で終わったのだ。そして、フランスの首都パリに死とパニックをもたらした、恐ろしい大砲に関する情報が少しずつ伝わってきた。それは〝パリ砲〟、または、ドイツ皇帝ヴィルヘルム二世にちなんで〝ヴィルヘルム砲〟と呼ばれた。クルップ重火器工業が開発したという謎の超大砲（スーパーガン）の射程距離は、前代未聞の一二八キロだった。弾丸の長さは一メートル、発射薬をあわせた砲弾の全長は三・五メートルもあった。砲弾は、上空四二キロまで上昇した。その記録は、第二次世界大戦でドイツのV2ロケットが登場するまで破られなかった。クルップ社は極秘で三基のスーパーガンを製作した。それらは、特別列車に載せられ、ほぼ毎日、場所を移された。スーパーガン各一基に配置された八〇人の砲兵隊員は、他言を厳格に禁じられた。巨大兵器を完全に秘密にしておくためには、そうするしかなかった。

終戦に近づくにつれて、スーパーガンの移動能力は急速に衰えていった。英国軍機が巨砲を発見し、線路沿いに追跡し、爆撃をつづけた。フランス軍も、戦線に近い地点からそれらを砲撃した。だが、どの攻撃も失敗に終わった。無力化された唯一の超大砲は、発射時に、兵士五名を巻き添えにして爆発したものだけだった。それ以外の二基は、戦争の終結とともに跡形もなく消えた。二基がどうなったかは、謎のまま残った。分解されたのかもしれないし、どこかの洞穴か廃鉱の奥に隠されたのかもしれない。

スーパーガンは伝説となり、その秘密は決して明かされることはないだろうとだれもが思っていた。ところが一九六五年、ドイツ人の老婦人がカナダにやってきて、三七歳の科学者、ジェラルド・ブル博士と面会した。博士は、モントリオールのマギル大学の高高度研究計画（ＨＡＲＰ）の責任者だった。婦人は、クルップ工業の設計部長だった故フリッツ・ローゼンバーガーの親族だという。婦人は、一家に残された古文書の中から見つけたという手書き原稿をブルに渡した。それこそ、スーパーガンの詳細な設計図と運用方法が書かれた論文だった。

その論文は、ブルの想像力をかきたてた。カナダの大学の卒業生としては史上最年少の二三歳で博士号を取得し、天才の呼び声が高かったブルは、数百キロ離れた目標へ砲弾を発射する、あるいは、大気圏外へ衛星を打ちあげるスーパーガンの開発を夢見ていた。そして、入手した論文をもとに、ヴィルヘルム砲と、それが後世の科学者に与えた影響に関する著作を発表した。

しかし、著述だけでは足りなかった。アメリカ政府とカナダ政府から、そして自分の大学からも資金を獲得したブルは、バルバドスの試験場で、自分が設計した巨大砲の試験発射を行なった。全長三六メートル、四二四ミリ口径の世界最長の大砲だ。現地で集められた作業員や技術者やエンジニア総勢数百人が、大砲の建設と試験発射を行なった。

試験発射では、重量のあるものを搭載して記録的高度に打ちあげるというすばらしい結果を出した。砲弾の代わりに、固体燃料で飛ぶミサイルを発射するとすれば、重さ九〇キロのミサイルを、距離四〇〇〇キロ、または、高度二五〇キロに飛ばすことができるとブルは主張した。

ブルの大砲はすばらしい成績を残したが、アメリカおよびカナダ政府は、さまざまな理由から、その計画への資金提供を中止した。一九六八年、バルバドスから帰国せざるをえなくなったブルの不満は、限りなくふくらみ続けた。そして、彼の計画を中断させた〝官僚たち〟に、恨みと憎しみをぶつけた。

しばらくのあいだ、彼は砲弾を製造し、アメリカ製の大砲用の砲弾五万発をイスラエルへ輸出した。そして、名誉アメリカ市民の称号さえ得た。ところが、ひどく短気なうえ、思ったことを口走ってしまう彼は、軍の上級士官や高級官僚と必ずといっていいほどぶつかった。バルバドスの試験場閉鎖で味わった屈辱が、彼の内部でずっとくすぶっていた。そして、大砲の製作を続行するためなら、どんなことでもする覚悟だった。その目標にとりつかれた彼を、なにものも止めることはできなかった。

最初に製作したGC－45砲は、四〇キロもの射程距離を持つ、その時代では最先端の砲だった。ブルは、それを買いたいという人間ならだれにでも売った。国連の対南アフリカ武器禁輸決議にもかかわらず、隣国アンゴラと戦争するために必要としていた南アフリカ軍に、ブルは大砲を売った。大砲を現地で生産するためのライセンスも販売した。

CIAが、ブルの違法活動を秘密裡に支援していたともいわれている。しかし、その件が明るみになるやいなや、ブルのCIAの友人は忽然と消えてしまい、一人残された彼は、利己的で非情な兵器商人になりさがったと国連から非難された。しかたなく戻ったアメリカでは、予想外の不愉快なできごとが待っていた。アメリカの裁判所は、不法兵器取引で有罪とみなし、禁固六カ月の刑を彼に宣告したのだ。釈放されてカナダに帰国すると、五万五〇〇〇ドルの罰金を科せられた。ブルは怒りと憎しみで煮えたぎったままベルギーへ飛び、ベルギー連合火薬業と共同で新会社を設立した。

しかし、彼の執念の炎は治まらなかった。ジュール・ベルヌの想像力に匹敵する巨大スーパーガンを作る夢を追い続けた。ゲーテの『ファウスト』のように、夢を実現するためなら、悪魔にたましいを売ることもいとわなかった。そして、ついに悪魔を見つけた。イラクの誇大妄想狂の独裁者、サダム・フセインである。

八〇年代、イラクは、イランと過酷な戦争を戦っていた。ブルは、イラクにGC－45砲二〇〇基を売った。オーストリアで製造し、イラクの隣国ヨルダンのアカバ港経由で密輸した。だが、それは始まりにすぎなかった。

イラクのタムーズにあった原子炉をイスラエルに爆撃され、核兵器を保有する夢を打ち砕かれたサダム・フセインは、ブルと同様、大きな挫折感を味わっていた。また、人工衛星打ちあげまであと一歩まで来たイスラエルを、心から妬ましく思っていた。

ブルは、世界最大にして最長のスーパーガンの建設をフセインに持ちかけた。

この超大砲があれば、宇宙に衛星を打ちあげられるし、一〇〇〇キロ以上遠くに砲弾を撃ちこめるとブルは断言した。フセインは、それを使えばイスラエルの人口集中地域を攻撃できるとわかり、ブルの申し出を受け入れた。ブルは、その事業を〝バビロン計画〟と名づけた。

ブルは、バビロン計画用の設計図を作成した。長さ一五〇メートル、重さ二一〇〇トン、口径一メートルの超大砲だ！　このマンモス砲を作る前に、やや小型の試作品を製作してテストすることになった。〝ベビー・バビロン〟と名づけられた小型砲は、ベビーと名がついているものの、それ以前に作られたどの大砲より大きかった。長さ四五メートルの大砲の性能は、フセイン軍の砲兵隊指揮官をうならせた。とはいえ、イラクの砂漠に出現した本物に比べたら、物の数ではなかった。

ブルは、地肌がむきだしになった丘陵地を巨大砲の設置場所に決め、世界最長にして最も太い大砲を、丘の斜面で組み立てることにした。場所を決めたのち、ヨーロッパ各地の製鋼所に、大砲の部品を発注した。主な部品である砲身は、巨大な鋼鉄の円筒をつなぎあわせて完成させる予定だった。イギリスとスペインとオランダとスイスの会社に、〝石油の大パイプラインの部品〟という名目で円筒が注文された。イラクは、戦略物資の輸入を国際的に厳格に制限されていたため、またもや隣国ヨルダンの名が使われた。

パイプが届きはじめた。驚くのは、パイプの製造に関わった国家や企業の大半が、そのパイプが巨大兵器の部品であることを過たず理解していたことだ。利己的で強欲で、中東地域の戦争に無関心な彼らは、なんの抵抗もなく協力したのだった。巨大パイプは輸出を許可され、貨物船に積みこまれて出港した。その多くが、なんの問題もなくイラクに到着した。

ブルおかかえのエンジニア集団が、部品の組み立てを開始した。砲口は、西のイスラエルに向けてある。それでもブルは満足しなかった。アルマイノーンとアルファオと名づけられた二基の自走式砲を建造したのだ。アルマイノーン（すごいやつ）はすぐに、イラク軍砲兵隊に組みいれられた。

　ブルは、イラク軍のスカッド・ミサイルの改良と、弾頭の調整も行なった。スカッドの射程を延長し、性能を向上させたのだ。このミサイルは、湾岸戦争でイスラエルに向けて発射されることになる。

　そして、ここでブルは一線を越えた。ブルの息子の証言によれば、イスラエルの工作員から、危険な活動をやめるようブルに警告があったという。ブルは耳を貸そうとしなかった。彼の活動をやめさせたがっていたのは、イスラエルだけではない。CIAとMI6も案じていた。イランも、ブルに遺恨があった。イラン・イラク戦争のとき、イラクは、ジェラルド・ブルが建造した大砲でイランを攻撃したのだ。どうやらブルは、敵に不足することがなかったらしい。そして、その敵たちは、彼の計画に終止符を打つことにした。

　ブルが警告を無視したので、外国の工作員の活動にいっそう力がはいった。一九九〇年冬、ブリュッセルのユックル地区にあるブルのアパートメントで侵入事件が数回起きた。犯人はなにも盗まず、ただ家具をひっくり返したり、たんすや戸棚のひきだしの中身をあけたりと、侵入したことを見せつけて帰っていった。それは、ブルへの警告だった。俺たちはここに来た。いつでもお前の家へはいれる。それ以上のこともできるのだぞ、と。

　だが今度も、ブルは警告を無視した。大砲の部品は着々と届き、イラクの不毛の丘に一つ一つ置かれていった。なにがあっても、バビロン計画を止められないと思われた。あることを除いて。

一九九〇年三月二二日、ブリュッセルのアパートメントに、ブルが帰ってきた。ポケットをさぐって部屋の鍵を出そうとしていたとき、暗い廊下から、消音装置つき拳銃を手にした男が現われ、ブルの後頭部に五発を撃ちこんだ。巨大砲の父は倒れ、その場で息絶えた。

世界のメディアは、いっせいに首謀者の推測をはじめた。

暗殺犯を送りこんだのはCIAだというものもいれば、MI6だ、アンゴラだ、イランだというものもいたが……大多数は、イスラエルを挙げた。ベルギー警察が調査を開始したものの、一つの手がかりも見つからなかった。ジェラルド・ブルを殺した犯人はまだ見つかっていない。

ブルの死で、大砲建設計画は即座に停止した。ブルの助手やエンジニア、研究者や仕入れ係は、世界各地に散っていった。彼らは、計画の一部分には詳しかったが、全体計画はブルの頭にしまいこまれており、進行手順を知っていたのはブルだけだった。ブルの死は、バビロン計画の死でもあった。

ブルが死んで二週間後、イギリス当局が長い眠りから目覚めた。ようやく税関職員をティースポート港へ派遣し、輸出目録では〝石油パイプ〟となっていた、シェフィールド産の巨大鋼鉄パイプ八本を差し押さえたのだ。その努力は認めるが、なにしろ遅すぎた。イギリスが見逃した四四本のパイプは、すでにイラクで使われている。その後、巨大砲の部品が、ヨーロッパの五カ国で次々と押収された。イギリスの公式捜査は、シェフィールド・フォージマスターズ社のような名門企業が、いかにしてサダム・フセインの正道をはずれた目的に目をつむり、巨大砲の鋼鉄パイプを供給したかをさぐろうとしたものだ。

二〇〇三年にアメリカ軍がイラクを征服したとき、バグダッドの南方約五〇キロにあるアルイスカンデリヤの古鉄廃棄場で、ゆっくりと錆びつつある巨大パイプの山を発見した。錆びたパイプはすべて、ジェラルド・ブル博士の壮大な計画の名残りだった。

ジェラルド・ブルの暗殺は、モサドという組織の性格に大きな変化をもたらした。モサドの古株工作員から長官に就任したシャブタイ・シャヴィトは、一九八九年に就任したとき、かつてのモサドとはまったく違う役割を見いだした。元サイェレットマトカルの戦士であり、カエサレア部隊隊長だったシャヴィトは、長官職にふさわしい男だと思われた。しかし、黒い九月幹部の徹底的抹殺が行なわれた七〇年代初頭から、八〇年代そして九〇年代にかけて、モサドの活動の重点は、情報収集から特殊作戦へと移っていった。イスラエルという国をおびやかす、非軍事的で非伝統的な危険に対する作戦の大半を、モサドが徐々に背負うことになった。通常の国家機関では、テロリズムに効率的に対応できない。テロ組織の幹部は、比較的安全な外国に居住し、攻撃計画を練り、イスラエルの国や、世界各地のイスラエル国民に敵対する人員を送りだす。彼らの正体や活動状況がわかったとしても、逮捕して、法の裁きを受けさせることはできない。モサドに残された唯一の手段は、彼らをさがしだして殺害することだけだ。捕獲作戦に参加するダヴィド・モラドのような工作員にとって、それは実に過酷でつらい活動だった。しかし、テロリストを殺害することで、テロ組織が崩壊または長期間の活動不能に陥れば、目標は達成できる。黒い九月幹部の殺害は、わかりやすい一例だ。ジェラルド・ブルの死も、同じ結果をもたらした。彼を暗殺した首謀者は、正式には決して認定されないとしても、彼の死によって、彼の邪悪な計画も死んだ。ワディ・ハダドにも同じことが言える。

すべては、チョコレートの箱から始まった。

パレスチナ解放人民戦線(PFLP)代表のワディ・ハダド博士は、イスラエルの最大の敵の一人だ。彼の名を一躍広めたのは、一九七六年六月二七日のテルアビブ発パリ行きのエールフランス航空機のハイジャックだった。アラブ人、ドイツ人、南アメリカ人からなるテロリスト数人が、飛行機をウガンダの都市エンテベに着陸させ、人質に取ったユダヤ人およびイスラエル人と、囚われているテロリストとの交換を要求した。イスラエル軍特殊部隊がはるばるエンテベまで出向き、テロリストを殺して人質を解放した。エンテベ事件のあと、身の危険を感じたハダドは、本部をイラクの首都バグダッドに移した。そしてそこから、対イスラエルのテロ作戦を指揮し続けた。

モサドは、その大物テロリストを殺すことを決意した。だが、どんな方法で？　ハダドという男のすべて、特に彼の弱点と悪癖をさぐるという、地道な作戦が始まった。

エンテベ事件から一年後、ハダドは、チョコレートが大好きで、特にベルギー製の高級チョコレートに目がないことがわかった。PFLPに潜入している、信頼のおけるパレスチナ人から届いた秘密情報だ。

イツハク・ホフィ長官が、その情報をイスラエルのメナヘム・ベギン首相に提示すると、即座に作戦の許可がおりた。モサドは、ヨーロッパに仕事で来ていた、ハダドの信頼厚い側近の一人を寝返らせた。帰途につく前に、その男は、おいしそうなゴディバのチョコレートの大箱をボスの土産に購入した。モサドの専門家が、甘いクリーム入りのチョコレートに、きわめて有害な生物毒を注入した。ゴディバに目のないハダドは、チョコレートをだれにも分けずに一人占めするはずだと推測された。

スパイは、きれいに包装した箱をハダドに届け、ハダドは、一つ残らず自分一人で食べきった。二、三週間して、丸々と太っていたハダドの食欲がなくなり、体重が減りだした。血液検査をすると、深刻な免疫不全が起きていた。バグダッドには、PFLPのリーダーの病状がわかるものはだれもいなかった。

ハダドの体調は悪化した。弱って骸骨のように痩せ細り、ベッドから起きあがれなくなった。危険な状態になったため、東ドイツの病院に緊急移送された。東ドイツは、パレスチナ人テロリストに訓練や武器や隠れ家などを提供し、豊富な援助を行なっていた。とはいえ、その国のほかの点では一流の専門家も、今回は役にたたなかった。一九七八年三月三〇日、パレスチナを愛するものとして戦争を戦ってきた四八歳のテロリストは、個人的に貯蓄した数百万ドルを妹に残し、〝原因不明〟のまま死んだ。

東ドイツの医師団は、ハダドの死因は、免疫系を冒される不治の病と診断した。だれもモサドのしわざだとは疑わなかった。ハダドの信任の最も厚かった側近の数人は、以前ハダドがイラク政府に恥をかかせたことがあったため、イラク当局から毒を盛られたのだと主張した。数年たってようやく、イスラエル人の著述家らに、ハダドの早すぎる死とモサドとの関係の全貌を明らかにすることが許された。三〇年後にヤセル・アラファトが死亡したとき、その側近たちは、黒幕はイスラエルだと非難した。フランス人医師団によって徹底的に検査が行なわれたにもかかわらず、その事実は証明されなかった。

ハダドの死とともに、彼の組織は崩壊した。ハダドのグループによるイスラエルへの攻撃は、ほぼ完全に途絶え、イスラエルの一つの敵との長い闘いは終わった。

ブルとハダドの次は、サハカキの番だ。

一九世紀なかば、オスマン帝国の君主(スルタン)は、地中海に浮かぶマルタ島を征服するため、帝国海軍の名高い提督を司令官として派遣した。提督は出発し、地中海を数カ月もさまよった。

しかし、マルタ島を見つけることができなかった。

イスタンブールに戻ってきた提督は、スルタンに面会し、こう告げた。「マルタ・ヨク!」（トルコ語で〝マルタはない〟の意）

だが、現代には、マルタ島を見つけただけでなく、変装し、身元を偽って上陸し、まったくだれにも知られずに動きまわった男がいる。その男こそ、イスラム聖戦機構の代表者であるファティ・サハカキ博士だ。

一九九五年一〇月二六日午前、ファティ・サハカキは、マルタ島セルマの町にあるディプロマット・ホテルから外に出てきた。ここ数年住んでいるダマスカスに帰る前に、少し買い物をするためだ。サハカキはかつらをつけ、イブラヒム・シャウシュ名義のレバノンのパスポートを所持していた。マルタ島の静かな町にいると、比較的安全だと感じている。一週間前、パレスチナ地下組織大会に出席するため、マルタ島からリビアへ飛んで以降、モサドの工作員数人に尾行されていることを、彼は知らなかった。

九カ月前の一月二二日、サハカキのイスラム聖戦機構に属するテロリスト二名が、イスラエルの都市ネタニヤからそう遠くないベイトリドの交差点にあるバス停留所の近くで自爆した。二一名が死亡、六八名が負傷した。死者の大半は兵士だった。イスラエル史上、もっとも被害の大きかったテロ攻撃の一つといわれている。現場へ急行したイツハク・ラビン首相は、悲惨な現場を見て衝撃を受けた。そして、ラビンの怒りは、《タイム》誌のサハカキのインタビュー記事を読んだときに頂点に達した。〝これは［アラブ・イスラエル間の戦争をのぞいて］パレスチナ地方で行なわれた最大の軍事攻撃だ〟

タイム誌〝その攻撃に満足されたようですが？〟

サハカキ〝わが人民は満足するでしょう〟

激怒したラビンは、シャブタイ・シャヴィト長官に、イスラム聖戦機構の首領の殺害を命じた。

それ以来、モサドは、サハカキをつけまわしてきた。

ドイツの週刊誌《シュピーゲル》によれば、モサドは、ダマスカスの本部でサハカキを襲撃することを提案した。が、ラビンはそれを却下した。彼は、シリアのアサド大統領とひそかに和平交渉を進めている最中だった。イスラエルの北の隣人との紛争を終わらせるわずかな可能性をつぶす危険を冒したくなかったのだ。ラビンは、モサドに別の作戦計画を求めた。そうなると非常に厄介だとシャヴィトは説明した。サハカキ自身が、モサドに狙われていることを承知しており、めったにシリアを離れないからだった。にもかかわらず、ラビンは、ダマスカスでの襲撃作戦を認めず、シリア国外で作戦を実行しろとモサドに命じた。

では、どこで？　しばらくのあいだ、モサド幹部は途方に暮れた。ところが、たまたま、サハカキが、リビアで開催されるパレスチナ・テロ組織大会に招待された。最初彼は、出席を見送ると返事した。ところが、ライバルのサイド・ムッサが大会に出席することを知らされた。嫌われもののアブムッサ組織の首領である。モサドは、サハカキが敵に後れを取ることをよしとせず、どんな犠牲を払っても大会に行くだろうと予測した。果たして、ダマスカスからの秘密報告がその予測を裏づけた。サハカキはリビアへ行く、と。ラビンは、作戦のゴーサインを出した。

ヨーロッパの消息筋は、襲撃作戦の準備は、モサドが、サハカキの過去のリビア訪問の記録を確認することから始まったと述べている。サハカキは必ず、マルタ経由でリビアの首都トリポリへ飛ぶ便を選ぶことが明らかになった。シャヴィト長官は、リビアではなくマルタ島で作戦を決行することにした。マルタ島のほうが、静かで都合がよかったのだ。モサドの工作員は、首都バレッタの空港でサハカキを待った。彼は、そこでリビア行きの便に乗り継ぐことになっている。ダマスカスからその日三便めの便でやっと到着したサハカキは入念に変装していたため、工作員らはあやうくだまされるところだった。彼は、通過ラウンジで短時間待ったあと、リビアへの乗り継ぎ便で出発した。

一〇月二六日早朝、リビアからマルタ島へ戻ってきた彼は、以前も滞在したことのあるディプロマット・ホテルへチェックインした。六一六号室にはいってから、すぐに外へ出てきた。青いオートバイに乗った工作員二人が、サハカキの行くところにどこまでもついていった。サハカキは、二時間ほど商店や市場を見てまわった。ホテルへの帰り道、青いオートバイが彼のそばで停まった。あとになって中東風の容貌だったといわれることになる工作員の一人が近づき、消音装置つきの銃で至近距離から六発を発射した。サハカキは歩道に倒れ、いっぽう殺人犯は、すぐそばの裏通りへ走った。そこで、オートバイにまたがった相棒が、エンジンをかけて待っていた。彼らは、一目散に近くの海岸へ走り、高速ボートに飛び乗って、外洋で待機していた貨物船をめざした。表向きは、ハイファからイタリアへセメントを運搬する貨物船だったが、セメント以外にも荷物を積んでいた。シャブタイ・シャヴィト本人が、船内の臨時指揮所から作戦を監督していたのだ。逃走ルートは充分に練ってあった。二人の工作員を追ってくるものはだれもいなかった。二人は無事に母船へたどりついた。

サハカキが死んだあと、イスラム聖戦機構の側近たちは、大きな謎の解明にのりだした。サハカキの外国出張の細かい日程をモサドに漏らした裏切り者はだれだ？　殺人犯はなにもかも知っていた。マルタ島に出発する日付、便名、偽名、マルタ島からダマスカスへ帰る日付……五カ月に及ぶ捜査のすえ、イスラム聖戦機構幹部は、サハカキと親しかった助手のパレスチナ人の学生を捕え、背信行為を追及した。学生は白状した。ブルガリアに留学中、勧誘されてモサドのスパイとなり、ダマスカスでサハカキのグループに加われと命じられた。それから四年間、彼はサハカキの信頼を得て、サハカキの行動を知るごく少数の一人となった。

資産の大半を社会活動に費やすハマスやヒズボラとはちがい、イスラム聖戦機構には、たった一つの目的しかない――テロ行為である。イスラエルと戦う以外の目的を持たないパレスチナ人たちが集まるこの組織は、少人数かつ細かく区分けされた班で構成されている。サハカキ自身は、世界各地に離散したパレスチナ人から、自爆テロの観念を創造した父とみなされている。イスラムの教えの中に、自爆して死ぬことの正当性を最初に見いだしたのがサハカキだった。

サハカキの組織は、残虐なテロ攻撃を多く行なってきた。一九八九年七月六日、テルアビブとエルサレムを結ぶ道路で、四〇五番のバスを攻撃し一六名を殺害。一九九〇年二月四日、カイロ近郊で、イスラエル人観光客の乗るバスを攻撃し九名を殺害。二〇〇〇年一一月二〇日、イスラエル南部のクファ・ダロムで、バスを爆破し八名を殺害。一九九四年一一月一一日、ガザ地区のネツァリム道路防塞を自爆攻撃し兵士三名を殺害。一九九五年一月二二日、ベイトリドの爆破事件で、兵士二一名を殺害。サハカキは、まさに死刑に値する人間だったので、モサドが、マルタ島の通りで実行した。サハカキの死後、イスラム聖戦機構は壊滅状態となり、首領の死から組織全体が立ちなおるまでは長い時間がかかった。

イスラエルは、彼の暗殺の責任を決して認めていない。ラビン首相は語った。「暗殺は、私のあずかり知らないことだ――が、それが事実だとしても、残念だとは思わない」

その後まもなく、イツハク・ラビン自身が暗殺された。パレスチナ人テロリストではなく、狂信的なユダヤ人の手で。

第17章　アンマンの大失態

「ババ！　ババ！」（お父さん！　お父さん！）幼い女の子が大声で呼びながら黒いジープを飛びおり、父親を追いかけて、高層のオフィスビルへ駆けこんだ。ヨルダンの首都アンマン中心部でのことだ。

「ババ！」女の子は叫んだ。そして、モサド史上最悪の災難の幕があいた。


巧みに計画された作戦だった。いくらか野暮ったく思われたものの、成功の見込みは充分あった。作戦の目的は、新しくハマスの政治局長になったハリド・マシャルを殺すことだった。四一歳のコンピューター・エンジニアであるマシャルは、目鼻だちの整った男だ。黒い顎鬚はきちんと手入れしてある。彼は、この二、三年のあいだに、イスラエルの最悪の敵となったハマスの若きリーダーだった。イスラム原理主義に支持されたこのハマスは、一九九三年九月、ヤセル・アラファトとイツハク・ラビンがオスロ合意に同意し、和平プロセスを進めてきたあと、PLOに代わって、イスラエルに容赦なき戦いを仕掛けてきた組織である。

モサド上層部は、一九九七年七月三〇日にエルサレムで起きた自爆テロ事件のあと、マシャルを暗殺の目標に定めた。混雑したマハネイェフダ市場で、テロリスト二人が自爆し、イスラエル人一六名が死亡、一六九名が負傷した事件だ。ベンヤミン・ネタニヤフ首相は、緊急閣僚会議を招集し、ハマスのリーダーの一人の殺害を決定した。そして、一九九六年にモサド長官に就任したダニー・ヤトム将軍に、殺害対象を決める仕事を任せた。

ヤトムは、長く軍人としてのキャリアを歩んできた。禿頭で筋骨たくましく、笑顔の絶えない彼は、サイェレットマトカルの副指揮官を務め、その後、機甲軍団の士官となり、さらに、少将となってイスラエル中央軍司令官を務めた。イツハク・ラビン首相に身も心も捧げ、軍事秘書官として仕えた。ラビンの死後、世間が驚いたことに、モサド長官に任命された。彼を知るものたちは、彼の実力と軍歴を高く評価していたが、秘密諜報機関の長に必要とされる資質に欠けるのではないかともいわれていた。ヤトムの任命は、その職に最適の人材を選んだというよりも、亡くなったラビンに敬意を表する意味が大きかったのではないか。

一九九七年八月上旬にネタニヤフ首相と会談したあと、ヤトムは、テルアビブのモサド本部にモサドの主要部門の部長を集めて緊急会議をひらいた。メンバーは、ヤトムの副官であるアリザ・マゲン。特別作戦部門カエサレア隊長のB。テヴェル――外国情報部との連携担当部門――のイツハク・バルツィライ。情報収集部門ツォメットのイラン・ミツラヒ。敵組織への潜入を専門とするネヴィオトの隊長D。そして、調査およびテロリズム部門の部長たち(いまも現役勤務のため、氏名ではなくアルファベットで表記した)。

最初、話しあいは行き詰まった。モサドは、ハマス幹部全員の氏名を知っていたわけではなかった。最も有名なハマスの指揮官は、ムーサ・モハメド・アブ・マルツォックだったが、その男はアメリカのパスポートを所持しているため、彼を巻きこむとアメリカとの関係にひびがはいりかねない。そして、ハリド・マシャルがふさわしい目標だと、全員の意見が一致した。ところが、マシャルの事務所はヨルダンの首都アンマンにある。一九九四年一〇月にヨルダンとの和平協定を締結したあと、ラビン首相は、ヨルダン国内でのモサドの作戦を完全に禁じていた。ラビンの軍事秘書官であるかぎり、ヤトムは、ラビンの命令に完璧に従った。しかし、現モサド長官として、ヤトムは、いまは亡きラビンの指示を黙殺することにし、ネタニヤフ首相にマシャルの名を挙げた。その提案は、カエサレア隊長および、その情報官であるミシュカ・ベンダヴィドに支持された。

ネタニヤフは同意した。だが、ヨルダンとのいざこざを避けたかった彼は、派手な襲撃ではなく、〝静かな〟作戦に限定した。ヤトムは、キドン——カエサレア内の精鋭部隊——に、作戦実行指令を出した。モサドの研究部門勤務の生化学専門の研究者が、ネスツィオナにある生物研究所で開発された猛毒を使用することを提案した。その毒を二、三滴、人間の皮膚に垂らしただけで死にいたるという。この毒は、体内に痕跡を残さず、解剖でも検出されない。同種の毒が、パレスチナ人民解放戦線の首領であるワディ・ハダド暗殺事件で使われた（第16章参照）。

「毒殺と聞いて、どう思いましたか？」かなりあとになって、イスラエル人ジャーナリストのロネン・バーグマンが、ミシュカ・ベンダヴィドに尋ねた。「胸の悪くなるような死に方をさせるのは……」

「それならば」ベンダヴィドは答えた。「頭に弾丸を撃ちこまれるか、車をミサイルで爆破されるほうが、毒薬より人間的な死に方だというのか？……もちろん、人を殺す必要がなければ、それにこしたことはないが、テロとの戦いでは、これはやむをえない。ヨルダンとの関係を悪くしないために〝静かな〟作戦を選んだ首相の決断は、理にかなっていた」

一九九七年夏、テルアビブのある通りで、二人の若者がコカコーラの缶を振ってから、つまみを引いてあけた。しゅっという音とともに炭酸飲料が噴きだした。若者二人に迷惑そうな視線をちらりと送りながら、人々は通りすぎていった。この二人がモサドの工作員で、マシャル暗殺の手順を練習中だとは、想像もできなかっただろう。一人が、そばでコーラの缶をあけてマシャルの注意を引き、もう一人が、彼のうなじに毒を二、三滴垂らすという段取りだ。

作戦決行日の六週間前の一九九七年八月、先遣隊がヨルダンに到着した。外国のパスポートを所持する彼らは、マシャルの日課をたどった。朝の何時ごろに家を出て、だれと一緒に車に乗り、どんな道筋でどこへ行くか？　そのときの道の混雑具合はどうか？　マシャルが車からおりてどこかの建物の中へはいるまでの時間を計り、その建物へはいる前にだれかと話すために立ちどまったりするかどうかを確かめるなど、作戦計画に影響を及ぼしそうな情報を一つ一つ集めていった。

先遣隊による準備任務の結果がキドン本部に届いた。マシャルは毎朝、護衛なしで自宅を出る。助手が運転する黒いスポーツ用多目的車(SUV)に乗り、ヨルダンの首都アンマンのシャミアセンターにあるパレスチナ救援局へ向かう。マシャルをおろして、車は走り去る。マシャルは建物までの短い距離を歩いて、中へはいる。パレスチナ救援局とは、アンマンのハマス本部の隠れみのである。

先遣隊による偵察報告は、マシャル襲撃の最善の場所も示唆していた。朝、彼がSUVをおりて事務所に向かう歩道だ。

その夏を通して、準備は行なわれた。監視および補助チームがアンマンに派遣され、隠れ家とレンタカーを確保する。ところが、九月四日、またもやテロ攻撃が、エルサレムを揺るがした。ベンイェフダ通りでハマスのメンバー三人が自爆し、五名が死亡、一八一名の負傷者を出したのだ。イスラエルとしては、これ以上我慢できなかった。行動の時が来た。

一九九七年九月二四日、作戦決行日の前日。アンマンの大型ホテルのプールサイドで、二人の観光客がのんびり過ごしている。男は、白いバスローブをはおっていた。心臓発作後で治療中だと、ホテルの従業員に話してあった。ゆっくりした慎重な歩き方は、病気の後遺症が残っている証拠だろう。若い女性医師が、その男に付き添っていた。女はときおり、男の脈拍と血圧を測っている。二人はほとんど、プールサイドの長椅子に寝そべっていた。〝心臓病患者〟の正体はミシュカ・ベンダヴィド、モサド本部と現地工作員との連絡責任者だ。

女は、同じくモサド工作員にして本物の医師で、マシャル殺しに使用する毒薬の解毒剤を携帯していた。その解毒剤は、毒を中和する効力を持つ。作戦中に、工作員がふとしたことから毒薬を浴びてしまった場合、ただちに解毒剤を注射しなければ、確実に死にいたる。

にせの患者と医師がプールサイドで待機しているいっぽうで、襲撃チームは最後の準備にはいった。この二、三日のうちに、多数の工作員がアンマンにやってきた。彼らは、逃走用車両を運転するなどの補助的任務につくことになっている。その後、襲撃チーム本体が到着した。ショーン・ケンドールとバリー・ビーズという名のカナダ人観光客を装ったキドンの工作員二名だ。二人は、インターコンチネンタル・ホテルに宿泊手続きした。振り返ってみると、その二人に関して不審を感じずにはいられない。アラブ諸国での作戦に一度も参加したことがないとはいえ、なぜその二人が選ばれたのか？　ごく表面的に調べただけで、カナダ人でないことはわかるというのに、なぜカナダ国籍にしたのか？　二人は、イスラエルなまり丸出しの不自然な英語を話していたから、突っこんだ調査をされれば、正体はすぐにばれただろう。だが、そんな問題も、監視チームの手落ちに比べれば見劣りがするほどだ。作戦が開始されてはじめて、それが明らかになった。

襲撃場所は、マシャルの事務所がはいっているシャミアセンターの入口と決まった。キドンの工作員と一瞬だけ遭遇したマシャルは、すぐに死を迎えるはずだった。〝ジョーン〟と〝バリー〟がマシャルに近づき、うなじに毒薬を振りかけ、そばで待機している車両に乗って逃走する。テルアビブの通りで訓練をすませてきた〝カナダ人〟二人の準備は万全だった。

ショーンはコーラの缶を持つ。マシャルに向かってつまみを引き、〝たまたま〟マシャルのほうにコーラを噴きださせる。だが、もちろんコーラは見せかけにすぎない。作戦の主要人物は、毒のはいった小さな容器を手にしたバリーだ。数秒のうちに、その容器の毒をマシャルに浴びせる。コーラの缶は、毒のスプレーからマシャルの注意をそらすためのものだ。液体の毒が皮膚に付着し、〝心臓発作〟で死にいたる。

襲撃チームが加勢を必要とした場合にそなえて、男女二人の〝観光客〟が、センターのロビーで待機する。例えば、建物に向かうマシャルの歩調が速すぎて、カナダ人二人が追いつけないかもしれない。そのときは、〝観光客〟のカップルが建物の外に出て、マシャルにぶつかり、襲撃チームが近寄るまで、マシャルの歩みを遅らせる。

この方法なら、ヨルダンとの衝突を回避できるだろうと、モサドの立案者たちは考えていた。

作戦成功の鍵は、現場の状況にかかっていた。護衛、家族、知りあい、警察官、ハマスのメンバーなど、襲撃の邪魔になりそうな人間がいないとき。ヨルダンに派遣された八人の工作員に対する指示は明確だった。右記の条件のすべてが満たされたときに限り、作戦を実行せよ。ダニー・ヤトムは、工作員らに次の通りに命じたと主張している。〝本来の計画と条件があわなければ、いつでも作戦を延期する〟。我々が知るかぎり、実際もそうだった。工作員らは幾度か現場にやってきたものの、予期せぬ問題――ヨルダン人警察官の姿が見えた、マシャルに護衛がついてきた、マシャルが出勤を急遽とりやめた――が生じ、襲撃を中止したのだ。

一九九七年九月二五日、作戦決行日。

作戦指揮官は、通りの向かい、建物の正面の位置についた。現場付近では、携帯電話や電子通信機器を使用せず、手ぶりと身ぶりで意志を伝えあうことになっている。指揮官がかぶっている帽子を取ることが、作戦中止の合図だった。

建物の裏で、逃走用車両が、襲撃チームの二人を待っている。

ショーンとバリーは位置につき、カップルもロビーにはいった。

用意はすべて整った。

マシャルの自宅では、ほぼいつものとおりの朝の日課が進んでいた。けれども、最後に一つだけ、小さな変更があった。二人の子どもを学校へ送ってくれと、マシャルは妻から頼まれた。いつもは妻が送っていく。父と一緒に子ども二人がSUVに乗りこんだが、モサドの監視チームは子どもたちに気づかず、運転手つきの車にマシャル一人が乗りこんで出発したと報告した。監視チームは、後部座席に座っている二人の子どもを見逃した。車の窓は色ガラスになっていて、外から内部は見えない。

シャミアセンターに到着したマシャルは、車からおり、歩道を横切って、建物の入口へと続く階段をのぼりだした。襲撃チームが近づいていく――一〇メートル、五、三……そのとき、幼い娘が車から出てきた。「ババ！　ババ！」娘は叫んで、父親に向かって駆けだした。

運転手が車から飛びおりて、子どもを追いかけた。通りの向かいの位置についていた作戦指揮官が、子どもの存在に気づいた。彼は帽子を取り、作戦中止の合図を送った。しかし、その決定的な数秒間、工作員二人は、建物入口のコンクリートの柱の影にまわりこんでおり、指揮官を見ていなかった。さらに悪いことに――彼らは、少女と、それを追いかけて走ってくる運転手を見ていなかった。

襲撃チームは任務を続行した。マシャルに接近し、コーラの缶を振って、つまみを引いた。ところがその日にかぎって、つまみが外れず、ふたがあかなかった。陽動に失敗した。にもかかわらず、バリーは、マシャルのうなじに毒をスプレーしようと手を持ちあげた。そのとき、子どものあとから走ってきた運転手が、見知らぬ男が片手をあげるのを見て、ボスを突き刺そうとしているのだと思いこんだ。彼は叫びながら、バリーに向かって突進し、丸めた新聞紙で叩こうとした。運転手の叫び声を耳にしたマシャルが振り向いた。このとき、バリーはスプレーし、数滴の毒薬がマシャルの耳に落ちた。かすかに刺すような痛みを感じただけだが、なにか変だと気づいて、マシャルは急いで逃げだした。ショーンとバリーは、一目散に逃走用車両へ向かった。

この時点で、新たな人物が登場した。マシャルに書類を届けにきたハマスのメンバーのムハンマド・アブシーフだ。彼は叫び声を聞き、工作員二人の行動を目撃した。マシャルが命からがら逃げるあいだ、アブシーフは、ショーンとバリーを追いかけ、逃走車に乗らせまいとした。失敗に終わった作戦の三つめの障害だ。アブシーフはショーンに組みついたものの、閉じたままのコーラの缶で殴られた。ショーンとバリーはやっとの思いで車に飛び乗った。車は走りだした。

しかし、そのとき彼らは、決定的なミスを犯した。アブシーフが車のナンバープレートを控えていたと、逃走車の運転手から知らされたのだ。襲撃チームの二人は、アブシーフによって警察に通報されることを恐れ、その場で車を捨てることを決断した。計画どおりにその車でホテルに乗りつけたら、そこで逮捕されるかもしれない。隠れ家の住所はわからず、ほかの逃走ルートを知らなかった。数ブロック走ったのち、バリーとショーンは車をおりた。運転手は、車を処分するために走り去った。

しかしそこで、アフガニスタンでロシアと戦った歴戦のイスラム原理主義派ゲリラ（ムジャヒディン）であるアブシーフの負けじ魂を見ることになる。ショーンとバリーはなにも知らずに、車からおりて通りの両側を歩いていた。バリーは、いきなりシャツをつかまれ、マシャルを殺そうとした男だと大声を出されてはじめて、頑固で身軽な男があとを追いかけてきていたことを知った。通りの反対側を歩いていたショーンは、仲間の助太刀のために駆け寄った。アブシーフを力一杯殴りつけ、頭部に軽い傷を負わせてから、道端の溝に投げ飛ばした。取っ組み合いは続いた。あっというまに人だかりができ、同胞のアラブ人を殴打しているように見える二人の外国人に目が集中した。警察官がやってきて、野次馬を追いはらうと、タクシーを停め、外国人二人とひどく殴られたアブシーフを乗せた。そして、警察署へ向かった。

警察は最初、アブシーフが二人の外国人を襲ったのだと考えた。ところが、気を取りなおしたアブシーフが、その二人はマシャルを襲おうとしたのだと訴えた。ヨルダン警察は二人のパスポートを調べ、カナダ人だとわかると、カナダ領事に知らせた。領事は、ショーンとバリーとしばらく話してから、ヨルダン人に告げた。「この男たちが何者かは知らないが、一つ確かなのは――絶対にカナダ人ではない！」

自分たちが宝物をつかんでいることにまだ気づかないヨルダン人は、外国人二人を勾留することにし、一度だけ電話をかけることを許可した。二人は、ヨーロッパのモサド作戦本部に連絡し、逮捕されたことを知らせた。同じころ、作戦に参加し、シャミアセンター前ので きごとを見ていた女性工作員は、重大なまちがいが発生したことを知り、アンマンで最高位のモサド士官である〝心臓病患者〟ミシュカ・ベンダヴィドに報告するために、彼のいるホテルへ急いだ。ベンダヴィドは彼女に会うなり、最悪の事態が発生したことを悟った。作戦規定で、だれも彼に近づいてはならないと定められている。ある一つの場合を除いては。万一、作戦が失敗したら、全工作員はただちに国外へ撤収すること。

ベンダヴィドはバスローブを脱ぎ捨てて手早く服を身につけ、前もって決めてあった秘密の集合場所へ急いだ。すぐあとから、作戦指揮官もやってきた。彼も、作戦の失敗を知っていた。とはいえ、どれほど混乱した事態になるか、だれにも予想はつかなかった。

ベンダヴィドは、モサド本部にすぐに報告した。ダニー・ヤトム長官は、各部門の長と状況について話しあい、現地にいる工作員に、アンマンのイスラエル大使館に逃げこめ――そして、決めてあった脱出ルートを使うなと命じた。ヨルダンにいる全員は集合場所を離れ、大使館へ向かった。医師だけはホテルに残った。

いっぽう、アンマンのマシャルに、毒が死の効能を発揮しはじめていた。彼は倒れ、病院にかつぎこまれた。イスラエル側は解毒剤を打たなければ、あと数時間で息絶えることがわかっていた。

ネタニヤフは、モサド本部で――驚くべき偶然――開催されるユダヤ新年パーティに向かう車の中で、その最悪のニュースを受け取った。ヤトムは、首相にあらましを説明した。ネタニヤフは愕然とした。そして、ただちに長官をアンマンに送り、フセイン国王とじかに会って、ごまかしや嘘は抜きで、すべてを打ち明けさせることにした。モサド本部に到着した首相は、フセイン国王に電話をかけて、非常に重要な件についてモサド長官から話させたいことがあると述べた。国王は、どういう件なのかわからなかったものの、すぐに了承した。

そのときそばにいた補佐官らによれば、ネタニヤフは心配と不安で打ちのめされ、イスラエルに工作員を返してもらえるなら、国王のどんな要求でも呑むよう、ヤトムに指示したという。また、ヨルダン側に解毒剤を渡し、マシャルの命を救えとも命じた。「マシャル事件のときのネタニヤフは、精神的に参ってぼろぼろになってしまっていた……大きなプレッシャーにさらされて、すべてをあきらめようとしているかに見えた……」

動揺しながらヤトムの説明を聞いたフセイン国王は、部下にマシャルの様子を見にいかせた。すぐに正確な診断がはいってきた。マシャルの容体は急速に悪化している。国王は即座に王立病院への転院を命じ、解毒剤を提供するというヤトムの申し出を受け入れた。この悲惨な事件に不合理なねじれが生じ、イスラエルとヨルダンは共に、彼らの敵である大物テロリストの命を救うために時間と戦っていた。

ミシュカ・ベンダヴィドはホテルへ戻った。解毒剤のアンプルは、ポケットにはいっている。「解毒剤を持ち歩いていた」彼はのちに、ロネン・バーグマンとの対談で語っている。「うちの連中に毒の被害はなかったから、もう用はないとわかっていた。危険な状態にあるのは、目標の人物だけだった。所持しているときに捕まるといけないから、解毒剤を廃棄しようと思った。そのとき、本国の隊長から電話連絡がはいった。解毒剤はまだあるかと訊かれたので、あると答えると、ホテルのロビーへ行けと言われた。そこで、ヨルダン軍の大尉が私を待っていて、解毒剤をただちに病院へ運ぶことになっていると」

ところがそのとき、また別の予想外の問題が浮上した。危篤状態のマシャルに解毒剤を投与することになっていた医師が、長官から直接命じられないかぎりは注射をしないと言い張ったのだ。王宮を出て、大使館に向かう車の中から、ヤトムはその医師に電話をかけ、ベンダヴィドと一緒に行けと命じた。ところが、彼らは病院に到着したものの、今度はヨルダン人が、イスラエル人医師に解毒剤を注射させることを断固として拒んだ。おそらく、医師がとどめを刺すのではないかと危ぶんだのだろう……

さらに、マシャルの治療にあたっていた国王付きの医師が、毒薬および解毒剤の化学式も知らずに解毒剤を投与できないと言いだして、ことはいっそう紛糾した。イスラエル人にだまされてマシャルを殺してしまった場合に、彼の死の責任を負いたくなかったのだ。新たな難局に直面した。ヨルダン側は化学式を要求し、イスラエル側は渡すのを拒んだ。たがいに譲ろうとしない。

王立病院の集中治療室にいるマシャルの容体はさらに悪化した。呼吸が止まり、人工呼吸器が使われた。万一、マシャルが死ぬようなことになれば、もともと壊れやすい両国関係に大きなダメージを与えるだろうことは、関与する全員にはっきりわかっていた。イスラエルに裏切られてひどく気分を害した国王は、軍に命じてイスラエル大使館に突入させ、そこに逃げこんだ四人のモサド工作員を逮捕すると脅しに出た。また国王は、イスラエルとの政治的および軍事的協力関係を終わらせると口にした。

刻々と過ぎる時間と共に、緊張は高まるいっぽうだった。国王は、マシャルが死んだら、その殺人犯――ヨルダン警察が勾留している二人の工作員――に死刑を宣告すると宣言した。そして、アメリカのビル・クリントン大統領に緊急電話をかけた。

アメリカはただちに、化学式をヨルダンに渡すようイスラエルに圧力をかけはじめた。ネタニヤフ首相と、さまざまなグループの識者や顧問や閣僚との会議は長時間に及んだ。ついに首相は折れ、ヨルダンに化学式を手渡した。

ヨルダン人の医師が、マシャルに解毒剤を投与した。効き目はすぐに現われ、マシャルは目をあけた。

マシャルが危篤状態を脱したという知らせがイスラエルに届いたとき、まるでヨルダンで長く行方不明になっていた弟の命が助かってよかった、とでもいうように、全員が安堵の溜息を漏らした。

ミシュカ・ベンダヴィドと医師に、ヨルダンから出国許可がおりた。モサド工作員六名——大使館に四名、ヨルダン警察の拘置所に二名——はアンマンにとどまった。

集中治療室にいるマシャルの病状は快方に向かっている。イスラエルは、ネタニヤフ首相、アリエル・シャロン外相、イツハク・モルデカイ国防相を含む高レベルの代表団をアンマンに送った。しかし、フセイン国王本人は代表団と会おうとせず、弟のハサンを代理に立てた。

イスラエル政府は、フセイン国王と個人的な友人であるエフライム・ハレヴィ元モサド副長官も呼んだ。当時ハレヴィは、EU大使としてブリュッセルに駐在していた。ハレヴィはただちにアンマンに飛び、国王に取引を申し出た。イスラエル大使館にいる工作員四名と引き換えに、イスラエルの刑務所にはいっている、ハマスの創設者にしてカリスマ的指導者であるアハメド・ヤシンを釈放する。国王は同意し、四人の工作員は、ハレヴィとともにイスラエルに帰国した。

最後の交渉は、国王と親密な関係を維持しているシャロン外相にまかされた。

シャロンは、勾留されているキドンの工作員二名の釈放を要求した。ヨルダン側は、イスラエルに捕えられている二〇人のヨルダン人の釈放を求めた。シャロンは同意した。が、最後の瞬間に、ヨルダン側は考えを変え、もっと譲歩しろとイスラエルに詰め寄った。国王が同席していた場で、シャロンはかっとなった。「こんなことを続けて」彼は怒った。「うちの人間を釈放しないなら、水を止めて（イスラエルはヨルダンに水を供給している）、もう一度マシャルを殺すぞ」

　シャロンの脅しが効いて、取引は成立した。イスラエルのヘリコプター二機が、ヨルダンに着陸した。キドン工作員二名をイスラエルへ連れ帰るためのヘリと、刑務所から釈放されたヤシンを運んできたヘリだ。

　イスラエルおよび世界のメディアは、ヨルダン国内でのモサドの作戦をけなし、嘲笑した。ネタニヤフも、事件を指揮した手法を厳しく非難され、〝ヨルダンにおける作戦の失敗〟を調査する査問委員会を設立するしかなくなった。

　委員会は、首相に責任はなかったことをはっきり認めた一方で、モサド長官の〝作業の不手際〟と、最初から失敗する運命にあった作戦の開始を許可したことを非難した。ただし、ヤトムの罷免を要求することはなかった。

　アンマンの大失態のあと、ヨルダンとイスラエルの関係は一段と悪化した。ハマスではまだ重要人物視されていなかったハリド・マシャルは、組織内の注目を集め、幹部の一人として頭角を現わした。そして、ヤシンの死後、マシャルは、ハマス全体を牛耳る指導者にのしあがった。イスラエルおよび国際社会において――さらには、組織幹部や工作員の目から見ても――モサドの威光は大きく傷ついた。作戦を通して、指導力を発揮できなかったダニー・ヤトム長官は、モサド上層部から公然と批判された。ヤトムの副官のアリザ・マゲンは、ヤトムに長官の資格はないと無遠慮に述べた。

　批判にもかかわらず、ヤトムは辞めようとしなかった。唯一カエサレア隊長だけは、作戦失敗の責任を認め、すぐさま辞表を提出した。ヤトムがついに降参するまでに、さらに五カ月を費やした――一九九八年二月、スイスで、イスラム教シーア派過激派組織ヒズボラのメンバーの電話を盗聴しようとしたモサド工作員が逮捕された。〝私は、指揮官に責任があると考えた〟と、ヤトムは《ハアレツ》紙のインタビューで答えた。〝だから、ヨルダンとスイスの作戦失敗により辞任を決意した〟。

あとを引き継いだのは、元モサド副長官のエフライム・ハレヴィだ。フセイン国王と交渉し、大失敗に終わったマシャル作戦に参加した四人の工作員を釈放させた人物である。

第18章　北朝鮮より愛をこめて

二〇〇七年七月のある日のロンドンは、気持ちのよい夕べを迎えていた。ケンジントン地区にあるホテルの部屋から、一人の宿泊客が出てきた。その男は、エレベーターでロビーへおり、入口で待つ車へ乗りこんだ。その日の午後、ダマスカスから到着したばかりのシリア政府高官だった。そして彼は会合へ向かった。

彼が回転ドアを出るやいなや、ロビーの隅の肘掛け椅子から二人の男が立ちあがった。二人は、まったく迷いなく通路を進んでさっきのシリア人の部屋へ行き、電子装置を使って中へはいった。系統だてて室内を捜索するつもりだったにもかかわらず、作業は簡単だった。ラップトップ・コンピューターは、デスクの上にあったのだ。スイッチを入れて、〈トロイの木馬〉の高性能版ソフトウェアをインストールした。そのプログラムで、コンピューターのメモリに保存されているファイルを遠隔操作で監視し、コピーすることができる。二人は作業を終えて、だれにも気づかれずにホテルをあとにした。

テルアビブのモサド本部で、コンピューターのファイルを調べた分析官は、唖然として言葉もなかった。各部門の長を集めた緊急会議がひらかれ、非常に貴重な情報を入手したことが報告された。収集されたファイル、写真、スケッチ、文書などにより、シリアの最高機密の核開発計画が初めて明らかになった。一級の資料の中に、砂漠の遠隔地における原子炉建設計画が含まれていた。シリア政府と北朝鮮政府高官との往復書簡。コンクリート製の容器内部の原子炉の写真。別の写真には、男が二人写っていた――北朝鮮の核プロジェクトを担当する高官と、シリア原子力エネルギー委員長、イブラヒム・オスマンである。

資料の発見は、二〇〇六年および二〇〇七年にイスラエルの情報機関に断片的に届いた報告を裏づけるものだった。それらの情報は、シリア政府が、北東部の砂漠のデイル・アル・ズールという場所に、超極秘で原子炉を建設していることを示していた。その隔絶した土地は、トルコとの国境に近く、イラク領まで数百キロの場所だった。最も驚愕したのは、シリアの施設が、北朝鮮の核の専門家によって計画・指揮され、イランから出資されているという事実だった。

シリアと北朝鮮との緊密な協力関係は、一九九〇年に北朝鮮の金日成主席がダマスカスを訪問したときに始まった。訪問中、シリアのアサド大統領にそそのかされて、両国は軍事および技術協力協定を結んだ。両国首脳は、核問題についても話しあったものの、当時のアサドは、その課題を最優先とせず、化学および生物兵器の開発に最大の関心を示した。そのうえ、ロシアから原子炉を購入する予定だったのに、それをキャンセルした。一九九一年二月、湾岸戦争における砂漠の嵐作戦の最中に、北朝鮮から届いた最初のスカッド・ミサイルの積荷が、シリアでおろされた。ミサイル到着の報告は、イスラエルのモシェ・アレンス国防相に届いた。多くの将軍たちが、実戦配備される前にスカッドを破壊する軍事作戦を勧告した。この地域の紛争をこれ以上増やしたくなかったアレンスは、その案を却下した。

二〇〇〇年六月のハーフィズ・アル＝アサド大統領の葬儀の際、その息子にして後継者のバッシャール・アル＝アサド大統領は、北朝鮮代表団と対面した。その後、シリア科学研究庁の監督のもとでシリアに核施設を建設することに関して、秘密会談が行なわれた。二〇〇二年七月、今度はダマスカスで、シリアとイランと北朝鮮の高官が参加した秘密会談がひらかれ、三国は合意に達した。北朝鮮はシリアに原子炉を建設し、イランが資金援助する。製図板から兵器レベルのプルトニウムの生産までの全計画の費用は、二〇億ドルと見積もられた。

その後の五年間、ダマスカスから断片的な情報が流れてきたにもかかわらず、CIAもモサドも、シリアの計画に気づかなかった。多数の警告灯が散発的に点灯したというのに、黙殺された。アメリカの情報機関は、集まってきた情報の奥に含まれた意味を理解しそこね、モサドとアマンは、シリアには核兵器を保有する能力も意図もないという思いこみに惑わされた。そのうえ、その誤解をだれも疑問に思わなかった。証拠はあったのにだ。二〇〇五年、北朝鮮からシリアへセメントを運搬していた貨物船〈アンドラ〉が、イスラエルの都市ナハリヤ沖で沈没した。二〇〇六年、パナマ船籍の北朝鮮の貨物船の積荷であるセメントと移動可能レーダー装置が、キプロスで差し押さえられた。その二つの件の〝セメント〟というのは、明らかに原子炉用の資材である。そして、二〇〇六年末、イランの核専門家が施設の建設状況を見に、ダマスカスを訪れた。イスラエルおよびアメリカの諜報機関は、その訪問を知っていたというのに、デイル・アル・ズール計画との関連を見落とした。

シリアは、計画の秘密を守るために、念には念をいれた慎重な対策を講じた。現場で働く作業員全員に箝口令を徹底した。携帯電話や衛星装置の所持は固く禁じられた。連絡事項はすべて使者が運び、書簡やメモを相手に手渡した。アメリカやイスラエルの人工衛星が何度も上空を通過したが、宇宙からは現場の活動を見分けることができなかった。

二〇〇七年二月七日、ダマスカスの空港に一人の乗客が降りたった。男の名はアリ＝レザ・アスガリ、イスラム革命防衛隊（第2章参照）幹部の将軍であり、元イラン副国防相であった人物である。彼は、家族がイランを発ったという確証を得るまで、空港にとどまった。そしてその後、トルコへ飛びたった。イスタンブールへ着いてまもなく、彼は失踪した。

一月後、アスガリは、CIAとモサドの共同計画により、西側に亡命したことが判明した。ドイツの米軍基地で尋問を受け、情報を聞きだされた彼は、シリア－イラン核計画の存在と、北朝鮮とイランとシリアの三国合意について暴露した。イランは、デイル・アル・ズール計画に出資しているだけでなく、できるだけ早く完成させるようシリアに強い圧力をかけているという。アスガリは、その計画の進捗状況に関する大量の情報をCIAとモサドに提供し、シリアとイラン両国でそれに関与している中心人物を教えた。

この新情報にショックを受けたモサドは、すぐに行動に移った。二〇〇二年、エフライム・ハレヴィのあとを継いで、メイル・ダガンが長官に就任していた（第1章参照）。外国の消息筋によれば、ダガンは、部隊と工作員を指名して、アスガリ報告の信頼性の確認にあたらせた。エフード・オルメルト首相は、陸軍参謀長と国防相、そして諜報機関を集めて会合をひらいた。そこで全員が、緊急作戦を実行し、ディル・アル・ズール施設に関する明快で正確な情報を得ることに賛成した。イスラエルは、最も無慈悲で攻撃的な敵国シリアが、核兵器を製造する潜在能力を持つことを許容できなかったのだ。

モサドの工作員が大手柄――シリア高官のラップトップ侵入成功――をあげたのは、アスガリの亡命からわずか五カ月後のことだった。これによって、モサドとアマンの幹部は、政府が必要としている確たる証拠を、オルメルト首相に提示することができた。

その後まもなく、ダガンは、またもや大当たりを引いた。あるモサド局員が、大胆で個性的な作戦によって、シリアの原子炉で働いていた科学者の一人を引き抜くことに成功した。その科学者は、内外のさまざまな角度から原子炉を撮影し、建屋と建屋内部の設備の動画まで作成していた。その動画に、モサドが初めて見る、地上一階部分の原子炉が映っていた。そこには、薄くはあるものの、頑丈そうな強化壁のある円筒形の構造物が見られた。ほかの写真に、原子炉外壁を補強するための外側の足場が写っていた。また、石油ポンプのついた小さめの建物の写真もあった。三つめの建物は、原子炉に水を供給する給水塔と思われた。

モサドは、アメリカ政府に、順を追って一つも漏らさず説明報告し、衛星写真や、シリアと北朝鮮との通話記録を含むすべての資料と写真を提供した。イスラエルから執拗に求められて、アメリカ政府は、人工衛星をこの件に投入した。衛星写真と電話通話の電子追跡記録の両方が、シリアの核施設の建設が恐ろしい速さで進んでいることを示していた。

二〇〇七年六月、オルメルト首相は、イスラエルが収集した全資料をたずさえてワシントンを訪問した。そしてブッシュ大統領と会談し、シリアの原子炉をなんとしても破壊しなければならないと考えていると告げた。アメリカに原子炉を空爆してはどうかと持ちかけたが、ブッシュ大統領は拒んだ。アメリカの情報筋によれば、〝アメリカは［原子炉を］攻撃しないことに決めている〞とホワイトハウスは回答したという。コンドリーザ・ライス国務長官とロバート・ゲイツ国防長官は、イスラエルに〝攻撃するのではなく［シリアに］証拠を突きつけ〞るべきだと説得しようとした。ブッシュとスティーヴ・ハドリー国家安全保障担当補佐官は、原則的には軍事行動を支援すると表明したものの、危機が差し迫っていることを示す情報を入手するまで、作戦を延期するよう求めた。

二〇〇七年七月、イスラエルは、オフェク7スパイ衛星で原子炉施設を高高度から写真撮影した。アメリカとイスラエルの専門家がそのときに撮影された写真を分析した結果、シリアが建設中の原子炉は、北朝鮮の寧辺（ニョンビョン）にある核施設と酷似していることが明確になった。イスラエルがアメリカに示したビデオ画像には、施設内部の燃料棒の配置の仕方を含めて、まったく同じ型の両国の原子炉の炉心が映っていた。原子炉内部で作業する北朝鮮のエンジニアたちの顔まで映っているビデオもあった。くわえて、アマンの盗聴部門である八二〇〇部隊が、ダマスカスと平壌間の熱に浮かされたようなやりとりを完全に文書化した。

これらすべての確証が、ワシントンに送られたが、それでもアメリカは、施設が間違いなく原子炉であり、また、放射性物質が実際に所定の場所に置かれているという反駁の余地のない証拠を要求した。イスラエルは、その証拠を手に入れるしかないと考えた。

二〇〇七年八月、イスラエルは、デイル・アル・ズールの施設が原子炉であるという決定的な証拠をつかんだ。それは、特殊部隊サイェレットマトカルによる、イスラエル人兵士の生命を賭けて挑んだ作戦で獲得された。シリア陸軍の制服を身につけたサイェレットマトカルの隊員たちが、夜間、二機のヘリコプターでシリアへ飛んだ。人口集中地域や軍事基地やレーダー基地を迂回し、デイル・アル・ズールに近い場所に秘密裡に着陸したのち、原子炉施設へ接近し、施設周辺の土壌サンプルを採取した。イスラエルでサンプルを分析した結果、高濃度の放射能が見つかった。放射性物質がその場所に存在するという動かぬ証拠だ。

新たに入手されたこの証拠が、スティーヴ・ハドリーに提示された。再度アメリカの専門家が分析したすえ、きわめて深刻な事態であると認められた。ハドリーと側近たちとが協議した結論が、ハドリーの一日に一度の状況報告で、ブッシュ大統領に伝えられた。その後ハドリーはダガン長官と会談し、原子炉が危険を有する施設であると結論を下した。シリアの原子炉が排除されるべきであることをアメリカは認め、デイル・アル・ズール作戦に〝オーチャード〟という作戦名がつけられた。ジョージ・W・ブッシュは回想録の中で、一旦は原子炉の攻撃を考慮したものの、国家安全保障担当部と選択肢を話しあい、最終的には攻撃しないことを決定したと書いている。〝警告もせず、正当化の理由を公表もせずに主権国家を爆撃すれば、深刻な反動を招くだろう〟と思ったという。また、アメリカ軍部隊による秘密襲撃作戦も許可しなかった。

にもかかわらず、オルメルトは、ブッシュ大統領に電話をして、原子炉の破壊を要求した。その電話会議のとき、ブッシュは執務室で、補佐官たちに囲まれていた。コンドリーザ・ライス国務長官、ディック・チェイニー副大統領、スティーヴ・ハドリー、その副官のエリオット・エイブラムズなど。その前の協議で、ライスは、彼らを説得して、イスラエルの要求を認めないことを決定していた。

「ジョージ、施設の爆撃をアメリカに要求する」オルメルトは言った。

「主権国家を攻撃する正当な理由を説明できない」ブッシュは答えた。「わが国の情報機関があくまで、それは兵器計画だと主張しないかぎりは」ブッシュは、〝外交的手腕をふるう〟ことを勧めた。

「あなたの戦略が、私には非常に気がかりだ」オルメルトは無遠慮に言った。「私は、イスラエルを守るために必要だと思うことをする」

「根性のある男だ」あとでブッシュが言った。「だから好きなんだ」

ロンドンの《サンデー・タイムズ》紙によれば、オルメルト首相は、エフード・バラク国防相とツィッピー・リヴニ外相と協議した。その三人に、国防および情報部門の幹部をくわえて、新しい確証と、軍事攻撃後に予想される影響について話しあった。最後に、さいは投げられた。シリアの原子炉を排除する。首相は、野党のベンヤミン・ネタニヤフ党首にざっと説明し、全面的な支持を得た。

攻撃の日は、二〇〇七年九月五日の夜と決められた。

後日の《サンデー・タイムズ》の記事によれば、攻撃の前日に、空軍特殊部隊シャルダグ（カワセミ）が、現地デイル・アル・ズールにひそかに到着した。部隊は、原子炉施設付近に隠れて一日近くを過ごした。彼らの任務は、次の日の夜、空軍機が、まっすぐ目標に向かって飛んでこられるよう、レーザー光線で原子炉を照射することだった。九月五日午後一一時、ラマトダヴィド空軍基地から、一〇機のF－15が離陸し、西方の地中海へ飛び去った。三〇分後、三機が基地への帰投を命じられた。ほか七機は、トルコ－シリア国境をめざし、その後、南のデイル・アル・ズールへ向かえと指示を受けた。途中、シリアのレーダー基地を爆撃し、外国機の接近を確認する防空能力を無力化した。数分後、デイル・アル・ズール上空に達すると、慎重に計算された距離から、マーベリック空対地ミサイルを発射し、半トンの爆弾数基を投下して、目標に精確に命中させた。国家イスラエルを破壊するための原子爆弾を製造するはずだったシリアの原子炉は、数秒で消滅した。

シリアとの軍事衝突をどうしても避けたかったオルメルト首相は、トルコのタイイップ・

エルドアン首相に緊急に連絡を取り、シリアのアサド大統領宛ての伝言を託した。イスラエルは、シリアと戦争をする気はないが、隣国のシリアが核兵器を保有することは許容できないという内容の伝言である。しかし、事態はオルメルトの感情に関係なく進んだ。爆撃作戦の翌朝、ダマスカスはまったく反応を見せなかった。政府の広報官は一言も触れなかった。午後三時になってようやく、シリアの通信社から公式声明が発表された。午前一時に、イスラエル軍機がシリア領空に侵入したというものだ。〝［イスラエル軍機は］無人地域に爆弾を投下したのち、我が国の空軍から撤退を迫られた。死傷者はなく、施設などに損害はなかった〟

世界のメディアは、モサドが、シリアの原子力施設内部の写真やビデオをどのように入手したかを知りたがった。アメリカのABCテレビは、イスラエルは、シリアの原子力施設内部に工作員を潜入させていたか、あるいは、エンジニアを口説いて味方に引きいれ、施設内の写真を撮らせたかのどちらかだろうと報道した。

二〇〇八年四月、原子炉の爆撃から七カ月あまりあとになって、アメリカ政府がようやく、シリアの施設は、北朝鮮の援助で建設された〝平和利用を目的としない〟原子炉だったと発表した。ジョージ・W・ブッシュは、シリアの原子炉を〝実際に爆撃した〟ことにより、オルメルトは二〇〇六年のレバノン侵攻で失った自信を取り戻したのではないかと考えた。ブッシュの考えでは、レバノン侵攻は失敗だった。

アメリカの情報機関の高官らは、下院と上院の議員たちに、シリアの原子力施設と北朝鮮の寧辺の施設との類似点を明確に示したスライドを見せた。衛星写真、スケッチ、計画書やビデオをもとにして作成されたスライドだった。

その後二週間は、イスラエルは原子炉の爆撃を否定し、事実の暴露をふせいだ。だが、野党のベンヤミン・ネタニヤフ党首が、テレビの生中継のニュース番組で次のように宣言した。〝政府が、イスラエルの安全保障のために行動を起こすなら、私は全力で支持する……そして、この件においても、私は最初から全面的に支援した〟

一一カ月後の二〇〇八年八月二日、シリアの核開発計画に関する最後の事件が発生した。その夜、シリア西部のタルトゥス港の北に位置するリマル・エルザハビーヤの別荘の広々としたベランダで、楽しい夕食会がひらかれていた。別荘の目の前には、静かな地中海が広がっている。暗い海に面したベランダは、地中海沿岸地方の湿気からの逃げ場となっていた。気持ちのよい海風が、重苦しいほどの真夏の暑さをやわらげてくれた。楕円形のテーブルについているのは、別荘の持ち主であるムハンマド・スレイマン将軍と、のんびりした週末をともに過ごそうと招かれた親しい友人たちだった。

スレイマンは、アサド大統領に最も近い国防軍事担当補佐官だった。原子力施設の建設と警備を担当していた人物だ。シリアの権力中枢内では、アサドの影法師とみなされていた。彼は、官邸内の大統領執務室の隣に執務室をかまえるほどの人物だったが、国の内外の選ばれたごく少数にしか名前を知られていなかった。

シリアのメディアで彼の名が報じられることは一度もなかったものの、モサドは彼に目をつけ、注意深く行動を見守っていた。四七歳のスレイマンは、工学を専攻したダマスカス大学で同じく学生だった、ハーフィズ・アル＝アサド大統領の後継者と目されていた長男のバッシル・アル＝アサドと出会い、友人となった。一九九四年にバッシルが交通事故で死んだあと、アサド大統領は、スレイマンを次男のバッシャールに引きあわせた。アサド大統領が二〇〇〇年にガンで死亡すると、バッシャールが大統領職を引き継ぎ、スレイマンを相談相手兼補佐官に任命した。

まもなくスレイマンは、シリアでもっとも影響力を持つ人物の一人となった。アサド大統領は、厄介で扱いにくい軍事問題をすべて彼にまかせた。シリア大統領とイラン諜報機関との連携、特に中東地域のテロ組織との秘密協力問題を担当する首席連絡官となった。また、シリア代表としてヒズボラと接触し、ヒズボラの軍事部門の長であるイマード・ムグニエとの緊密な関係を維持した。二〇〇〇年五月、南レバノンの安全保障地帯からイスラエル軍が撤退したあと、スレイマンは、イランおよびシリアからヒズボラへの武器の、特に長距離ロケットの引き渡し責任者を務めた。二〇〇六年の二度めのレバノン侵攻のとき、そうして引き渡されたロケットの一基が、イスラエルの都市ハイファの鉄道作業場に命中し、作業員八名が死亡した。その後、スレイマンが、シリア製地対空ミサイルをヒズボラに提供したため、レバノン国内におけるイスラエルの航空活動は危険にさらされることになる。

スレイマンは、もう一つ、最高機密にして唯一無二の役を務めていた。長距離ロケットおよび化学・生物兵器を開発し、核研究を行なうシリア研究委員会の上級委員である。北朝鮮との連携を監督し、シリアへ送られる原子炉部品を調整し、原子炉の建設現場で働く北朝鮮人の技術者やエンジニアを隔離する警備手順を管理していた。

イスラエルに原子炉を破壊されたことは、スレイマンには大打撃だった。最初の衝撃から立ち直ると、場所は未確定であるものの、また次の原子炉の建設計画を立てはじめた。しかし、スレイマンの日々の暮らしは、だんだん窮屈になってきた。いまでは、アメリカおよびイスラエル両国の諜報機関のお尋ね者となったことを、彼は承知していた。そういうわけで、計画を次の段階に進める前に、二、三日休暇を取って、リマル・エルザハビーヤの別荘でくつろぐことにしたのだ。親友たちとおいしい料理を楽しみながら、静かに週末を過ごせば、ストレスを発散できると思ったのだろう。

大テーブルの中央にいるスレイマンから、浜辺へ打ち寄せる波が見えた。それなのに、一五〇メートルほど離れた波打ち際にじっとうずくまる二つの影には気づかなかった。二つの影が、スレイマンの自宅から一・五キロほど沖で、ボートから海に飛びこんだ。スキューバの装備を身につけた、イスラエル海軍特殊部隊員にして射撃の名手の二人は、スレイマン家の近くの浜辺へ向かって水中を移動してきた。海の底に足がつく深さまで来ると、二人はそこに立ち、スレイマンの家をさがしだした。そして、家とベランダを観察し、テーブルにつく人々をながめて、目標の人物を見つけた。将軍は、客たちに囲まれて座っている。

午後九時、射撃手は照準をあわせ、射程を調整した。ベランダには人がたくさんいる。黒いウェットスーツを着た招かれざる客二人は、ほかのだれも傷つけずに、確実に将軍だけを撃ちたいと考えていた。海からあがった二人は、砂地を数歩進んでから、スレイマンの頭部に、消音装置つきの小銃のねらいをつけた。つけているイヤホンに電子音が響き、二人は同時に発射した。命を奪うことになる二発だった。スレイマンはのけぞってから、ずらりと料理が並べられたテーブルに突っ伏した。最初、客たちは何が起きたのかわからなかった。スレイマンの頭から流れだした血を見てようやく、彼が撃たれたことに気づいた。そして、ベランダは大騒ぎになった。スレイマンを助けようと近づくものがいれば、恐怖を感じてしゃがんだり、悲鳴をあげて意味もなく走りまわったりするものがいた。そのあいだに、二人の射撃手は姿を消した。

《サンデー・タイムズ》紙が報道した事件のあらましは、これとはやや異なる。射撃手は、イスラエル海軍特殊部隊の第一三小艦隊の隊員で、イスラエル人実業家が所有するヨットでシリアの海岸に上陸し、任務を遂行するとまたすぐヨットで戻ったという。

ニュースがダマスカスに届いたとき、途方もなく大きな衝撃が走ったが、政府は沈黙を守り、メディアの報道を無視した。軍事および安全保障関係の支配層は動揺した。ダマスカスから二〇〇キロ以上も離れたタルトゥスに、暗殺チームはどんな方法でやってきたのか？逃走手段は？　指導者が安全でいられる場所は、シリアにはないのか？

数日してようやく、簡潔な声明が発表された。〝シリア政府は、この犯罪の犯人グループを見つけるべく調査を行なっている〟ところが、他のアラブ諸国の報道機関は、シリア政府の反応を待ってはいなかった。最初から、詳細な事件報告や暗殺犯の身元の推測など、包括的な報道を行なった。アラブのさまざまな報道は、スレイマン将軍を排除することでだれが利益を得るかに焦点を絞り、イスラエルを名指しで非難し、デイル・アル・ズールの核施設計画において重要な役割をになったスレイマンを暗殺したのだと主張した。

西側情報機関の反応は、それとはちがっていた。スレイマンの死を悼むものは皆無だった。二〇一〇年六月、第一三小艦隊は、イスラエル軍参謀長から、〝幾多の武功〟を称えられ勲章を授かった。武功の内容は明らかにされなかった。

海軍特殊部隊に与えられた栄誉の、少なくとも一部は、スレイマン作戦の功績だろうか。

第19章 午後の愛と死

二〇〇八年二月一二日、シリアの首都ダマスカスの一等地にある高級マンションを取り囲むように、数人の男が潜んでいる。夕方、そのビルのそばに、銀色の三菱パジェロSUVが駐まった。その車から、顎鬚を整えた黒いスーツの男がおりてきて、建物にはいっていった。ボディガードは連れていなかった。ビルの周囲に配置された工作員は、〝男〟がダマスカスに到着し、マンションにはいったと小型送信機にささやいた。黒いスーツの男が秘密の愛人に会いにきたのはわかっている。ニハド・ハイダルというシリア人女性がマンションで彼を待っているのだ。男は、その週に三〇歳の誕生日を迎える、美しいニハドへのプレゼントを手にしていた。

恋人たちが数時間の逢瀬を楽しむ豪華なマンションは、シリア大統領であるバッシャール・アサドのいとこにして成功を収めた実業家のラミ・マハロウフが、自由に使っていいと貸してくれたものだった。

午後一〇時少し前、黒いスーツの男がマンションから出てきて、銀色のパジェロに乗りこみ、カフルスオッサ地区にある目立たない隠れ家に向かった。イランとシリアとパレスチナそれぞれの代表者との会合に出席するためだ。

《サンデー・タイムズ》紙の記事によれば、その男を尾行していた工作員らは、人違いしないように、携帯電話の画面にその男の最新の写真を表示して確認した。通信回路をあけたままにしておき、〝目標人物(マーク)〟の動きを逐一、モサド指揮所に報告する。

男が、ニハドと数時間を過ごしたマンションから出てきたときが、画面の写真と実物を見比べる絶好の機会だった。彼らは、ダマスカスで待機する同僚に、そしてテルアビブの本部に、確認した旨を知らせた。押し潰されそうな緊張が、モサドに広がった。メイル・ダガン長官の執務室には、作戦をリアルタイムで監視するために必要な装置類がセットされ、各部門の長が顔をそろえている。

男が、銀色のパジェロを発進させた。

「出発しました」工作員の一人が、小型マイクにささやきかけた。

銀色のパジェロに乗るのはイマード・ムグニエ、大勢の犠牲者の血で汚れた手を持つ男である。


二〇〇一年一一月一五日。

ニューヨークの世界貿易センタービルの攻撃のあと、FBIは、緊急指名手配のテロリスト一覧表を明記したポスターを刷った。

ポスターには、FBIと国務省と司法省の印が押されている。

二二の氏名と二二の写真からなる一覧表だった。

その第一に挙げられているのが最も凶悪なテロリストだ。

その男には、五〇〇万ドルの懸賞金がかかっていた。

世界貿易センタービルが攻撃されるまで、男は、だれよりもアメリカ人の命を多く奪ったテロリストと考えられていた。

イマード・ムグニエ。

一九八三年四月一八日――レバノンの首都ベイルートのアメリカ大使館を爆破――死者六三名。

一九八三年一〇月二三日――ベイルートのアメリカ海兵隊司令部を爆破――死者二四一名。

一九八三年一〇月二三日（同日）――ベイルートのフランス空挺部隊本部を爆破――死者五八名。

CIA局員のウィリアム・バックリーを拉致したのち殺害。クウェートのアメリカ大使館を幾度か攻撃。TWA機一機とクウェート航空機二機をハイジャック。南レバノン国連監視軍のW・R・ヒギンズ大佐を殺害。サウジアラビアでアメリカ兵二〇名を殺害……

このリストに、モサドは独自のデータを付け加えた。

一九八三年一一月四日――レバノンのテュロスにあるイスラエル軍司令部を爆破――死者六〇名。

一九八五年三月一〇日――イスラエル－レバノンの国境地域にあるメトゥラ付近で、イスラエル軍車両集団を攻撃――死者八名。
一九九二年三月一七日――アルゼンチンのイスラエル大使館を攻撃――死者二九名。
一九九四年七月一八日――アルゼンチンの首都ブエノスアイレスのユダヤ人の地域センターを爆破――死者八六名。

さらに、ハルドヴ国境区域でイスラエル軍兵士を拉致したのち殺害、イスラエル人実業家エルハナン・タンネンバウムの拉致、マツバ共同農場付近の爆破。中でも破壊的だったのは、イスラエル－レバノン国境で、レゲヴとゴールドワサーという二人の兵士を拉致し殺害した事件だ。第二次レバノン侵攻のきっかけとなった事件である。

これらの事件の背後で糸を引いていたイマード・ムグニエは、一種の亡霊のような存在だった。中東諸国の首都を転々とし、カメラマンを巧みに避け、インタビューを拒否した。西側情報機関は、彼の活動の多くを把握していたが、彼の外見や習慣やアジトのことはほとんど知らなかった。ムグニエは、南レバノンのある村で一九六二年に生まれたといわれている。断片的な情報によれば、彼の両親は、熱心なイスラム教シーア派の信者だったようだ。一〇代で、ベイルートの主にPLOを支持するパレスチナ人が住む貧しい地域に移り住み、そこで育った。高校を中途退学し、PLOのゲリラ組織ファタハに参加した。のちに、アラファトの右腕アブ・アヤドの護衛に、そして一七部隊の隊員となった。一七部隊とは、七〇年代なかばに創設され、赤い王子と呼ばれたアリ・ハサン・サラメ(第12章参照)に指揮されたファタハの特別保安部隊である。だが、一九八二年、イスラエルが、ガリラヤの平和作戦と称してレバノンに侵攻し、PLOを粉砕した。ヤセル・アラファト率いる生き残ったPLOはチュニジアへ追放された。ただし、ムグニエはレバノンにとどまり、結成されたばかりのヒズボラに参加した。

ヒズボラ――アラビア語で〝神の党〟を意味する――は、イスラエルがレバノン侵攻した一九八二年に設立されたイスラム教シーア派テロ組織である。アヤトラ・ホメイニ師の啓示を受け、イラン革命防衛隊から訓練と武器を提供されたヒズボラは、〝レバノンからイスラエルを追いだし、最終的には殲滅させる〟ことを主な目標と定めた瞬間に、イスラエルの敵となった。この世に出現した初日から、ヒズボラは、暴力的なテロ攻撃をイスラエルに仕掛けてきた。そして、ムグニエは、草創期の組織にとっては理想的な新人だった。

人目につかないことを好むムグニエは、隠密に活動し、公衆の面前に顔を出さないようにしていた。彼に関する情報は断片的で、かつ、しばしば矛盾していた。ある情報では、ヒズボラの精神的指導者であるファドララ師の護衛とされ、別の情報では、組織の作戦部長に就任し、最も危険な活動の黒幕となったと説明されていた。現在のヒズボラ指導者であるナスララ師とはちがい、ムグニエはテレビに出演もしないし、憎しみをこめた演説もしなかった。ただし、実際には、饒舌なイスラム教指導者よりもはるかに危険な人物だった。まもなく彼は、カルロスやオサマ・ビン・ラディンと並び称されるような、世界で最も有能かつ、逃げ足の速いテロリストとなる。

ムグニエは、残酷で創意に富むテロリストだった。レバノン侵攻終了まぎわのレバノンに彗星のごとく現われた彼は、大量虐殺作戦を計画し、実行した。一九八三年一〇月のある日、自爆テロリストに爆薬を満載したトラックを運転させ、ベイルートのアメリカ海兵隊基地およびフランス空挺部隊基地に突っこませたのは、わずか二一歳のムグニエだ。数日後、ティールのイスラエル軍司令部に対して、同じ攻撃を行なった。二二歳にして、テログループを率いて防備を固めたクウェートのアメリカ大使館を攻撃し、その後、初めてその地で飛行機をハイジャックした。一つの作戦が終わると、彼は忽然と消えた。二三歳のとき、アテネ発ローマ行きのTWA機をハイジャックし、ベイルート空港に着陸させた。飛行中に、海軍潜水員のロバート・ディーン・ステザムを殺害し、コクピットのドアから遺体を投げ捨てた。一七日間続いたハイジャック事件が落着すると、ムグニエは逃亡したものの、置き土産を残していった。機内の洗面所についていた指紋だ。

彼の私生活については、ほとんど知られていない。わかっているのは、従妹と結婚し、一男一女をもうけたことだけだ。活動のごく初期から、彼は、自分が多数の西側情報機関の標的となっていることを知っており、正体を隠そうと試みてきた。リビアで稚拙な整形手術を受け、顎鬚を生やし、人目を引くことを避けた。西側情報機関が握っているのは、ムグニエの写真——太っていて、顎鬚を生やし、眼鏡をかけ、野球帽をかぶっている——一枚だけ。人相書も不備だった。FBIは、彼が〝レバノン生まれ、アラビア語を話し、髪と顎鬚は茶色、身長五フィート八インチ（一七〇センチメートル）、体重一二〇ポンド（およそ六〇キログラム）〟と書いている。ムグニエの肉付きのよい身体が、どうして六〇キロのモデル体型に縮んだのかは謎だ……が、この人相書は、ムグニエが自分の守りを固めて、敵をうまく欺いている証拠だろう。

テロ攻撃や爆破やハイジャックなどの作戦を実行した彼は、ヒズボラのヒーローとして賞賛された。高度な知識と度胸、そして、ヒズボラの軍事部門を、世界の情報機関が恐れる存在に作りあげた彼の作戦能力は、高く評価された。影響力が増すにつれ、イスラエルおよび西側情報機関の暗殺の一大標的となった。そのことを承知していたムグニエは、永遠の闘争生活を送る被害妄想狂となり、最も親密な腹心の友を含めてあらゆる人間を疑い、護衛をひんぱんに変え、毎夜寝場所を変えた。そして、分厚い秘密のベールに包まれて、ベイルート、ダマスカス、テヘラン間を移動した。

イスラエルなどの情報機関が作成したムグニエの人物評は、強烈なカリスマ性を持ち、直情的で、最新の電子機器や小型機械の知識が豊富な一匹狼だった。氏名や性格や外見を変えることにかけては超人的な能力を持っており、敵の目をくらますことができる。イスラエルの秘密工作員は、彼を〝九つの命を持つテロリスト〟と呼んだ。

ムグニエの人物評を作成した五〇四秘密情報部隊の元少佐で、現アマン士官のダヴィド・バルカイは、《サンデー・タイムズ》紙のインタビューで次のように語っている。〝一九八〇年代後半に何度か彼を片づけようとしたことがあった。彼に関する情報を集めたが、近づけば近づくほど、集まる情報は少なくなった――弱点なし、女関係なし、金も麻薬も――なにもなかった〟

ムグニエ狩りは長いあいだ続いた。一九八八年、彼の乗った飛行機の経由地パリで、フランス当局は彼を逮捕するかと思われた。ムグニエに関して、顔写真や使用している偽造パスポートなどの詳細を含めた情報を、ＣＩＡはフランス当局に提供してあった。しかし、フランス政府は、当時レバノンで人質として拘束されていたフランス人が殺害されるのを恐れ、ムグニエの存在に気づかないふりをして、手を出さなかった。その後、一九八六年にヨーロッパで、一九九五年にサウジアラビアで、アメリカの情報機関が捕まえようとしたのだが、例のごとく彼は姿を消した。

その当時、ムグニエは、イスラエルおよびアルゼンチン在住のユダヤ人攻撃計画の立案と実行にかかりきりだった。一九九二年、自爆テロリストが運転する爆薬を積んだトラックで、ブエノスアイレスのイスラエル大使館を爆破した。二九名が死亡した。モサド幹部の一部は、その事件を、南レバノンのヘリコプター攻撃で死亡したヒズボラ指導者アッバス・ムサウィ師の復讐と見ている。

その二年後、ブエノスアイレスでまた爆破事件が起きた。今度は、ユダヤ人の地域センターが巻きこまれ、八六名が死亡した。この事件も、イスラエルが、ヒズボラ幹部のムスタファ・ディラニをレバノンで拉致したことに対する報復だとする見方があった。

アメリカとイスラエルの情報機関の局員が、現地で二件の爆破事件を調べた結果、関連性が見つかった。手口がそっくりだったのだ——トラックに爆薬を積み、自爆テロリストにハンドルを握らせて、目標へ送りだす。テロリストとして歩みだした初期のベイルートやティールの事件でも、ムグニエはそれとまったく同じ方法を用いた。調査によって、爆破事件には、イランの諜報機関と地元協力者も関与していることが判明した。少なくとも一台のトラック——大使館事件で使用された一台——は、ブエノスアイレスに住むイスラム教シーア派の自動車販売業者、カルロス・アルベルト・タラディンからテロリストに販売されたものだった。足跡は明らかにイマード・ムグニエに続いていた。

そのころムグニエは、イランに長期間滞在していた。ムサウィ師が暗殺されたあと、イスラエルは彼にも刺客を差し向けてくるだろうと考えたのだ。テヘランにいた彼は、ヒズボラのメンバーとイランの情報士官から成る作戦部隊を編制した。そのときに手を組んだ相手が、革命防衛隊のモフセン・レザーイー司令官と、アリ・ファラヒアン情報相だった。ブエノスアイレスの二件の爆破は、その部隊が実行したと思われる。二件の攻撃は、ある一つの結果を招いた。ムグニエは、イスラエルが捜索に最も力を入れるお尋ね者となったのだ。しかし、彼の死刑が執行されるまでに、長い年月が過ぎることになる。

一九九四年一二月、イマード・ムグニエの姿がベイルートで目撃された。そのすぐあと、彼はわずかのところで、南部地区で車爆弾による暗殺をまぬかれた。レバノン警察は、敏速に捜査結果を発表した。ファドララ師が説教をするモスク付近に駐車された自動車の下に爆薬が仕掛けられていたという。爆発によって、イマードの兄ファド・ムグニエが営む店が破壊され、瓦礫の中から兄の遺体が見つかった。けれども、店にいるはずだったイマードは、最後の最後で来るのをやめたため、生きのびた。九つの命が、またもや彼を救った。

車爆弾事件から二、三週間後、ヒズボラと合同で捜査していた公安警察が、モサドの協力者として事件に関与したと思われる民間人数人を逮捕した。主な容疑者は、アフメド・ハレクという男だった。

警察の公式発表によると、〝ハレクと妻は、ファド・ムグニエの店のすぐそばに車を駐めた。ハレクは店にはいっていって、ファドがそこにいることを確認し、握手をしてから、車に戻り、爆薬のスイッチをいれた〟。レバノンの新聞《アッサフィル》で引用された、信頼できる情報によれば、ハレクは、キプロス島でモサド高官と会い、爆弾の使用法を説明され、一〇万ドルを受け取ったという。のちにハレクは処刑された。

今回ムグニエは助かったが、モサドはあきらめなかった。どんな小さな情報でもこつこつと集め、外国の情報機関からはいった報告をまとめ、ムグニエの個人的な流儀を研究した。二〇〇二年、モサドは、パレスチナ人テログループに譲渡される五〇トン分の兵器の輸送にムグニエが関与しているという情報を入手した。ナスララ師の後継者として、ヒズボラの指導者に就いたと噂されていたにもかかわらず、またもやムグニエは姿を消した。彼の主な取引相手はイランの情報機関だったため、アルクッズ（エルサレムのアラビア語名）旅団と協力して、世界じゅうのシーア派社会およびイランの管理下にあるテロ組織と手を結ぶだろうと推測されていた。ムグニエの地位があがればあがるほど、護身手段の補強は絶対必要だった。彼が、おそらくは整形手術によって、またしても風貌を変えたという噂が、それを物語っていた。

ヨーロッパの情報筋によれば、第二次レバノン侵攻の終わりごろ、モサドは、レバノン在住で、ヒズボラのやり方に強く反対している多数のパレスチナ人を情報提供者としてかかえた。そのうちの一人の従姉が、ムグニエの村に住んでいた。ヨーロッパへ行ったムグニエが、まったく違う顔になってレバノンに帰ってきたという話を、なりたてのスパイがその従姉から聞きこんできた。

そのときからモサドは新たな課題に取り組んだ——ヨーロッパ各地の美容整形外科医院を調べることである。

ベルリンで、予想外の大当たりが出た。イギリス人のゴードン・トーマスの記事によると、ベルリン常駐のモサド工作員ルーベンが、旧東ベルリンの人々と控えめな関係を維持しているドイツ人の情報提供者と面会した。その情報提供者は、イマード・ムグニエが、整形手術を受けて顔貌をすっかり変えたことを報告した。手術は、過去に、旧東ドイツ秘密警察シュタージが所有していたクリニックで行なわれたという。シュタージは、秘密任務にたずさわる工作員やテロリストの顔をこのクリニックで作り変えてから、西側へ送りだしたのだった。

粘り強い交渉のすえ、ルーベンは、そのドイツ人協力者にかなりの金額を払い、ムグニエの最新の写真三四枚入りのファイルを受け取った。

メイル・ダガン麾下の専門家がその写真を分析した結果、ムグニエは顎を手術したことがわかった。下顎の骨を削り、その骨を顎の先端に移植して、顎の線をほっそりさせ、痩せてやつれて見えるようにした。前歯数本が、形のちがう人工歯に付け替えられた。目のまわりの皮膚を引っぱり、目の形を変えた。最後に、髪の毛を灰色に染め、眼鏡をやめてコンタクトレンズをいれた。もはや〝元の〟ムグニエとは似ても似つかない顔になり、西側の情報機関が八〇年代から集めてきた古い写真は、まったく役にたたなくなった。

外国の情報筋によれば、モサドはこのころからムグニエ暗殺の計画を練りはじめた。ダガンは、腕の立つ工作員を召集した。カエサレア隊長やキドン指揮官、そして、ムグニエ問題を担当してきた上級士官たちである。まもなく、非イスラム国でムグニエを襲撃できる見込みはないことが明らかになった。彼はほとんど西側世界に行かない。イランとシリアにいるときしか安心できないらしい。モサドがその二国で行動するとなると、大きな危険をともなう。確かにモサドは、これまでにもアラブ諸国で作戦行動をし、ベイルートでの神の怒り作戦も大成功を収めた。工作員たちはチュニジアの首都チュニスにまで出向き、テロ組織の指導者アブ・ジハドを暗殺したといわれている。しかし、テヘランとダマスカスは、ベイルートやチュニスよりもなじみがなく、警備が厳しく、ずっと危険な場所だ。他方で、作戦が成功すれば、とてつもなく大きな波紋を投げかけることも、ダガンにはわかっていた。ダマスカスで最大のお尋ね者のテロリストを殺せば、モサドの恐ろしい手からだれも逃れられないことが証明される。イスラエルの敵たちの避難所にして要塞は、動揺して恐怖を感じ、残るテロ組織の指導者たちは不安に襲われるだろう。

イギリスの《インデペンデント》日刊紙によれば、二〇〇八年二月一二日にムグニエがダマスカスにやってくるらしいという情報をもとにして、モサド本部で計画が立案された。その日、ムグニエは、イラン革命記念日の祝典に参加予定のイラン人とシリア人高官と会う予定だという。

さまざまな可能性が考慮されたすえ、ムグニエの車の真横に、爆弾を仕掛けた車両を置くという作戦に決まった。

その後、モサドは死にものぐるいで、外国の情報機関を含むあらゆる情報源から詳細な情報を集めた。ムグニエは本当にダマスカスへ来るのか？　来るとしたら――どの名前を使うだろうか？　どんな車に乗ってくるのか？　どこへ宿泊するか？　同行者はだれか？　シリアとイランの代表者との会合に、いつごろやってくるのか？　彼の到着は、シリア当局に知らされるのか？　ヒズボラ幹部は、彼の旅行計画を知っているのか？

信頼のおける筋から、暗殺計画に役だつ報告がはいった。ムグニエがダマスカスに来る気でいることを裏づける情報だ。レバノンの《アルバラド》紙の記事によると、ムグニエとヒズボラ幹部の乗る車両に発信機を取りつけた工作員からの情報だった。

この時点で、効率よく動くカエサレアの部隊がやってきた。キドンのチームが、複雑なルートでダマスカスにはいってきた。ある特別チームは、シリアの首都にひそかに爆薬を持ちこんだ。

最後に、モサドが古くからかかえている密告者から決定的な情報がはいった。ムグニエがダマスカスに来るときには必ず、愛人と密会するというのだ。このとき初めて、モサドのスパイの元締めたちは、ムグニエに秘密の愛人がいることを知った。美しい女性、ニハド・ハイダルが、市内の地味なアパートメントでムグニエが来るのを待っている。ニハドは、ムグニエが、ベイルートまたはテヘランからダマスカスに来る日を知っているのだ。ムグニエが来るときはいつも、護衛と運転手に暇を出し、一人きりで愛の巣を訪れるという。

すでに配置についていた見張りに、緊急情報がもたらされた。今回もムグニエは愛人に会いにいくだろうか？　マンションの部屋の持ち主は、彼が来ることを知っているのか？

作戦決行日前夜、ヨーロッパ各地から、襲撃チームが空路でダマスカスに到着した。《インデペンデント》紙の記事によれば、三人の工作員から成るチームだった。一人は、パリからエールフランス機で、二人めはミラノからアリタリア航空機で、三人めは、アンマンからロイヤル・ヨルダン航空機でやってきた。彼らの偽造パスポートには、うち二人が自動車販売業者、一人は旅行業者と記してあった。三人とも、入国管理官に、短い休暇をシリアで過ごすためにやってきたと申告し、なんの面倒も起こさずに入国した。各自が車を運転して市内へはいり、尾行されていないことを確認したのち、集合した。その後、ベイルートからやってきていた補助チームと合流して、ひそかに用意してあった車庫へ案内された。車庫にはレンタカーが用意され、そのそばに、プラスチック爆薬と小さな金属の球が置かれていた。

襲撃チームの三人は車庫に閉じこもって爆薬を用意し、レンタカーに積みこんだ。爆薬は——あとで複数の新聞が書きたてたように——ムグニエの車の座席のヘッドレストに仕込まれたのではなく、レンタカーのカーラジオの奥だった。

モサドの見張り担当のチームが、ベイルートからやってくるムグニエを待ちかまえていた。そのチームの役割は、彼に張りついて、愛人が待つマンションのそばで待機し、そこから出てきたときに報告することだった。まずはムグニエを尾行し、カファルスーサ地区でひらかれる会場に到着したことを確認しなければならない。新任の駐シリア・イラン大使と、シリアで最も謎に包まれた男、ムハンマド・スレイマン将軍も、その会談に出席することになっていた。スレイマンは、イランおよびシリアからヒズボラへの兵器譲渡を管理しており、イマード・ムグニエとは緊密な関係を保っている（シリアの秘密核開発計画に関与していたスレイマンは、この半年後の八月二日、海辺の別荘で友人たちと夕食会の最中に暗殺される。第18章参照）。

その日の宵、イラン大使館は、カファルスーサ地区にあるイラン文化センターで、革命記念日を祝う催しを計画していた。そのすぐそばに、ムグニエとイランおよびシリア高官との会合が予定されている隠れ家があった。しかし、ムグニエは催しには出席せず、相手との協議をすませたら、ダマスカスを去ることにしていた。

二月一二日の朝、モサドのチームはいつもの場所で待機した。見張りは、ムグニエが最初にやってくるはずのマンション周辺の位置についている。夕方、その見張りから、ムグニエがニハドのマンションに到着したと報告がはいった——夜になって、ムグニエが次の目的地に出発したと知らせてきた。それが最後となることを彼らは祈った。

パジェロはダマスカス市内を走り、カファルスーサ地区にやってきた。ムグニエを尾行していた見張り係は、彼の動きを逐一報告している。爆弾を仕掛けたレンタカーは、ムグニエが駐車するはずの場所の近くに持ってきてあった。かなり離れた場所から、電子装置で起爆させるのだ。レンタカーの用意をした工作員らは、ずいぶん前にその場を離れ、空港へ向かった。

電子センサーが、銀色のSUVの発信機を捉えている。その車が駐まり、黒い服の男がおりてきた。補助員が、銀色のパジェロの近くに、爆弾を仕掛けた車を駐めた。

午後一〇時少し前、耳をつんざく爆発がカファルスーサ地区を揺らした。近くに、イラン人学校（夜間のため無人）や公園のある地区だ。ムグニエがパジェロからおりた瞬間、そばに駐めてあった車が爆発した。

ムグニエは死んだ。

彼の死は、ヒズボラを心底動揺させた。ほんの二、三カ月前に、秘密の原子力施設を破壊されたシリア政府にとっては手痛い打撃だった。

ムグニエが死んでから半年後の二〇〇八年一一月、レバノン当局が、モサドのスパイ網を摘発したと発表した。逮捕されたうちの一人、ベカー高原出身で五〇歳のアリ・ジャラーは、この二〇年にわたって、月七〇〇〇ドルの給料でモサドのために働いてきた。彼は、モサドの任務のため、ひんぱんにシリアへ出向いていた。二〇〇八年二月、ムグニエ暗殺作戦の数日前、ジャラーは、カファルスーサ地区へ行った。ジャラーを逮捕したレバノン当局は、彼の車に巧妙に隠された、高性能の撮影機器、ビデオカメラ、GPSを発見した。尋問中に音をあげたジャラーは、モサドの担当者から、ニハドとの密会の場所を含めてムグニエが訪れる予定の地区を見張り、写真を撮り、情報を集めろと指示されたことを白状した。

イスラエルは、ムグニエ暗殺との関連を否定したが、ヒズボラの広報官は、〝殉教者(シャヒード)として死んだイスラム聖戦の英雄〟を殺害したのは〝イスラエルのシオニスト〟だと、繰り返し非難した。

アメリカ国務省のショーン・マコーマック報道官は、見解を異にしていた。彼は、ムグニエは〝冷酷な殺し屋であり、大量殺人犯であり、無数の人生を断ち切ったテロリスト〟であると評した。

〝彼がいなくなって、世界はましになった〟とマコーマックは締めくくった。

第20章　カメラはまわっていた

二〇一〇年一月上旬、補強されたゲートを通過した黒のアウディA6二台が、北テルアビブの丘の斜面に建つ灰色の建物へと進んでいった。その建物こそ、〝カレッジ〟と呼ばれるモサドの本部である。二台めの車からおりたベンヤミン・ネタニヤフ首相を、メイル・ダガン長官が出迎えた。その少し前に、ネタニヤフは、ダガンの任期を一年延長したところだった。

ダガンをはじめとするモサド幹部は、ここ最近の作戦がすべて成功したおかげで、心も軽く自信にあふれていた。シリアの原子炉を破壊したこと、ムグニエとスレイマンを暗殺したことだ。次に差し迫った課題は、イランとテロ組織のつながりを断ち切ることだ。その二つをつないでいるのは、アル＝マブフーフという人物だった。ジャーナリストのロネン・バーグマンによれば、モサドは、アル＝マブフーフに〝プラズマスクリーン〟というコードネームをつけた。

状況説明室（ブリーフィングルーム）にて、ダガンと上級補佐官たちは、マフムード・アブデル・ラウフ・アル＝マブフーフ殺害計画を提示した。イスラム原理主義組織ハマスの指導者にして、イランから、スーダン、エジプト、シナイ半島を経由してガザ地区へ兵器を密輸するシステムのかなめとなる人物である。モサドの計画では、アル＝マブフーフは、ペルシャ湾岸のアラブ首長国連邦の一国ドバイで死を迎えることになっていた。

ネタニヤフが、プラズマスクリーンの処刑を許可すると、ただちに準備作業が始まった。アル＝マブフーフの殺害場所は、ドバイのホテルの一室と決まった。ロンドンの《サンデー・タイムズ》紙の記事によれば、モサドの暗殺チームは、テルアビブのホテルで、経営陣に通知せずに殺害作戦の演習を行なったという。

マフムード・アル＝マブフーフ、別名〝アブ・アベッド〟は、一九六〇年にガザ地区北部のジャバリヤ難民キャンプで生まれた。七〇年代後半にムスリム同胞団に参加し、熱心なイスラム教徒ゆえに、賭博が行なわれているアラブ風カフェの破壊活動に参加した。一九八六年、AK47突撃銃所持の罪でイスラエル軍に逮捕されたが、一年足らずで釈放され、その後、ハマスの軍事部門イズアッディン・アルカッサム旅団に入隊した。

アル＝マブフーフの上官だったサラー・シェハデーは、アル＝マブフーフらハマスのテロリストに特別任務を課した。イスラエル軍兵士の拉致と殺害である。一九八九年二月一六日、アル＝マブフーフら数人は自動車を盗み、ユダヤ教超正統派の扮装をして、実家に帰るためにヒッチハイクしようとして十字路に立っていたアヴィ・サスポルタスという兵士に声をかけた。サスポルタスが乗りこむと、アル＝マブフーフはくるりと振り向き、顔を撃った。その遺体と一緒に写真を撮ってから、アル＝マブフーフと従者は死体を埋めた。それから三カ月後、アル＝マブフーフたちは、レームの交差点でイラン・サアドンという兵士を拉致し、殺害した。のちに、アルジャジーラのインタビューで、アル＝マブフーフは、殺害および遺体を埋めたことを認めた。

二人めを殺害したのち、アル＝マブフーフはエジプトへ、そのあとヨルダンへ逃亡し、テロ活動を続けた。活動の大半は、ガザ地区へ武器と爆薬を運ぶ仕事だった。カイロに戻った彼はそこで逮捕され、二〇〇三年の一年近くをエジプトの刑務所で過ごしたのち、シリアへ逃げた。いまは、危険なテロリストのレッテルを貼られ、イスラエルとエジプトとヨルダンの警察に追われる身だ。上官から、調整および世話役の才能を認められた彼は、イランからガザ地区への武器密輸に精力を傾け、ハマス組織内で地位を獲得していった。

アル＝マブフーフは、自分がになっている任務のせいで、モサドに狙われていることを知っていた。また、イスラエルは、兵士二人を殺害した彼を決して許さず、その件を忘れることはないだろうとわかっていた。ゆえに、厳しい警戒を怠らず、ひんぱんに氏名を変え、合法的な商売のために中東の都市を飛びまわるビジネスマンに扮した。ホテルに宿泊するときは、〝いやな不意打ちを防ぐために〟ドアの前に肘掛け椅子でバリケードを築くと、ある友人に話したことがある。

珍しくアルジャジーラとのインタビューに応じたアル＝マブフーフは、黒い布を頭にかぶって登場した。「俺は三度もイスラエルの襲撃を受けた。もう少しで殺されるところだった。一度はドバイ、一度はレバノンで——半年前に——そして、三度めはシリアで、二カ月前に。

イマード・ムグニエが暗殺されたあとのことだ。イスラエルと戦うなら、だれもが覚悟しなければならないことだろう」

アル＝マブフーフは、みずから進んでインタビューに応じたのではなかった。不必要な危険を冒すことになるのはわかっていたが、ハマス指導部の命令だったのだ。あとでモサドは、そのインタビューを利用して彼を発見したともささやかれた。アル＝マブフーフは一つ条件をつけて、テレビのインタビューに応じた。顔を完全にぼかすことだ。録画されたインタビューのビデオテープは、ガザへ送られて検査された。顔がぼかしきれていないことがわかり、彼は撮りなおしを命じられた。撮りなおしたインタビュー番組の放映は延期された（結局、アル＝マブフーフの死後に放送された）。アル＝マブフーフが、最初のテープはどうなったかと尋ねると、ハマスの記録保管所に置いてあるという答えが返ってきた。そのテープが、彼を追う工作員の手に落ちたのだという意見もある。

インタビューの録画から二、三週間後、ハマスの幹部に電話がかかってきた。武器密輸とマネーロンダリングを専門とするグループとつながりがあるというアラブ人からだった。その男は、武器を渇望しているハマスがとうてい断れないような取引を申し出て、ドバイでアル＝マブフーフと会って交渉したいと主張した。その男が会合場所にドバイを選んだ理由は不明だった。活気ある都市ドバイは、アル＝マブフーフがいつもイラン人と協議していた場所だ。もしかすると、その謎の電話が、アル＝マブフーフの死刑宣告だったのかもしれない。

そして、スパイ戦争の歴史において、前代未聞のできごとが起きた。空港のカウンターからホテルのロビーや廊下やエレベーターにいたるまで、ドバイじゅうに設置された閉回路の監視カメラによって、プラズマスクリーン暗殺作戦が撮影され、録画され、不朽の名作となった。

その録画テープは、作戦そのものとその後の局面を明らかにする、たいへん珍しい資料である。それのおかげで、全世界の数億人の視聴者は、自分の椅子に心地よく丸まったまま、襲撃チームの恐ろしい秘密作戦を見物することができたのだ。

二〇一〇年一月一八日月曜日

ドバイに数人のモサド工作員が到着する。総勢二七名からなるチームの先遣隊だ。ほかのメンバーは、二四時間のうちに少しずつ集まってくることになっている。一二名はイギリス、四名はフランス、四名はオーストラリア、一名はドイツ、六名はアイルランドのパスポートを所持している。

彼らは、市内の異なるホテルにチェックインする。

二〇一〇年一月一九日火曜日

午前零時九分――ドイツのパスポートを所持する、頭の禿げかかった四三歳のミヒャエル・ボーデンハイマーと、イギリスのパスポートを所持するジェイムズ・レナードのモサド工作員二名がドバイに到着する。現地警察によると、その二人は、アル＝マブフーフ殺害をまかされたチームの先発隊である。
午前零時半——やぎ鬚を生やして眼鏡をかけた作戦指揮官のケヴィン・ダヴロンが、パリから直行便でドバイに到着する。同行するのは、副官のゲイル・フォリアード。陽気な赤毛の女だ。二人とも、アイルランドのパスポートを所持している。
午前一時二一分——ゲイル・フォリアードが、高級ホテルのジュメイラにチェックインした。部屋は一一階。フロント係から住所を訊かれて、彼女は眉一つ動かさずに答えた。アイルランド、ダブリン、マンミア通り七八番地。のちに、この住所は存在しないことが判明する。
午前一時三一分——ケヴィン・ダヴロン作戦指揮官が副官と合流し、ジュメイラにチェックインする。彼の部屋は、三三〇八号室。
午前二時二九分——作戦実務担当のピーター・エルヴァンジェが、フランスのパスポートを所持してドバイに到着する。ほっそりした体形で、顎鬚をたくわえ、しゃれた眼鏡をかけた男だ。警察によると、彼は〝不審〟なケースを持っている。
午前二時三六分——空港で、ピーターは別のメンバーと会い、二人で市内のあるホテルへ向かう。
午前一〇時一五分——マフムード・アル＝マブフーフが、エミレーツ航空のドバイ行き直行便でダマスカスを出発する。ドバイでイラン人担当者に会い、ガザへひそかに送りだす武器を手配することになっている。

午前一〇時半——作戦の調整進行役であるピーターがホテルを出て、大型ショッピングセンターで襲撃チームと待ちあわせ。

午前一〇時五〇分——指揮官のケヴィンと副官のゲイルが、ショッピングセンターでの打ちあわせに参加する。ケヴィンは眼鏡をかけておらず、やぎ鬚は消えている。

午後一二時一八分——打ちあわせが終わり、チームは解散する。ケヴィンは、ホテル・ジュメイラに戻り、チェックアウトする。監視カメラは、かつらと眼鏡と口髭をつけて別のホテルへはいる彼を捉えている。

午後二時一二分——テニスウェアを着た工作員二人が、アルブスタン・ロタナという豪華ホテルにはいっていく。この二人は見張り役で、一時間後に到着予定のアル＝マブフーフを待っている。

午後三時一二分——ゲイルもジュメイラを出る。ホテルの一泊分の料金四〇〇ドルを支払う。

午後三時一五分——マフムード・アル＝マブフーフがドバイに到着する。入国審査のとき、イラク国籍の偽造パスポートを提示し、生地輸入業者だと申告する。

午後三時二五分——ゲイルが、移動した別のホテルで服を着替え、化粧をし、かつらをつける。

午後三時二八分——アル＝マブフーフが、アルブスタン・ロタナ・ホテルへ到着する。チェックイン時、バルコニーはなく、閉めきりの窓のある部屋を希望する。三階の二三〇号室があてがわれる。エレベーターで三階にあがるとき、同じエレベーターに乗りあわせたテニスウェア姿のモサドの見張り役二人に気づいていなかった。

午後三時半――見張り役が、アル＝マブフーフが部屋にはいったこと、その部屋の向かいは二三七号室であることを特殊送信装置で報告する。

午後三時五三分――調整役のピーターが、アル＝マブフーフのいるホテルに到着し、ビジネスセンターへはいる。そこからフロントに電話をし、二三七号室を予約する。

午後四時三分――別のチームが見張りを交代し、アル＝マブフーフが部屋を出るのを待つ。

午後四時一四分――襲撃チーム全員が、アルブスタン・ロタナ・ホテルに集合する。

午後四時二三分――アル＝マブフーフが部屋を出て、ロビーが〝きれい〟かどうか確認し、ホテルの外に出かける。見張りが尾行する。

午後四時二四分――見張りから、アル＝マブフーフが乗った車について詳細な情報がはいる。

午後四時二七分――調整役のピーターがロビーへやってきて、作戦指揮官のケヴィンに、アル＝マブフーフの殺害に必要な道具がはいっていると思われるケースを渡す。

午後四時三三分――ピーターがフロントへ行き、チェックインして、アル＝マブフーフの部屋の向かいの二三七号室のキーを受け取る。

午後四時四〇分――ピーターはケヴィンにキーを渡し、ホテルを出てどこかへ出かける。

午後四時四四分――ケヴィンが二三七号室にはいる。窓とドアののぞき穴を確認する。その穴から、向かいの部屋のドアがよく見える。
午後五時六分――副官のゲイルが二三七号室にはいる。彼女とケヴィンは予定表通りに動き、市内のアル＝マブフーフの動きについて逐一報告を受け取る。
午後五時三六分――野球帽をかぶった見張り役がホテルにはいってくる。無人の廊下の隅で、帽子をかつらに付け替える。
午後六時二一分――ゲイルが、ピーターからケヴィンに渡されたケースを持って二三七号室を出る。ホテルの駐車場へ行き、襲撃チームの一人にケースを渡す。
午後六時三二分――襲撃チームの第一班が駐車場を出て、ホテルのロビーへはいってくる。
午後六時三四分――襲撃チームの第二班がホテルにはいり、豪華なロビー内の、第一班からできるだけ離れた隅のソファに腰をおろす。
午後六時四三分――テニスウェア姿の見張りチームがホテルを出ていく。
午後七時半――作戦調整役のピーターが、ドイツのミュンヘン行きの便でドバイを去る。
午後八時――三階を掃除していた作業員の姿が見えなくなる。襲撃チームが、アル＝マブフーフの部屋に侵入しようとする。
午後八時四分――エレベーターのそばで待機しているケヴィンが、襲撃チームに、その部屋へはいれと合図する。なぜなら、エレベーターは三階で止まり、宿泊客がおりてくるからだ。電子制御システムは、アル＝マブフーフの部屋の二三〇号室に侵入の試みがあったことを記録する。

午後八時二〇分——アル＝マブフーフがホテルに戻ってくる。見張りは、彼がエレベーターへ向かって歩いていることをケヴィンに知らせる。

午後八時二七分——アル＝マブフーフが部屋にはいる。ケヴィンとゲイルは、三階のエレベーターのそばで見張りについている。

午後八時四六分——襲撃チームの四人がホテルを出る。二三〇号室で殺害が行なわれる。

午後八時四七分——ゲイルと襲撃チームの一人がホテルを出る。

午後八時五一分——ケヴィンが、殺害後のアル＝マブフーフの部屋にはいり、〝起こさないでください〟のタグをドアのハンドルにかける。

午後八時五二分——見張りチームがホテルを出る。

午後一〇時半——ケヴィンとゲイルが、パリ行きの直行便でドバイを発つ。ほぼ同時刻にチーム員全員が、異なる目的地へ出発する。

午後一〇時、アル＝マブフーフの妻が、夫の携帯電話に電話をかけた。ベルが鳴り、音声メッセージが流れた。妻は何度もかけたが、夫は出なかった。親しい友人もアル＝マブフーフに連絡しようとしたが、電話はつながらなかった。テキストメッセージを送っても、返信はなかった。時間が過ぎたが、アル＝マブフーフから連絡はなかった。心配した妻が、ハマスの高官数人に連絡し、その結果、ドバイに住むハマスのメンバーが、アルブスタン・ロタナ・ホテルへ出向くことになった。男はフロントへ行き、二三〇号室へ電話した。返事はなかった。

深夜を過ぎたころ、ホテルの職員がようやくアル＝マブフーフの部屋へ行き、ロックされたドアをあけ、遺体を発見した。駆けつけた医師は、死因は心停止と判定した。


ハマスは、アル＝マブフーフの死が〝健康上の理由〟によるものであるという公式声明を発表した。だが、アル＝マブフーフの遺族はその診断を認めず、モサドに殺害されたのだと主張した。遺体はドバイの検屍医のもとに送られ、血液サンプルは、フランスの研究所へ空輸された。九日後に、血液の分析結果が出た。ハマスは、モサドの工作員が、最初に電気ショックで気絶させ、そのあと枕で窒息させてアル＝マブフーフを殺害したと発表した。同時に、ドバイ警察は、アル＝マブフーフの血液から毒物は検出されなかったと公表した。にもかかわらず、彼らは、アル＝マブフーフを殺害したのはモサドだという結論にすぐに飛びついた。アル＝マブフーフが死んでから一二日後の一月三一日、ロンドンの《サンデー・タイムズ》紙に、モサドによる毒殺を疑う記事が掲載された。その記事によると、イスラエルの襲撃チームがアル＝マブフーフの部屋にはいり、瞬時に心臓発作を引き起こす毒物を投与した。アル＝マブフーフの書類すべてを写真に収めてから、〝起こさないでください〟のタグをかけて工作員らは部屋を出たという。

二月二八日、ドバイ警察副署長が報道機関に発表したところでは、フランスの研究所がアル＝マブフーフの血液から検出したのは、ごく微量の塩酸塩だった。外科手術前の麻酔薬として使用される強力な鎮痛剤である。この物質により筋肉が弛緩し、それに続いて意識消失を引き起こす効果があるという。犯人グループは被害者に麻酔薬を投与したのち、自然死に見えるように窒息させたのだろうと副署長は推測した。

ジャーナリストのゴードン・トーマスは、ロンドンの《テレグラフ》紙に、〝モサドの殺しのライセンス〟と題する記事を寄稿した。トーマスが主張するには、アル＝マブフーフの殺害方法は、過去にモサドが用いた暗殺の手口と類似しているという。さらに、襲撃チームの六人の女性を含む一一人は、キドン作戦部隊の四八人から選ばれたとも付け加えた。日刊紙《ハアレツ》のヨッシ・メルマンも、犯人グループの行動は、監視カメラやその他の証拠から見てわかるとおり、過去のモサドの作戦とまったく同じだと強調した。工作員が世界各地からさまざまな便で到着すること、異なるホテルに宿泊すること、オペレーター経由で国際電話をかけること、正体が特定されにくい服装をしていること、本物の観光客または仕事と休暇を兼ねたビジネスマンを装っていることなどである。しかし、西側情報機関の大半が、それとまったく同じ手法を使っているので、それだけで犯人を特定するのは不可能だとして、その仮説を一笑に付した専門家もいる。

ドイツの週刊誌《シュピーゲル》の暴露記事によれば、ドイツ連邦情報局（BND）は、アル＝マブフーフを殺害した犯人はモサドであるとドイツ議会の議員に報告した。《シュピーゲル》誌は、イスラエル生まれのミヒャエル・ボーデンハイマーが二〇〇九年にドイツのパスポートを申請したのは、両親がドイツ生まれだったからだとも書いている。その新しいパスポートを手にした彼は、二〇〇九年一一月八日に、フランクフルトからドバイへ、そして香港へ移動した。暗殺作戦前後と同じ旅程だ。さらに《シュピーゲル》誌によれば、二〇〇九年一一月同日に、ほか九人の工作員が、ヨーロッパ各地の空港からドバイへ飛びたっている。それは、二〇一〇年一月に決行された作戦のための舞台稽古だったようだ。

衛星テレビ局アルアラビーヤのインタビューで、ドバイ警察のダヒ・ハルファン・タミム署長は、アル＝マブフーフを殺害した犯人がモサドだと確信している理由を説明した。「第一に、DNAのサンプルと指紋がいくつかある。第二に、［襲撃チームの］全員が、記載事項は虚偽だが、本物の外国籍のパスポートを所持していたものの、［パスポートの］所有者の数人はイスラエル出身者だった――それを見てどう思うかね？『ピース・ナウ』がアル＝マブフーフを殺したとでも？……一〇〇パーセント、モサドに決まっている！」

まもなくドバイ警察のタミム署長はメディアの人気者となり、世界各地からやってきたテレビカメラの前に何時間も座り、聞きたがる相手ならだれにでも話した。タミム署長が、テレビのレポーターのお気に入りとなったのは主に、ドバイの監視カメラのおかげだった。ドバイじゅうにくまなく設置された監視カメラから集めてきたビデオフィルムを報道機関に開示したのだ。タミムによると、襲撃チームの中心メンバーは一一人だった。アイルランド人三人、イギリス人六人、フランス人一人、ドイツ人一人。彼らは、ヨーロッパ各地の空港から、さまざまな便でドバイへやってきた。作戦決行の前夜に到着したものがいれば、ほんの二時間ほど前に到着したものもいるし、アル＝マブフーフと同じころにやってきたものもいる。合計六四八時間分の監視カメラ映像によって、ドバイ警察は、アル＝マブフーフの死を頂点とする一連の動きを再現することができた。

そのテープと、ドバイ出入国管理局が撮影した旅客全員の顔写真を見て、ドバイ警察署長は、作戦に参加したモサド工作員は一一人どころではなく、もっと大勢だったという結論に至った。タミムが出した正式人数は二七人だが、あとになって、さらに数名を容疑者リストにくわえている。

とはいえ、タミムの結論から、いくつかの疑問が浮かびあがる。モサドは、ドバイ市内に監視カメラが設置されていることを知らなかったのか？ タミムによれば、イスラエル人工作員は、作戦の準備のために何度かドバイに来たことがあるという。監視カメラに気づかなかったのか？ 知っていたとすれば、ホテルの出入りの大部分、服装やかつらや口髭などの変装は、カメラを意識してのものとしか考えられない。そして、関係者の多くは作戦に参加せず、あとでビデオを見る人々を欺くためだけに動いたのだ。

第二の疑問。警察署長は、入国審査時に襲撃チーム全員を写真撮影したと自慢した。モサドは、ドバイの手続きを知らなかったのか？ 工作員は、あとで自分だと気づかれないように、念を入れてメーキャップし、変装したのではなかろうか？

第三の疑問。監視カメラは、秘密工作員の動きをことごとく、あらゆる角度から記録したが、ではなぜ――襲撃チームがアル＝マブフーフの部屋を出入りする場面を捉えていないのだろう？

襲撃チームのメンバーが、互いの通信用にオーストリアの電話番号を使用したことを、タミム署長は報道陣に公表した。通話記録を調べて、その番号を利用した外国人の身元を割りだし、確かにモサド工作員であることを証明できたという。また、少なくない数の工作員が、ドバイでの支払いにペイオニアを利用したことも指摘した。ペイオニアとは、米アイオワ州に本拠を置き、イスラエルに研究開発センターを持つアメリカ企業が行なうクレジットカードの送金サービスである。

捜査するうちに、非常に興味深いことが明らかになったという。それは、襲撃チームの大半が、二重国籍を持つイスラエル国民であり、本物のパスポートを使用したことである。偽造パスポートを使用した工作員はごくわずかだった。その理由は、おそらく次の通りだろう——襲撃チームは、敵国とみなされているアラブ国家で作戦行動する。仮に逮捕されても、イギリス、ドイツ、フランス、オーストラリアなどの領事館に保護を求めることができる。領事館がコンピューターで検索すれば、その人々が実在することがわかるだろうから、彼らに支援の手を差しのべるだろう。これに反して、襲撃チームが偽造パスポートを使用したのなら、策略はすぐにばれただろうし、工作員は保護されずにほうっておかれたにちがいない。

このことが明らかになると、ドバイの事件でパスポートを使用された国々が、イスラエルを厳しく非難した。イギリスとオーストラリアとアイルランドは、国土からモサドの代表者を追放した。ポーランド政府は、ワルシャワの空港でウリ・ブロドスカヤという男を逮捕し、ドイツへ送還した。ブロドスカヤの容疑は、モサド工作員のミヒャエル・ボーデンハイマーが、虚偽の申請でドイツのパスポートを取得するのに手を貸した疑いだ（ブロドスカヤは最終的に罰金六万ユーロを支払い、釈放された）。他の国は、憤懣と怒りを表明した。そういった反応からは、偽善のにおいがぷんぷんする。なぜなら、偽造または改竄されたパスポートの使用は、秘密情報活動の標準的手段なのだ。イスラエルを非難している国家は、過去にモサドとまったく同じように偽造パスポートを使用し、現在も使用している。とはいえ、二〇一〇年の終わりに、アメリカ国内でロシア人スパイ組織の存在が表面化したときには、そのメンバーが、イギリスとアメリカの偽造書類を使用したことをだれも咎めなかった。

ドバイにおけるモサドの作戦は成功したものの、国際的なメディアの報道により、イスラエルは、ドバイおよび、事件に巻きこまれた西側国家をはなはだしく見くびるという大きな過ちを犯したという印象を与えた。イスラエルの国際的なイメージは落ちたが、その秘密活動に影響はなかった。追放されたモサド代表者に代わって、すぐに別の人物が送られた。ドバイ警察署長は、襲撃チームの身元は全世界に知れわたったので逮捕は時間の問題だと言いきったが、うやむやになったままだ。ドバイの作戦に参加したモサド工作員は一人として、どこの警察にも身元確認も逮捕もされていない。

かくしてドバイは、変わりゆく世界において、秘密諜報機関が直面する新たな難題の象徴となった。スパイが活動する時代は終わったのだ。監視カメラ、入国審査での写真撮影と指紋押捺、パスポートの迅速な検査、DNA……これらすべてが、陰険で残忍な任務にたずさわるこの世のスパイたちに、はるかに複雑で高度な手法を要求する。

二〇一一年四月七日、ある国籍不明機から、アフリカ大陸のスーダンの都市ポートスーダンの南一五キロの道路を走っていた自動車にミサイルが発射された。イスラエルの情報筋によれば、自動車を攻撃したのは、給油不要で四〇〇〇キロを飛行でき、重量一トンの積荷を運ぶことができるショヴァル無人機だという。ショヴァルとは、危険な国境上空作戦で、イスラエルが有人の戦闘機に替えて投入した新世代の無人機だ。世界最高ともいわれるイスラエル製無人機が、中東全域で情報収集および攻撃任務を行なっている。

その自動車攻撃で死亡した二人のうちの一人は、ハマスの指導者だったといわれている。ハマスは、スーダンを中継して、イランからガザ地区へ武器を密輸していた。船で運ばれてきた武器は、ポートスーダンでおろされ、複数の車両に積み替えられ、国境や検問所の係官を買収しながら、エジプトとシナイ半島を走って、ガザの運転手に引き継がれる。

スーダン政府はただちに、犯人はイスラエルだと非難した。

イスラエルは、二〇〇九年一月の武器輸送車両団を攻撃した犯人とも目されてきた。火器やミサイルや爆薬を積んだトラックが破壊され、四〇人が死亡した事件だ。

死者の一人は、イランからガザ地区への武器密輸を担当するハマスの幹部だったといわれている。

第21章　シバの女王の国から

黒い肌に白い衣類をまとったエチオピアの子どもたちのグループが、エルサレムの大講堂の舞台にあがってきた。独特の美しさに恵まれた子どもたちは、好奇心と誇りに満ちた大きな黒い瞳で、聴衆を見つめている。有名なイスラエル人作曲家のシュロモ・グロニッチが、ピアノの前に腰をおろした。じっと耳を澄ます観客の前に、最初の音が流れだし、美しくすばらしい歌が押し寄せた。

月が空から見つめている
私の背中には、食料のはいった小さな袋
足元の砂漠は果てしなく続き
母は弟たちに言い聞かせる
「あと少し、もう少しだから、
脚をあげて、もうひと頑張りしましょう
エルサレムへ向かって」

　これは、約束の地イスラエルへ向かうエチオピアのユダヤ人の壮大な旅を描いた、詩人ハイム・イディシスの〝旅の歌〟である。観衆は拍手喝采した。もしかすると、それはイディシスの意向とは違っていたかもしれないし、熱中した観衆は気づいていなかったかもしれないが、子どもたちの歌は、エチオピアのユダヤ人の父なる国イスラエルへの移住（アリヤー）を物語った、最も感動的な——そして最も恐ろしい——一章なのだった。

月明かりは揺らがず
食べ物の袋は失われた……
夜、追いはぎたちが、
ナイフや短剣で襲いかかってきた
砂漠に流れる母の血
月が見ている
そして、私は弟たちに言い聞かせる
「あとほんの少し、あと少ししたら
夢がかなう
じきにイスラエルにたどりつくよ」と

イスラエルへ向かうエチオピアのユダヤ人ほど、悲惨な目に遭ったイスラエル人社会はほかにない。

それは、生きる伝説となった。

その存在自体が、まるで童話の中から取りだしたかのようだった。ユダヤ人の部族は、外界から切り離され、アフリカ大陸の深部へ逃げこみ、シバの女王の国であるエチオピアの山岳地帯に住みついた。それから数千年のあいだ、彼らはかたくなに、純粋無垢な聖書の信仰を守ってきた。

その静かで用心深い部族は、歴史の中に埋もれてしまった。白いローブをまとった威厳ある長老集団ケシムの指導のもと、部族の人々は、古代のユダヤ教そのままの習わしと、現代社会の基本的習慣とのあいだをゆっくりと進んできた。近隣諸国と平和に暮らしてきたときもあれば、残忍な支配者に迫害されたときもあった。そして、エチオピアのユダヤ人は、ラビやユダヤ教神学研究家から、ユダヤ人でないことを意味する〝ファラシャ〟と呼ばれて侮辱された。

しかし、エチオピアのユダヤ人はあきらめなかった。父から息子へ、母から娘へ受け継がれてきた伝統に支えられ、イスラエルの地へ出発する日を夢見てきた。

イスラエル建国から三〇年間に移住してきたエチオピア人はほぼ皆無だった。エチオピア皇帝で、〝ユダヤの獅子〟とも呼ばれたハイレ・セラシエの統治時代、イスラエルと友好国であり同盟国であったにもかかわらず、ユダヤ人をイスラエルへ移住させる動きはなかった。

一九七三年、イスラエルのチーフ・ラビ、オヴァディア・ヨセフが、自らを〝ベタ・イスラエル〟と呼ぶエチオピアのユダヤ人は、正真正銘のユダヤ人であると明確に述べた律法(ハラハ)を発表したことで、事態は変化した。二年後、イスラエル政府は、エチオピアのユダヤ人に帰還法を適用することを決定した。一九七七年、メナヘム・ベギン首相は、当時モサド長官だったイツハク（ハカ）・ホフィ将軍を呼び寄せた。

「エチオピアのユダヤ人を連れてきてくれ！」ベギンは、ホフィ長官に命じた。

モサドにおいては、特殊部隊ビツルが、敵国に住むユダヤ人の保護および、それらの国からイスラエルへの移住の手配をまかされた。ビツル――のちにツァフリリムと改名――はただちに仕事に取りかかった。

ベギンから命令を受けてすぐに、ダヴィド・キムヒが、エチオピアの首都アディスアベバへ飛んだ。モサド副長官にして、テヴェル――秘密国際交渉部門――部長のキムヒは、エチオピアの独裁者メンギスツ・ハイレ・マリアムと会談した。当時、エチオピア政府は、ユダヤ人の出国を禁じていた。国内で内戦が激化したため、メンギスツは、イスラエルに共闘を求めた。キムヒは、メンギスツとともに反政府軍と戦うことを拒否したものの、条件つきで彼に武器を供給すると約束した。条件とは、ユダヤ人の移住を認めることだ。軍事物資を搭載して着陸したイスラエル軍のハーキュリーズ輸送機は、ユダヤ人を乗せて離陸する。メンギスツは同意し、ユダヤ人の出国が始まった。

この協定は、一九七八年二月当時に外相だったモシェ・ダヤンが〝口を滑らせる〟までの半年間続いた。ダヤンは、スイスの新聞社に、イスラエルはメンギスツの政府軍に武器を提供していると語ったのだ。マルクス主義であり親ソ連のメンギスツ政権への武器提供に反対だったダヤンは、故意に漏らしたのではないかともいわれている。

メンギスツは激怒した。イスラエルとの関係を秘密裡に維持していたことをおおやけに認めるわけにはいかなかったので、すぐさまモサドとの協定を破棄した。ユダヤ人移住の直通ルートは閉鎖されたが、ベギンの命令が取り消されたわけではなかった。

エチオピアの出口はふたたび閉じられた。そんなとき、エチオピアの隣国スーダンの首都ハルツームから、一通の手紙がモサド本部に届いた。それによって突如、エチオピアのユダヤ人の脱出ルートがひらけた。

手紙の送り主は、エチオピアから国境を越えてスーダンにはいった、ユダヤ人で教師のフレダ・アクルムだった。イスラエルにとって、スーダンは敵国だった。その国は、飢饉と旱魃と部族・宗教戦争に苦しんでいた。国内のさまざまな地方から——隣国エチオピアからも——何千もの難民が、汚らしいテントのたつキャンプに集まってきた。アクルムは、イスラエルをはじめとして、世界じゅうの救援団体に手紙を送り、エチオピアのユダヤ人の移住を至急援助してほしいと求めた。アクルムが送った手紙の一通がモサド本部に届き、高官の目を引いたのだ。〝私はいまスーダンにいます。航空券を送ってください〟とアクルムは書いていた。モサドは、航空券ではなく、ダニー・リモルを送った。

アクルムとリモルとで話しあった結果、アクルムは難民キャンプでユダヤ人をさがしだし、リモルに報告することに決まった。二、三カ月のあいだにアクルムが見つけだしたユダヤ人三〇人を、モサドは慎重にイスラエルへ運んだ。その一月後、アクルムは、ハルツームにいるユダヤ人をさがすようモサドから依頼された。ハルツームでは一人のユダヤ人も見つからなかったので、リモルはイスラエルへ帰国することにした。出発前、リモルはアクルムに、イスラエルへ来るよう指示した。しかしアクルムはそこにとどまって、スーダンのほかの地方にいるユダヤ人をさがしたいと言った。リモルは譲らなかった。ユダヤ人捜索活動を打ち切り、一週間以内にイスラエルへ来いと命じた。

それでもアクルムは命令にしたがわず、あちこちの難民キャンプをまわって、ユダヤ人をさがし続けた。結局、一人も見つからなかった。だが、ここで自分がイスラエルへ行ってしまえば、エチオピアのユダヤ人がスーダン経由で移住する手段は消えてしまう。そこで彼はスーダン国内で数人のユダヤ人を見つけたことにして、その氏名リストをモサドにファックスで送り、〝彼らの面倒を見るため〟にスーダンにとどまると告げた。

アクルムがリストに挙げたユダヤ人は実在していたものの、スーダンにいたのではなかった。いまもエチオピアの村に住んでいたのだ。その後アクルムは、エチオピアで一匹狼として活動を始めた。あちこちの村を訪ねては、その土地に住むユダヤ人たちにイスラエル国へ移住しないかと働きかけた。エルサレムへ通じる秘密ルートが見つかったという噂は、野火のごとく広まった。最初は数人だったのが、やがて数家族となり、ついには村人全員が、わずかな持ち物を荷造りして出発した。老人や子どもを含めて数千人が、ひそかにエチオピアを旅立った。救世主の約束を信じて。いつか豊饒の土地へ戻れるという聖書の約束を信じて。

食料と水を用意し、国境を越え、砂漠を進む、つらく厳しい旅が続いた。昼間は、洞窟や岩の割れ目に身を隠し、夜歩いた。大勢がやまいに倒れた。赤ん坊は脱水症になり、母親の腕の中で死んでいった。四人の子を失った父親もいた。ヘビやサソリに噛まれるものがいれば、伝染病にかかって死ぬものがいた。用意してきた水と食料では足りなかった。いくつかのグループは追いはぎに襲われて身ぐるみはがれ、ときには死体の山となった。数年後、その旅で脱出した女優のメヘレタ・バルーシュは、犠牲になった人々の恐ろしい様子を語った。毎朝、旅人たちは、仲間の死体の数を数えた、と彼女はいった。砂の上に一〇体あるときもあれば、一五体のときもあった。一人の子も亡くさなかった家族はなかった。

一九八一年夏、ダニー・リモル率いる自称〝ハフィス〟チームが、ひそかにスーダンにやってきた。イツハク・ホフィ長官の愛称を冠した〝ハカのスーダン部隊〟を短縮した名称である。彼らの目的は、スーダン国内にいるエチオピアのユダヤ人とのつなぎを確立することだった。

しかし、生き延びたユダヤ人がモサドのチームと接触しようとしたときに、また別の困難にぶちあたった。ハルツームの難民キャンプにたどりついたユダヤ人すら、悲しみに打ちひしがれた。ユダヤ教徒であることを隠さなければならなかったうえ、救助団体が難民に配布している食べ物は、ユダヤ教の食品処理規定に反していたので食べられなかったのだ。キャンプを実際に牛耳っていた犯罪者やごろつきどもに、女たちはレイプされ、少女たちは誘拐された。一〇〇人もの少女がさらわれた。行方をさがしていた親族が知ったのは、少女たちがサウジアラビアへ売られていったことだった。その国では、およそ一二万人の女性の奴隷がいるという。同じキャンプの住人たちに、ユダヤ人であることを知られた人々が、スーダン警察に逮捕され、虐待を受けた。大勢のユダヤ人が、イスラエルへの移住を待ちながら、数カ月、長ければ数年も難民キャンプで暮らした。

エチオピアのユダヤ人は、エルサレムの門をくぐるという夢のために、大きな犠牲を払った。過酷な旅の途中で四〇〇〇人以上が死亡した。スーダンとエチオピアでボランティア活動に従事したカナダ出身のユダヤ人、ヘンリー・ゴールドは、現地で見たユダヤ人の状況にひどくショックを受け、きちんと任務を遂行しなかったイスラエル代表団を厳しく非難した。

けれども、モサドは、ユダヤ人をイスラエルへ移送する安全な方法を模索していた。最初は、偽造パスポートを使用し、民間航空会社の定期便を利用して、スーダンから脱出させた。だが、まもなく海路に変更した。船にユダヤ人難民を乗せて紅海を北上させ、ティラン海峡を通って、イスラエル領エイラートの港へはいる。

モサドは、隠れみのに使うための旅行会社をヨーロッパで設立した。「この地域で活動するには、アリバイが必要になる」と、作戦リーダーの一人、ヨナタン・シェファは語った。「一週間たってアリバイがなかったら、こう訊かれるんだ。ここで何をしている？　観光客なのか？　見るものなど何もないのに？」その会社はスーダン政府と交渉したすえ、ポートスーダンに近い〝エラス〟という旧ビーチリゾートを賃借りし、紅海の海上スポーツの普及に努めるという契約をまとめた。行政との交渉はすべて、イェフダ・ギルにまかされた。当時、モサド最高の切れ者との呼び声高かった男だ。ハルツームへやってきたギルは、政府高官と面談し、弁舌巧みに説明し、説得し、賄賂を贈り——ついには、エラス・リゾート営業に必要な免許と許可証をすべて入手した。リゾートの開業と運営は、モサドの数々の作戦に参加してきたヨナタン・シェファにゆだねられた。実際に、個々のバンガローと共有施設数棟から成るエラス・リゾートが建設された。偽造パスポートを所持するモサド工作員数人がイスラエルから派遣され、リゾート内でインストラクターや従業員として働いた。リゾートの倉庫に、ダイビング器材、スキューバ用タンク、水中マスク、足ひれ、シュノーケルなどが収納された。倉庫に、モサド本部と常時接続されたトランシーバーがひそかに設置された。ヨナタン・シェファから、エマヌエル・アロンに電話がかかった。シェファとアロンは、シリアの乙女たちを救出した作戦を含めて何度か一緒に作戦に参加したことがある。「彼は言った。『特別な作戦がきみを必要としている。今回は、殺しのない作戦だ。人間的なやつ。こうして話していても、胸が熱くなってくる。スーダンにリゾート村を作るぞ』」リゾート村は一般に公開され、まもなくヨーロッパの旅行代理店の壁にポスターが貼られた。

大勢の観光客がエラスへやってきた。そして、少なくとも彼らの目から見たエラス・リゾートは大当たりだった、日中は、ダイビングしたり泳いだりして、紅海のビーチを楽しんだ。けれども、ほぼ毎晩、モサド工作員たちがリゾートを抜け出して、難民キャンプからユダヤ人を救いだす活動をしていたことを、宿泊客は知らなかった。〝ダイビング・インストラクター〟は、リゾートで働くスーダン人従業員用に作り話をでっちあげた。カサラの町にある赤十字病院で働くスウェーデン人看護婦に会いにいくという口実だ。うきうきと出かける回数があまりに多いため、地元従業員たちは、いくぶんいかがわしさを感じてはいたものの、たっぷり給料をもらっているので、見て見ぬふりをした。

夜間、四台のおんぼろトラックが行き来した。ダニー・リモルの指揮のもと、モサド工作員は、キャンプの近辺までトラックを走らせる。エチオピアの秘密組織コミッティーの若いメンバーが、ユダヤ人を集めて、トラックへ連れてくる。

しかし、簡単にはいかなかった。工作員は、多くの危険にさらされていた。作戦リーダーの一人、ダヴィド・ベンウチエルは、キャンプに近づいたときが、一連の手順の中で〝最も危険な部分〟だと考えていた。彼は言う。「キャンプのすぐそばまで行った。捕まる可能性があったから、一刻も早く、そこから離れなければならなかった」

コミッティーが難民キャンプでユダヤ人をさがす一方、スーダン警察を恐れて、名乗り出ることのできないユダヤ人が多数いた。エチオピアの山岳地帯出身のユダヤ人は、白人を見たことがなかった。そして、白人のユダヤ人が存在することを知らなかったため、イスラエル人が助けにきてくれた事実を認めることができなかった。ダニー・リモルが、一緒に祈りを唱えてはじめて、彼もユダヤ人なのだという納得が広がった――一風変わったやり方でお祈りをする変な男だが、それでもやはりユダヤ人にはちがいない、と。

情報が漏れることを恐れたモサドは、直前まで連絡しなかった。コミッティーは、ユダヤ人にいつでも出発できる準備をしておけと言い渡してあった。そして、連絡がはいったときには、すぐさま出発しなければならない。こうして、夜な夜な、ユダヤ人のグループがこっそりキャンプを抜け出して、モサド工作員が待つ、近くの小さな谷の集合場所へと静かに歩いた。

四台のトラックが、紅海沿いの海岸まで一〇〇キロ以上を飛ばした。途中、軍や警察の検問所があった。リモルは歩哨を買収してそこを通過した。海岸の合流地点でイスラエル海軍が待機している。

沖合に錨泊した海軍艦から、海軍特殊部隊の乗るゴムボートがやってきて、ユダヤ人を連れて母艦に帰る。毎週、〈バトガリム〉号がスーダン沿岸に派遣されてきた。モサドの工作員も海軍特殊部隊員も、エチオピア人の同胞たちとの出会いと、イスラエルに向けて出発したときの感動を決して忘れはしないだろう。工作員のダヴィド・ベンウチエルは、エチオピア人をゴムボートに乗せるときの様子を、携帯用テープレコーダーに吹きこんだ。〝海は荒れている。足を滑らせて溺れたりしないように、同胞を一人ずつ、抱くようにして運んでいる。チームのみんなの気持ちはとても高ぶっている。その光景を見ると、不法移民としてイスラエルにやってきた両親のことを思い出すのだ。彼らは、同胞たちが母艦に引きあげられるのを見て、いまにも泣きだしそうだった〟

「船に乗りこんできた彼らはまったくの無言だった」さらに、海軍部隊指揮官のガディ・クロルが語った。「老人、女性、腕に抱かれた赤ん坊。我々はすぐに荒れた海へと船を出した。

彼らは座りこみ、一言も話さなかった」海軍艦は、エイラートで彼らをおろした。

ある日、ユダヤ系カナダ人ボランティアのヘンリー・ゴールドが、リゾート村にやってきた。難民キャンプで働きすぎて疲れ果てていた彼は、友人から勧められて、二、三日休みを取り、日光浴したり、泳いだり、ダイビングしたりしにきたのだ。リゾート村やその周辺で秘密活動が行なわれているとは想像もしていなかった。けれども、リゾート内をひとめぐりしてみて、なにかがひどく奇妙だと感じた。モサド工作員に囲まれているような印象を持った。スタッフの得体が知れなかった。「英語のアクセントが変だった。ある女性スタッフは、スイス人だと名乗ったくせに、スイスのアクセントではなかったし、イラン人はイランのアクセントで話していなかった。私は世界各地をまわったことがあるが、ああいうサラダを出すのはイスラエルだけだよ」次の朝、ゴールドはためらうことなく、ダイビング・インストラクターに近づいていって、ヘブライ語で尋ねた。「あなたがたはここで何をしているんですか？」相手はぎょっとして赤面し、椅子に座りこんだ。そして最後に、やはりヘブライ語でゴールドに尋ねてきた。「あなたは何者なんだ？」その日、モサドの上級士官がやってきて、ゴールドと話しあった。ゴールドは、難民キャンプでのユダヤ人の扱いについて、腹に据えかねる思いをぶちまけた。

一九八二年三月、エチオピア人を乗せた数艘のボートが、真っ暗な中を母艦に向かっていたとき、四人のモサド工作員の乗ったボートが、海岸近くの岩場にはまりこんでしまった。そのとき、AK－47突撃銃を携えたスーダン軍兵士の分隊が浜辺に現われ、小型ボートに銃の狙いをつけた。

ダニー・リモルは冷静さを取り戻し、隊長らしき兵士に英語で叫んだ。「気は確かか？観光客に発砲してどうする？」彼は、このリゾートにダイビングしにやってきた観光客のこと、スーダンの観光業にエラス・リゾートが貢献していることなどを大声で説明し、ハルツームの指揮官に苦情を訴えるぞと脅した。士官は仰天して謝罪し、密輸業者と勘ちがいしたと弁解した。そして、小隊はただちに引きあげた。

モサドの工作員らは無事だったものの、海の脱出経路はもう使えそうにない。エチオピアからユダヤ人を脱出させる別のルートをさがすことになった。ある朝、エラス・リゾートの宿泊客が起きると、外国人スタッフ全員が消え、数人の現地従業員が、朝食の準備をしていた。モサドの工作員は前の晩にリゾート村を引きはらったのだ。申し訳ないが、リゾートは財政困難のため閉鎖するという謝罪の書き置きが残されていた。宿泊客には、帰国時に払い戻すという。その約束は守られ、数週間後にダイバー全員に料金が返済された。

モサド本部で議論が続けられた結果、ホフィ長官は、次の輸送手段を、イスラエル空軍の〃サイ〃と呼ばれるC－130ハーキュリーズ輸送機に決定した。スーダンの領空を侵犯し、敵国の領土にイスラエル兵を繰り返し着陸させるのは危険な賭けだった。だが、イスラエルに選択の余地はなかった。エチオピアのユダヤ人をどうしても救出しなければならない。

一九八二年五月、モサドの工作員がふたたびスーダンへはいった。最初の任務は、ポートスーダンの南で離着陸できそうな場所をさがすことだった。かつてイギリスが使っていた飛行場跡を見つけ、重量のある〝サイ〟が着陸できるように滑走路を改修した。エチオピア人の最初のグループが、飛行場に連れてこられた。滑走路の照明代わりに、たいまつが燃やされた。ところが、空軍の巨大輸送機を見て、エチオピア人は恐れをなした。生まれて初めて見る巨大な鉄の鳥が、エンジンの轟音とともに土ぼこりを舞いあげて着陸し、まっすぐ自分たちに向かってくるように見えたのだ。大勢が走って逃げた。モサドの工作員らが苦心して説明し説得してようやく、彼らは戻ってきた。また、鋼鉄の怪物の腹の中にはいるのを、頑固に拒んだものがいた。飛行機はすぐに離陸する予定だったのだが、結局は一時間遅れで二一三人のユダヤ人を乗せて離陸した。

モサド本部から作戦の成功を祝う電報が届いたが、工作員たちにとって、それは重要な教訓となった。今後は、トラックを別の場所に待機させておき、〝サイ〟が着陸し、傾斜路（ランプ）をおろしてから、その機尾へとトラックを直行させ、飛行機の胴体にあいた口から、エチオピア人を乗せよう。

その方法は大成功だった――が、長くは続かなかった。スーダン当局が、旧飛行場跡に飛来する飛行機の存在に気づいたのだ。モサドは、また別の場所をさがさなければならなくなった。まもなく、ポートスーダンの南西四六キロの場所に滑走路が見つかった。今回モサドは、ハーキュリーズ輸送機合計七機の大救出作戦を決行することにした。一機につきエチオピア人を二〇〇人乗せる。

同胞作戦は、ホフィ長官並びに、空挺軍団指揮官のアモス・ヤロン将軍じきじきの采配のもとに行なわれた。作戦開始の一九八二年なかばから一九八四年なかばまでの二年間で、一五〇〇〇人のユダヤ人をエチオピアからイスラエルへ運んだ。

成功を収めてきた作戦は、悲惨な終わりを告げた。スーダン公安警察のスパイが、難民キャンプにいたモサドの連絡員を摘発したのだ。エチオピア出身のユダヤ人、アディス・ソロモンが逮捕され、四二日間にわたって拷問を受けた。彼らは、連絡相手の名と、モサド工作員との集合地点を聞きだそうとした。しかし、ソロモンは拷問に耐え、秘密を明かさなかった。

一九八四年末、キャンプの状況はさらに悪化した。飢饉と伝染病で、大勢のエチオピア人が死んだ。スーダン国内の内戦が激化し、ヌメイリ首相率いる政府は、崩壊の危機を迎えていた。いまや彼の生死は、アメリカからの緊急資金援助および食料援助にかかっていた。

イスラエルはアメリカ政府に、スーダンを援助してもらえるなら、空輸作戦を続行できるかもしれないと説明した。アメリカ政府は援助に同意し、ハルツームに駐在するアメリカ大使に、その線で交渉を進めろという指示がくだった。双方が妥協し、ある合意に達した。ユダヤ人は、第三国経由でイスラエルへ出発すること。イスラエル政府は空輸作戦に関わらないこと。スーダンに対して、食料および燃料援助というかたちで補償すること。

ハルツームのアメリカ大使館から、ユダヤ人は、五、六週間以内にスーダンから出国できるという知らせがワシントンに届いた。

こうしてモーセ作戦が誕生した。

一方、モサドのホフィ長官が辞任し、後任に、エチオピアのユダヤ人救出作戦の立案から実行までに尽力したナフーム・アドモニ前副長官が就任した。アドモニは、部下の工作員に、エチオピア人をベルギー経由でイスラエルへ運ぶことを正式に許可した。小規模の航空機チャーター会社を経営するユダヤ人実業家が、所有するボーイング旅客機を運航させることを承諾した。

こうして、一九八四年一一月一八日午前一時二〇分、ベルギーから飛んできた最初の飛行機が着陸した。餓死寸前で疲れ果て、ひどく怯えた二五〇人の難民が乗りこんだ。しかし、ベルギー人パイロットは、客室の酸素マスクは二一〇人分しかないという理由で、離陸を拒否した。モサドの責任者はパイロットをわきへ呼んで、小声だがはっきりと告げた。「それなら、きみ自身が、だれを生かしてだれを死なせるか人選しろ!」そのあと、そう小さくもない声で付け加えた。「コクピットにはいってエンジンを始動しないなら、機内からあんたを放りだし、その座席にほかのパイロットを座らせるぞ」

その一言が大きくものを言ったようだ。パイロットはコクピットに戻り、午前二時四〇分、モーセ作戦の第一便が、最初の寄港地ブリュッセルに向けて離陸した。その後四七日間、ボーイング旅客機は、計三六便で七八〇〇人を超えるエチオピア人を運んだ。

イスラエルでは、軍事箝口令が敷かれ、作戦に関する情報をわずかでも漏らすまいと必死の努力がなされていた。だが、ユダヤ機関のアリエ・ドゥルツィン長官が、〝あるユダヤ人部族が、祖国に戻ろうとしている〟という声明を発表したときに、すべては終わった。そのコミュニケに続いて、《ニューヨーク・ジューイッシュプレス》紙が、その後《ロサンゼルス・タイムズ》紙が、作戦の詳細を報道した。

それから三日後、シモン・ペレス首相が国会（クネセト）で演説した。〝イスラエル政府は、エチオピアのユダヤ人の最後の一人が祖国の地を踏むまで、力のかぎり、また、能力の限界を超えても、行動しつづける所存です〞。その演説が行なわれた同日、スーダン政府が取り決めを撤回したため、作戦はストップした。スーダン政府は、新聞記事にではなく、その記事を認めたイスラエルの首相の演説に激怒したのだ。「イスラエル政府がもう一月沈黙を守っていれば、エチオピアのユダヤ人全員を救出できたはずだ」と、ワシントンのアメリカ高官は述べた。

ジョージ・H・W・ブッシュ副大統領は、大きな危険を冒してもエチオピアのユダヤ人を救出しようとしたモーセ作戦に深く感銘を受け、行動を起こすことを決心した。モーセ作戦の中止から数週間たったころ、アメリカ空軍のハーキュリーズ輸送機七機が、スーダンのカダリフにある飛行場に着陸した。その飛行機にはCIA局員数人が乗っていた。アメリカの任務部隊によるシバの女王作戦が開始された。スーダンに残っていたエチオピアのユダヤ人難民五〇〇人は、ネゲブ砂漠のミツペラモンのイスラエル空軍基地へ直接輸送された。

二カ月後、スーダンのヌメイリ大統領が軍のクーデターにより失脚すると、リビアの情報機関の士官が、まだハルツームに居残っていたモサド工作員をさがすためにスーダンに急行した。リビア人によって発見された三人の工作員は、CIA局員の自宅へ逃げこんだ。アメリカ人局員は自宅に三人をかくまい、その後、梱包用の木枠に三人を潜ませて、ケニアの首都ナイロビへ運びだした。スーダンにいたモサドの上級士官の一人だったダヴィド・モラドは、ひそかにその国を抜け出した。エチオピアのユダヤ人の救出作戦を最後に、彼はモサドを退職した。

モーセ作戦およびシバの女王作戦におけるアメリカとイスラエルの協力関係は、美しいといえるほど完璧だった。残念ながら、そのすぐあとにポラード事件が発生し、ワシントンは大騒ぎになった。アメリカの情報機関の職員だったジョナサン・ポラードというユダヤ人が、イスラエルのためにスパイを働いていた容疑で逮捕されたのだ。アメリカ政府は驚き、ひどく腹を立てた。CIA幹部は、自分たちが手助けしてきた同盟国が、自分たちをスパイしていたことを知って裏切られたように感じた。

イスラエル政府はひたすら謝罪し、ポラードが盗んだ文書類をアメリカに返還した。しかし、その事件によって、イスラエルとアメリカの情報協力関係に深刻な亀裂がはいった。ポラードのイスラエル人連絡係の一人が、モサドの伝説的工作員であるラフィ・エイタンだったことが判明した。そのときの彼は、イスラエル国防省の謎に包まれた情報組織を率いていた。その組織ラカム（科学関連局）はただちに解体され、ワシントンでエイタンに対する訴訟手続きが進められた。現在にいたるまで、エイタンは逮捕されることを恐れて、アメリカに入国できないでいる。

モーセ作戦で四〇〇〇人近いユダヤ人が命を落とした。エチオピア系ユダヤ人の多くが、その点を厳しく批判した。モサド内部でも、シャブタイ・シャヴィト隊長をはじめとするカエサレア部隊の幹部から、立案と実行を担当したビツル部隊を非難する声があがった。シャヴィトらは、ビツルは、モーセのような大規模な作戦を実行できる実力のない末端組織だと言いたてた。それに対してビツルは、作戦の成功は、まさにその伸び伸びして柔軟な組織の性質のおかげだと主張し、また、モサド最高の工作員を幾人か、モーセ作戦のさまざまな局面に投入したことを指摘した。

内輪もめはあったものの、数千人のユダヤ人が、イスラエルの国に帰還した事実は変わらなかった。しかし、モーセ作戦とシバの女王作戦が終了した時点で、エチオピアに、ユダヤ人数千人がまだ残っていた。その人々もイスラエルへの移住を希望していたけれども、ドアは閉じられてしまった。イデオロギー的にも、シオニストの思想からも、そして、人道的理由からも、イスラエル政府は、彼らをイスラエルに移住させることが緊急課題だと感じていた。多くの家族が引き裂かれ、生き別れて、イスラエルへやってきた。親とはぐれた子ども、子どもを見失った親、妻と離れてしまった夫……こうした離別から、ひどく頭の痛い移民受け入れ問題と――さらには、家族の協力や応援もなく、新しい現実に対処できない若者たちの自殺など、たくさんの個々人の悲劇が生まれた。ユダヤ機関の使節は、数千人のユダヤ人を、エチオピアの首都アディスアベバ周辺のキャンプに移動させた。そのユダヤ人たちは、奇跡が起きてイスラエルの地に行けるよう祈った。

　すると、奇跡が起きた。

　モーセ作戦から六年後の一九九一年五月、ソロモン作戦が開始された。内戦の真っただなかにあったエチオピアでは、軍事政権に反対する反政府勢力がアディスアベバに接近し、包囲しようとしていた。アメリカの仲介により、イスラエル政府と、政権が崩壊する直前のメンギスツとのあいだで、ソロモン作戦に関する協定が土壇場で結ばれた。

　協定がまとまったのは、イランとレバノンの特使を務めたイスラエルの〝謎の男〟、ウリ・ルブラニの秘密行動のおかげだった。ルブラニは、イツハク・シャミル首相から要請されて、その任務を引き受けたという。イスラエルは、ユダヤ人を移住させる代償として、エチオピアに三五〇〇万ドルを支払うことに同意した。くわえてアメリカは、メンギスツ政権の主要政治家数人に、アメリカ国内での政治的保護を約束した。同時に、イスラエルが移住作戦を行なうあいだの限られた時間だけ休戦することで、反政府勢力の指導部との合意が成立した。制限時間は三六時間だ。

　ソロモン作戦の遂行は、イスラエル軍にまかされた。指揮官は、副参謀長のアムノン・リプキン＝シャハク将軍だ。将軍の命令で、イスラエルの〝飛べるものは全部〟アディスアベバへ派遣された。エルアル航空は、旅客機三〇機を派遣した。空軍は、保有する航空機の多数を派遣した。特殊部隊シャルダグ（カワセミ）が、アディスアベバへ降りたった。一〇〇人以上のエチオピア出身の歩兵および空挺部隊員もだ。数年前にイスラエルに移住したときにはまだ子どもだった兵士が、空港の敷地内に展開し、ユダヤ人を飛行機に誘導した。三四時間のうちに、一万四四〇〇人のユダヤ人が空港に集められた。そして電光石火の早業で飛行機に乗りこみ、イスラエルへ向けて離陸した。その作戦中に、世界新記録が更新された。エルアル航空のB747は、移民一〇八七人を乗せて出発したが、着陸したときには乗客は一〇八八人に増えていた。飛行中に赤ん坊が産まれたのだ。

イスラエルから同胞を救出するためにやってきた若いエチオピア人兵士を見て、移住者たちは、胸を強く揺さぶられるほど感動した。イスラエル軍の緑色の制服と赤いベレー帽とブーツに身を固めたたくましいエチオピア人空挺部隊員さえ、涙をこぼした。

ソロモン作戦から二〇年以上たった現在でも、依然として多数のユダヤ人がエチオピアで暮らしており、彼らをイスラエルへ移住させる努力は続けられている。しかし、エチオピア人移民が、イスラエル社会に溶けこむのは容易ではなかった。アフリカ大陸の辺境の共同体と近代的な西側国家との文化差は大きく、また、イスラエル国内に残酷な人種差別や、エチオピア人は本物のユダヤ人ではないと発言する醜悪な宗教指導者が存在している。

〝旅の歌〟の最後は次のような一節になっている。

月に浮かぶ母の顔が
私を見おろしている

母さん、消えないで！
母さんがそばにいてくれたら
みんなを納得させてくれただろうに
私はユダヤ人だと

終章　イランと戦争か？

一九七六年七月四日、ウガンダ、エンテベ空港

夜の闇にまぎれて、イスラエル軍の輸送機ハーキュリーズ四機が、ウガンダのレーダーに探知されることなく、エンテベ空港にひそかに着陸した。サイェレットマトカル特殊部隊はじめ、その他多数の陸軍精鋭部隊を乗せて、イスラエルの基地からはるばる四五〇〇キロを飛んできた。一週間前、アラブ人とドイツ人のテログループが、パリ発テルアビブ行きのエールフランス機をハイジャックし、エンテベ空港に着陸させた。ウガンダの独裁者、イディ・アミン将軍の保護と支援を受けたテロリストたちは、イスラエル人九五名を人質にとっている。イスラエル政府は、アフリカの奥地で大胆な人質救出作戦を展開することを決定した。

着陸して数分後、イスラエル軍特殊部隊は、空港全域に散開した。サイェレットマトカル指揮官のヨニ・ネタニヤフが部隊を率いて、人質が監禁されているターミナルを強襲した。激しい銃撃戦となり、ヨニが銃弾を受けて倒れた。同じ部隊のタミル・パルド大尉が、倒れた指揮官におおいかぶさり、マイクのスイッチをいれて仲間を呼んだ。ヨニが撃たれた、と

彼は告げた。「ムキ、引き継げ！」ヨニの副官のムキ・ベツェルが指揮を引き継ぎ、任務を続行した。数分後、戦闘は終わった。テロリストは殺され、人質は救いだされ、輸送機ハーキュリーズは離陸し、イスラエルへの帰途についた。

母国から遠く離れた地での人質救出作戦は、やがて伝説となる。だが、作戦には犠牲がともなった。銃撃戦で人質三名が死亡した。のちに首相となるベンヤミン・ネタニヤフの兄のヨニ・ネタニヤフ中佐もだ。イスラエル全土がヨニの死を悼んだ。その夜、サイェレットマトカルの通信士官であるタミル・パルドが、エルサレムのネタニヤフ家の玄関扉を叩いた。ヨニが死んだときの状況を、遺族に知らせるために赴いたのだった。ネタニヤフの遺族と、ヨニの死に際にそばにいたタミル・パルドとのあいだに、温かい関係が芽生えることになる。

それから三五年後、五七歳のタミル・パルドは、辞任したメイル・ダガンに替わってモサド長官の職についた。

トルコとセルビアの血を引くユダヤ人一家の子としてテルアビブで生まれたタミル・パルドは、一八歳で空挺部隊に志願し、士官学校を卒業後、サイェレットマトカル部隊および特殊部隊シャルダグで軍務に服した。エンテベの作戦から四年後にモサドに入局し、無名の作戦多数に参加し、イスラエル安全保障賞を三度受賞した。一九九八年にアンマンで、ハリド・マシャル暗殺未遂事件を調査する査問委員会の委員長を務めた。そのすぐのち、外国で電子情報収集を担当するモサドの〝ネヴィオト〟の長となった。彼の得意分野は、新テクノロジーの利用と独創的な作戦計画立案だった。二〇〇二年、ダガンがモサド長官に就任したとき、二人制の副長官の一人に任命されたパルドは、それから四年間、モサド作戦参謀部を取りしきった。ただし、二〇〇六年の一年間は、イスラエル軍最高司令部の特別作戦担当顧問を務めた。第二次レバノン侵攻時に行なわれた多数の大胆な作戦を立案したのは、パルドだといわれている。そして、二〇〇七年にモサド本部に呼び戻された。二〇〇九年に任期切れを迎えるダガン長官の後任と目されていたが、ダガンの能力の高さに感銘を受けた内閣が、任期を一年伸ばした。落胆したパルドはモサドを辞め、医療サービス会社を興して実業界入りしたものの、長くは続かなかった。二〇一〇年一一月二九日、ネタニヤフ首相から、モサド次期長官に任命され、二〇一一年一月に就任したのである。

多くの分野で、パルドは前任者の志を継いだ。イランとの容赦ない秘密戦争は続けられた。二〇一一年の一一月と一二月に、シャハブ・ミサイルの発射実験が行なわれた軍事基地で、また、イスファハン近郊で、多数の爆破事件が起きた。イスファハン近郊には、遠心分離施設で分離されたウランガスを再度固体に転換するための施設がある。さらに、ナタンツ地下施設の副所長だったモスタファ・アフマディ＝ロシャン博士が、テヘラン市街を運転中に殺害された。過去の多数の暗殺事件で使われたのと似た手口だった。

イランは、襲撃の首謀者としてイスラエルを非難し、復讐を誓った。ここにきて初めて、イラン秘密情報部は、アジアでイスラエル関連のものを攻撃しはじめた。インドの首都ニューデリーで自動車が爆発し、イスラエル人外交官の妻が負傷した。グルジアの首都トビリシで、それに似た爆破未遂事件が発生した。タイの首都バンコクで多数の爆発事件が起き、その一つで、犯人と思われるイラン人が負傷した。エジプト秘密情報機関が、スエズ運河を航行するイスラエル船を爆破しようとしたイランの計画を阻止した。イスラエルとイランとの秘密戦争のベールははがされた。ニューデリー、バンコク、カイロで行なわれた警察捜査は、イラン秘密情報部の暗躍を示していた。国際メディアは、外国でイスラエルを攻撃しようとして失敗したイランの作戦の詳細を報道した。

イラン国内で行なわれたイスラエルの作戦の詳細も、同じく白日の下にさらされた。西側情報筋は、モサドが、アゼルバイジャンとクルディスタンのイラン国境付近に作戦基地を築いたと主張した。それらの基地は、訓練場所として、また、イラン国内に工作員を送りこむための拠点として使用されたという。同じ情報筋が、イラン国内で活動するモサド工作員の多くが、実はイランの反体制組織MEKのメンバーであるとも主張している。どんなイスラエル人士官よりも、イスラム教徒のイラン人のほうが地元住民にうまく溶けこめるからだ。少なくない数のMEKのメンバーが、イスラエル国内の秘密施設で訓練を受け、特設の実物大の模型——テヘランの街並みなど——で、イラン人核科学者の自家用車を待ち伏せしたり、自宅のそばに爆弾を仕掛けたりといった、作戦の予行演習さえ行なった。

また、さまざまな手段を使って、イラン反体制派を誘いこもうとする試みがなされていた。多数のCIA内の回状(メモ)によると、モサド士官が、勧誘するために〝偽旗作戦〟を実行していたことがはっきりしている。CIA局員を装ったイスラエル人が、イランのスンニ派武装組織ジュンダラに属するパキスタン人を味方に引きいれ、イラン国内での破壊および暗殺任務に送りだしたとされる。CIAのメモによれば、敬虔なイスラム教徒は、ユダヤ人国家のスパイとなることに抵抗を感じることがわかっていたため、イスラエル人は正体を隠して近づいた。

二〇一二年春、国際監視団は、イランの核開発計画はほぼ完成したと断定した。そして、国際原子力機関のある情報筋は、イランが、原子爆弾四基分にあたる一〇九キログラムの濃縮ウランを製造したことを表明すらした。仮にイスラエルが、イランの核開発計画に大打撃を与えることを目的として、原子力センターを全面攻撃することを決定したのなら、秘密戦争は、公然の戦争へと変わるだろう。

国際報道や、口数の多い一部の報道官の発言によると、軍事行動を考慮していたのはイスラエルだけではなかった。イスラエルおよびアメリカの高官筋は、両国は行動を共にしているものの、重要な一点で意見が一致していないことを認めている。いつの時点で、必要な——軍事力でもそれ以外でも——あらゆる手段を用いてイランを止めるかだ。アメリカは、イランの濃縮ウラン技術が八〇パーセントに達したときだとしている。そのレベルまでウランを濃縮できれば、原子爆弾の製造に必要な九七パーセントにまで向上させるのは簡単だからだ。

イスラエルは、地上および上空探知による情報を基にして、それとは異なる構想を練っていた。イランが、地下数百メートルに多数の施設を建設するという、時間との無謀な競争に没頭していることを、モサドは突きとめた。それらの施設は、核分裂物質および秘密地下研究所へと改装された。反政府組織ＭＥＫの協力を得てモサドが入手した情報によれば、イランは、フォルド近辺に地下施設をすでに建設した。そして、新施設の巨大空間に、現在の設備よりもはるかに高性能の新型遠心分離機三〇〇〇台の設置を計画している。その遠心分離機で、原子爆弾で使用できるレベルまで、濃縮度を三・五パーセントずつあげていけばよい。他の基地や研究所と同じく、この地下施設に遠心分離機が設置され、航空攻撃に対する防備を完全に固める前に、そこを破壊しなければならないとイスラエルは考えていた。「濃縮レベルが危険な段階に達してから攻撃しても、すでに手遅れだろう。爆撃では計画を破壊することができない『攻撃に対して免疫のある段階』にはいってしまう。いま、二〇一二年春に行動するべきだ」と、イスラエル代表はアメリカ人に語った。

　アメリカは、軍事攻撃を了承せず、制裁措置を厳しくしようとした。イスラエルは、制裁措置ではイランの計画を止めることはできないと考えていた。二〇一二年早春にワシントンでひらかれた首脳会談で、オバマ大統領とネタニヤフ首相は、二国間の強固な同盟関係を称えたが、イラン核開発計画に対する方針で合意に達することはできなかった。モサドの報告は、イランが、核保有国になることをあくまで追求していることを示している。同時に、イランの国家指導部は、イスラエルは絶滅の危機に瀕していると脅そうとする。イスラエルと世界に対して、核を保有するイランの危険性を考えるとき、ユダヤの古いことわざを思い出す。〃だれかが殺しにくるのなら――立ちあがって、その男を先に殺せ〃

イスラエルは、またもや孤立していると感じている。一九四八年の建国の年と、一九六七年の第三次中東戦争前夜がそうだったように、イスラエルはふたたび、その運命を決する決断を迫られている。

謝辞

二〇一〇年にイスラエルで刊行された本書のオリジナル版は、七〇週間にわたってベストセラーリスト入りし、セールス記録を、ゴールド、プラチナ、ダイアモンドと次々と塗り替えた。まず感謝したいのは、イスラエルのイディオト・アハロノト出版社のドヴ・アイヒェンヴァルト社長である。本書のアイデアを思いついたのは彼だ。そのあとはつねに私たちを励まし、応援してくれた。

各種情報機関の元長官や工作員から——ほんのわずかしか名を挙げることができなかったが——さまざまな情報や助言をいただいた。深く感謝する。

調査助手のオリアナ・アルマシとニリー・オヴナトの多大なる努力のおかげで、執筆計画に命が宿り、本書は息をしはじめた。『モサド・ファイル』の英語版を加筆し改訂するときにも、ニリー・オヴナトに大いに助けられた。

アメリカでは、ハーパーコリンズ／エコ社社長のダン・ハルパーン、ひたむきな編集者であるアビゲイル・ホルスタインとカレン・メインとの共同作業が楽しかった。また、原稿整理編集者のオルガ・ガードナー・ガルヴィンのすべてを見通す目と底知れぬ探求心がありがたかった。

本書は、世界二〇ヵ国以上の国でほぼ同時に出版されるという。エージェントのライターズハウス・オブ・ニューヨーク、特に〝ミスター・ライターズハウス〟のアル・ザッカーマンと、不屈の国際権利部長であるマジャ・ニコリックの骨折りと尽力には頭がさがる思いだ。

最後に、私たちの愛する女性たち、ガリラ・バー＝ゾウハーとエイミー・コルマンに心からの感謝を捧げる。助言し、文章を読み、まちがいを正し、提案し、議論し——しかも、いまだ私たちを見捨てていない彼女たちに。

マイケル・バー＝ゾウハー
ニシム・ミシャル

解 説

「国家の知性（インテリジェンス）」とは何か

防衛省防衛研究所主任研究官
小谷 賢

『日本人とユダヤ人』で山本七平氏が「日本人は水と安全はタダだと思っている」と書いて久しいが、いまだに日本人の安全に対する感覚は、ユダヤ人のそれとは比較にならないであろう。総人口わずか八〇〇万人のイスラエルが、一八万人もの兵力と一万五〇〇〇人ものインテリジェンス（情報）・オフィサーを抱えていることはその証左ともいえる。単純に人口との比率で言えば、これは現在一億二七〇〇万人の日本が二五〇〇万の兵力と二〇万人ものインテリジェンス・オフィサーという膨大な人員を抱えることに相当する。

そしてこのイスラエルのインテリジェンスの要（かなめ）となっているのが、かの有名なモサドである。「モサド」とはヘブライ語の「情報・特務工作機関」を表す単語の一部であり、正式にはイスラエル秘密情報部（ISIS）と呼ぶそうであるが、現在では「モサド」の名称の方が定着している。その人員は二〇〇〇人程度とされており、モサドはイスラエル国外での秘密情報収集や破壊工作活動、時には外交の裏方を務めることもある。欧米の多くの情報組織が通信傍受や衛星写真など技術的な情報収集に重きを置く時代に、モサドはいまだ旧来のスパイ活動による情報収集を続けている。これがモサドの最大の特徴であり強みでもあるのだ。モサドは世界中に散らばったユダヤ人協力者（サイアニム）からの情報を得て活動を行なっており、その能力は世界でも指折りのものだと評価されている。

本書で描かれるモサドの実態は、まるでスパイ小説のようにスリリングであるが、「事実は小説よりも奇なり」のごとく、どのエピソードも事実に基づいている。また本書の特徴は、細部に至るスパイ活動の描写と、モサドが現在進行形で活動を行なっている領域にまで立ち入っている点にあろう。アルゼンチンでのアイヒマン捕獲やミュンヘン・オリンピックのテロへの報復として、「黒い九月」との間で一〇年以上にもわたって繰り広げられた暗殺合戦などは比較的知られたエピソードではあるが、綿密な取材や調査に基づいた描写は、これらの事件の本質を改めて我々に教えてくれる。

スパイ活動を調べる際にいつも問題となるのは、情報源を辿っていくことの難しさにあるといってよい。原則として多くの国において、情報機関に情報を提供した人物が存命のうちはその詳細を明らかにしないこととなっており、モサドもその例外ではない。そのためすでに歴史上の話になったようなスパイ事案でも、真実が公にされない場合が多いのである。しかし本書は膨大な資料に加え、現場のオフィサーたちへのインタビューを積み重ねた結果、詳細なエピソードにまで迫っている。これは類書にはない特徴であろう。

例えば、一九五六年にモサドがすっぱ抜いたフルシチョフによるスターリン批判演説の情報の出所や、第四次中東戦争の直前、モサドに情報をもたらしたエジプト政府内の情報源について、微に入り細に入り調べ上げられている。日本人には馴染みのない名前が頻出するのは仕方ないが、神は細部に宿るという言葉のとおり、このような細かな点を詳らかにすることで、本書を信頼に足る読み物として成立させているのである。

そして記述が詳細であればあるほど、モサドのオペレーションの実態にも迫れるというものである。例えば携帯電話のない時代、敵地であるブエノスアイレスで、イサル・ハルエル長官とモサドのオフィサーたちはどのように連絡を取りあっていたのか。本書によるとこの時は以下の様な方法が編み出されたという。

「彼（ハルエル）のポケットに、ブエノスアイレスのカフェ三〇〇軒の住所と営業時間を書いたリストがはいっている。毎朝、彼は散歩に出かけ、あらかじめ決められた道のりと時刻表にしたがって、カフェからカフェへと歩くのだ。こうすれば、その日の何時にどこでハルエルをつかまえられるか、メンバーは正確にわかる」（127頁）。

このようにモサドのオペレーションは決してハイテクや力押しなどではなく、日常の細かな工夫から成り立っていることが良く理解できる。そしてこの運用方法こそ、なかなか外には出てこない事実なのだといえる。

本書のもう一つの特徴は、現在進行形でモサドが直面している問題、つまりイランの核開発についてかなりの紙幅を割いていることである。これも現場への取材を重ねてこそ初めて描ける内容であろう。巷では二〇〇五年までにイランの核兵器保有は実現するといわれながら、その目標は遅れるばかりで現在まで達成されてこなかった。この遅延の原因は、モサドの暗躍によるところが大きい。もし中東でイスラエルの安全保障を脅かすような核開発の企みがあれば、モサドが直ちにそれを察知して阻止するか、モサドの情報を基にイスラエル国防軍が介入することになる。実際、イスラエルは一九八一年にイラクの原子炉を、二〇〇七年にはシリアの核関連施設を空爆によって破壊しているのである。

しかしイランの場合は複数国にまたがる領空侵犯や航空機の航続距離の問題があり、空爆による破壊は困難であった。そのためモサドの工作員がイラン国内に潜入し、イランの核兵器開発に携わる核物理学者を次々と暗殺していったのである。さらに二〇一〇年にはスタックスネットと呼ばれるコンピューターウィルスをイランの核開発施設のコンピューターに感染させ、ウラン濃縮用の遠心分離機を無力化することに成功している。このフィクションと見まがうようなモサドの工作によって、イランの核兵器保有は二〇一五年以降に延びたとみられている。

しかしモサドの任務はあくまでもイランの核開発を遅延させることであり、根本的にそれを食い止めることはできない。イランはイスラエルによる空爆を恐れ、岩盤の地下数百メートルに新たな研究所を設けており、現在は空爆によっても破壊が困難な状況である。武闘派と称えられたメイル・ダガン前モサド長官すらもこのことを認めており、もしイランの核武装が現実のものとなった場合、イスラエルは本格的な軍事作戦を行なわざるを得ない状況となる。そうなると事態は、またもやアメリカをも巻き込んだ世界的な問題に発展することになろう。このように今後、イランの核開発は新たな中東の火種となり続けることが予想されるし、そのような状況においてモサドの情報収集と秘密工作能力は、イスラエルの安全保障上、必要不可欠なものとなるのである。

本書はモサドの数々のオペレーションを中心に筆が進められており、まさに秘密工作活動史観ともいえる出来栄えである。このような描写の連続は、読み手をまったく飽きさせないが、その反面、モサドがイスラエル政府の中でどう位置づけられているのか、国防軍や他の情報機関との関係はどうなっているのか、といった制度的な全体像はなかなか見えてこない。また収集した情報の分析やその後の活用について言及される場面も少ない。つまり本書の描写は、モサドの輝かしいオペレーションを前面に押し出したスタイルだといえる。そのため本書が礼賛する歴代の長官も、秘密工作活動に秀でていたイサル・ハルエルやメイル・ダガンといった人物であり、逆に学究肌のルーベン・シロアッフやエフライム・ハレビィ元長官に対する言及は少ないようである。この点については読み手によって好みが分かれるところであろう。

最後にモサドの情報活動から日本が何を学べるのか考えておきたい。日本はモサドやアメリカの中央情報局（CIA）のような対外情報機関を有しない稀有な国である。日本にもCIAのような対外情報機関を設けるべきだとの意見も度々耳にするが、現実問題として日本の国家公務員が海外でグレーゾーンの情報収集活動を行なうことはなかなか難しい。外務省は、海外での情報収集の際に必要となる偽名のパスポートの発行を認めていないし、海外で日本の公務員がスパイ罪などで逮捕される場合も想定しなくてはならない。そうなると日本人が海外で行なえる情報収集の手段はかなり限られてくるといえる。

そもそもモサドには組織を規定する根拠法がないため、海外でかなり自由な活動が行なえるのである。このような仕組みを日本が採り入れていくのはやや無理があるだろう。むしろモサドの数々のミッションを通じて我々が学べるのは、インテリジェンスそのものの重要性と、それが国益や国家の安全保障に直結しているという事実である。基本的にインテリジェンスとは国の情報活動や情報そのものを指すが、広義には「国家の知性」のことである。つまりインテリジェンスとは、国際社会において国家が生存していくために必要な、情報収集能力や分析能力、また分析した情報を活かすための機能を意味する。情報収集は何もスパイに拠るものだけではなく、通信傍受や偵察衛星など技術的な収集手段もあり、また卓越した情報分析は公開情報からも貴重な情報をもたらしてくれる。日本にはまだこのような情報収集技術や分析能力を増強する余地が残されており、国民が国の安全のためにインテリジェンスの強化を望むのであれば、それは実現されていくのではないだろうか。

ただしいくらインテリジェンス能力を拡充しても、国を守るという根本的な意識が欠落していては元も子もない。国家意識の希薄なインテリジェンス・オフィサーは、ややもすれば自分たちの任務に疑問を抱いたり、他国に秘密を売り渡してしまうかもしれない。本書を紐解けば、アントン・クンズルやエリ・コーヘンなど、イスラエル国家のために命を懸けたモサドのオフィサー達が数多く登場する。なぜ彼らが危ない橋を渡ってまで秘密活動を続けたのか、我々はこのことをもう一度考え直す必要があるだろう。

二〇一四年九月

ラバシュ、ヴィクトル・グラエフスキ、イツハク・ラビン、エゼル・ヴァイツマン、ハイム・イズラエリ、ピンハス・ズスマン博士、ウリ・ルブラニ、ヴェルナー・フォン・ブラウン、ラフィ・エイタン、ラフィ・メダン、イツハク・サリド、エリ・ランダウ、ハノク・サアル、アヴラハム・ベンゼーヴ、エマヌエル・アロン、アムノン・ゴネン、エリ・コーヘンの遺族、アレグザンダー・イズラエルの遺族、ゼーヴ・アヴニ、匿名を希望したその他大勢。

Melman, Yossi, Eitan Haber, *The Spies: Israel's Counter-Espionage Wars* (Tel Aviv: Miskal Yedioth Ahronoth, 2002)

Halevi, Ephraim, *A Man in the Shadows* (Matar, 2006)『モサド前長官の証言「暗闇に身をおいて」: 中東現代史を変えた驚愕のインテリジェンス戦争』河野純治訳、光文社（2007）

Westerby, Gerald, *A Mossad Agent in Hostile Territory* (Matar, 1988)『勝負どころを突破する！：モサドに学ぶビジネスの掟』仁平和夫訳、TBS ブリタニカ（1999）

Melman, Yossi, ed., *Report of the CIA on the Israeli Intelligence Services* (Tel Aviv: Zmora-Bitan, 1982)

Amidror, Yaacov, *Intelligence from Theory to Practice* (Ministry of Defense Publications, 2006)

Fine, Ronald, *The Mossad* (Or-Am, 1991)

Kimche, David, *The Last Option* (Miskal Yedioth Ahronoth, 1991)

Sagi, Uri, Rami Tal, ed., *Lights in the Fog* (Yedioth Ahronoth, 1998)

Shimron, Gad, *The Mossad and the Myth* (Jerusalem: Keter, 2002)

英語の書籍

Posner Steve, *Israel Undercover: Secret Warfare and Hidden Diplomacy in the Middle East* (Syracuse, New York: Syracuse University Press, 1987)

Raviv, Dan, Yossi Melman, *Every Spy a Prince: The Complete History of the Israeli Intelligence Community* (Boston: Houghton Mifflin, 1990)『モーゼの密使たち：イスラエル諜報機関の全貌』尾崎恒訳、読売新聞社（1992）

Landau, Eli, Uri Dan, Dennis Eisenberg, *The Mossad* (New York: Paddington Press, 1978)

Bar-Zohar, Michael, *Spies in the Promised Land* (Boston: Houghton Mifflin, 1972)

フランス語の書籍

Dan, Uri, *Mossad: 50 Ans de guerre secrete* (Paris: Presses de la Cite, 1995)

Bar-Zohar, Michel, *Les Vengeurs* (Paris: Fayard, 1968)『復讐者たち』広瀬順弘訳、早川書房（1989）

インタビューした人々

イサル・ハルエル、ヤーコフ・カロス、イジー・ドロット、イツハク・シャミル、アモス・マノル、メイル・アミット、アントン・クンズル、メナヘム・バ

"Then I Said in Hebrew: What Are You Doing Here?" David Shalit, *Haaretz*, May 17, 1996 (the story of Harry Gold) (H)

"The Exodus from Ethiopia," Tudor Perfit, *Yedioth Ahronoth*, October 25, 1985 (H)

"Flotilla 13 on the Sudan Shores," *Yedioth Ahronoth*, March 15, 1994 (H)

"Flotilla 13 Landed in Sudan," Arie Kizel, *Yedioth Ahronoth*, March 18, 1994 (H)

"Last Stop Sudan," Shahar Geinosar, *Yedioth Ahronoth*, June 27, 2003 (H)

"First, Bring Some Samples," Yigal Mosko, *Yedioth Ahronoth*, October 12, 2001 (H)

"Israel Lover," Dani Adino Ababa, Zimbabua (Manegisto Heilla Mariam), *Yedioth Ahronoth*, September 23, 2005 (H)

"Following Me in the Desert," Smadar Shir, *Yedioth Ahronoth*, July 17, 2009 (H)

"In the Prairies of Ethiopia," David Regev, *Yedioth Ahronoth*, March 19, 2010 (the story of David Ben-Uziel) (H)

"Hamasa L'Eretz Israel—The Journey to the Land of Israel": lyrics by Haim Idissis, music by Shlomo Gronich

"25 Years to Operation Moses: Interviews with Emanuel Allon, Gadi Kroll, David Ben-Uziel, and Yonathan Shefa," Nir Dvori, The News, Channel 2, June 15, 2010 (H)

"Operation Solomon—Bring the Ethiopian Jews," Harel and Eran Duvdevani, sky-high.co.il (H)

全般的資料

ヘブライ語の書籍

Edelist, Ran, *The Man Who Rode a Tiger* (Zmora-Bitan, 1995)

Bar-Zohar, Michael, ed., *100 Men and Women of Valor* (Ministry of Defense Publishing House, 2007)

Golan, Aviezer, Danny Pinkas, *Code Name: The Pearl* (Zmora-Bitan-Modan, 1980)

Golan, Aviezer, *Operation Susanna* (Yedioth Ahronoth, 1990)

Thomas, Gordon, *Gideon's Spies: The Secret History of the Mossad* (Or-Am, 2008) 『憂国のスパイ：イスラエル諜報機関モサド』東江一紀訳、光文社（1999）

Gilon, Carmi, *Shin-Beth Between the Schisms* (Tel Aviv: Miskal Yedioth Ahronoth, 2000)

March 5, 2010 (H)
"Report: Germany Issued a Warrant for the Arrest of a Suspect in Assisting the Attack in Dubai," Ofer Aderet, Yossi Melman, *Haaretz*, January 16, 2011 (H)
"The 'Mossad Agent' Fined 60,000 Euros in Germany Is Uri Brodsky, Accused of Involvement in the Liquidation of Mabhouh," Eldad Beck, *Yedioth Ahronoth*, January 16, 2011 (H)
"The Man Killed—'A Hamas High Official,'" Smadar Perry, wire services, *Yedioth Ahronoth*, April 7, 2011 (H)
"Dubai Police Allege Assassination Team in Hamas Commander's Slaying Used Credit Cards Issued by Iowa Bank," John McGlothlen, News Hawk, Statewide News, February 24, 2010
"Dubai Police Release New Suspects in Hit Squad Killing," Simon McGregor-Wood, Vic Walter, and Lara Setrakian, ABC News Dubai, February 10, 2010
Payonneer. Com, Elance case study www.payoneer .com/CS.Elance.aspx
"Israel Attacked in Sudan," Yossi Yehoshua, *Yedioth Ahronoth*, April 6, 2011 (H)
Israel Attacked in Sudan, Smadar Perry, *Yedioth Ahronoth*, April 7, 2011 (H)
"Sudan to File a Complaint Against Israel to the UN Over the Air Strike," Aljazeera.Net, April 7, 2011
"Israel Attacked in Sudan to Prevent Arms Smuggling to Gaza," Nile_tv_international.net, April 20, 2011

第21章　シバの女王の国から

本章で参考にした多数の資料のうちで、次の書籍が最も役に立った。Shimron, Gad, *Bring Me the Jews of Ethiopia, How the Mossad Brought the Ethiopian Jews from Sudan* (Or Yehuda, *Maariv* (Hed Arzi), 1988) (H)
The History of the Ethiopian Jews, Jewish Virtual Library, jewishvirtuallibrarY.org
"Israel to Speed Immigration for Jews in Ethiopia," Greg Myre, *New York Times*, February 1, 2005
"Distant Relations," Uriel Heilman, *Jerusalem Post*, April 8, 2005
Falasha: Exile of the Black Jews of Ethiopia, a documentary film by Simcha Jacobovici, 1983
The emigration of the Ethiopian Jews, Operation Moses 1984 and Operation Salomon 1991, www.jafi.org.il/ JewishAgency/Hebrew (H)
"Operation Moses," Ainao Freda Sanbato, *Haaretz*, March 11, 2006 (H)

Israeli Ambassador Was Summoned for a Clarification," Barak Ravid, Dana Herman, *Haaretz*, February 18, 2010 (H)

"The Result Test: Not a Failure, Great Achievement," Eitan Haber, *Yedioth Ahronoth*, February 18, 2010 (H)

"The Hit Team Visited Dubai 3 Times," Smadar Perry, *Yedioth Ahronoth*, February 19, 2010 (H)

"The Last Liquidation of This Kind; There Will Not Be Many More Like This One," Yossi Melman, *Haaretz*, February 19, 2010 (H)

"Netanyahu to the Hit Team: The People of Israel Trust You, Good Luck," *Yedioth Ahronoth*, February 21, 2010 (H)

"Gail Is Checking Out (from the Hotel)," Noam Barkan, Benjamin Tubias, *Yedioth Ahronoth*, February 22, 2010 (H)

"Dubai Exposed 15 More Agents; Ten of Them Have Names of Israeli Citizens," *Haaretz*, February 25, 2010 (H)

"The Liquidation in Dubai: 8 Israelis Carrying Forged Passports Will Be Called to Testify by British Investigators," Modi Kreitman, Zvi Zinger, Eitan Glickman, *Yedioth Ahronoth*, February 28, 2010 (H)

"The Israeli Ambassador in Australia Was Summoned for Clarification," Dana Herman, Barak Ravid, *Haaretz*, February 25, 2010 (H)

"London Does Not Await the Mossad," Itamar Eichner, *Yedioth Ahronoth*, May 4, 2010 (H)

"Australian Intelligence Report: The Mossad Is Responsible for the Forgery," *Yedioth Ahronoth*, May 25, 2010 (H)

"Forged Passports: An Israeli Diplomat Was Expelled from Ireland," Modi Kreitman, Itamar Eichner, *Yedioth Ahronoth*, June 16, 2010 (H)

"The Killers of the Hamas High Official Are Listed on the 'Wanted' List of the Interpol," Avi Issacharov, Dana Herman, *Haaretz*, February 19, 2010 (H)

"Did Not Withstand the Temptation—A Foreign Woman Is Suspected to Have Made Him Open the Door," Smadar Perry and Roni Shaked, *Yedioth Ahronoth*, February 1, 2010 (H)

"Dubai Presents the Hit Men, That's How He Was Killed, a Woman Agent at the Door," Smadar Perry, *Yedioth Ahronoth*, February 16, 2010 (H)

"'Thank God I Know to Take Precautions,' Mabhouh in an Interview to Al-Jazeera," Smadar Perry, *Yedioth Ahronoth*, February 12, 2010 (H)

"A Dubai Hug—Portrait of Dhahi Khalfan," Smadar Perry, *Yedioth Ahronoth*,

第19章　午後の愛と死

"Profile: Imad Mughniyeh," Ian Black, *Guardian*, February 13, 2008
"US Official: World 'Better Place' with Death of Hezbollah Figure," Associated Press, February 13, 2008
"Mossad Most Wanted: A Deadly Vengeance (Imad Mughniyeh)," Gordon Thomas, *Independent*, February 23, 2010
"Commentary: A Clear Message to Nasrallah and the Hezbollah," Amir Oren, *Haaretz*, February 13, 2010 (H)
Hezbollah's report about the liquidation of Mughniyeh, Debka file, February 28, 2008 (H)
"From Argentina to Saudi Arabia, Everybody Was Looking for Mughniyeh," *Yedioth Ahronoth*, February 13, 2008 (H)
"Syria: The Liquidation of Mughniyeh Is a Terrorist Act," Yoav Stern, Yossi Melman, *Haaretz*, 13.2.2008 (H)
"The Terror Attacks that Put Mughniyeh on the Map," Yossi Melman, *Haaretz*, February 13, 2008 (H)
"The Retaliation for the Killing of Mughniyeh Is a Question of Time," Roy Nachmias, *Yedioth Ahronoth*, June 30, 2008 (H)
"Commentary: He Was Higher on the Wanted List Than Nassrallah," Yossi Melman, *Haaretz*, February 13, 2008 (H)
"Iran—The Killing of Mughniyeh Is an Example of the Israeli Terror," Dudi Cohen, Roy Nachmias, *Yedioth Ahronoth*, February 13, 2008 (H)

第20章　カメラはまわっていた

"Assassins Had Mahmoud al-Mabhouh in Sight as Soon as He Got to Dubai," Hugh Tomlinson, *Times* (UK), February 17, 2010
"Mahmoud al-Mabhouh Was Sedated Before Being Suffocated, Dubai Police Say," *Times* (UK), March 1, 2010
"Report from the *Sunday Times*: PM Authorized Mabhouh Killing," YNET, February 21, 2010
"Inquiry Grows in Dubai Assassinations," Robert F. Worth, *New York Times*, February 24, 2010
"Britain's Prime Minister Ordered the Investigation of the Forged Passports; the

6, 2010 (H)

"The Attack on the Reactor: That's How It Happened," Eli Brandstein, *Maariv*, November 8, 2010 (H)

"Who's Afraid of Syria," Ben Caspit, NRG Maariv, November 7, 2010 (H)

George W. Bush, *Decision Points* (New York: Crown, 2010)『決断のとき』伏見威蕃訳、日本経済新聞出版社（2011）

スレイマン将軍の死

"Syrian General's Killing Severs Hezbollah Links," Nicholas Blandford and James Hider, TimesOnline.com, August 6, 2008

"General Muhammad Suleiman Buried in Syria," cafesyria.com/syrianews/2706.aspx, August 10, 2008

"Mystery Shrouds Assassination of Syria's Top Security Adviser," Manal Lutfi and Nazer Majli, *Asharq El-Awsat*, August 5, 2008

"Slain Syrian Aide Supplied Missiles to Hezbollah," Uzi Mahanaymi, *Sunday Times*, August 10, 2008

"Meir Dagan: The Mastermind Behind Mossad's Secret War," Uzi Mahanaymi, *Sunday Times*, February 21, 2010

"The Mystery Behind a Syrian Murder," Nicholas Blanford, *Time*, August 7, 2008

"There Was Total Silence," Lilit Wanger, *Yedioth Ahronoth*, June 7, 2010 (H)

"Commendation of the Long Arm," Yossi Yehoshua, *Yedioth Ahronoth*, June 22, 2010 (H) (*Sunday Times*: "The Naval Commando Liquidated Muhammad Suleiman Two Years Ago")

"The End of the Secret Adviser of the Syrian President," Jacky Huggi, *Maariv*, August 4, 2008 (H)

"The Hezbollah Member Who Was Liquidated Was Nicknamed in Israel 'the Syrian Mughniyeh,'" Barak Rabin, Yoav Stern, *Haaretz*, August 4, 2008 (H)

"Death of the North Korean Builder and Security Officer of the Syrian Reactor," Debka Internet site, August 9, 2008 (H)

"Wikileaks: Syria Believes Israel Killed Top Assad Aide," Lahav Harkov, *Jerusalem Post*, December 24, 2010

"Former CIA Director: The Secrecy Around the Attack on the Syrian Reactor Is Unjustified," Amir Oren, *Haaretz*, July 9, 2010 (H)

"Sayeret Matkal Collected Nuclear Samples in Syria," *Yedioth Ahronoth*, September 23, 2007 (H)

"Israel Had an Agent in the Syrian Nuclear Reactor," Orly Azulay, *Yedioth Ahronoth*, October 21, 2007 (H)

"Who Is Assisting Damascus in Upgrading Its Falling Nuclear Program?" Yossi Melman, *Haaretz*, September 16, 2007 (H)

"Israel Made the U.S. Understand," Yossi Melman, *Haaretz*, April 27, 2008 (H)

"Report: Enriched Uranium in the Nuclear Site that Israel Bombed," Yossi Melman, *Haaretz*, November 11, 2008 (H)

"Report: Israel Had a Mole in the Syrian Reactor," YNET, October 20, 2007 (H)

Report: The Compound Which Was Bombed in Syria Was the Building Site of a Nuclear Reactor. The *New York Times*: The Reactor Was Not in an Advanced Stage and Was Being Built According to a North Korean Design, October 14, 2007

ABC: Israel Sent an Agent to the Syrian Reactor, or Recruited One of Its Workers, October 21, 2007

"Satellite Pictures Show: The Syrian Compound Which Was Bombed Had Been Built Six Years Ago," Brod William, Mazeti Mark, *New York Times* as quoted in *Haaretz*, October 28, 2007 (H)

"Iran Financed the Building of the Nuclear Reactor That Was Bombed in Syria," Yossi Melman, *Haaretz*, March 20, 2009 (H)

"The Iranian Officer Who Defected to the U.S. Caused the Attack on the Syrian Reactor," News 10, news.nana10.co.il, March 19, 2009 (H)

"Report: The Iranian General Emigrated to the U.S.," Yoni Mendel, Walla, http://news.walla.co.il, February 6, 2007 (H)

"Sayeret Matkal Brought Earth Samples and Bush Authorized the Bombing in the North of Syria," Inian Merkazi, News-israel.net, May 10, 2010 (H)

"Report: A Commando Unit Landed in Syria a Month Before the Reactor Was Bombed," Yossi Melman, *Haaretz*, March 19, 2009 (H)

"Iran to Assad: We'll Assist as Much as Needed," Yoav Stern, *Haaretz*, September 7, 2007 (H)

"The Airplanes Incident: Embarrassed Damascus," Guy Bechor, Gplanet.co.il, September 15, 2007 (H)

"Between the Lines," Prof. Eyal Ziser, news.nana10.co.il, November 15, 2010 (H)

"Bush: Olmert Asked Me to Bomb the Syrian Reactor," NRG News, November

Holger Stark, Spiegel.de, February 11, 2009

Background Briefing with Senior U.S. Intelligence Officials on Syria's Covert Nuclear Reactor and North Korea's Involvement, Council of Foreign Relations, www.cfr.org, April 24, 2008

"The Mossad Planned to Sink a Syrian Freighter with Missiles from Korea: A Chapter from the Book *The Volunteer: A Biography of a Mossad Agent*," Michael Ross and Jonathan Kay, *Yedioth Ahronoth*, September 12, 2007 (H)

"Report: Syria and North Korea Are Building Together a Nuclear Site," Yitzhak Ben-Horin, *Yedioth Ahronoth*, September 13, 2007 (H)

"That Is How a Syrian Nuclear Project Grew Under Our Nose," Amir Rappaport, *Maariv*, November 2, 2007 (H)

"The Syrian Nuclear Reactor Was Attacked Weeks Before It Became Operative," Yitzhak Ben-Horin, *Yedioth Ahronoth*, April 24, 2008 (H)

"Report: A Commando Unit Landed in Syria a Month Before the Nuclear Reactor Was Bombed," Yossi Melman, *Haaretz*, March 19, 2009 (H)

"Report: An Iraqi Defector Uncovered the Syrian Nuclear Reactor—Reveals a Swiss Newspaper," Amit Valdman, News 2, Mako, March 19, 2009 (H)

"Bush: The Revelations About the Bombing of the Nuclear Reactor in Syria: A Message to Tehran," *Haaretz*, April 29, 2008 (H)

"Exclusive: YNET's Envoy at the Operation Site in Syria," Ron Ben-Ishai, YNET, September 26, 2007 (H)

"The Syrian Nuclear Plan," Tzava Ubitachon, Dr. Yochai Sela, The Mideast Forum, September 15, 2007 (H)

"North Korea Assists the Syrians in the Nuclear Field," Walla, based on the *Washington Post*, September 13, 2007 (H)

"Sayeret Matkal Operated in Syria Prior to the Attack," *Yedioth Ahronoth*, September 23, 2007 (H)

"North Korean Scientists May Have Been Killed in Syria," Yaniv Halili, *Yedioth Ahronoth*, September 18, 2007 (H)

"That Is How the 'Agriculture Compound' Was Bombed," Gad Shimron, *Maariv*, September 16, 2007 (H)

"Aman Chief: Israel Recovered Its Deterrence Capacity," Yuval Azulay, Barak Ravid, *Yedioth Ahronoth*, September 17, 2007 (H)

"North Korea for the Sake of Assad," Smadar Perry, Orly Azulay, *Yedioth Ahronoth*, September 23, 2007 (H)

Yatom, Danny, *Secret Sharer: From Sayeret Matkal to the Mossad* (Tel Aviv: Yedioth Ahronoth, 2009)
"Back to the Scene of the Crime," Yossi Melman, *Haaretz*, September 26, 2007 (10th anniversary of the fiasco) (H)
"The Mossad Affair (Mash'al): A Full Recapture of the Events," Anat Tal-Shir; "Netanyahu Will Bury the Head of the Mossad Slowly but Sophisticatedly," Nahum Barnea; "Breaking News: The Jordanians Threatened to Break into the Embassy in Amman. Israel Was Forced to Hand the Secret Formula of the Chemical Weapon," Shimon Shifer; "Hussein Demands that the Mossad Fire All the People Involved in the Affair, or no Israeli Intelligence Agents Will Be Allowed into Jordan," Smadar Perry; "Due to Previous Successes, the Mossad Developed the Notion that Such an Operation Is Foolproof," Ron Ben-Ishai; "Danny Yatom Was Left Alone; Now Everybody Is Turning Their Backs on Him," Ariela Ringel Hoffman and Guy Leshem; "The Rivalry Between the Intelligence Agencies Is Oozing to the lower Levels; Senior Security Official: 'If It Doesn't Stop Immediately We'll Pay Dearly,' "Alex Fishman—*Yedioth Ahronoth*, special edition, October 10, 1997 (H)

第18章　北朝鮮より愛をこめて

September 6, 2007, airstrike, Globalsecurity.org, October 29, 2007
"The Attack on Syria's Al-Kibar Nuclear Facility," Daveed Gartenstein-Ross and Joshua D. Goodman, Spring 2009, http://www.jewishpolicycenter.org
"Israel Struck Syrian Nuclear Project, Analysts Say," David E. Sanger and Mark Mazetti, *New York Times*, October 14, 2007
"Report: Iran Financed Syrian Nuke Plans—Tip from Defector Said to Lead to Israeli Strike on Suspected Reactor in '07," Associated Press, March 19, 2009
"Former Iranian Defense Official Talks to Western Intelligence," Daphna Linzer, *Washington Post*, March 8, 2007
"Israelis Blew Apart Syrian Cache," Uzi Mahanaymi, Sarah Baxter, and Michael Sheridan, *Sunday Times*, September 16, 2007
"Snatched: Israeli Commandos Nuclear Raid," Uzi Mahanaymi, Sarah Baxter,and Michael Sheridan, *Sunday Times*, September 23, 2007
"How Israel Destroyed Syria's Al-Kibar Nuclear Reactor," Erich Follath and

East Times, May 5, 2006
"Interview with a Fanatic," Lara Marlowe, *Time*, February 6, 1995
"Mossad's License to Kill," Gordon Thomas, *Telegraph*, February 17, 2010
"Islamic Jihad Betrayed by Mossad's Spy," Patrick Cockburn, *Independent*, March 21, 1996
Cordesman, Anthony H., *Escalating to Nowhere: The Israeli-Palestinian War—The Palestinian Factions that Challenge Peace and the Palestinian Authority*, Center for Strategic and International Studies, Washington D.C., April 3, 2005
"Arafat's Murder Was Foiled by Malta Killing," Patrick Cockburn and Safa Haeri, *Independent*, December 7, 1995
"*Der Spiegel*: That's How Shaqaqi Was Killed," Tomer Sharon, *Yedioth Ahronoth*, November 5, 1995 (H)
"The Mossad Liquidated the Leader of the Jihad," Smadar Perry, Roni Shaked, David Regev, *Yedioth Ahronoth*, October 29, 1995 (H)
"Five Bullets in the Head, from Zero Range in a Crowded Street," Yossi Bar, Smadar Perry, *Yedioth Ahronoth*, October 29, 1995 (H)
"A Search for a Frenchman Who Brought the Motorcycle," Alex Fishman, Yossi Bar, *Yedioth Ahronoth*, October 31, 1995 (H)
"The Head of the Mossad Supervised the Operation from a Boat Near Malta," Israel Tomer, *Yedioth Ahronoth*, November 5, 1995 (H)
"The Assassination in Malta: The Professional Skills of the Agents vis-à-vis the Negligence of Shaqaqi. No Bullets Were Found at the Killing Location. The Motorcycle Was Brought Especially to the Island," Yossi Melman, *Haaretz*, October 30, 1995 (H)
"Sometimes a Small Organization Cannot Recover," Yossi Melman, *Haaretz*, October 30, 1995 (H)
"With a Gun, Explosive, Poison, Without Asking Questions," Yossi Melman, *Haaretz*, March 17, 1998 (H)
"*Der Spiegel*: Rabin Ordered the Killing of Shaqaqi," Akiva Eldar, *Haaretz*, November 5, 1995 (H)
"5 Shots in Malta," Yitzhak Letz, *Globes*, April 15, 2001 (H)
"Despite the Iranian Financing, the Islamic Jihad Is Falling Apart Since the Murder of Shaqaqi," Guy Bechor, *Haaretz*, October 14, 1996

第17章　アンマンの大失態

"He Did It Again," Ron Ben-Ishai, *Yedioth Ahronoth*, November 25, 1999 (H)
"That Is How I Photographed the Nuclear Reactor (Second Part of the Interview to the *Sunday Times*)," Modi Kreitman, *Yedioth Ahronoth*, June 6, 2004 (H)
"Mordechai Vanunu: 'There Is No Democracy in Israel,'" Gad Lior, *Yedioth Ahronoth*, June 6, 2004 (H)
"'And Then Entered the Blond Guy Who Kicked and Beat Me.' Vanunu Testifies About His Kidnapping in Court," Michal Goldberg, *Yedioth Ahronoth*, November 24, 1999 (H)
"Cindy from the Vanunu Affair Is Selling Apartments in Florida," *Sunday Times*, as quoted in *Yedioth Ahronoth*, April 20, 2004 (H)
"Missing Cindy," Shosh Mula, Wata Awissat, *Yedioth Ahronoth*, September 1, 2006 (H)
"Mordechai Vanunu: That's How I Was Kidnapped," Shlomo Nakdimon, Tova Zimuki, *Yedioth Ahronoth*, January 24, 1997 (H)
"I Told Vanunu: Beware of Cindy," Michal Goldberg, *Yedioth Ahronoth*, November 24, 1999 (H)

第16章　サダムのスーパーガン

ジェラルド・ブルの飛躍と転落

"Project Babylon: Gerald Bull's Downfall", Anthony Kendall, www.DamnIntersting, February 16, 2007
"The Man Behind Iraq's Supergun," Kevin Toolis, *New York Times*, August 26, 1990
"The Paris Guns of World War One," Christopher Eger, Military History @ Suite 101, July 23, 2006
"Shades of Supergun Evoke Hussein's Thirst for Arms," James Glanz, *New York Times*, September 10, 2006
"Murdered by the Mossad," Canadian Broadcasting Corporation, February 2, 1991
"Who Killed Gerald Bull," Barbara Frum, (Video) Canadian Broadcasting Corporation, http://archives.cbc.ca, April 5, 1990

ワディ・ハダドとファティ・サハカキの殺害

"Poisoned Mossad Chocolate Killed PFLP Leader in 1977, Says Book," *Middle*

"Egyptian Double Agent in the Mossad (Excerpts from Aharon Bregman's Book)," Rami Tal, *Yedioth Ahronoth*, May 9, 2000 (H)

"How a Relative of Nasser Deceived Israel," Aharon Bregman, *Yedioth Ahronoth*, September 15, 2002 (H)

第15章　アトム・スパイが掛かった甘いわな（ハニートラップ）

"Vanunu Leaked Information 'to Prevent a Second Holocaust,'" Nana News, April 30, 2004 (H)

"About the Protocols of the Vanunu Trial," Yossi Melman, *Haaretz*, November 25, 1999 (H)

"The Story of Vanunu's Capture Is Published This Morning in Israel," *Yedioth Ahronoth*, March 24, 1995 (H)

"The Life and Times of Cindy, the Mossad Agent Who Tempted Vanunu," Yossi Melman, *Haaretz*, April 7, 1997 (H)

"From Australia to the Temptation by Cindy: How Vanunu Was Kidnapped," Yossi Melman, *Haaretz*, April 21, 2004 (H)

"Friends Speak About Cindy," Zadok Yechezkeli, *Yedioth Ahronoth*, April 8, 1997 (H)

"Machanaymi: She Slammed the Phone on Me Three Times," Naomi Levitzky, *Yedioth Ahronoth*, April 27, 1997 (H)

"The Italian Government Will Continue Investigating the Vanunu Kidnapping," Yochanan Lahav, Yossi Bar, and Roni Shaked, *Yedioth Ahronoth*, January 11, 1987 (H)

"I Was Hijacked in Rome—Wrote Vanunu on His Palm," Zadok Yechezkeli, Gad Lior, *Yedioth Ahronoth*, December 23, 1986 (H)

"Vanunu Was Not the First to Fall in the Trap . . . The Tempting Girls," Ohad Sharav, *Yedioth Ahronoth*, November 17, 1986 (H)

"The Girl Who Tempted Vanunu Is Cheryl Ben-Tov from Nataniya," Yohanan Lahav, *Yedioth Ahronoth*, February 21, 1988 (H)

"The Girl Who Tempted Vanunu Lives 18 Years Under His Shadow: Cindy Is Afraid," Anat Tal-Shir, Zadok Yechezkeli, *Yedioth Ahronoth*, April 20, 2004 (H)

"The *Sunday Times*: These Are the Atom Secrets of Israel. Under a Neglected Storeroom, 35 Meters Underground, Atom Bombs Are Being Built," *Yedioth Ahronoth*, October 6, 1986 (H)

Associated Press, July 14, 2010
"Who Caused the Death of the Spy?" Yossi Melman, *Haaretz*, May 28, 2010 (H)
"Shabak Investigation: Did Eli Zeira Revealed State Secrets," Efrat Weiss, YNET, July 17, 2008 (H)
"The Nightingale's Song," Moshe Gorali, *Maariv*, June 13, 2007 (H)
"Low Probability: How a Legend Was Born," Eli Zeira, *Yedioth Ahronoth*, December 11, 2009 (H)
"They Tricked Us," Ron Ben Ishai, *Yedioth Ahronoth*, September 29, 1998 (H)
"Zamir: Zeira Should Take His Words Back or Publish the Recording," Amir Rappaport, *Yedioth Ahronoth*, October 2, 1998 (H)
"In Modest Manner You Carried Out Hard and Daring Operations: Prime Minister to Zvi Zamir on His Retirement," Eitan Haber, *Yedioth Ahronoth*, September 2, 1974 (H)
"Indictment Will Be Issued in Rome Against Former Head of the Mossad Zvi Zamir," Yossi Bar, *Yedioth Ahronoth*, February 26, 1989 (H)
"12 Days Before Yom Kippur Golda Got Personal Information: Egypt and Syria Are Planning War," Shlomo Nakdimon, *Yedioth Ahronoth*, October 8, 1989 (H)
"Former Italian Head of Intelligence: There Is No Proof that the Mossad Blew Up the Aircraft," Yossi Bar, *Yedioth Ahronoth*, February 15, 1989 (H)
"Former Head of the Mossad Was Tried and Acquitted in Italy," Yossi Bar, *Yedioth Ahronoth*, December 19, 1999 (H)
"Transcript of the Conversation Between Eli Zeira and Zvi Zamir," Rami Tal, *Yedioth Ahronoth*, October 23, 1998 (H)
"Aman Was Mistaken in Evaluating the Enemy's Intentions, and I Am Responsible," Eli Zeira, *Yedioth Ahronoth*, October 24, 2003 (H)
"The Mossad Alert About the Imminent Eruption of War Did Not Get to the Chief of Staff," Zvi Zamir, *Yedioth Ahronoth*, November 24, 1989 (H)
"Deep Throat Denies," Yossi Melman, *Haaretz*, January 16, 2003 (H)
"This Is Not the Same State (Zvi Zamir)," Etty Abramov, *Yedioth Ahronoth*, March 29, 2007 (H)
"Suspicion: The Spy Was Thrown from His Apartment's Balcony," Modi Kreitman, Smadar Perry, *Yedioth Ahronoth*, June 28, 2007 (H)
"The Betrayed," Nadav Ze'evi , *Maariv*, December 28, 2007 (H)
"What Do We Know About the Mysterious Death of Dr. Ashraf Marwan, the Agent Who Warned Us," Yossi Melman, *Haaretz*, May 28, 2010 (H)

October 17, 2005 (H)

第14章 「きょう、戦争になる！」

Bar-Joseph, Uri, *The Angel, Ashraf Marwan, The Mossad and the Yom Kippur War*, Kinneret-Zmora-Bitan—Dvir, Or Yehuda, 2010 (H)

Bregman, Ahron, *Israel's Wars 1947-1993* (London: Routledge, 2000)

Bregman, Ahron, *A History of Israel* (London: Palgrave Macmilan, 2002)

Shalev, Arie, *Defeat and Success in Warning: The Intelligence Assessment Before Yom Kippur War*, Maarachot, Ministry of defense publications, 2006 (H)

Bar-Joseph, Uri, *The Watchman Who Fell Asleep: The Yom Kippur Surprise*, Zmora-Bitan, 2001 (H)

Haber, Eitan, *Today We'll Be at War!* (Tel Aviv: Yedioth Ahronoth, 1987) (H)

Zeira, Eli, *Myth Against Reality: The Yom Kippur War* (Tel Aviv: Yedioth Ahronoth, 1993, new edition 2004) (H)

Landau, Eli, Eli Tavor, Hezi Carmel, Eitan Haber, Yeshayahu Ben-Porat, Jonathan Gefen, Uri Dan, *The Mishap*, Special edition, Tel Aviv 1973 (H)

"Meeting the Mossad—Ira Rosen Meets the Former Head of One of the World's Top Spy Agencies," CBS, *60 Minutes*, May 12, 2009

"Dead 'Mossad Spy' Was Writing Exposé," Uzi Mahanaymi, *Sunday Times*, June 1, 2007

"Who Killed Ashraf Marwan," Howard Blum, *New York Times*, July 13, 2007

"Was the Perfect Spy a Double Agent?" CBS, *60 Minutes*, May 10, 2009

"Thirty Years after Yom Kippur War, Top Secret Is Exposed by Israeli Historian Aharon Bregman," Yossi Melman, August 19, 2003 www.freedomwriter.com/issue 28

"One Dead Israeli Spy, Two Theories of Double Loyalty, Three Explanations of How He Died, Four Suspects: Too Many Unanswered Questions," *Huffington Post*, Haggai Carmon, July 14, 2010

"Revealing the Source," Abraham Rabinovich, *Jerusalem Post*, May 7, 2007

"Billionaire Spy Death Remains a Mystery," Andrew Hosken, *BBC Today*, July 15, 2010（イギリスおよびイタリアの秘密情報機関とのつながりについて）

"Elite Detectives Called in to Probe Spy's Fatal Fall," Rajeev Syal, *New Zealand Herald*, October 6, 2008

"Inquest: Egyptian Spy Suspect's Death Unexplained," *New York Times*,

第12章　赤い王子をさがす旅

Bar-Zohar, Michael and Eitan Haber, *Massacre in Munich* (Guilford, CT: Lyons Press, 2005), an updated edition of *The Quest for the Red Prince* (London: Weidenfeld and Nicolson, 1983)『ミュンヘン：オリンピック・テロ事件の黒幕を追え』横山啓明訳、早川書房（2006）
Dittel, Wilhelm, *Mossad Agent: Operation Red Prince* (Bitan, 1997) (H)
Tinnin, David B., with Dag Christensen, *Hit Team* (Jerusalem: Edan Books 1977) (H)
Klein, Aharon, *Open Account: Israel's Killing Policy After the Massacre of the Athletes in Munich* (Yedioth Ahronoth Books, 2006) (H)
Black, Ian, *Israel's Secrets Wars: A History of Israel's Intelligence Services* (New York: Warner Books, 1991)
Landau, Eli, Uri Dan, Dennis Eisenberg, *The Mossad* (New York: New American Library, 1977)
Payne, Ronald, *Mossad: Israel's Most Secret Service* (London: Corgi Book, 1991)
"Mike Harari: A Private Citizen or an Israeli Secret Agent?" Nahum Barnea, *Yedioth Ahronoth*, December 13, 1989 (H)
"The Spy Who Loved Me: The Husband of Sylvia Rafael . . . ," Zadok Yechezkeli, *Yedioth Ahronoth*, February 25, 2005 (H)
The Head of the Mossad watched the killing of a terrorist leader in Paris, Washington correspondent, *Yedioth Ahronoth*, July 23, 1976 (H)
"Avner's Liquidation Squad Avenged the Killing of the Athletes in Munich," Yochanan Lahav, *Yedioth Ahronoth*, April 29, 1984 (H)
"Revenge Now," Eitan Haber, *Yedioth Ahronoth*, October 3, 2005 (H)
"The Planner of the Munich Massacre: 'I Do Not Regret It,'" YNET, March 17, 2006 (H)
"Death of Muhamad Uda, One of the Planners of the Munich Massacre," wire services, *Haaretz*, July 3, 2010 (H)

第13章　シリアの乙女たち

アヴラハム・ベンゼーヴ、エマヌエル・アロン、アムノン・ゴネンほか匿名希望者のインタビューより。
"Our Forces in the Heart of Damascus," Gadi Sukenik, *Yedioth Ahronoth*,

Keter, 1986) (H)
"Eli Cohen," a series of articles by Michael Bar-Zohar, *Haaretz*, September 1967 (H)
"The Daughter of the Spy Eli Cohen Opens Up All Her Wounds," Jacky Hugi, *Maariv*, October 14, 2008 (H)

第10章 「ミグ21が欲しい！」

メイル・アミット、エゼル・ヴァイツマンのインタビューより。
Amit, Meir, *Head to Head, Maariv* (Or Yehuda, Hed-Arzi,1999) (H)
Nakdimon, Shlomo, *The Hope that Collapsed: The Israeli-Kurdish Connection 1963-1975* (Tel Aviv: Miskal, 1966) (H)
The Jewel in the Crown, Yael Bar, Lior Estline, Israel Air-Force Internet site (H)
Broken wings, Sara Leibovitz-Dar,NRG, *Maariv*, June 2, 2007 (H)

第11章 決して忘れない人々

〝アントン・クンズル〟、メナヘム・バラバシュのインタビューより。
"Kunzle, Anton" and Gad Shimron, *The Death of the Butcher of Riga* (Jerusalem: Keter, 1997) (H)
Bar-Zohar Michel, *Les Vengeurs* (Paris: Fayard, 1968)『復讐者たち』広瀬順弘訳、早川書房（1989）
"Menahem Barabash, a Former Lehi Member and One of the Killers of the Butcher of Riga: An Obituary," Uri Dromi, *Haaretz*, October 18, 2006 (H)
"Still from the Same Village," Mika Adler, *Israel Today*, April 16, 2010 (H)
"Critical Mishap in Paraguay," Aviva Lori, Yossi Melman, *Haaretz*, August 19, 2005 (H)
"The Butcher of Riga Was Kidnapped and Found Dead," news service, *Yedioth Ahronoth*, March 7, 1965 (H)
"A Quick Trial for the Murderers of Cukurs," John Alison, *Yedioth Ahronoth*, March 8, 1965 (H)
"When a Hangman Is Offering You His Gun," Amos Nevo, *Yedioth Ahronoth*, July 25, 1997 (H)
"Grandfather Killed a Nazi," Gad Shimron, *Bamachane*, February 25, 2005 (H)

Blau, *Haaretz*, September 19, 2008 (H)
The operation to capture Adolf Eichmann—Official publication of the Shabak and the Mossad 1960 (H)
"Peter Zvi Malkin, Israeli Agent Who Captured Adolf Eichmann, Dies," Margalit Fox, *New York Times*, March 3, 2005
"Mother, I Captured Eichmann," Michal Daniel, YNET, May 27, 2003 (H)
"A Prickly Souvenir," Etty Abramov, *Yedioth Ahronoth*, June 24, 2011 (H)

第7章　ヨセレはどこだ？

Harel, Isser, *Operation Yossele* (Tel Aviv: Idanim, 1983) (H)
イサル・ハルエル、ヤーコフ・カロス、アモス・マノルのインタビューより。
"The Convert from Neturei Karta," Yair Etinger, *Haaretz*, July 9, 2010 (H)
"For Them, He Remained Yossele: 45 Years After the Operation, the Fighters Did Not Forget Those Days," Eyal Levi, Maariv NRG, October 18, 2005 (H)

第8章　モサドに尽くすナチスの英雄

ハイム・イズラエリ、ラフィ・エイタン、ラフィ・メダン、イサル・ハルエル、メイル・アミット、アモス・マノル、ヴェルナー・フォン・ブラウンのインタビューより。
Trial of Otto Skorzeny and others, General Military Government Court of the US Zone of Germany, August 18-September 9, 1947, a British intelligence file
"The Liquidation of a German Scientist in the '60s," Shlomo Nakdimon, Moshe Ronen, *Yedioth Ahronoth*, January 13, 2010 (H)
Harel, Isser, *The German Scientists Affair 1962-1963* (Tel Aviv: Maariv, 1982) (H)
Bar-Zohar, Michel, *La Chasse aux Savants Allemands* (Paris: Fayard, 1965)
Bar-Zohar,Michael, *Shimon Peres: The Biography* (New York: Random House, 2007)

第9章　ダマスカスの男

エリ・コーヘンの遺族、兄弟および妻、ジャック・メルシエのインタビューより。
Segev, Shmuel, *Alone in Damascus: The Life and Death of Eli Cohen* (Jerusalem:

2007
"The Man Who Began the End of the Soviet Empire," Abraham Rabinovich, *Australian*, October 27, 2007
Victor Grayevski, Telegraph.co.uk, November 1, 2007
"The Secret About Khrushchev Speech," Tom Perfit, *Guardian*, as quoted in *Haaretz*, February 27, 2006 (H)
Shimron, Gad, *The Mossad and The Myth* (Jerusalem: Keter, 2002) (H)
"There Is a Speech of Khrushchev from the Congress," Yossi Melman, *Haaretz*, March 10, 2006 (H)
"Our Man in the KGB," Yossi Melman, *Haaretz*, September 22, 2006 (H)
Total change (turnabout) in broadcasting with the entrance of Victor Grayevski, Kol Israel, (H), www.iba.org.il/kolisrael70

第6章 「アイヒマンを連れてこい！ 生死は問わない」

マイケル・バー＝ゾウハーの著書 *Spies in the Promised Land* で紹介されず、1970年の *Yedioth Ahronoth* 紙及び、*Day of Reckoning* (Tepper, 1991) で発表された、イサル・ハルエルの対談及び資料に基づく。
Harel, Isser, *The House on Garibaldi Street* (Maariv, 1975) (H)
Bascomb, Neal, *Hunting Eichmann* (Tel Aviv: Miskal Books, Yedioth Ahronoth, 2010) (H)
Malkin, Peter Z., *Eichmann in My Hands* (Tel Aviv: Revivim, 1983) (H)
"Myth in Operation, the Capture of Adolf Eichmann," Avner Avrahami, *Haaretz*, May 7, 2010 (H)
"The Man with the Syringe," Dr. Yona Elian, Etty Abramov, *Yedioth Ahronoth*, May 13, 2010 (H)
"The Age and the Trick (Rafi Eitan)," Yael Gvirtz, *Yedioth Ahronoth*, March 31, 2006 (H)
"Zvi Malkin: The Man Who Captured Eichmann," Eli Tavor, *Yedioth Ahronoth*, March 15, 1989 (H)
"Fifty Years After Adolf Eichmann's Capture and Transfer to Israel, His Abductors Dispel Some Myths About the Operation and Tell How They Felt When the Top Nazi Was in Their Hands," Avner Avrahami, *Haaretz*, May 8, 2010 (H)
"Yehudith Nessyahu Is Dina Ron, the Woman Who Kidnapped Eichmann," Uri

Books,1992) (H)
Bar-Zohar, Michael, *Spies in the Promised Land* (Boston: Houghton Mifflin, 1972)
ショロモ・ヒレル、イェフダ・タガル、モルデカイ・ベンポラトのインタビューより。

第４章　ソ連のスパイと海に浮かんだ死体

アヴニ事件

Avni, Ze'ev, *False Flag: The Soviet Spy Who Penetrated the Israeli Secret Intelligence Service* (London: St. Ermin's Press, 2000)
Censored and unpublished chapter about Ze'ev Avni, prepared for Michael Bar-Zohar's book *Spies in the Promised Land*, as told by Isser Harel
ゼーヴ・アヴニ、モサド元長官イサル・ハルエル、シャバク元長官アモス・マノル、モサドおよびシャバク局員たち（匿名希望）のインタビューより。

海に浮かんだ死体

Censored and unpublished chapter about Alexander Israel, "The Traitor," prepared for Michael Bar-Zohar's book *Spies in the Promised Land*
イサル・ハルエル、アモス・マノル、ラフィ・エイタン、ラフィ・メダン、アレグザンダー・イズラエルの遺族および友人（匿名希望）のインタビューより。
Michael Bar-Zohar, "The First Kidnapping by the Mossad," *Anashim* (People Magazine), 19-15, April 1997 (no. 14) (H)

第５章　「ああ、それ？　フルシチョフの演説よ……」

ヴィクトル・グラエフスキ、アモス・マノル、イサル・ハルエル、ヤーコフ・カロスのインタビューより。
Khrushchev, Nikita, *The Secret Speech—on the Cult of Personality*, Fordham University, Modern History Sourcebook
"The Day Khrushchev Denounced Stalin," John Rettie, BBC, February 18, 2006
"Khrushchev's War with Stalin's Ghost," Chamberlain William Henry, *Russian Review*, vol. 21, no. 1, 1962
"Dreams into Lightning: Victor Grayevski," Michael Ledeen, asher813typepad.com/dreams_into_lightning/2007/11/victor-grayevski-html, November 5,

スタックスネットとスパイ活動

"Computer Virus in Iran Actually Targeted Larger Nuclear Facility," Yossi Melman, *Haaretz*, September 28, 2010 (H)

"The Meaning of Stuxnet," *Economist*, October 2, 2010

"Israel May or May Not Have Been Behind the Stuxnet 'Worm' Attack on Iran—and It Doesn't Matter Whether It Was," Yossi Melman, *Tablet*, October 5, 2010

"Iran Executes 2 Men, Saying One Was Spy for Israel," William Yong, *New York Times*, December 28, 2010

"Iranian Citizen Hanged for Spying for Israel," Yossi Melman, *Haaretz*, December 29, 2010 (H)

"Iran: 'We Hanged an Israeli Spy'—Ali Akbar Siadat Was Hanged for Spying for Israel, Which Paid Him US $60,000," Smadar Perry, *Yedioth Ahronoth*, December 29, 2010 (H)

"Tehran Demands UN Intervention, Accuses Israel of Killing Its Minister of Defense (Ali Riza Askari)," Yossi Melman, *Haaretz*, January 2, 2011 (H)

"Iran to the UN: Find Out What Happened to the Missing General," YNET, December 31, 2010 (H)

"Outgoing Mossad Head Delivers Farewell Words," Jpost.com.staff, *Jerusalem Post*, January 7, 2011

"Netanyahu Bids Farewell to Mossad Chief," Gil Ronen, Arutz Sheva, Israel National News. com, March 1, 2011 (H)

"Iran Threat Is Too Much for the Mossad to Handle: Israel's Intelligence Agencies Operate Brilliantly but They Can't Tackle Historic Challenges Singlehandedly," Ari Shavit, Haaretz.com, February 18, 2010 (H)

"The Superman of the Hebrew State," Ashraf Abu El-Hul, *El-Aharam*, January 16, 2010

第3章　バグダッドの処刑

Eshed, Hagai, *One-Man Mossad, Reuven Shiloach: Father of the Israeli Intelligence* (Tel Aviv: Idanim, 1988) (H)

Teveth, Shabtai, *Ben-Gurion's Spy, The Story of the Political Scandal that Shaped Modern Israel* (New York: Columbia University Press, 1990) (H)

Strasman, Gavriel, *Back from the Gallows* (Tel Aviv: Yedioth Ahronoth

"Did the Mossad Fail?" Yossi Melman, *Haaretz*, November 25, 2008 (H)
"Straw Companies or the Mossad—How We Screwed Iran," Yossi Melman, *Haaretz*, November 28, 2008 (H)
"Iran Hanged a Mossad Agent (Ali Ashtari)," "Inyan Merkazi", news room, November 22, 2008 (H)

イランを援助するロシア

"Nuclear Aid by Russians to Iranians Suspected," *New York Times*, October 10, 2008
"The Russian Handicap to U.S.-Iran Policy," Ariel Cohen, *Jerusalem Center for Public Affairs*, vol. 8, no. 28, April 22, 2009
米上院外交委員会における、イランの大量破壊兵器及びミサイル計画へのロシアの影響力に関する、DCI不拡散センター、ジョン・ローダー長官の声明。2000年10月5日、ホームページで文書公開。CIA Released Documents, faqs.org
The Collapse of the Russian Scientists and Rogue States, T. P. Gerber, 2005, Massachusetts Institute of Technology
"Russia-Iran Nuclear Deal Signed," BBC News, February 27, 2005
"Arctic Sea Was Carrying Illegal Arms Says General," Shaun Walker, *Independent*, July 24, 2009
"Was Russia's Arctic Sea Carrying Missiles to Iran?" Simon Shuster, *Time*, August 31, 2009
"Report: Netanyahu Transferred to the Kremlin a List of Scientists Who Assist Iran," Zach Yoked, *Maariv*, October 4, 2009 (H)

イスラエル - アメリカ——協力と確執

"U.S. Rejected Aid for Israeli Raid on Iranian Nuclear Site," David Sanger, *New York Times*, January 10, 2009
"An Israeli Preventive Attack on Iran's Nuclear Sites: Implications for the U.S.," James Philips, Heritage Foundation, Heritage.org, January 15, 2010
"Facing Iran: Lessons Learned Since Iraq's 1991 Missile Attack on Israel," Moshe Arens, The Jerusalem Center for Public and State Matters, March 8, 2010
Segev, Shmuel, *The Iranian Triangle, the Secret Relationship Between Israel, Iran, and USA*, *Maariv*, 1981 (H)

Counterpunch, Counterpunch.org, June 4, 2009
"Mysterious Assassination in Iran—Who Killed Masoud Ali-Mohammadi?" Dieter Bednarz, *Der Spiegel*, January 18, 2010
"Iran's VIP Plane Crash: Sabotage or Accident?" Stratfor.com, January 10, 2006
"Swiss Engineers, a Nuclear Black Market and the CIA," William J. Broad and David E. Sanger, *New York Times*, August 25, 2008
"Iran Hangs Convicted Spy for Israel," Thomas Erdbrink, *Washington Post*, November 23, 2008
"British Agent Exposed True Purpose of Qom Reactor," Ron Ben-Ishai, YNET, December 15, 2009 (H)
"How Secrecy Over Iran's Qom Nuclear Facility Was Finally Blown Away," Catherine Philip, Francis Elliot and Giles Whittell, *Sunday Times*, September 26, 2009
"CIA Knew About Iran's Secret Nuclear Plant Long Before Disclosure," Bobby Ghosh, *Time*, October 7, 2009
"How El-Baradei Misled the World About Iran's Nuclear Program," Yossi Melman, *Haaretz* in English, December 3, 2009
"Mossad: Was This the Chief's Last Hit?" Gordon Thomas, *Telegraph*, December 5, 2010
"Israel Seen Engaged in Covert War Inside Iran," Luke Baker, Reuters (London), February 17, 2009
"West Is Assassinating Scientists as Negotiation Strategy," JPost.com.staff, December 1, 2010
"*Time* Magazine: The Scientist Who Was Attacked in Tehran—the Most Senior in the Nuclear Iranian Plan," Anshil Pepper, *Haaretz*, December 3, 2010 (H)
"Iran Blames Israel for Killing Its Defense Minister," Yossi Melman, *Haaretz*, January 2, 2011 (H)
Thomas, Gordon, *Gideon's Spies* (New York: St. Martin's Griffin, 2009), p. 478『憂国のスパイ：イスラエル諜報機関モサド』東江一紀訳、光文社（1999）
"Report: The Mossad Killed an Iranian Nuclear Scientists," Jerry Louis, Orly Azulay, Itamar Eichner, *Yedioth Ahronoth*, February 4, 2007 (H)
"Nuclear Sting," Eldad Beck, Yaniv Halili, *Yedioth Ahronoth*, August 26, 2008 (H)
"The Enigma of the Chemical Iranian Cargo," Menachem Ganz, *Yedioth Ahronoth*, September 25, 2008 (H)
"They Sold Them Faulty Equipment," Yossi Melman, *Haaretz*, July 13, 2007 (H)

イランにおける秘密作戦

"U.S. Working to Sabotage Iran's Nuke Program," Scott Conroy, Article written by Sheila MacVicar and Ashley Velie with Amy Guttman, May 23, 2007
CBS イヴニングニュースの論説及び報道。
"Report: Israel Secretly Sabotaging Iran's Nuclear Program (Using Assassins, Sabotage, Double Agents and Front Companies)," *Daily Telegraph*, quoted by YNET, February 17, 2009 (H)
"Western Sabotage Undermines Iran Nuclear Drive: Experts," France 24, International News, AFP, April 13, 2010
"Iranian Nuclear Scientist 'Assassinated by Mossad,'" Sara Baxter, *Times* (London), February 4, 2007
"Bush Authorizes New Covert Action Against Iran," ABC News, May 22, 2007
"Jitters Over Iran Blast Highlight Tensions," *World News on MSNBC*, Associated Press, February 16, 2005
"Massive Explosion in Parchin Missile Site of the Guard Corps," Foreign Affairs Committee of the National Council of Resistance of Iran, November 14, 2007
MPG ブーシェフル支社による石油化学プラント爆発時のビデオ［ブーシェフル州］、MPG ブーシェフル支社 , Marzeporgohar.org, August 15, 2009
"U.S. Sabotaged Natanz, Sent Defective Equipment to Islamic Republic (Power System Failed and 50 Centrifuges Exploded)," *Iran Times International*, BNET (CBS Interactive), August 29, 2008
イランの攻撃によって交渉は紛糾する（アリ＝モハマディ殺害）、2010 年 1 月 12 日、ストラトフォー、グローバルインテリジェンス
イラン－イスラエル秘密戦争：イランの核計画に対し、モサドは、暗殺及び破壊工作などの秘密活動を行なっているといわれているが、それは、イラン政府とオバマ大統領との交渉を頓挫させる可能性がある。中東地域、エド・ブランチ、Thefreelibrary.com/_/print, July 1, 2009
"Israel Launches Covert War Against Iran," Philip Sherwell, *Daily Telegraph*, February 18, 2009
"Sources Expose Covert Israel War on Iran," Press TV, Payvand Iran News, pavand.com/news, February 17, 2009
"Iran Nuke Laptop Data Came from Terror Group," Gareth Porter, IPS, ipsnews.net, February 29, 2008
"Report Ties Dubious Iran Nuke Documents to Israel," Gareth Porter,

Cole, ABC News, April 1, 2010
"Report: The Top Iranian Decided to Leave His Country and Defect to USA," Yoav Stern, *Haaretz*, March 7, 2007 (H)
"Contradicting Reports About the Defection of the Iranian General," Yossi Melman, *Haaretz*, March 12, 2007 (H)
"Report: Two Iranian Nuclear Scientists Defected Lately to the West," Yossi Melman, *Haaretz*, October 7, 2009 (H)
"Iran: The USA Is Involved in the Disappearance of Our Atomic Scientists," Yossi Melman, *Haaretz*, October 8, 2009 (H)
"Report: Uranium Scientist Who Disappeared in Saudi Arabia Defected to USA," Reuters, March 31, 2010 (H)
"The Nuclear Scientist Who Disappeared in Saudi Arabia Assists the CIA," Israel Hayom, April 2, 2010 (H)

モフセン・ファハリザデ博士（〝ブレイン〞）

実在するイラン人：モフセン・ファハリザデ・モハバディ。経歴とパスポート番号を含む全個人記録。米国およびＥＵで凍結された資産などについては、IranWatch.org（2007年6月18日－2008年8月28日閲覧）を参照。
NCRI —モハンマド・モハデシン外務委員長によるイラン国内での反政府活動に関する記者会見。ファハリザデ博士の住所、電話番号を含む全詳細は、IranWatch.org（2004年11月17日閲覧）を参照。
"Iran Suspends Enrichment in Return for EU Pressure on Opposition," Irannuclear.org, November 15, 2005
"Verbatim: Iranian Opposition Reveals Secret Nuclear Site in Tehran," Iranfocus.com, November 19, 2004
"Iran Is Ready to Build an N-bomb, It's Just Waiting for the Ayatollah's Order," James Hider, Richard Beeston in Tel Aviv, and Michael Evans, defense editor, *Times* (London), August 3, 2009
"Disclosing a major secret nuclear site under the Ministry of Defense," NCRI, Weapons of Mass Destruction newsletter, November 17, 2004
"Ministry of Defense Continues Secret Work on Laser Enrichment Program," Irannuclear.org, February 12, 2006
"Half Sigma: How Much Does a Nuclear Bomb Have to Weigh?" Half Sigma.com, September 29, 2009
Fakhri Zadeh—Dr.Strangelove, seeker 401, wordpress.com

Sunday Times, September 20, 2009
"A. Q. Khan and the Limits of the Nonproliferation Regime," Christopher Clary, Center for Contemporary Conflict, Monterey, CA, articles written between April and June 2004, Unidir.org/pdf/articles

チョードリ博士の亡命

"Pakistani Says a Strike Was Planned on India," John Kifner, *New York Times*, July 2, 1998
"That Pakistani Nuclear Expert May Be a Lowly Accountant," John Kifner, *New York Times*, July 3, 1998
"Scientists Say Pakistani Defector Is Not Credible," John Kifner, *New York Times*, July 8, 1998
"Pakistan Was 48 Hours Away from a Preemptive Strike: Scientist," Chidanand Rajghatta, *Indian Express*, July 3, 1998
"More Disclosures After Asylum: Defector," *Tribune* (India), July 5, 1998
"Mystifying Spy," Narayan D. Keshavan, *Outlook India*, July 13, 1998
"Iran Part of Pakistan-China Nexus: Khan," Chidanand Rajghatta, *Indian Express*, July 3, 1998
"Asylum Seeker's Story Still Doubted," Associated Press of Pakistan, July 3, 1998
"Articles About Defection—Pakistani Reveals Details of Nuclear Program, Seeks Asylum," Robin Wright, *Los Angeles Times*, July 2, 1998
"Khan Job: Bush Spiked Probe of Pakistan's Dr. Strangelove, BBC reported in 2001," Greg Palast, Gregpalast.com, September 2, 2004
1998年7月1日に、ニューヨーク市マディソン街515番地のワイルズ&ワインバーグ弁護士事務所で行なわれた、イフティカル・カーン・チョードリ博士の記者会見に関するさまざまな報道。

イスラエルと、イラン人のアスカリとアミリの亡命

"Former Iranian Defense Official Talks to Western Intelligence," Daphna Linzer, *Washington Post*, March 8, 2007
"Mossad Implicated in Missing Defector Mystery," Tim Butcher, *Telegraph*, March 9, 2007
"Defector Spied on Iran for Years," Uzi Mahanaymi, *Sunday Times*, March 11, 2007
"Iran Nuclear Scientist Defects to the U.S. in CIA 'Intelligence Coup,'" Matthew

"Has Iran Been Striving for Nuclear Weapons for Many Years?" Kedma Amirpur Katajun, translated from the *Zud Deutsche Zeitung* with the author's permission, Kedma.co.il (H)

"A Speech by the Ayatollah Khomeini About Nuclear Development and the Negative Influence of the American Technology," Answers Yahoo.com, April 9, 2006 (H)

"Before Starting a New War in the Middle East," Yossi Dahan, *Haoketz*, haokets.didila.com, June 5, 2009 (H)

1977年、イスラエルはイランに弾道ミサイルを提供する

1977年7月18日のヴァイツマン国防相とトフィニアン将軍との会議録。ワシントンＤＣ、ジョージ・ワシントン大学デジタル国家安全保障アーカイブより、1977年7月18日付イスラエル外務省の最高機密議事録も参照。

エゼル・ヴァイツマン元国防相及びピンハス・ズスマン元国防省長官と著者との対談。

"The Israeli Past of the Iranian Nuclear Reactor," Gad Shimron, *Maariv*, August 8, 2007 (H)

カーン博士とイランの秘密核開発計画

Eurenco, profile: Eurenco.com/en/about

Dr. Khan's televised confession, Whitemaps.co.il

"Bin Laden's Operatives Still Use Freewheeling Dubai," *USA Today*, September 2, 2004

Dr. Abdul Qadeer Khan discusses Nuclear Program in TV talk show, Karachi Aaj News television, 31 August, 2009

"Iran Was Offered Nuclear Parts; Secret Meeting in 1987 Might Have Begun Program," Daphna Linzer, *Washington Post*, February 27, 2005

"How America Looked the Other Way as Pakistan Sold Nuclear Technology to Iran," Joseph and Susan Trento, War News, Secret History, . Iraqwarnews.org, October 20, 2009

"Are You with Us—or Against Us?" Jonathan Shell, Wagingpeace.org, November 14, 2007

"Non-Proliferation Review and Iran—Why China Owes Us One," William Sweet, Arms control and proliferation, arms control foreign policy.com

"Investigation: Nuclear Scandal—Dr. Abdul Qadeer Khan," Simon Henderson,

YNET, December 1, 2007 (H)
"Rajavi Against the Ayatollahs," Kraig Smith, Haaretz.co.il, 2005 (H)
"First Nuclear Explosion," Ronen Salomon, Byclick. Info/rs/news (H)
"How to Build a Nuclear Bomb," Minerva.tau.ac.il/bsc/1/1804 (H)
Report: Iran Will Cross the Technological Threshold in 2010, International Institute for Strategic Studies, YNET, January 28, 2009 (H)
"Head of American Intelligence: Iran Might Threaten Europe Within Three Years," AP, YNET, January 17, 2009 (H)
"Analyzing the Enigma: What Will Iran Do If Attacked? The Answer Will Surprise You," Dr. Guy Bechor, Forum Intifada, *Internet News*, December 8, 2008 (H)
"Iran Will Be Able to Produce a Bomb This Year," *Der Spiegel*, Forum Intifada, Topics and News, January 25, 2010 and NRG January 25, 2010 (H)
"How to Stop the Bomb," Yoav Limor, YNET, June 19, 2007 (H)
"War Games (Scenarios)," David Sanger, *New York Times, Haaretz*, April 4, 2010 (H)
"Uri Lubrani: An Interview at His Retirement from the Ministry of Defense," Yossi Yehoshoa and Reuven Weiss, *Yedioth Ahronoth*, February 15, 2010 (H)
"Palestine Iran Palestine," Ari Shavit, *Haaretz*, March 25, 2010 (H)
"How the Opportunity to Attack and Destroy the Iranian Nuclear Project Was Missed," Aluf Ben and Amos Harel, *Haaretz*, December 18, 2009 (H)
"Appointment in Iran: The Head of the Nuclear Project Is the Scientist Who Survived the Attempt on His Life," *Yedioth Ahronoth*, February 14, 2011 (H)
"An Analysis of the Virus in the Iranian Nuclear Reactor, Confirms Its Purpose: To Sabotage the Centrifuges," Yossi Melman, *Haaretz*, November 19, 2010 (H)
"Mossad, U.S., U.K. Cooperating to Sabotage Iran Nukes," jpost.com.staff, December 30, 2010

ホメイニと〝反イスラム〟核兵器

Tahiri, Amir, *Allah's spirit: Khomeini and the Islamic Revolution*, Ofakim-Am-Oved, Tel Aviv, 1985 (H)
"Will Worldwide Recession Create Totalitarianism Again?" Carl Forsloff, *Digital Journal*, December 14, 2008
"Khamenei Vehemently Rejects Nuclear Allegations," Arabianbusiness.com, June 3, 2008

Cordesman, Anthony, *Peace and War—The Arab-Israeli Military Balance Enters the 21st Century* (New York: Praeger, 2001)

Minashri, David, *Iran: Between Islam and the West* (Ministry of Defense Publishing House, 1996) (H)

"UN Calls US Data on Iran's Nuclear Aims Unreliable," Bob Drogin and Kim Murphy, *Los Angeles Times*, February 25, 2007

"Juan Cole Interview: Conversations with History, Iran and Nuclear Technology," Harry Kreisler, Institute of International Studies, UC Berkeley, Berkeley.edu/people5/cole

"The Enduring Threat—a Brief History: Iranian Nuclear Ambitions and American Foreign Policy," Terence M. Gatt, Information Clearing House, Informationclearinghouse.info.article, November 3, 2005

"Iran's Nuclear Program, Recent Developments," Sharon Squassoni, CRS Congressional report, 2003, fpc.state.gov/documents/organization

"Iran Nuclear Milestones 1967-2009," Wisconsin Project on Nuclear Arms Control, *The Risk Report*, vol. 15, no. 6 (November-December 2009)

"The Secret Nuclear Dossier: Intelligence from Tehran Elevates Concern in the West," Dieter Bednarz, Erich Follath, and Holger Stark, *Der Spiegel*, January 25, 2010

Parsi, Trita, *Treacherous Alliance: The Secret Dealings of Israel, Iran, and the U.S.* (New Haven: Yale University Press, 2007)

A Brief History of Iran Missile Technology, Liveleak.com/view, June 9, 2007

Weapons of Mass Destruction, Bushehr Background, Globalsecurity.org/wmd/world/iran/bushehr, October 15, 2008

New Nuclear Revelations, transcript of the press conference of Mohammad Mohadessine, Chairman of the Foreign Affairs Committee of the National council of the resistance of Iran, IranWatch.org, September 10, 2004

Iranian Entity: Islamic Revolutionary Guard Corps, IranWatch.org, January 26, 2004-August 27, 2008

Zafrir, Eliezer (Gaizi), *Big Satan, Small Satan: Revolution and Escape in Iran*, Maariv, 2002 (H)

Kam, Ephraim, *From the Terror to the Nuclear: The Meaning of the Iranian Threat* (Defense Ministry Publishing House, 2004) (H)

Nakdimon, Shlomo, *Tammuz in Flames* (Tel Aviv: Yedioth Ahronoth, 2004) (H)

"Iranian Organization: The Nuclear Project Renewed After 2003," Reuters,

2003 (H)
"Sharon Delegates to the Mossad Director the Dealing with the Iranian Nuclear Threat," Aluf Ben, *Haaretz*, September 4, 2003 (H)

シリア及びレバノン国内でのテログループ幹部に対する攻撃

"Islamic Jihad Leader Killed in Lebanon," Bassem Mroue, Associated Press, *Washington Post*, May 26, 2006
"Syria Blast Kills Hamas Militant," BBC News, September 26, 2004
"Report: Mashal's Secretary Was Killed in Syria," Yoav Stern, *Haaretz*, September 9, 2008 (H)
"The Explosion in Beirut Targeted Hamas Official Osama Hamdan," Zvi Yechezkeli, Nana 10, December 27, 2009 (H)
"Report: Hezbollah Members Were Killed in the Bombing in Beirut," Roie Nachmias,YNET, December 13, 2009 (H)
"Report: 3 Hurt in the Attempt to Kill Hezbollah Member," Roie Nachmias, YNET, January 13, 2010; *Haaretz*, June 20, 2010 (H)
"Netanyahu Thanked Dagan in the Name of the Jewish People," Shlomo Zesna, Israel Hayom, January 3, 2011(H)
"Dear Meir Here Is George," Itamar Eichner, *Yedioth Ahronoth*, January 14, 2011

第2章　テヘランの葬儀

全　般

Sokolski, Henry and Patrick Clawson, eds., *Getting Ready for a Nuclear-Ready Iran* (PDF), Strategic Studies Institute, 2005
Cordesman, Anthony H. and Khalid R. Al-Rodhan, *Iranian Nuclear Weapons? The Uncertain Nature of Iran's Nuclear Programs* (PDF), Center for Strategic and International Studies, 2006
Lewis, Jeffrey, *Briefings on Iran's Weaponization Work*, Lewisarmscontrolwonk.com, March 12, 2008
Risen, James, *State of War: The Secret History of the CIA and the Bush Administration* (New York:, Simon and Schuster, 2006)『戦争大統領：CIAとブッシュ政権の秘密』伏見威蕃訳、毎日新聞社（2006）
Cockburn, Andrew and Leslie, *Dangerous Liaisons: The Inside Story of the U.S.-Israeli Covert Relationship* (New York: Harper and Collins, 1991)

2010
"Mossad—The World's Most Efficient Killing Machine," Gordon Thomas, Rense.com, September 12, 2002
"Abu Jabel Gets the Mossad," Yigal Sarna, *Yedioth Ahronoth*, September 13, 2002 (H)
Mike Eldar, Sayeret Shaked Association, The Heritage, synopsis of the book *Unit 424*, the story of Sayeret (Commando) Shaked, published by Shaked Association (H)
"Dagan Who?" Sima Kadmon, *Yedioth Ahronoth*, November 30, 2001 (H)
"Mossad in Deep Freeze," Ron Leshem, *Yedioth Ahronoth*, January 18, 2002 (H)
"The First Liquidations," Yigal Sarna and Guy Leshem, *Yedioth Ahronoth*, September 26, 1997 (H)
"For You, Grandpa," Amos Shavit, *Yedioth Ahronoth*, Day of the Holocaust, April 12, 2010 (H)
"One Could Blow Up," Amir Oren, *Haaretz*, March 28, 2010 (H)
"Even in the Yom Kippur War the Best Generals Were Mistaken," Ron Leshem, *Yedioth Ahronoth*, January 14, 2000 (H)
"Sharon Raised Dagan," Nahum Barnea, *Yedioth Ahronoth*, September 13, 2002 (H)
"The Brave Officer Who Did Not Recoil from Killing," *Yedioth Ahronoth*, September 11, 2002 (H)
"Meir Dagan: Israeli Superman," Smadar Perry, *Yedioth Ahronoth*, January 17, 2010 (H)
"Israel Is Conducting a Liquidation Campaign in the Middle East," Dana Herman, *Haaretz*, February 14, 2010 (H)
"His Life's Job," Yoav Limor and Alon Ben-David,YNET, June 4, 2005 (H)
"In the Dark, It's Not Bad to be Head of the Mossad Meir Dagan," Amir Oren, *Haaretz*, March 23, 2010 (H)
"Even Nasrallah Fears Dagan's Methods," Aluf Ben, *Haaretz*, September 26, 2008 (H)
"Special Profile—The Man Who Gave Back to Israel Its Deterrent," Alon Ben-David, February 4, 2010, News.nana10.co.il/article (H)
"A Politician Takes Risks (About Meir Dagan)," Stella Korin Liber, *Globes*, February 18, 2010 (H)
"Who Will Handle the Iranian Nuclear Project," Aluf Ben, *Haaretz*, August 26,

第16章　サダムのスーパーガン
"Cut off His Head, Mossad Version," Ronen Bergman, *Yedioth Ahronoth*, 8.6.2007 (H)

第17章　アンマンの大失態
"Less Luck Than Brain," Ronen Bergman, *Yedioth Ahronoth*, 7.7.2006 (H)

第18章　北朝鮮より愛をこめて
"Asad's Nuclear Plan," Ronen Bergman, *Yedioth Ahronoth*, 4.4.2008 (H)
"The Nuclear General Killed on Shore," Ronen Bergman, *Yedioth Ahronoth*, 4.8.2008
"Wikileaks: The Attack on Syria," Ronen Bergman, *Yedioth Ahronoth*, 24.12.2010 (H)

第20章　カメラはまわっていた
"Turn off the Plasma," Ronen Bergman, *Yedioth Ahronoth*, 31.12.2010 (H)
"The Anatomy of Mossad's Dubai Operation," Ronen Bergman, Christopher Schult, Alexander Smoltczyk, Holger Stark and Bernard Zand, Spiegel Online, 17.1.2011

第21章　シバの女王の国から
"The Price: 4000 Killed," Ronen Bergman, *Yedioth Ahronoth*, 3.7.1998 (H)

第1章　闇世界の帝王

メイル・ダガン

"Meir Dagan, the Mastermind Behind Mossad's Secret War," Uzi Mahanaimi, *Sunday Times*, February 21, 2010
"The Powerful, Shadowy Mossad Chief Meir Dagan Is a Streetfighter," London *Times*, February 18, 2010
"Mossad Chief Meir Dagan Is a 'Streetfighter,'" *Nation* (Pakistan), February 18, 2010
"Vegetarian, Painter . . . Spy Chief," Uzi Mahanaimi, *Sunday Times*, February 21,

参考文献およびソース

本書は、多種多様な資料や文献、公文書、新聞記事や取材を基にして書かれたものである。これまで秘密にされてきた題材を扱っているため、信頼できる確実な典拠を使用することが非常に重要だと考えた。ヘブライ語の資料の大半は、未発表の公文書や、裏の世界で活躍する人々への徹底したインタビューである。また、多数の英語の資料には、豊かな想像力によって生みだされた突飛な逸話が見られたものの、そこから事実に即した情報だけを抽出して使用した。この努力が実ったことを願ってやまない。

参考文献に挙げたヘブライ語の文献や論文のタイトルは、英語に翻訳してある。（H）と記された資料は、もとはヘブライ語で書かれたものである。

本書で使用した資料の中で、ロネン・バーグマン博士によって発表された寄稿文等は次のとおり。

第１章　闇世界の帝王

"In his Majesty's Service," Ronen Bergman, *Yedioth Ahronoth*, 5.2.2010 (H)
"Dagan Raised Chaos," Ronen Bergman, *Yedioth Ahronoth*, 7.10.2005 (H)
"Closed Institution," Ronen Bergman, *Yedioth Ahronoth*, 3.7.2009 (H)

第２章　テヘランの葬儀

Bergman, Ronen, *Point of No Return*（Kinneret, Zmora-Bitan Dvir, 2007), pp. 32, 454-56, 470-71, 473, 478, 481-82, 491-92 (H)
"A Fantastic Incident," Ronen Bergman, *Yedioth Ahronoth*, 7.12.2007 (H)
"The Spy Who Talked,"Ronen Bergman, *Yedioth Ahronoth*, 12.9.2009 (H)
"The Brain," Ronen Bergman, *Yedioth Ahronoth*, 19.3.2010 (H)

第４章　ソ連のスパイと海に浮かんだ死体

"That's How the Mossad Killed Father (And Lied to Mother)," Ronen Bergman, *Yedioth Ahronoth*, 26.5.2006 (H)

第 14 章 「きょう、戦争になる！」

"Their Man in Cairo," Ronen Bergman, *Yedioth Ahronoth*, 6.5.2005 (H)
"Code Name Hatuel," Ronen Bergman, *Yedioth Ahronoth*, 7.9.2007 (H)

本書は、二〇一三年一月に早川書房より単行本
として刊行された作品を文庫化したものです。

訳者略歴　英米文学翻訳家　訳書にウィンタース『地上最後の刑事』，オクサネン『粛清』，カーソン『シャドウ・ダイバー』（以上早川書房刊），ハンプトン『F-16――エース・パイロット 戦いの実録』，フォスター〈光の使者ギャビイ・コーディ〉シリーズ，スアレース『デーモン』ほか多数

HM=Hayakawa Mystery
SF=Science Fiction
JA=Japanese Author
NV=Novel
NF=Nonfiction
FT=Fantasy

モサド・ファイル
イスラエル最強スパイ列伝

〈NF417〉

二〇一四年十月十五日　発行
二〇一五年六月十五日　三刷

（定価はカバーに表示してあります）

著　者　マイケル・バー＝ゾウハー　ニシム・ミシャル
訳　者　上野元美
発行者　早川　浩
発行所　株式会社　早川書房

郵便番号　一〇一‐〇〇四六
東京都千代田区神田多町二ノ二
電話　〇三‐三二五二‐三一一一（大代表）
振替　〇〇一六〇‐三‐四七七九九
http://www.hayakawa-online.co.jp

乱丁・落丁本は小社制作部宛お送り下さい。
送料小社負担にてお取りかえいたします。

印刷・中央精版印刷株式会社　製本・株式会社川島製本所
Printed and bound in Japan
ISBN978-4-15-050417-5 C0131

本書のコピー、スキャン、デジタル化等の無断複製は著作権法上の例外を除き禁じられています。

本書は活字が大きく読みやすい〈トールサイズ〉です。